Bibliothèque des Écoles Pratiques de Commerce et d'Industrie
publiée
ous la direction de Félix MARTEL, Inspr gal de l'Instruction publique

# Chimie

## ÉCOLES PRATIQUES

## DE COMMERCE ET SECTIONS COMMERCIALES

PAR

## H. VALDENAIRE

Licencié ès sciences

Professeur à l'École nationale professionnelle d'Armentières

PARIS

LIBRAIRIE CH. DELAGRAVE

15, RUE SOUFFLOT, 15

# CHIMIE

# CHIMIE

## ÉCOLES PRATIQUES
## DE COMMERCE ET SECTIONS COMMERCIALES

PAR

# H. VALDENAIRE

LICENCIÉ ÈS SCIENCES

PROFESSEUR A L'ÉCOLE NATIONALE PROFESSIONNELLE D'ARMENTIÈRES

PARIS

LIBRAIRIE CH. DELAGRAVE

15, RUE SOUFFLOT, 15

# CHIMIE

---

# NOTIONS PRÉLIMINAIRES

---

## CHAPITRE Ier

### PRINCIPAUX TYPES DE PHÉNOMÈNES CHIMIQUES

---

### 1. — FAITS D'OBSERVATION.

= **1. Propriétés des corps.** = Les *propriétés* des corps
sont les sensations diverses qu'ils font éprouver lorsqu'on
les regarde, flaire, goûte, soupèse, chauffe, refroidit, etc.
Nous constatons facilement, par exemple, que le soufre a
une *couleur* jaune clair, que l'alcool a une *odeur* forte,
que le vinaigre a une *saveur* piquante. La connaissance de
certaines propriétés peut s'acquérir par l'observation de
faits naturels : l'eau exposée aux rayons du soleil en été
disparaît rapidement, car elle se transforme en une vapeur
qui s'élève dans l'air (*vaporisation*); en hiver, quand il
gèle, elle se transforme en glace (*solidification*). Nous avons
tous remarqué que la surface d'une rivière, en temps de
crue surtout, est couverte de débris divers : bois, liège,
paille. Ces corps sont *plus légers* que l'eau. La terre, le
gravier, les pierres que la rivière charrie se déposent
quand l'eau est calme et gagnent le fond : ces corps sont
*plus lourds* que l'eau.

Reproduire en petit un phénomène naturel, afin de l'étudier plus complètement, en réaliser d'autres dans des conditions variées constitue l'*expérimentation*. Les *expériences* qui vont suivre vont nous montrer comment on peut modifier quelques propriétés des corps [1].

**= 2. Changements d'état du soufre. =** Plaçons dans un ballon quelques fragments de *soufre* et chauffons à l'aide d'un brûleur (fig. 1). Le soufre ne tarde pas à fondre et se

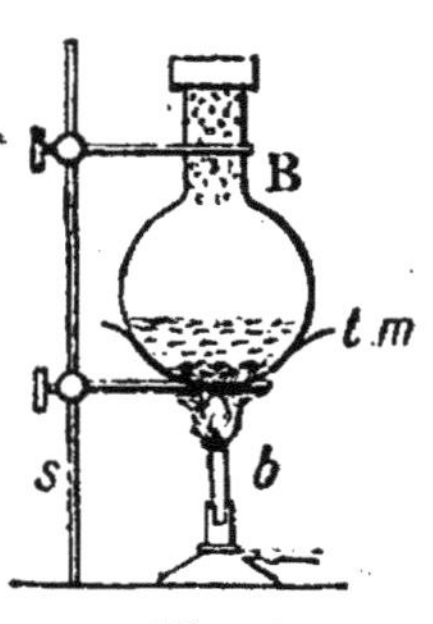

Fig. 1.

transforme en un liquide jaune clair très mobile. Un thermomètre à mercure plongé dans le liquide marque environ 115°. Continuons à chauffer : le liquide change à la fois de couleur et de consistance ; il devient brun et visqueux. Retirons le thermomètre quand il marque 200°. Si à ce moment nous retournons le ballon, nous constatons que le soufre ne coule pas. La température continuant à s'élever, le corps devient de plus en plus foncé et redevient très fluide ; puis il bout et dégage des vapeurs. Celles-ci, rencontrant les parties du ballon moins chaudes, donnent une poussière jaune, appelée *fleur de soufre*. Retirons le brûleur et laissons refroidir le ballon : le liquide cesse de bouillir, et les changements de forme et de couleur observés précédemment se reproduisent dans l'ordre inverse.

Ces différences de formes s'appellent des *changements d'états* : le soufre, naturellement à l'état *solide*, a pris successivement, sous l'action de la chaleur, l'état *liquide*, puis l'état *gazeux* par *fusion* et par *vaporisation*. En se refroidissant, une partie de la vapeur de soufre est passée à l'état liquide par *condensation*, puis à l'état solide par *solidification*. L'autre partie est passée directement à l'état

---

[1] L'expérimentation n'étant fructueuse et instructive que si elle est accompagnée d'une observation attentive, il est indispensable que les élèves suivent avec la plus grande attention les expériences réalisées, qu'ils s'accoutument à bien voir et à porter leurs efforts sur les points essentiels signalés par le professeur.

solide par *sublimation* : on dit que la fleur de soufre est du *soufre sublimé*. Ce changement d'état est assez rare.

**= 3. Action de la chaleur sur le sucre. ==** Plaçons dans un petit tube, dit *tube à essais*, un morceau de *sucre* blanc et chauffons le tube dans la partie supérieure de la flamme du brûleur (fig. 2). Le sucre fond, devient jaune, se caramélise, puis brunit de plus en plus. Par l'orifice du tube se dégagent d'abondantes vapeurs, et sur la paroi interne se déposent de nombreuses et fines gouttelettes d'*eau*. En même temps, le sucre noircit. Au bout de quelques instants, il ne se dégage plus rien; il reste au fond du tube un morceau de *charbon* léger et poreux.

Fig. 2.

Il est impossible, quelle que soit la durée du refroidissement, de reconstituer le sucre initial. Celui-ci s'est comporté tout autrement que le soufre.

**= 4. Action de l'eau sur le salpêtre (fig. 3). ==** Dans une fiole à fond plat (A) renfermant $100^{cm^3}$ d'eau de pluie,

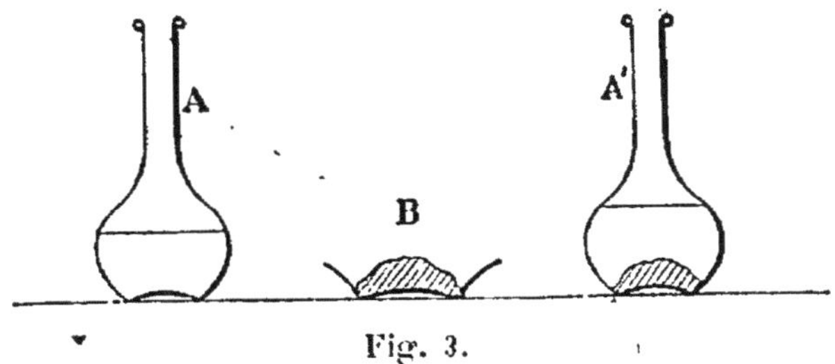


Fig. 3.

introduisons $200^g$ de *salpêtre ordinaire* en poudre ou *sel de nitre*, et agitons. Il semble qu'aucun changement ne se produise, car le salpêtre se dépose au fond de la fiole (A'). Cependant, si l'on goûte le liquide, on lui trouve une saveur qui n'est plus celle de l'eau. Si l'on en évapore une goutte placée sur la lame d'un couteau, on voit se former une tache blanche que ne donne pas l'eau de pluie. Le liquide clair surnageant renferme du salpêtre; on dit que celui-ci s'est *dissous*. Le passage d'un corps à l'état liquide par l'intermédiaire d'un autre liquide porte le nom de *dissolution*.

Chauffons maintenant la fiole ; nous constatons que la quantité de salpêtre non dissoute diminue progressivement, et, quand le liquide bouillira, le salpêtre sera entièrement dissous. On exprime ce fait en disant que la *solubilité du salpêtre augmente avec la température*.

Laissons refroidir le liquide : un corps blanchâtre ne tarde pas à apparaître et se dépose sous forme de petits fragments à faces planes se coupant à arêtes vives, auxquels on donne le nom de *cristaux*. On dit que le salpêtre *cristallise* par refroidissement : la dissolution lui a fait éprouver un changement de structure remarquable ; mais, ainsi que l'expérience suivante va le montrer, sous la forme de poudre ou sous la forme de cristaux, le salpêtre possède des propriétés communes.

**= 5. Action du salpêtre sur le charbon incandescent. ==** Sur un tesson de porcelaine, plaçons quelques morceaux de *charbon de bois* bien allumés et projetons à leur surface un peu de salpêtre en poudre. On entend un bruit particulier ; on voit une flamme très vive et violacée ; la combustion du charbon est très active. En même temps se forme sur le charbon et la porcelaine un corps grisâtre, qui ne rappelle en rien ni le charbon ni le salpêtre employés. Les mêmes faits s'observent d'ailleurs avec les cristaux obtenus dans l'expérience précédente ; on dit que le salpêtre *fuse* sur les charbons ardents.

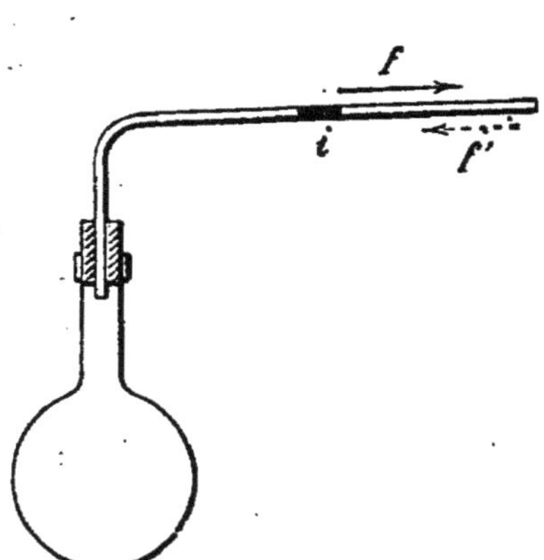


Fig. 4. — Dilatation de l'air.

**= 6. Dilatation de l'air. =** Fermons un ballon (fig. 4) par un bouchon muni d'un tube coudé qui contient un petit index liquide *i*.

Chauffons légèrement le ballon (il suffit de le tenir dans

la paume de la main). Nous constatons que l'index se déplace dans le sens de la flèche *f*; il y a donc dans le ballon un gaz qui, sous l'action de la chaleur, a fait pression sur le liquide et a poussé celui-ci. Ce corps gazeux invisible est *l'air*. Dans les conditions où nous avons opéré, son volume a augmenté de même que sa pression primitive.

Laissons ensuite refroidir le ballon : l'index se déplace dans le sens de la flèche *f'* et revient rigoureusement à sa position initiale.

Les variations de volume et de pression éprouvées par l'air, sous l'*action de la chaleur*, sont tout à fait transitoires et se manifestent en sens inverse par refroidissement.

**= 7. Combustion du phosphore dans un volume limité d'air. = *Expérience* (fig. 5).** — Dans un vase cylindrique en verre assez profond V contenant de l'eau jusqu'au niveau N, plaçons un bouchon de liège plat *f* formant flotteur, sur lequel est posée une petite coupelle *c* renfermant un petit morceau de *phosphore* bien sec. Recouvrons le flotteur d'une cloche tubulée C (un flacon sans fond peut la remplacer): cette cloche peut être hermétiquement fermée par un bon bouchon que traverse à frottement dur une baguette de verre *b*. Chauffons cette baguette et, la cloche étant fermée par le bouchon, amenons la tige chaude au contact du phosphore et remontons-la aussitôt. Le phosphore s'enflamme, brûle avec une flamme éblouissante en donnant d'épaisses fumées blanches ; le niveau de l'eau baisse dans la cloche. Mais peu à peu la combustion se ralentit : le phosphore s'éteint ; les fumées blanches disparaissent ; le niveau de l'eau monte d'abord dans la

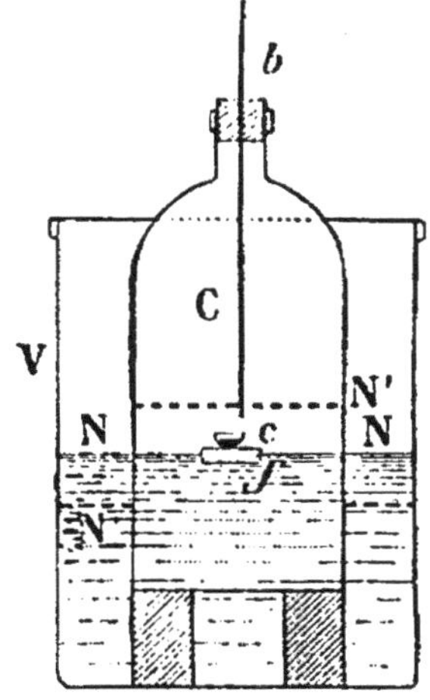

Fig. 5. — Combustion du phosphore dans un volume limité d'air.

cloche, puis reste stationnaire en N'. Comme il reste du phosphore dans la coupelle, c'est donc qu'à partir d'un certain moment l'air était incapable de le faire brûler, et il doit en être ainsi du gaz restant dans la cloche.

Pour le vérifier, il suffit de porter l'appareil précédent dans une cuve à eau et de transvaser le gaz de la cloche dans une éprouvette E, comme l'indique la figure 6, en utilisant au besoin un entonnoir *e*. L'éprouvette pleine de gaz est sortie de l'eau et maintenue sur une soucoupe (fig. 7). Si l'on introduit dans cette éprouvette une allumette enflammée, celle-ci *s'éteint immédiatement*.

Un petit animal maintenu dans ce gaz y périrait très rapidement; il est d'ailleurs plus léger que l'air; car, si une éprouvette qui en renferme est maintenue l'ouverture en haut, une allumette enflammée qu'on y introduit au bout de quelques minutes continue à brûler comme dans l'air ordinaire. Ce gaz incolore, plus léger que l'air, éteignant les corps qui brûlent et impropre à la vie, s'appelle **l'azote**.

Nous admettrons provisoirement que le gaz disparu, qui a été remplacé par de l'eau dans la cloche et qui a servi à faire brûler le phosphore, est de l'**oxygène** (9, 32).

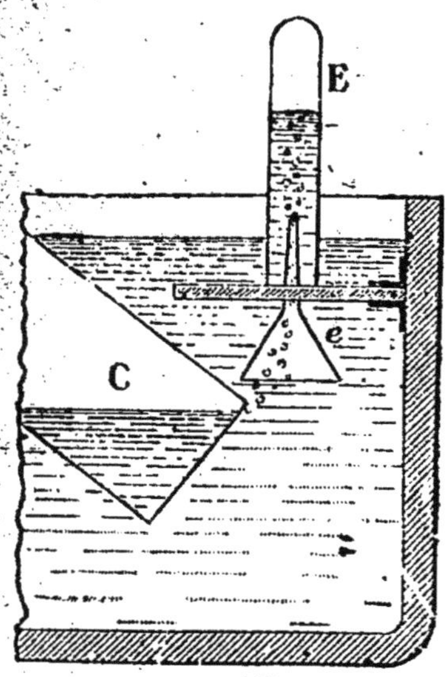

Fig. 6. — Transvasement d'un gaz à l'aide de la cuve à eau.

Les deux substances *phosphore* et *air* ont donc éprouvé ici des modifications profondes, et il n'est pas possible de restituer à l'air, en chauffant ou en refroidissant, ce que le phosphore lui a pris.

**═ 8. Conclusion. ═** Dans les expériences des n$^{os}$ 2, 4, 6, les corps employés ont subi des modifications *passagères* affectant leur état, leur couleur, leur volume; mais ils ont facilement repris leurs propriétés primitives; ces modifications sont des modifications *réversibles*. Ce sont celles qu'on étudie en physique et qu'on désigne sous le nom de *phénomènes physiques*.

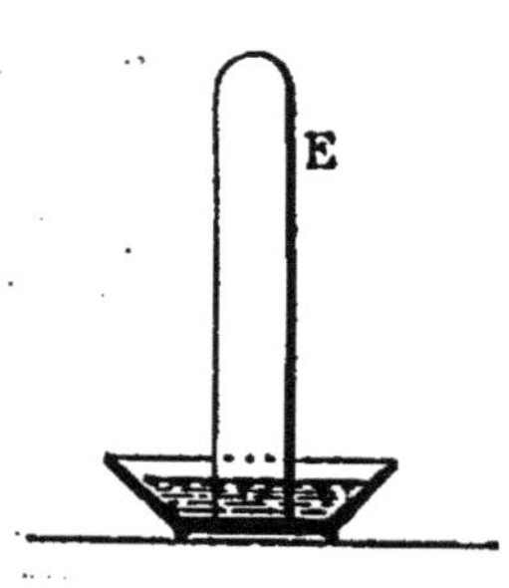

Fig. 7.

Dans les expériences 3, 5, 7, au contraire, les corps ont subi des modifications profondes, durables, *irréversibles*. On les appelle des *phénomènes chimiques*. Ce sont ces derniers que nous allons étudier de près et ramener à quelques types.

## 2. — DÉCOMPOSITIONS CHIMIQUES.

### (Corps composés, corps simples.)

**= 9. Décomposition d'un corps en plusieurs autres par la chaleur.** = *Expérience 1.* — *Décomposition de la* **rouille de mercure** (fig. 8). — Introduisons dans un tube à essais un peu de **rouille de mercure**, poudre orangée qui se forme à la surface du mercure longuement chauffé à l'air. Chauffons ce tube dans la partie supérieure de la flamme d'un brûleur. La rouille ne tarde pas à noircir; puis, sur la surface interne du tube et à une petite distance de la région chauffée apparaît un anneau brillant, qui augmente progressivement de longueur. En regardant

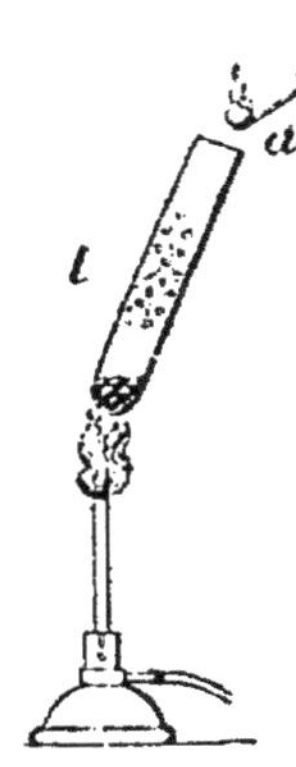

Fig. 8.

de très près, on voit que cet anneau est formé d'une multitude de petites gouttelettes de **mercure**.

Le tube étant maintenu dans la flamme, introduisons à l'intérieur une bûchette de bois assez longue qui a été bien allumée, puis soufflée, et qui présente encore quelques points incandescents. Une petite explosion se produit; la bûchette se rallume et brûle d'un vif éclat, beaucoup mieux que dans l'air. Nous pouvons la retirer du tube, l'éteindre et recommencer l'expérience : les mêmes phénomènes se reproduisent. Le gaz qui remplit le tube, — que nous ne voyons pas, il est vrai, mais dont la présence est accusée par la façon dont s'y comporte une allumette presque éteinte, — n'est certainement pas de l'air ordinaire : on l'appelle **oxygène**.

La rouille de mercure a donc fourni deux corps très différents d'elle : du mercure (liquide), de l'oxygène (gaz). Quels que soient le mode de chauffage, l'origine de cette rouille et la quantité chauffée, on n'obtient jamais que ces deux corps : c'est pourquoi on dit que la *rouille de mer-*

cure est composée de mercure et d'oxygène. On l'appelle de l'oxyde de mercure.

*Expérience 2. — Décomposition de la craie.* — Plaçons 25ᵍ de *craie-taillée* dans un creuset en terre réfractaire disposé sur l'un des plateaux d'une balance, l'autre plateau contenant la tare nécessaire pour que l'aiguille soit bien verticale. Portons le creuset dans le poêle bien chaud ou dans un fourneau allumé. Retirons le creuset au bout d'une dizaine de minutes; laissons-le refroidir en le couvrant et portons-le de nouveau sur la balance : le fléau s'incline du côté de la tare, indiquant une diminution du poids de la craie. En répétant ces opérations plusieurs fois, on constate que le fléau s'infléchit de plus en plus dans le même sens, puis que le poids du creuset ne change plus. Pour rétablir l'équilibre, il faut mettre environ 11ᵍ près du creuset.

Examinons maintenant son contenu : les bâtons de craie ont diminué de volume; ils sont devenus grisâtres; ils font sur le tableau noir des traces peu visibles. En plaçant l'un d'eux sur une soucoupe et en versant sur lui de l'eau froide, on observe un nuage de vapeur indiquant l'échauffement de la matière : celle-ci, de plus, se boursoufle, augmente de volume, foisonne. Ce n'est plus de la craie, c'est de la *chaux.*

La perte de poids de 11ᵍ éprouvée par la craie est due au dégagement dans l'air d'un gaz incolore qu'on appelle le *gaz carbonique.*

Les mêmes résultats seraient obtenus avec du *marbre blanc,* au lieu de craie. Quel que soit le poids de marbre ou de craie décomposé, on obtiendrait un poids de chaux égal aux $\frac{14}{25}$ du poids primitif. On dit, pour cette raison, que la craie et le marbre, malgré leur différence d'aspect et de dureté, sont composés de *chaux* et de *gaz carbonique* ou sont formés de *carbonate de calcium.*

**═ 10. Décompositions produites par la lumière. ═**
*Expérience 1. — Tirage d'un bleu d'atelier* (fig. 9). — Ce

procédé, employé pour reproduire les dessins et croquis d'ateliers, est fondé sur la décomposition par la lumière d'un corps appelé *prussiate rouge de potassium*. Les feuilles de *papier sensible*, qu'on vend dans le commerce pour cet usage, sont constituées par un papier blanc spécial dont une des faces, de couleur jaunâtre, a été enduite d'une solution à base de prussiate. Les croquis à reproduire sont exécutés en traits noirs sur papier transparent résistant (papier pelure) et constituent un *calque*. Pour *tirer un bleu*, on dispose le calque dans un châssis-presse, face contre verre ; sur le calque, on place une feuille de papier sensible ; on assujettit les volets du châssis, et l'on expose le tout à la lumière. Tout autour des traits noirs, le prussiate est décomposé et devient gris, tandis que, sous ces traits, il reste inaltéré, et le dessin apparaît en traits

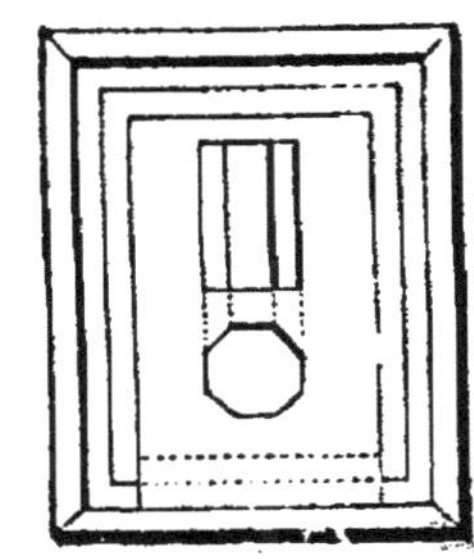

Fig. 9.

jaunes sur fond gris. — Employé tel quel, il deviendrait vite inutilisable : la lumière, agissant sur le prussiate non décomposé, rendrait rapidement les teintes uniformes. C'est pourquoi on *fixe* l'épreuve en l'arrosant avec de l'eau ou en la plongeant dans ce liquide : sous l'action de l'eau, le prussiate non modifié se dissout ; l'autre passe du gris au bleu, et l'on obtient ainsi un dessin en traits blancs sur fond bleu : d'où le nom de *bleu* qui lui est donné.

*Expérience 2.* — *Décomposition du bromure d'argent.* — On emploie en photographie des papiers beaucoup plus sensibles que le précédent, imprégnés de composés où entre de l'*argent*. Disposons dans un châssis-presse un petit rectangle de papier au *bromure d'argent*, placé sur une feuille de papier noir, comme l'indique la figure (fig. 10). Exposant à la lumière et ouvrant le châssis quelque temps après, on constate que les bandes *b* et *c*, qui ont subi l'action de la lumière, sont devenues d'un gris plus ou moins foncé, tandis que la portion *a*, protégée par le papier noir, a gardé la teinte jaune initiale du bromure d'argent. Pour ce papier et pour beaucoup d'autres du même genre, on se sert comme *fixateur*, non plus d'eau,

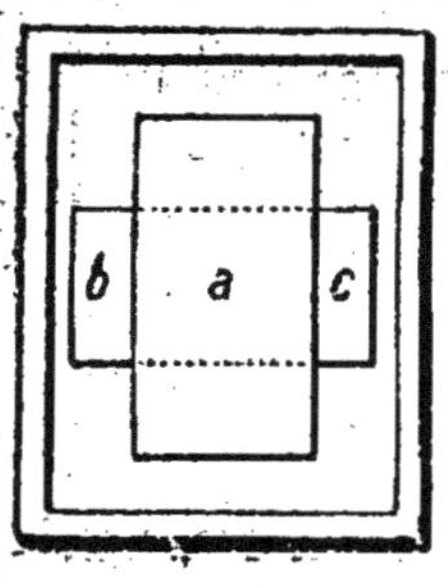
Fig. 10.

mais d'une solution d'*hyposulfite de sodium*. La décomposition est tellement rapide d'ailleurs, que même la partie *a* est altérée et devient grise dans l'hyposulfite ; c'est pourquoi le chargement et toutes les manipulations se font dans une chambre où l'obscurité est complète. En procédant de cette façon, nous obtiendrions finalement une bande de papier blanche en *a*, *noire* en *b* et *c*. Le bromure d'argent s'est décomposé en *brome*, corps qui s'est dégagé dans l'air, et en *argent*, qui constitue le dépôt *noir* des bandes *b* et *c* [1].

= **11. Décompositions produites par le courant électrique.** = *Expérience. — Décomposition du vitriol bleu.*

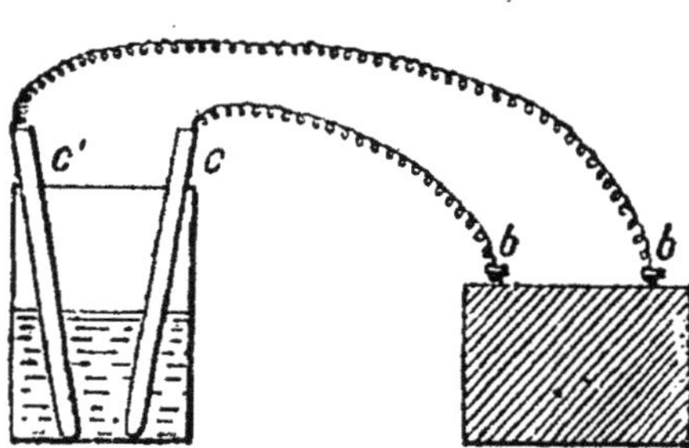
Fig. 11.

*Le vitriol bleu* se présente en beaux cristaux solubles dans l'eau. Plaçons dans un verre cylindrique contenant cette liqueur bleue deux charbons de lampe à arc *c c'* (fig. 11), et réunissons ces charbons aux bornes *b* et *b'* d'un accumulateur ou d'une série de piles, à défaut d'accumulateur.

---

[1] Il semble surprenant que le corps noir soit de l'argent ; mais il faut remarquer qu'il existe, dans ce cas, sous la forme d'un dépôt extrêmement mince, ayant un état et une origine très différents de l'argent en barres. Un *même corps* peut, suivant les circonstances, revêtir des formes dissemblables ; nous en avons déjà trouvé des exemples (salpêtre en poudre ou en cristaux ; craie et marbre).

Nous observons que l'un des charbons se recouvre d'une couche rouge, qui est du *cuivre* finement divisé, tandis qu'autour de l'autre se dégagent de nombreuses petites bulles gazeuses. Nous apprendrons plus tard que c'est de l'*oxygène* venant de l'eau de la dissolution et qu'en même temps celle-ci devient acide par suite de la formation d'un corps, appelé *acide sulfurique*.

Les corps formés proviennent uniquement, d'ailleurs, du vitriol et de l'eau ; car, si avant l'expérience on a pesé les charbons et si, après les avoir brossés et séchés, on les pèse de nouveau, on constate que leur poids n'a pas varié.

Pour le chimiste, le vitriol bleu s'appelle *sulfate de cuivre ;* ce nom rappelle immédiatement que le corps considéré renferme du cuivre et provient de l'acide sulfurique.

= **12. Corps composés, corps simples.** = Si, par les moyens que nous venons d'employer (chaleur, lumière, électricité) et quelques autres, dont nous signalerons dans la suite les plus importants, il est impossible de retirer de la substance soumise à l'expérience d'autres corps *tels que le poids de chacun d'eux soit* **inférieur** *au poids de la matière* employée, on dit que cette substance est un **corps simple.** Le mercure, l'oxygène, le brome, l'argent, etc., sont des corps simples. Le sucre, la craie, le prussiate rouge, le sulfate de cuivre, sont des **corps composés.** Nous verrons qu'il en est de même de l'eau (composée d'oxygène et d'hydrogène), du gaz carbonique (composé de charbon et d'oxygène). La chaux est composée d'oxygène et d'un métal qui ressemble au plomb, le *calcium :* d'où son nom d'*oxyde de calcium.*

Le nombre des corps simples actuellement connus est de 75 environ. Les plus récemment découverts ont, en général, un nom terminé par *um* qui rappelle leur origine (*calcium,* retiré de la chaux ; *aluminium,* retiré de l'alumine ; *potassium,* retiré de la potasse, etc.).

= **13. Métaux et métalloïdes.** = En comparant un morceau de *fer* et un morceau de *charbon,* on constate sans peine de nombreuses différences : le premier est lourd, capable d'acquérir par le frottement un éclat brillant (éclat métallique) ; il peut être aplati et plié à chaud, à la forge ; le second est plus léger, reste terne quand on le frotte, ne peut être forgé. Les corps simples se rapprochant du fer par leurs propriétés externes sont appelés des *métaux* : tels sont le cuivre, l'or, l'argent, l'étain, le zinc. Les autres sont appelés des *métalloïdes*. Nous appellerons donc *métalloïdes* les corps simples ne présentant pas les caractères d'un métal et, notamment, incapables d'acquérir l'éclat métallique : tels sont le charbon, le soufre, le phosphore, l'oxygène, le brome, etc.

**14. Analyse.** — Trouver les corps *simples* que renferme une substance *déterminée* s'appelle en faire l'*analyse qualitative*.

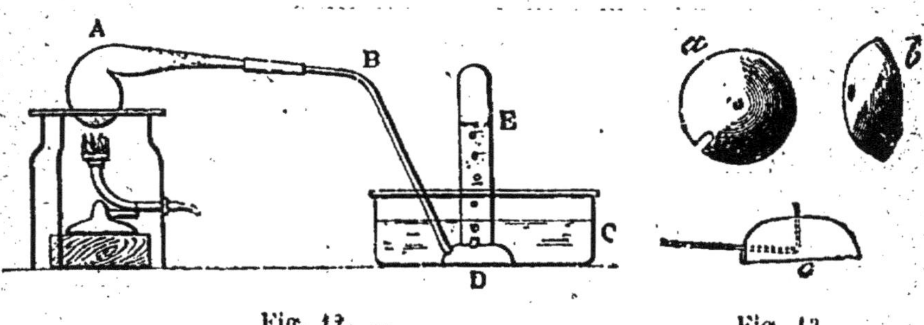

Fig. 12.    Fig. 13.

Si l'analyse a pour but de déterminer la quantité de chaque composant, elle est dite *quantitative*. Une quantité peut d'ailleurs s'évaluer soit en *poids* à l'aide de la balance, soit en *volume* à l'aide de vases gradués : l'expérience 2 (9) est une analyse quantitative *pondérale*. Il est facile de transformer l'expérience 1 (9) en analyse *volumétrique*.

*Expérience.* — Montons l'appareil représenté par la fig. 12 et se composant d'une cornue A, d'un tube de dégagement ou tube abducteur B, d'une cuvette C, d'un têt à gaz D (fig. 13) et d'une éprouvette graduée E, que nous placerons d'abord à côté du têt à gaz. Introduisons dans la cornue 5ᵍ d'*oxyde de mercure* et chauffons ; l'air de l'appareil se dégage d'abord, puis la masse noircit. Plaçons alors l'éprouvette sur le têt. Des bulles de gaz montent dans l'éprouvette en même temps que du mercure apparaît sur les parties froides de la cornue. Quand tout l'oxyde est décomposé,

on constate qu'on a recueilli environ 270 cm³ de gaz ; 1º d'oxyde
cr aurait fourni environ 51 cm³ ; quel que soit le poids employé $p^g$,
le volume recueilli eût été de 51 cm³ $\times p$.

= **15.** *Remarque.* = Les résultats fournis par l'analyse d'un corps
ne sont *comparables entre eux* et *significatifs* que si le corps est
pur ou, comme on dit, est une *substance définie*. Les corps composés qu'on trouve dans la nature sont le plus souvent des
mélanges complexes. Avant tout, il faudra donc reconnaître si la
substance analysée est définie, c'est-à-dire si elle n'est pas un
mélange.

= **16. Conclusion.** = *Un très grand nombre de corps
sont composés. Quand un corps est pur, sa décomposition
fournit toujours les mêmes corps ; le poids ou le volume
de ceux-ci présentent avec le poids du composé un rapport
déterminé et invariable. Le dernier terme auquel aboutit
l'analyse est un corps simple.*

### 3. — COMBINAISONS CHIMIQUES.

= **17. Combinaison de deux corps par la chaleur.** =
*Expérience 1. — Combinaison du soufre et du cuivre.* — Dans un
ballon chauffé renfermant du *soufre* en ébullition, laissons tomber
quelques copeaux de *cuivre rouge* (tournure ou planure de cuivre).
Ces copeaux deviennent immédiatement incandescents ; ils semblent
brûler dans la vapeur de soufre. Si on les retire du ballon, on
constate que le cuivre est devenu noir, friable et, de plus, a *augmenté de poids*. On dit que le
soufre et le cuivre se sont *combinés*, et au corps noir formé,
qui ne rappelle en rien ni le
soufre ni le cuivre, on donne
le nom de *sulfure cuivreux*.

*Expérience 2.* — Plongeons
un tube de verre *t* dans un flacon contenant du *magnésium*
en poudre. Plaçons l'extrémité
garnie de poudre près de la
flamme d'un brûleur *b* (fig. 14)

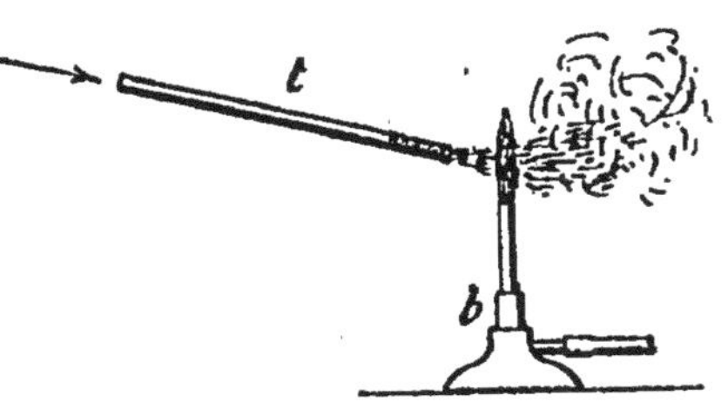

Fig. 14. — Flamme éblouissante
du magnésium en poudre.

et soufflons par l'autre extrémité : le magnésium brûle avec une
flamme éblouissante de très courte durée (*éclair des photographes*)
et se transforme en une poussière blanche ressemblant à de la

chaux, qu'on appelle vulgairement de la *magnésie*. C'est une combinaison du magnésium et de l'oxygène de l'air ; d'où son nom d'*oxyde de magnésium*.

*Expérience 3.* — *Combustion du charbon dans l'air.* — Nous utiliserons l'appareil représenté par la fig. 15 et comprenant les parties suivantes : un tube assez gros T relié au flacon F par le tube coudé *t*, un aspirateur A muni d'un robinet *r* et relié à F par le tube *t'*.

Plaçons dans T un poids connu, $10^g$ par exemple, de charbon de bois pulvérisé ; chauffons au moyen d'un brûleur à flamme large *b* et ouvrons le robinet *r* : le charbon brûle, et l'écoulement de l'eau de l'aspirateur produit un appel d'air qui circule suivant la direction qu'indiquent les flèches. Au bout de quelques instants, séparons le flacon F du reste de l'appareil ; si nous introduisons

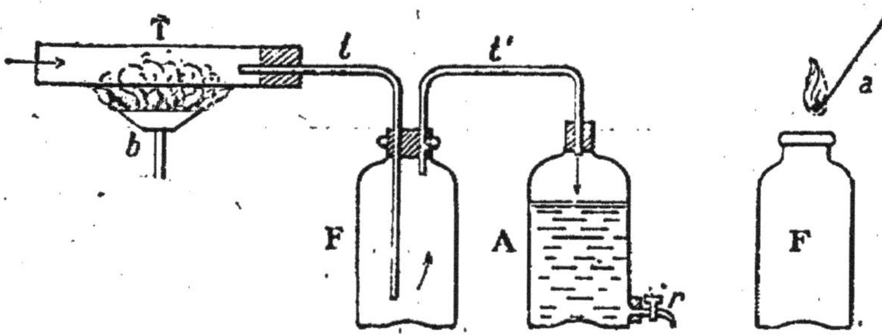

Fig. 15. — Combustion du charbon dans un courant d'air.

dans ce flacon une bûchette enflammée *a*, celle-ci s'éteint immédiatement (Faire la contre-épreuve avec un flacon contenant de l'air ordinaire : la bûchette continue à brûler). — Donc le flacon F contient un gaz qui n'est pas de l'air ordinaire ; ce gaz n'était pas contenu dans le charbon, car, si l'on mesure le poids de gaz produit (161), on constate qu'il s'en est formé environ $30^g$ quand le charbon a été complètement brûlé. On dit que le charbon s'est *combiné* à une partie de l'oxygène de l'air qui a passé dans le tube T, et à cette combinaison on donne le nom de *gaz carbonique* (de *carbone*, nom savant du *charbon*). Ce gaz est d'ailleurs identique à celui qui s'est dégagé de la craie fortement chauffée.

## = 18. Combinaison de deux corps par simple contact. =

*Expérience 1.* — Dans le flacon F de l'expérience 3 précédente, versons un peu d'*eau de chaux*, liquide bien limpide qu'on obtient en filtrant une bouillie claire de chaux éteinte (lait de chaux). L'eau de chaux se trouble, devient blanchâtre, ce qui indique la formation d'un corps solide insoluble dans l'eau ; ce dernier provient de la combinaison du *gaz carbonique* et de la *chaux* contenue dans l'eau de chaux ; c'est du *carbonate de calcium*, identique comme composition à la craie ou au marbre. Dans cette expérience, inverse de l'expérience 2 (9), nous venons de faire la **synthèse** du carbonate de calcium.

*Expérience 2.* — Prenons deux flacons renfermant : l'un F, de l'*esprit de sel;* l'autre F', de l'*alcali volatil* (fig. 16), et disposons l'un au-dessus de l'autre les bouchons *b* et *b' :* immédiatement d'épaisses fumées blanches se produisent. L'esprit de sel, en effet, est une dissolution de *gaz chlorhydrique* dans l'eau; l'alcali volatil est une dissolution de *gaz ammoniac* dans l'eau. Ces gaz se dégagent très facilement de leurs dissolutions. Dès lors, si l'on approche les bouchons, les deux gaz arrivent en contact et se combinent; les fumées blanches observées s'appellent du *chlorhydrate d'ammoniaque* et sont constituées par un corps solide en particules extrêmement ténues, identique au *sel.ammoniac* dont on charge les piles pour sonneries.

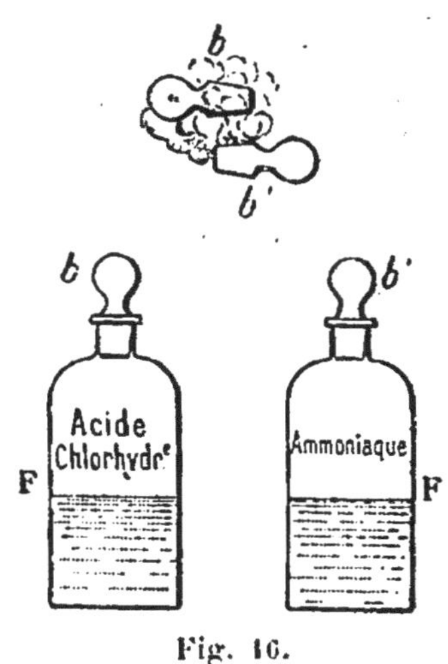


Fig. 16.

== **19. Autres circonstances provoquant la combinaison des corps.** == Les combinaisons chimiques peuvent être réalisées par les moyens qui provoquent les décompositions (chaleur, lumière, électricité).

Nous verrons, par exemple, que le *chlore* et l'*hydrogène* se combinent violemment sous l'action de la lumière solaire pour former du *gaz chlorhydrique* (61). On emploie l'électricité sous forme d'étincelles, le courant servant surtout aux décompositions : c'est de cette façon que, dans un grand nombre de moteurs d'automobiles, on enflamme le mélange d'air et de vapeur d'essence dont la combinaison explosive actionne un piston.

Certaines substances, notamment les *métaux très finement divisés* et préparés d'une façon spéciale, tels que le cuivre, le nickel, mais surtout le *platine*, agissent à la façon de la lumière ou de la chaleur.

On trouve actuellement dans le commerce des allumeurs automatiques de gaz constitués par une petite nacelle *n* en treillis métallique (fig. 17), contenant une matière noire (noir de platine). La nacelle étant posée sur la partie supérieure du verre, on tourne le robinet de gaz : immédiatement la nacelle rougit et met le feu au gaz. Le mode d'action de ces substances est encore mal connu ; elles ne subissent aucune transformation apparente, mais perdent plus ou moins rapidement leur pouvoir de combinaison ou de décomposition. On les appelle *substances catalysantes* (100, 123).

Fig. 17.

= **20. Conditions indispensables pour produire des combinaisons.** = Quel que soit le moyen employé pour produire une combinaison, deux conditions sont indispensables :

1° Les corps à combiner doivent être en *contact*. Cette condition se trouve d'elle-même réalisée si les corps sont gazeux [expérience 2 (18)], si l'un est gazeux et l'autre liquide [expérience 1 (18)]. La combinaison des corps solides se fera donc plus difficilement que celle des corps liquides ou gazeux ; on la facilitera, soit en vaporisant un des corps [expérience 1 (17)], soit en l'amenant à l'état liquide par dissolution, soit enfin en le divisant ou en le pulvérisant de manière à obtenir une surface de contact aussi grande que possible.

2° Les corps doivent être portés à une *température déterminée*, variable pour chaque espèce de composé, et au-dessous de laquelle la combinaison n'est pas possible. Nous verrons que le phosphore ordinaire ne s'enflamme qu'à partir de 60° ; le soufre ne peut brûler au-dessous de 250°.

= **21. Caractéristique de la combinaison. = Différences avec le mélange.** — Plaçons sur une feuille de papier blanc une certaine quantité de *fleur de soufre* bien sèche et de *limaille de fer*, puis mêlons aussi intimement que possible les deux corps. Dans la poudre obtenue, le soufre et le fer gardent leurs propriétés respectives et leur individualité. En effet :

1° Le mélange a une teinte verdâtre, provenant de la superposition de la teinte jaune du soufre et de la teinte grise du fer ;

2° Le fer reste, dans ce mélange, attirable par l'aimant et peut ainsi être séparé du soufre ;

3° On distingue facilement à la loupe les grains de soufre des grains de fer ;

4° Si l'on met dans un tube à essais un peu du mélange et de l'eau, on constate, après avoir agité et laissé reposer, que les deux corps se superposent par ordre de densité : le fer, plus lourd que le soufre, gagne le fond du tube.

Faisons maintenant un mélange aussi intime que possible de 12$^g$ de soufre et de 21$^g$ de fer, soit 33$^g$ au total. Introduisons une fraction de ce mélange dans un ballon ; ajoutons de l'eau, de manière à faire une bouillie claire. Chauffons légèrement le ballon, puis fermons-le au moyen d'un bouchon traversé par un long tube ouvert, et abandonnons-le sur le support (fig. 18). Au bout de quelques

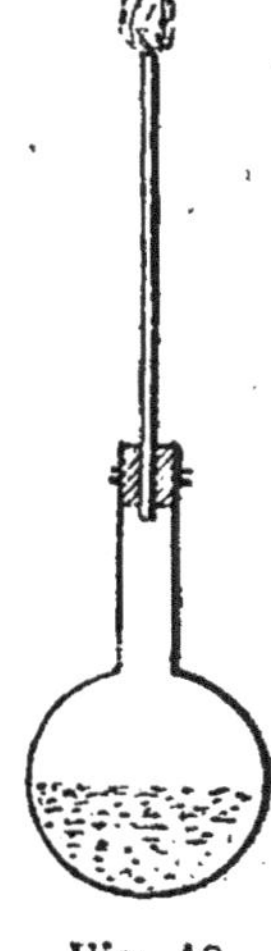

Fig. 18.

instants, la masse noircit, s'échauffe ; le ballon ne peut plus être tenu à la main ; un nuage de vapeur se dégage à l'extrémité du tube.

En retirant la masse formée, on constate que c'est une poudre *noire*, dont aucune parcelle n'est attirable par l'aimant, où ni l'œil ni la loupe ne distinguent de grains de soufre et de fer ; qui, enfin, mise dans de l'eau, ne se sépare plus en couches de couleurs et de densités différentes. Dans cette substance homogène, le soufre et le fer ont perdu leurs caractères distinctifs ; il s'est opéré une *combinaison* qui a produit un nouveau corps, le *sulfure ferreux*.

Il est essentiel de remarquer que, pour réaliser complètement cette combinaison, nous avons dû prendre un mélange fait avec des *poids déterminés* de l'un et l'autre corps. Nous avons combiné une certaine fraction de 12$^g$ de soufre avec la même fraction de 21$^g$ de fer ; il suffit que le rapport des poids de soufre et de fer soit $\frac{12}{21}$ ou $\frac{4}{7}$ ; autrement dit, on ne peut combiner entre eux que des poids de soufre et de fer équimultiples ou sous-multiples de 4 et 7. On exprime ce fait en disant que les combinaisons sont soumises à une *loi*, qui s'énonce ainsi : *Quand deux corps se combinent pour former un corps déterminé, il y a un rapport invariable entre les poids des composants.* Si ce rapport n'existe pas, la combinaison n'est pas intégrale ; un des composants est en excès, et le produit final est un mélange du composé et du corps en excès. Si, par exemple, on chauffe un mélange de 4g de soufre et de 8g de fer, on obtient 11g de sulfure ferreux, et il reste 1g de fer libre non combiné, attirable par l'aimant.

== **22. Caractères accessoires.** == Au caractère fondamental de la combinaison que ne possède pas le mélange s'en ajoutent d'autres, moins certains toutefois et moins généraux :

1° Une combinaison se manifeste le plus souvent par le *changement de propriétés* des composants ; c'est surtout à ce caractère que jusqu'à présent nous avons fait appel ;

2° Une combinaison donne lieu à un *corps homogène* où il est impossible de distinguer les constituants. Il en est de même, toutefois, en cas de dissolution ; dans de l'eau sucrée, dans une dissolution de sulfate de cuivre, les plus forts grossissements ne font découvrir aucune parcelle solide, et cependant il n'y a pas eu combinaison ;

3° Toute combinaison est accompagnée d'un *phénomène calorifique*, — soit d'un *dégagement de chaleur* (combinaison *exothermique* : dès que la température nécessaire est atteinte, la combinaison se continue d'elle-même ; exemple : formation des sulfures ferreux et cuivreux), — soit d'une *absorption de chaleur* (combinaison *endothermique* : il faut, dans ce cas, chauffer jusqu'à combinaison complète). Mais les changements d'états, qui ne sont pas des combinaisons, présentent également ce caractère.

== **23. Remarque.** == Les corps si nombreux qu'on trouve dans le sol ou dans les organes des végétaux et des animaux sont très rarement des composés purs, des *espèces chimiques*. Le plus souvent ce sont des associations de composés plus ou moins nombreux : la pierre à chaux ordinaire, par exemple, renferme, outre le carbonate de calcium, d'autres carbonates et du sable; la pulpe de betterave renferme avec du sucre, composé défini, beaucoup d'autres substances. De même, nous verrons que l'air et l'eau naturelle sont des mélanges très complexes, tandis que l'eau pure, au contraire, est une combinaison.

**= 24. Synthèse. =** Obtenir un corps composé par la combinaison de corps plus simples, c'est en faire la *synthèse*. Toutes les expériences des paragraphes (17) et (18) sont des synthèses. On distingue des synthèses qualitatives ou quantitatives, en volume ou en poids. Les résultats fournis par une analyse doivent être, autant que possible, contrôlés par une synthèse. Mais les synthèses sont parfois difficiles : alors qu'il est très aisé de décomposer le sucre en eau et charbon, il est impossible de combiner ces deux corps pour reformer du sucre.

La synthèse permet non seulement de reproduire les corps naturels connus, mais d'en fabriquer une foule d'autres, de sorte que le nombre des corps composés qu'on peut obtenir est illimité. C'est aux progrès de la synthèse, par exemple, que nous devons les innombrables couleurs que l'industrie fabrique avec les goudrons de houille.

**= 25. Conclusion. =** Sous l'influence de la chaleur, de la lumière, de l'étincelle électrique, etc., deux corps en contact peuvent *se combiner* pour former un nouveau corps, composé des premiers. La combinaison n'est intégrale que si *les poids des composants sont dans un rapport déterminé*. Si ce rapport est réalisé, *le poids du composé est égal à la somme des poids des composants*.

## 4. — RÉACTIONS COMPLEXES.

**= 26. =** Il existe des phénomènes chimiques plus complexes que ceux que nous avons étudiés précédemment.

*Expérience 1.* — Plaçons dans un verre renfermant une dissolution très limpide de *vitriol bleu* quelques pointes en *fer* bien propres. Elles ne tardent pas à se recouvrir d'une couche rouge de cuivre pulvérulent, et peu à peu le liquide change de teinte; au bout de quelques heures, il est jaune verdâtre. En évaporant un peu de ce liquide, on obtient des cristaux verts (*vitriol vert* ou *sulfate de fer*). Le fer s'est comporté comme un individu plus fort que le cuivre et a pris sa place : c'est ce qu'on appelle une *réaction de déplacement* ; on peut la représenter ainsi :

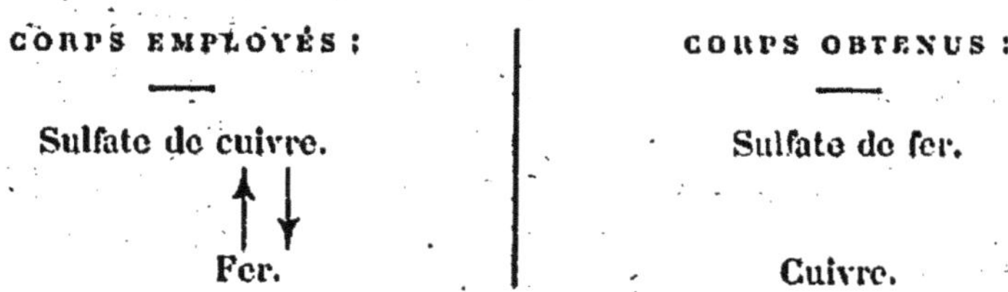


*Remarque. — Le poids des corps formés est rigoureusement égal au poids des corps employés;* on peut le vérifier en pesant le verre et son contenu avant et après l'expérience.

*Expérience 2.* — Plaçons quelques grammes de *sulfure ferreux* (19) dans un tube à essais et versons-y quelques gouttes d'esprit de sel (*acide chlorhydrique*) : immédiatement un bouillonnement se produit, et il se dégage un gaz à odeur nauséabonde, rappelant celle des œufs pourris, appelé *gaz sulfhydrique.* Le contenu du tube, filtré, fournit un liquide vert, qui est une dissolution d'un corps appelé *chlorure ferreux.* Le tableau ci-dessous explique la réaction produite :

| CORPS EMPLOYÉS : | | CORPS OBTENUS : | |
|---|---|---|---|
| Sulfure ferreux | Soufre. / Fer. | Soufre / Hydrogène } Acide sulfhydrique. | |
| Acide chlorhydrique | Hydrogène. / Chlore. | Fer / Chlore } Chlorure ferreux. | |

Ici encore il y a eu déplacement mutuel : l'hydrogène et le fer ont changé de place. Si l'on pouvait recueillir le gaz produit, on constaterait encore que la somme des poids des corps formés est rigoureusement égale à la somme des poids des corps employés : c'est ce qu'exprime l'égalité :

$$\text{Sulfure ferreux} + \text{acide chlorhydrique} = \text{gaz sulfhydrique} \uparrow + \text{chlorure ferreux}.$$

(La flèche ↑ indique le dégagement d'un gaz.)

**= 27. Action de l'esprit de sel sur la craie. =** *Expérience.* — Plaçons dans un verre quelques morceaux de *craie* taillée, sur lesquels nous verserons de l'*esprit de sel :* immédiatement se produit un vif bouillonnement, une effervescence indiquant le dégagement d'un gaz. Si l'on plonge dans le verre une allumette enflammée, elle s'éteint aussitôt ; ce gaz empêche donc les corps de brûler. — Il est lourd, car on peut le recueillir dans un flacon, comme l'indique la figure 19 ; il suffit de placer la craie dans un tube à essais et, après avoir versé le liquide, de fermer le tube par un bouchon muni d'un tube coudé pénétrant dans le flacon. Si l'on verse de l'eau de chaux dans le flacon, elle blanchit : nous reconnaissons le *gaz carbonique,* que l'esprit de sel a chassé de la craie. Le liquide formé abandonnerait par évaporation un corps grisâtre, appelé *chlorure de calcium.* Le tableau ci-dessous explique la réaction :

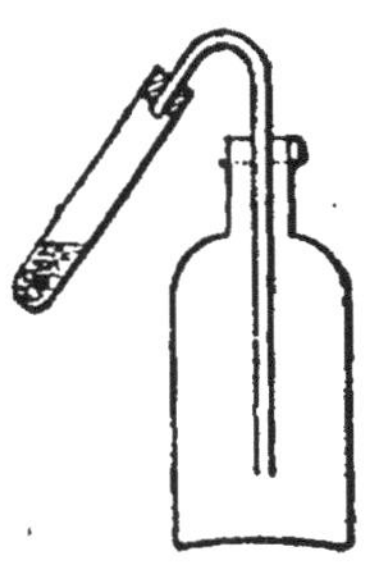

Fig. 19.

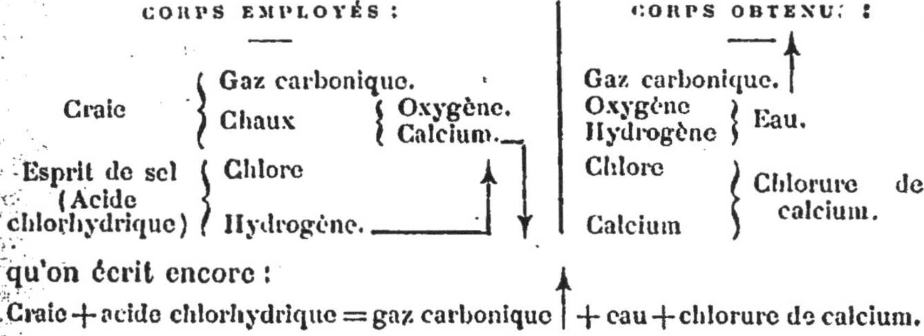



qu'on écrit encore :

Craie + acide chlorhydrique = gaz carbonique ↑ + eau + chlorure de calcium.

*Remarques.* — I. — L'appareil précédent montre comment on peut recueillir, par *déplacement d'air,* un gaz *plus lourd* que l'air.

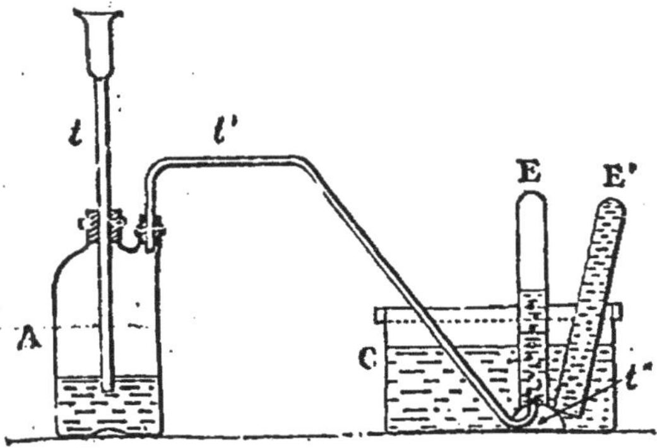



Fig. 20. — Préparation d'un gaz à froid.

II. — Nous emploierons souvent, pour produire *un gaz à froid,* l'appareil représenté par la figure 20. Il se compose d'un flacon A à deux tubulures, dans lequel on place les corps solides employés ;

la tubulure centrale est fermée par un bouchon que traverse le tube à entonnoir $t$; celui-ci sert à l'introduction des liquides d'attaque; la tubulure latérale porte un tube à dégagement $t'$ (ou *tube abducteur*), qui conduit le gaz sous une éprouvette E reposant sur un têt à gaz $t'$ dans une cuve à eau C. Le flacon A peut être remplacé par un flacon à gros goulot muni d'un bouchon percé de deux trous, où s'engagent les tubes $t$ et $t'$. Le tube $t'$ doit affleurer le bouchon; le tube $t$, au contraire, doit plonger dans le liquide.

**= 28. Différentes sortes de phénomènes chimiques. — Conservation de la matière. =** Les combinaisons, les décompositions, les réactions de déplacement sont les trois types auxquels peuvent se ramener tous les phénomènes chimiques. Ceux-ci se manifestent souvent par le changement de propriétés des corps primitifs, toujours par une variation de poids de l'un d'eux (augmentation dans le cas d'une combinaison, diminution dans le cas d'une décomposition), ce qui justifie l'emploi fréquent que nous avons fait de la balance. Mais, si l'on considère l'ensemble des corps qui réagissent et des corps qui se forment, on trouve, à l'aide de la balance encore, que *le poids total des corps employés reste invariable;* autrement dit : une quantité de matière conserve le même poids malgré les transformations les plus variées qu'elle peut subir. Ce principe de la *conservation de la matière* n'est pas évident; pour un observateur superficiel, la craie, le sucre, l'oxyde de mercure chauffés perdent de leur poids; pour vérifier le principe, il faut recueillir soigneusement tous les produits formés et les peser.

C'est *Lavoisier,* illustre savant français (1743-1794), qui, le premier, énonça le principe d'une façon précise en disant que, dans la nature, **rien ne se perd, rien ne se crée.**

# CHAPITRE II

## PRINCIPES DE LA NOTATION ATOMIQUE.
## SYMBOLES ET FORMULES.

---

**1. — APPLICATION DES NOTIONS PRÉCÉDENTES :**
COMPOSITION QUALITATIVE ET QUANTITATIVE DE L'EAU PURE.

**= 20. Aucune eau dans la nature n'est pure. =**
L'eau est un des corps les plus répandus à la surface du
globe, soit à l'état liquide (fleuves, lacs, mers, nappes
souterraines), soit à l'état solide (glaciers, neiges persis-
tantes). L'atmosphère en renferme à l'état de vapeur.
Enfin elle existe abondamment à l'état liquide dans le
corps des animaux, des végétaux et dans un très grand
nombre de minéraux.

Si l'on étudie les propriétés de l'eau liquide sur des
échantillons de diverses provenances, on constate de
notables différences : 1 litre d'eau de mer peut peser
jusqu'à 1050$^g$, tandis que 1 litre d'eau de source pèse,
par exemple, 1000$^g$,6 ; la première bout à une température
plus élevée que la seconde, etc.

*Expérience.* — Déposons sur une lame de couteau bien propre
deux gouttes, l'une d'eau de pluie, l'autre d'eau de source. Plaçons
la lame au-dessus d'un brûleur pour évaporer l'eau. L'eau de pluie
laisse sur la lame une tache à peine visible, tandis que l'eau de
source laisse une tache grise très prononcée.

Ces variations de propriétés montrent que les eaux
naturelles ne sont pas pures, qu'elles doivent renfermer

diverses substances en proportions très différentes. La détermination de la composition d'un corps n'ayant de

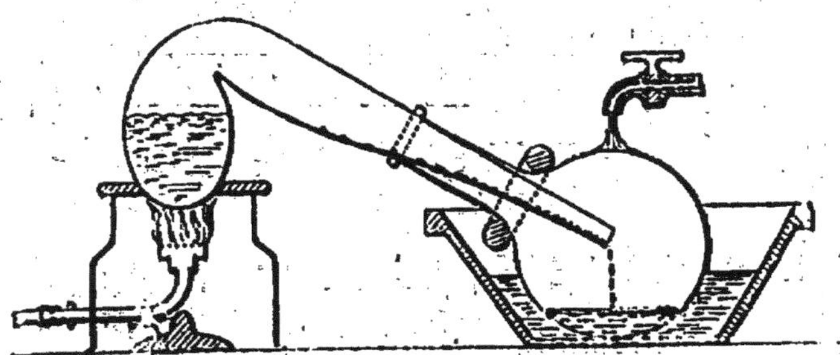

Fig. 21. — Principe de la fabrication de l'eau distillée.

sens que si le corps est toujours identique à lui-même, c'est-à-dire *pur*, nous commencerons donc par faire de l'eau *pure*.

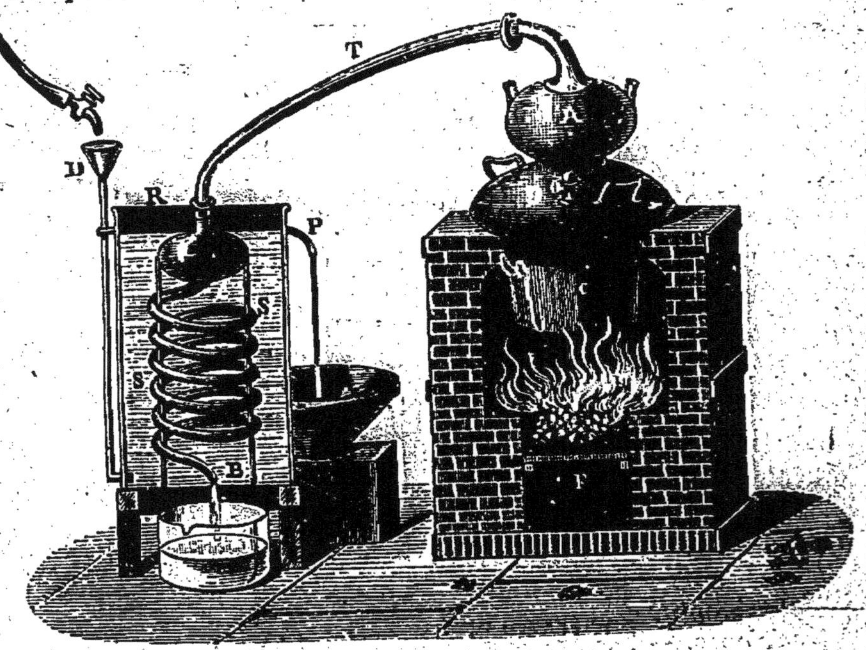

Fig. 22. — Alambic ordinaire :
C, cucurbite; A, dôme; S, serpentin; R, réfrigérant; D, introduction d'eau froide; P, trop plein.

**= 30. Préparation de l'eau pure par distillation. =** Le moyen pratiquement employé consiste à prendre une eau naturelle et à séparer par la *distillation* l'eau pure des corps étrangers auxquels elle est associée.

*Expérience.* — Introduisons de l'eau ordinaire dans une cornue au moyen d'un long tube à entonnoir, de manière à la remplir à moitié. Engageons le col dans un ballon (fig. 21) maintenu dans l'eau d'une terrine au moyen d'un corps lourd. Chauffons. Nous constatons d'abord le dégagement de petites bulles de gaz qui partent du fond du ballon; puis nous observons la formation de bulles qui crèvent avant d'atteindre la surface du liquide : on dit que l'eau chante; enfin de grosses bulles soulèvent l'eau : l'eau bout. La vapeur formée s'engage dans le col de la cornue, s'y condense partiellement et achève de se liquéfier dans le ballon où elle s'accumule. Les impuretés restent dans la cornue.

L'appareil précédent n'est pas industriel, même amplifié; il est fragile et incommode. Celui dont on se sert habituellement s'appelle un *alambic* (fig. 22). Il est bon de rejeter le premier quart du liquide distillé, qui renferme les impuretés volatiles de l'eau, et de s'arrêter quand les trois quarts du liquide primitif ont été vaporisés ; sinon, on risquerait de décomposer les matières restantes et d'introduire dans le liquide condensé de nouvelles impuretés. L'alambic sert pour faire l'*eau distillée*, qui entre dans la préparation des produits pharmaceutiques et des réactifs de laboratoires. C'est par distillation également qu'on fait, à bord des paquebots et des navires de guerre, l'*eau douce* avec de l'eau de mer.

L'EAU PURE doit être absolument limpide, sans saveur, et ne laisser aucun résidu par évaporation à sec.

## = 31. Composition qualitative de l'eau pure. = a) *Expériences analytiques.*

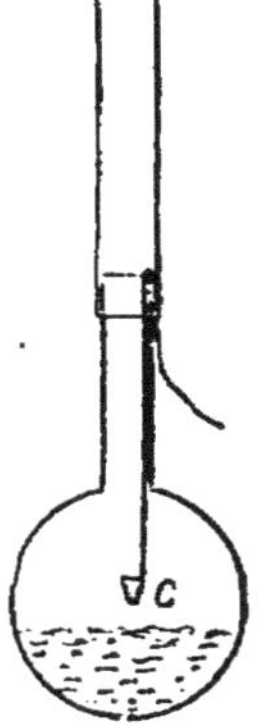

Fig. 23.

*Expérience 1.* — Dans un ballon contenant de l'eau distillée maintenue à l'ébullition (fig. 23), descendons une coupelle c renfermant de la poudre de *magnésium* enflammée, et coiffons immédiatement le ballon d'une éprouvette renversée. Nous constaterons que le magnésium continue à brûler, bien qu'il n'y ait plus d'air dans le ballon, et qu'il donne une poudre blanche identique à celle qui se produit lors de sa combustion dans l'air (*magnésie*). Approchons l'éprouvette du brûleur; il se produit une détonation, en même temps qu'une flamme très pâle, qui disparaît rapidement. Le gaz combustible contenu dans l'éprouvette diffère de l'acide sulfhydrique [expérience 2 (26)], gaz également combustible (111), par l'absence de toute odeur; on l'appelle de *l'hydrogène*.

Le magnésium étant un corps simple, c'est que *l'eau renferme de l'oxygène et de l'hydrogène*.

*Expérience 2.* — Dans un cristallisoir renfermant de l'eau distillée (fig. 24), projetons un morceau de *sodium* bien essuyé. Maintenons-le au fond de l'eau au moyen d'une petite toile métallique concave *m*, fixée à une tige en fer *t*. De nombreuses bulles de gaz se dégagent; recueillons-les dans une éprouvette E préalablement remplie d'eau. Nous constatons facilement : 1° que ce gaz est de *l'hydrogène*; 2° que l'eau du cristallisoir acquiert une saveur brûlante et des propriétés caustiques; une goutte écrasée entre les doigts donne la sensation de savon gras. Il s'est formé, en effet, un composé *oxygéné* du sodium, qui donne avec l'eau en excès une dissolution de *soude caustique*.

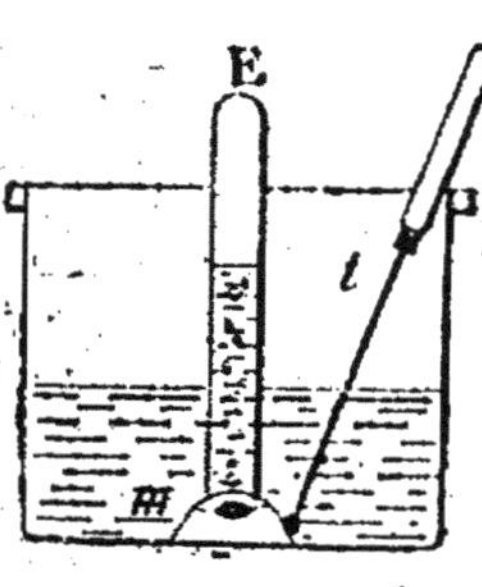

Fig. 24.

Même conclusion que pour la première expérience.

b) *Expériences synthétiques.* — Nous constaterons plus loin que lorsque l'hydrogène sec se combine à l'oxygène sec, on obtient de *l'eau*. — Quelle que soit d'ailleurs la façon de réaliser la combinaison de ces deux corps, on n'obtient que de l'eau.

L'eau pure ne renferme donc que ces gaz; *c'est un corps composé d'oxygène et d'hydrogène*.

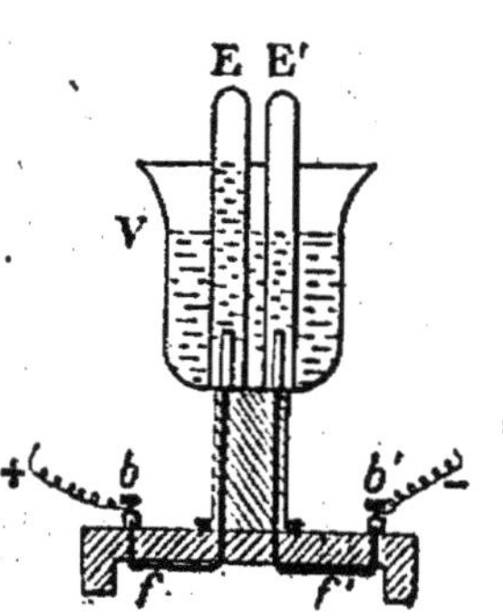

Fig. 25. — Voltamètre à eau acidulée.

# = 32. Composition quantitative en volume. = a) Analyse par le voltamètre.

Un voltamètre se compose (fig. 25) d'un vase de verre V dont le pied, rempli d'une matière isolante, est traversé par deux fils de cuivre *ff'*. Ceux-ci aboutissent à l'extérieur à deux bornes *bb'*, qu'on peut connecter aux deux pôles d'une source de courant électrique continu (dynamo, accumulateur ou série de piles); ils se terminent,

À l'intérieur du vase, par deux petites lames de *platine*. On met dans le vase de l'eau *acidulée* au moyen de 1/10 d'acide sulfurique et l'on ferme le circuit : immédiatement on observe le dégagement de bulles gazeuses autour des lames. Si l'on retourne sur celles-ci deux éprouvettes, E, E', préalablement remplies d'eau acidulée, on voit les bulles se rassembler à leur sommet et le niveau de l'eau baisser *inégalement* dans chacune d'elles. Au bout de quelques instants, on constate facilement que l'éprouvette E' renferme deux fois plus de gaz que l'éprouvette E, et que le volume de gaz dans E' reste double du volume dans E, quelle que soit la durée de l'expérience.

Pour rechercher la nature de ces gaz, on approche l'éprouvette E' d'une flamme : une petite détonation se produit, accompagnée d'une flamme très pâle. Le gaz le plus abondant présente donc les caractères de l'*hydrogène*. On plonge dans l'éprouvette E, maintenue l'orifice en haut, une bûchette presque éteinte; celle-ci se rallume et brûle d'un vif éclat; elle renferme donc de l'*oxygène*.

*L'eau, décomposée par le courant électrique, fournit donc un volume d'hydrogène deux fois plus grand que celui d'oxygène ou, comme on dit deux volumes d'hydrogène pour un volume d'oxygène.*

*Remarques :* I. La décomposition de l'eau acidulée par le courant électrique constitue une *électrolyse;* le corps subissant l'action du courant s'appelle l'*électrolyte;* les lames de platine se nomment *électrodes :* l'électrode positive porte souvent le nom d'*anode;* l'électrode négative, celui de *cathode.* L'*hydrogène se dégage à la cathode, l'oxygène à l'anode.*

II. L'eau *pure* n'est pas électrolysable; en réalité, c'est l'acide sulfurique qui se décompose; mais il se reforme constamment aux dépens de l'eau, de sorte que, si l'on détermine son poids à un instant quelconque, on constate qu'il est invariable. La perte de poids totale est égale à la somme des poids d'oxygène et d'hydrogène dégagés. Ceux-ci sont donc bien fournis par l'eau.

## = 33. b) Synthèse par l'eudiomètre. =

Pour vérifier que la combinaison de 2 volumes 'd'hydrogène et de 1 volume d'oxygène reforme de l'eau sans résidu de l'un ou de l'autre gaz, on se sert d'un *tube eudiométrique.*

Celui-ci (fig. 26) est constitué par un tube de verre épais E, gradué en centimètres cubes, traversé à la partie supérieure par deux petits fils de platine qu'on peut connecter aux bornes d'une *bobine* B, de manière à faire éclater des étincelles à l'intérieur entre les fils. Le tube étant plein de mercure et retourné sur la cuve à mercure, on y introduit successivement de l'oxygène et de l'hydrogène, généralement en volumes égaux, par exemple 20 cm³ de chacun, c'est-à-dire au total 40 cm³. La bobine étant actionnée, une détonation se produit; le mercure, d'abord refoulé, remonte dans le tube, et l'on constate qu'il reste dans celui-ci 10 cm³ d'un gaz qui est complètement absorbé par le phosphore. Donc 10 cm³ d'oxygène seulement se sont combinés à 20 cm³ d'hydrogène. L'eau qui se forme a un volume si petit, qu'il est négligeable.

Les résultats de l'analyse étant confirmés par la synthèse, on peut donc conclure que l'EAU EST FORMÉE DE 2 VOLUMES D'HYDROGÈNE POUR 1 VOLUME D'OXYGÈNE.

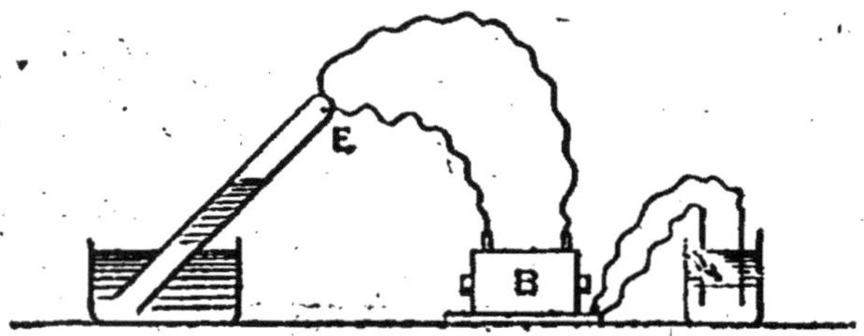


Fig. 26. — Eudiomètre.

**= 34. Les combinaisons en volume sont soumises à des lois. =** 1° De même que, lorsque deux corps se combinent pour former un composé déterminé, *il y a un rapport invariable entre leurs* POIDS (21); de même, *lorsque deux corps* GAZEUX *se combinent, leurs* VOLUMES *sont dans un rapport déterminé et invariable.* Mais, fait extrêmement remarquable, alors que pour les combinaisons en poids les rapports sont aussi nombreux qu'il y a de composés différents, pour les combinaisons en volumes, *ces rapports ne sont qu'au nombre de trois et sont tout particulièrement simples :*

$\dfrac{1}{1}$    (combinaisons à volumes égaux);

$\dfrac{2}{1}$    (le volume de l'un des composants est double de l'autre);

$\dfrac{3}{1}$    (le volume de l'un des composants est triple de l'autre).

2° En vaporisant l'eau formée dans l'eudiomètre et en

ramenant le volume de la vapeur à la pression et à la température des gaz introduits, on a constaté qu'il n'était pas égal à la somme des volumes d'hydrogène et d'oxygène combinés. Dans l'exemple précédent, il serait de $20^{cm^3}$ seulement et non pas de $20 + 10$. *Le volume de la vapeur d'eau formée* est exactement égal au *volume d'hydrogène,* c'est-à-dire qu'il n'est que les $\dfrac{2}{3}$ du volume total du mélange. On dit que les deux gaz se combinent avec *contraction ;* cette contraction est de $\dfrac{1}{3}$ de la somme des volumes des composants.

Réciproquement, un volume de vapeur d'eau fournit un égal volume d'hydrogène et la moitié de son volume d'oxygène, ce qu'on exprime souvent en disant que 2 *volumes de vapeur d'eau sont formés de 2 volumes d'hydrogène et de 1 volume d'oxygène.* Ainsi donc, *alors que le poids d'un composé est toujours égal à la somme des poids des composants,* le volume d'un composé **gazeux** peut être *plus petit* que la somme des volumes gazeux composants.

= **35. Composition en poids. Formule de l'eau.** = Cherchons les poids d'oxygène et d'hydrogène contenus dans un poids déterminé d'eau, en raisonnant sur 2 litres de vapeur d'eau dont le poids est égal à la somme des poids de 1 litre d'oxygène et de 2 litres d'hydrogène.

Poids de 1 l. d'oxygène (81) : $1^g,429$ ;

Poids de 2 l. d'hydrogène (57) : $0^g,178$ ;

Poids de 2 l. de vapeur d'eau : $1^g,607$.

Dans $1^g,607$ d'eau, le rapport des poids d'oxygène et d'hydrogène est donc : $\dfrac{1,429}{0,178}$, soit très sensiblement $\dfrac{8}{1}$.

C'est ce rapport que plusieurs savants ont trouvé par des *mesures directes,* effectuées sur des poids d'ailleurs quelconques d'eau pure. Dans l'eau, le rapport des

poids d'hydrogène et d'oxygène est donc très sensiblement $\frac{1}{8}$.

Représentons par **H** un volume quelconque d'hydrogène
et par **H²** un volume double, par **O** un volume d'oxygène
égal au volume d'hydrogène représenté par $\boxed{H}$. En juxta-
posant les signes **H²** et **O**, on obtient $\boxed{H^2O}$, symbole qui
représente l'eau formée par la combinaison de ces gaz et
qui, grâce aux conventions précédentes, indique immédiatement que l'eau renferme 2 volumes d'hydrogène
pour 1 volume d'oxygène. — Si, de plus, on convient que
le volume d'hydrogène, représenté par **H²**, pèse 2ᵉ, et
que le volume 2 fois plus petit d'oxygène représenté
par **O** pèse 16ᵉ, le symbole $\boxed{H^2O}$ rappellera immédiatement que l'eau renferme en poids 8 fois plus d'oxy-
gène que d'hydrogène, puisque $\frac{2}{16}\frac{(H^2)}{(O)} = \frac{1}{8}$.

Ce symbole est une *formule*. — La formule de l'eau
$\boxed{H^2O}$, d'après les conventions précédentes, indique donc
à la fois sa composition en volume et sa composition en
poids.

**2. NOTIONS SUR LA CONSTITUTION DES CORPS. —
MOLÉCULES. — ATOMES. —
SIGNIFICATION DES SYMBOLES ET DES FORMULES
DANS LA NOTATION ATOMIQUE.**

**= 36. Notion de molécule. =** Si l'on pulvérise un
morceau de *craie*, on obtient des grains de différentes
grosseurs qui peuvent être *calibrés* grossièrement au
moyen de tamis à mailles de plus en plus serrées. En pulvérisant de nouveau les grains d'un calibre déterminé, on
obtiendra des grains encore plus petits qui, avec des tamis
à mailles très fines, pourront être triés en granules de
grosseurs peu différentes. On peut donc supposer que la
*craie* est résoluble en grains de même volume aussi
petits qu'on veut ou, comme on dit, est *divisible sans*

*limite.* Cette conception, malheureusement, ne répond pas entièrement aux faits. A la suite de nombreuses découvertes, en effet, les savants modernes ont montré qu'une substance quelconque n'est pas divisible à l'infini, et ils ont donné le nom de **molécules** aux particules qui correspondent à la divisibilité la plus grande que peut subir la matière. Autrement dit, *une molécule d'un corps quelconque, simple ou composé, est la plus petite quantité de ce corps qui peut exister isolément.* Tous les corps sont donc formés par la juxtaposition de molécules. Ces molécules, d'ailleurs, sont identiques entre elles, très petites, invisibles aux plus forts grossissements des microscopes. On a pu cependant, par des procédés indirects, mesurer leurs dimensions : leurs diamètres sont de l'ordre du dix-millionième de millimètre; cent milliards de molécules d'eau font à peine le millième d'un milligramme!

Une quantité quelconque d'*eau pure* renfermant $^1/_9$ de son poids d'*hydrogène* et $^8/_9$ d'*oxygène*, il doit en être de même de sa molécule. Sous quelles formes se trouvent les quantités d'hydrogène et d'oxygène contenues dans cette molécule; et, plus généralement, sous quelles formes se trouvent dans la molécule d'un corps composé les corps simples qui la constituent? C'est ce que nous allons rechercher.

= **37. Notion d'atome.** = 1º Lorsqu'on fait agir du *sodium* sur l'*eau* (31), il se forme *de l'hydrogène et de la soude caustique.* Des mesures précises ont montré que 23ᵍ de sodium et 18ᵍ d'eau fournissent 1ᵍ d'hydrogène et 40ᵍ de soude caustique, comme l'indique le tableau suivant :

<pre>
Eau   ⎰ 2ᵍ Hydrogène      ⎰ 1ᵍ Hydrogène ↑
(18ᵍ) ⎱ 16ᵍ Oxygène────── ⎱ 1ᵍ Hydrogène ───⎰
Sodium─────────────────────────────────────── ⎱ = 40ᵍ Soude caustique.
(23ᵍ)
</pre>

On dit que le sodium s'est substitué à la *moitié* de l'hydrogène de l'eau. Les 2ᵍ d'hydrogène contenus dans 18ᵍ d'eau apparaissent donc comme formés de deux masses identiques de 1ᵍ chacune. *Jamais cet hydrogène ne se partage en deux masses inégales ou en 3, 4, 5... masses égales.* On est ainsi conduit à penser que l'hydrogène contenu dans une molécule d'eau est séparable en deux petites masses identiques, qui ne sont pas divisibles en masses plus petites et qu'on appelle **atomes** pour cette raison (*atome* vient d'un mot grec, qui signifie *insécable, indivisible*). On dit que la molécule d'eau renferme deux atomes d'hydrogène.

2° On vend chez les pharmaciens et dans l'industrie un liquide, *l'eau oxygénée*, très employé comme antiseptique et pour le blanchiment. L'analyse de ce produit montre qu'il contient, comme l'eau ordinaire, une combinaison d'hydrogène et d'oxygène, mais que, pour 2ᵍ du premier gaz, il y a 32ᵍ du second. L'eau oxygénée se décompose très facilement, en dégageant la moitié de son oxygène, et se transforme en eau ordinaire.

$$\text{Eau oxygénée } 34^\text{g}
\begin{cases}
2^\text{g}\text{ Hydrogène} \longrightarrow \\
32^\text{g}\text{ Oxygène}
\begin{cases}
16^\text{g} \longrightarrow \\
16^\text{g}\text{ Oxygène} \uparrow
\end{cases}
\end{cases}
18^\text{g}\text{ Eau ordinaire.}$$

On dit que la molécule *d'eau oxygénée* renferme *deux atomes* d'oxygène, alors que la molécule d'*eau ordinaire* ne contient qu'un seul atome de ce gaz, car la masse d'oxygène qu'elle renferme est indivisible.

3° Considérons maintenant le *sulfure ferreux*; 11ᵍ de ce corps sont, comme nous l'avons vu (21), formés de 4ᵍ de soufre et de 7ᵍ de fer. Jamais on n'a observé dans une réaction utilisant ce corps que le soufre ou le fer se partagent en masses égales. On dit que la molécule de sulfure ferreux est composée de 1 atome de soufre et de 1 atome de fer.

4° On trouve dans la nature un autre composé de soufre et de fer (*pyrite de fer*) qui contient 8ᵍ de soufre pour 7ᵍ de fer, soit 2 fois plus de soufre que le sulfure ferreux pour la même quantité de fer (d'où son nom chimique de *bisulfure de fer*). L'expérience montre que ces 8ᵍ de soufre peuvent se scinder en 2 masses égales de 4ᵍ : on en conclut que la molécule de *bisulfure de fer* est composée de 2 atomes de soufre et de 1 atome de fer.

En résumé, *on appelle atome d'un corps simple la plus petite quantité de ce corps qui peut contribuer à la formation d'une molécule.*

Il faut donc bien se garder de confondre atome et molécule. L'expression « molécule » s'applique à tout corps, qu'il soit simple ou composé; celle d' « atome » concerne uniquement les corps simples. De plus, l'atome n'existe pas à l'état libre.

**= 38. Représentation des atomes. Symboles. Poids atomiques. =** De même qu'en arithmétique on représente les nombres par des signes conventionnels ou chiffres, de même, en chimie, on représente les corps simples par des abréviations ou *symboles*. Ces symboles sont formés : soit par une majuscule romaine qui est la première du nom français (ou latin) du corps; H, hydrogène; K, potassium (kalium); soit par une majuscule et une minuscule empruntée à ces noms, quand plusieurs corps commencent par la même lettre : Fe, fer; Hg, mercure (hydrargyrum).

Première convention fondamentale : *Le symbole d'un corps simple représente un atome de ce corps.* — Les symboles O, C, Az, Cu représentent, non pas des quantités quelconques d'oxygène, carbone, azote et cuivre, mais *un atome* de chacun de ces corps. Le symbole d'un corps simple a donc une signification à la fois *quantitative* et *qualitative*.

Étant donnée la petitesse des molécules et, *à fortiori,* celle des atomes qui les composent, il n'y a aucun intérêt à exprimer les poids de ces atomes en sous-multiples du gramme. Ce qu'il importe de connaître, c'est ce que pèsent ces atomes par rapport à l'un d'entre eux convenablement choisi, c'est-à-dire leurs *poids atomiques relatifs.*

Deuxième convention fondamentale : *On prend généralement pour unité de poids atomique le poids atomique de l'hydrogène et l'on écrit H = 1.* — Les atomes d'*oxygène,* de *soufre*, de *fer* s'écrivent ainsi : O = 16, S = 32, Fe = 56, ce qui signifie qu'ils sont respectivement 16, 32, 56 fois plus lourds que l'atome d'hydrogène.

Le tableau suivant indique les symboles et les poids atomiques usuels des principaux corps simples (métalloïdes et *métaux*).

| | SYMBOLES | POIDS ATOMIQUES | | SYMBOLES | POIDS ATOMIQUES |
|---|---|---|---|---|---|
| *Aluminium* . . . . . | Al | 27 | Hélium . . . . . . . | He | 4 |
| Antimoine (stibium) . | Sb | 120 | Hydrogène . . . . . | H | 1 |
| *Argent* . . . . . . . | Ag | 108 | Iode . . . . . . . | I | 127 |
| Argon . . . . . . . | Ar | 40 | *Magnésium* . . . . . | Mg | 24 |
| Arsenic . . . . . . . | As | 75 | *Manganèse* . . . . . | Mn | 55 |
| Azote . . . . . . . | Az | 14 | *Mercure* . . . . . . | Hg | 200 |
| *Baryum* . . . . . . | Ba | 137 | *Nickel* . . . . . . . | Ni | 58,5 |
| *Bismuth* . . . . . . | Bi | 208 | Or (aurum) . . . . . | Au | 106 |
| Brome . . . . . . . | Br | 84 | Oxygène . . . . . . | O | 16 |
| Bore . . . . . . . . | B | 11 | Phosphore . . . . . | P | 31 |
| *Calcium* . . . . . . | Ca | 40 | *Platine* . . . . . . | Pt | 194,5 |
| Carbone . . . . . . | C | 12 | *Plomb* . . . . . . . | Pb | 206,5 |
| Chlore . . . . . . . | Cl | 35,5 | *Potassium* . . . . . | K | 39 |
| *Chrome* . . . . . . | Cr | 52 | Silicium . . . . . . | Si | 28 |
| *Cuivre* . . . . . . . | Cu | 63,5 | *Sodium* (natrium) . . | Na | 23 |
| *Étain* (stannum) . . | Sn | 118 | Soufre . . . . . . . | S | 32 |
| Fer . . . . . . . . | Fe | 56 | *Tungstène* . . . . . . | Tu | 183,5 |
| Fluor . . . . . . . | F | 19 | Zinc . . . . . . . . | Zn | 65 |

## = 39. Représentation des molécules. Formules des corps composés. Poids moléculaires.

a) *Corps composés*. — La molécule d'un corps composé étant formée d'atomes différents, il suffit, pour la représenter, de juxtaposer les symboles des corps simples qui la composent, en indiquant par un chiffre le nombre d'atomes de chacun d'eux.

La molécule d'eau ordinaire, formée de deux atomes d'hydrogène et d'un atome d'oxygène, s'écrit $H^2O$ ; celles d'eau oxygénée, de sulfure ferreux, de bisulfure de fer, se représentent par $H^2O^2$, $SFe$, $S^2Fe$, qui sont les *formules* de ces corps. Le chiffre indiquant le nombre d'atomes du corps simple se place en haut et à droite du symbole, par convention ; il faut donc bien se garder de lui donner la signification d'un exposant arithmétique. La molécule d'acide sulfurique s'écrit $SO^4H^2$ : cela veut dire qu'elle renferme un atome de soufre, quatre atomes d'oxygène, deux atomes d'hydrogène.

Pour représenter un nombre déterminé de molécules, il suffit d'indiquer ce nombre par un chiffre placé devant la formule, et qui a la signification d'un *facteur* ou d'un coefficient arithmétique. C'est pourquoi nous mettrons toujours la formule entre parenthèses :

| | | | |
|---|---|---|---|
| $4(H^2O)$ | représentent | 4 molécules d'eau ; | |
| $2(S^2Fe)$ | — | 2 — | de sulfure ferreux ; |
| $3(SO^4H^2)$ | — | 3 — | d'acide sulfurique. |

La formule d'un corps composé a donc une signification *qualitative et quantitative*, comme le symbole d'un corps simple, et *il faut se garder de la considérer et de l'employer comme une simple abréviation ;* ne jamais dire, par exemple, « l'$H^2O$ » pour « l'eau ».

b) *Corps simples.* — Alors que la molécule d'un corps composé est constituée par l'assemblage d'atomes *dissemblables*, la molécule d'un corps simple doit nécessairement être formée d'atomes *identiques*. On a trouvé que la plupart des molécules des corps simples renferment 2 *atomes*. La molécule d'hydrogène, par exemple, est composée de 2 atomes égaux et peut se représenter par $\boxed{H\,|\,H}$, symbole qu'on simplifie en l'écrivant $H^2$.

De même, on représente par $O^2$, $Cl^2$, $Az^2$ les molécules d'oxygène, de chlore, d'azote ; par $2O^2$, 2 molécules d'oxygène ; par $4H^2$, 4 molécules d'hydrogène ; par $5Cl^2$, 5 molécules de chlore.

c) *Poids moléculaires.* — 1 étant pris pour poids atomique de l'hydrogène, il est évident que le poids d'une molécule de ce gaz, qui renferme deux atomes identiques, est de 2. On dit que le poids moléculaire de l'hydrogène est 2, ce qu'on écrit $H^2 = 2$. De même on a : $O^2 = 16 \times 2 = 32$ ; $Cl^2 = 35,5 \times 2 = 71$, ce qui signifie que les molécules d'oxygène et de chlore pèsent respectivement les $\dfrac{32}{2}$ et les $\dfrac{71}{2}$ de la molécule d'hydrogène. *Un poids moléculaire quelconque est donc relatif au poids conventionnel 2 de la molécule d'hydrogène;* c'est encore un nombre abstrait.

Soit la molécule d'eau $H^2O$ : elle est formée de

$$\begin{cases} 2 \text{ atomes d'hydrogène pesant } 1 \times 2, \\ 1 \text{ atome d'oxygène pesant } 16. \end{cases}$$

Son poids total, son poids moléculaire est donc 18, ce qui veut dire que la molécule d'eau pèse $\dfrac{18}{2}$ ou 9 fois plus que la molécule d'hydrogène.

Étant donnée la formule d'un corps composé, on en trouve rapidement le poids moléculaire à l'aide du tableau précédent, en écrivant les nombres sous les lettres comme l'indiquent les exemples ci-dessous.

Exemple 1.

$$SO^4H^2 \qquad \text{(molécule d'acide sulfurique)}.$$
$$32 + 16 \times 4 + 1 \times 2$$
$$32 + 64 \quad + 2$$
$$\underbrace{\phantom{32 + 64 + 2}}$$
$$98 \qquad = \text{poids moléculaire de l'acide sulfurique}.$$

Exemple 2.

$$2(NaOH) \qquad \text{(2 molécules de } soude \text{ caustique)}.$$
$$2 \times (23 + 16 + 1)$$
$$2 \times 40 \qquad : 40 = \text{poids moléculaire de la soude caustique}.$$
$$\underbrace{\phantom{2 \times 40}}$$
$$80 \qquad = \text{poids de 2 molécules}.$$

**40. Remarques.** — I. — Si l'on exprime en *grammes* le poids d'une molécule quelconque, on a ce qu'on appelle une *molécule-grammes* du corps : 18 *grammes* d'eau, 44 *grammes* de gaz carbonique, 28 *grammes* d'oxyde de carbone représentent les *molécules-grammes* de ces corps; c'est ce que nous avions admis précédemment en représentant l'eau par la formule $H^2O$.

II. — *La formule d'un corps composé gazeux indique toujours, dans le système de notation exposé (notation atomique), sa composition en volume.* — On a reconnu, en effet, que *toutes les molécules* gazeuses *ont sensiblement* le même volume *qu'on représente conventionnellement par le nombre abstrait* 2 (volumes). Les symboles et formules $H^2$ (molécule d'hydrogène), $O^2$ (molécule d'oxygène), $CO^2$ (molécule de gaz carbonique), $CO$ (molécule d'oxyde de carbone), $H^2O$ (molécule de *vapeur d'eau*) représentent des *volumes égaux de ces corps*, *soit 2 volumes de chacun d'eux.*

Il en résulte que *les atomes des corps simples*, hydrogène, oxygène, etc., représentent *1 volume* de ces corps : $H$, $O$, $Az$, $Cl$, $S$ (vapeur) représentent donc, outre un poids déterminé de chacun d'eux, un volume égal de tous ces corps, qu'on représente par le nombre abstrait 1 (volume). Considérons la formule de *l'eau* : $H^2O$. La molécule de vapeur d'eau (2 vol.) renferme 2 atomes d'hydrogène (2 vol.) et 1 atome d'oxygène (1 vol.); un volume quelconque de vapeur d'eau renferme donc le même volume d'hydrogène et la moitié de ce volume d'oxygène. Ce sont bien les résultats fournis par l'analyse et la synthèse de ce corps. De même, la formule du *gaz carbonique*, $CO^2$, indique que 2 volumes de ce gaz renferment 2 volumes d'oxygène, ou qu'il contient, comme on dit, son volume d'oxygène. L'*oxyde de carbone*, au contraire, dont la formule est $CO$, renferme la moitié de son volume d'oxygène.

En résumé, *la formule d'un corps composé indique toujours sa* composition en poids. *Si le corps est* gazeux, *elle indique, en outre, sa* composition en volume.

# CHAPITRE III

## ACIDES, BASES, SELS
## PRINCIPES DE NOMENCLATURE CHIMIQUE
### ÉGALITÉS CHIMIQUES

### 1. — ACIDES.

**= 41. Quelques propriétés caractéristiques de l'esprit de sel. =** Il existe un grand nombre de corps qu'on dénomme acides. Ce sont ou des *produits naturels* : *acide citrique*, du jus de citron; *acide oxalique*, de l'oseille (poison violent); *acides divers* des fruits non mûrs, etc... ; ou des *produits artificiels* fabriqués dans les usines de produits chimiques : *acide chlorhydrique* (esprit de sel), *acide azotique* ou *nitrique* (eau-forte), *acide sulfurique* (huile de vitriol), *acide sulfureux*, etc.

Prenons pour type de ces corps l'*esprit de sel* (acide chlorhydrique), que nous avons utilisé à différentes reprises (18, 26, 27), et cherchons à le caractériser par quelques propriétés faciles à constater.

1° Si nous goûtons une goutte du liquide [1], dilué dans beaucoup d'eau, nous lui trouvons une saveur piquante, rappelant un peu celle du vinaigre, une saveur *acide* (le mot *acide* vient de *acetum*, nom latin du vinaigre).

---

[1] La dégustation pouvant être dangereuse, *il ne faut jamais l'employer pour les corps complètement inconnus contenus dans des vases ou des flacons non étiquetés.*

2º Une goutte d'esprit de sel, placée sur une lame de zinc, ronge profondément le métal.

3º Le même corps, versé sur de la craie (18), donne lieu à une vive effervescence, occasionnée par le dégagement de gaz carbonique ;

4º Si, enfin, nous en versons quelques gouttes dans de la *teinture*[1] *de tournesol* (le tournesol est une matière bleue retirée d'un lichen), immédiatement cette teinture passe du bleu à une couleur *rouge orangée*, dite rouge pelure d'oignon.

**= 42. Généralisation. =** *L'eau pure, l'alcool, l'ammoniaque* (18), ne présentant aucune de ces propriétés, *ne sont pas des acides.*

*L'huile de vitriol*, au contraire, les possède toutes ; ce liquide étendu d'eau a une saveur aigre ; il ronge les métaux, provoque la décomposition de la craie avec effervescence et *fait virer au rouge pelure d'oignon la teinture bleue de tournesol.* C'est un corps de la catégorie des acides ; il renferme, en effet, de l'*acide sulfurique*.

Toutefois, quelques-uns de ces caractères peuvent manquer à certains acides.

*L'eau de Seltz* n'a aucune action sur la craie ; elle ne ronge pas une lame de zinc ; mais elle a une saveur aigrelette et colore en rouge (en *rouge vineux*) le tournesol bleu. Elle renferme un acide qu'on appelle l'*acide carbonique*, car l'eau de Seltz n'est, en somme, qu'une dissolution de gaz carbonique.

Nous pouvons vérifier de même que l'eau du vase qui a servi à l'expérience (fig. 5) a des propriétés *acides ;* elle a une saveur aigre très nette et fait virer au rouge pelure d'oignon le tournesol bleu, comme l'acide sulfurique ou l'acide chlorhydrique. Elle contient de l'*acide phosphorique.*

Nous appellerons provisoirement **acide** *tout corps composé, de saveur aigre, qui fait virer au rouge le tournesol bleu, qui peut, en outre, ronger les métaux et faire effervescence avec le calcaire.*

---

[1] Une teinture est un liquide qu'on obtient en employant l'alcool comme dissolvant (teinture d'iode, teinture de savon, etc...).

## = 43. Constitution des acides : hydracides, oxacides.

**a) Tous les acides renferment de l'hydrogène.**

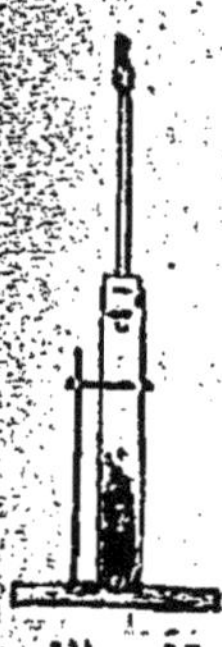

Fig. 27.

*Expérience 1.* — Dans un tube à essais contenant quelques morceaux de zinc en grenaille (fig. 27), versons de l'esprit de sel : une vive effervescence se produit. Si l'on ferme le tube par un bouchon muni d'un tube effilé, on constate, en approchant de l'orifice une allumette enflammée, que le gaz qui se dégage *brûle avec une flamme pâle* qui devient jaune : c'est de l'*hydrogène* provenant de l'acide. Dans celui-ci, le zinc remplace l'hydrogène ; le liquide du tube s'appelle, en langage d'atelier, de l'*esprit de sel décomposé :* c'est du *chlorure de zinc*, comme le montre le tableau ci-dessous :

$$\text{Acide chlorhydrique} \left\{ \begin{array}{l} \text{Hydrogène} \uparrow \\ \text{Chlore} \underline{\hspace{2cm}} \end{array} \right\} \text{Chlorure de zinc.}$$
$$\text{Zinc} \underline{\hspace{3cm}}$$

*Expérience 2.* — Dans un autre tube, plaçons de la tournure de *fer*, un peu d'eau, et versons quelques gouttes d'*huile de vitriol*. Les mêmes phénomènes s'observent. L'hydrogène de l'acide est remplacé par du fer, et l'on obtient dans le tube une dissolution de *sulfate de fer* qui, évaporée, donnerait des cristaux de *vitriol vert*.

L'électrolyse (32) d'un acide quelconque fournit toujours de l'*hydrogène à la cathode*.

**b) Quelques acides ne renferment pas d'oxygène.** — Tels sont, par exemple, l'*acide chlorhydrique*, uniquement composé de chlore et d'hydrogène, comme le montre le tableau ci-dessus ; l'*acide sulfhydrique* (27, exp$^{ce}$ 2), composé de soufre et d'hydrogène. On les appelle des **hydracides**. Ce sont, en général, des composés *binaires*[1] résultant de la combinaison d'un métalloïde avec l'hydrogène.

**c) Un grand nombre d'acides renferment de l'oxygène.** — Soit, par exemple, l'*acide phosphorique*, formé dans l'eau qui a servi à l'expérience du paragraphe 7. Cet acide provient de la combinaison avec l'eau des fumées blanches produites dans la combustion du phosphore. Or ces fumées (*anhydride phosphorique*) sont composées de phosphore

---

[1] C'est-à-dire formé de *deux* corps simples seulement.

et d'oxygène ; l'eau est composée d'oxygène et d'hydrogène. L'acide phosphorique renferme donc trois corps simples : phosphore, *oxygène*, hydrogène. On dit que c'est un **oxacide**. — De même, les acides sulfureux, sulfurique, carbonique, nitrique, etc..., sont des oxacides.

Un oxacide est donc un composé *ternaire* formé de trois corps simples au moins et contenant : un métalloïde, en général, de l'oxygène et de l'hydrogène. *L'acide sulfurique*, par exemple, est formé de soufre, d'oxygène et d'hydrogène.

**= 44. Anhydrides. =** Supposons qu'on puisse enlever à *l'acide phosphorique* toute l'eau qu'il contient : on obtiendrait ainsi un composé *binaire*, formé de phosphore et d'oxygène, c'est-à-dire l'*anhydride phosphorique*. Ainsi se justifie le mot *anhydride,* qui veut dire acide privé d'eau. De même, aux acides sulfurique et nitrique correspondent les anhydrides sulfurique et nitrique.

*Un* **anhydride** *est donc un composé binaire oxygéné qui s'unit à l'eau pour former un* **oxacide.** C'est pourquoi le gaz carbonique peut s'appeler *anhydride carbonique.*

Il est évident que les hydracides n'ont pas d'anhydrides.

**= 45. Nomenclature des corps précédents. =** Le nom chimique d'un corps composé quelconque doit en indiquer nettement la composition.

Pour nommer un *acide,* on fait suivre le mot *acide* d'un *qualificatif* convenable formé de la façon suivante :

1. Pour les hydracides, du *radical* du nom du corps simple autre que l'hydrogène suivi de la terminaison **hydrique.**

*Exemple : Acide* **chlorhydrique** (*chlore,* hydrogène).

2. Pour les oxacides, du *radical* du nom du corps simple autre que l'oxygène et l'hydrogène suivi de la terminaison **ique** lorsqu'il n'y a qu'un acide de cette composition, ou des terminaisons **ique** ou **eux** lorsqu'il y en a deux (la terminaison *eux* s'applique à l'acide le moins oxygéné).

*Exemple :* Acide carbonique  (*Carbone*, oxygène, hydrogène).

— sulfurique {—*soufre* ou *sulfur*, oxygène, hydrogène.

— sulfureux {moins d'oxygène que le précédent.

On nomme les *anhydrides* en faisant suivre le mot *anhydride* du qualificatif de l'acide correspondant.

*Exemple :* Anhydride *sulfurique*   (soufre et oxygène).

— *sulfureux* {moins d'oxygène que le précédent.

## 2. — BASES.

**= 46. Quelques propriétés caractéristiques de la soude caustique.** = Cherchons si l'eau du vase ayant servi à l'expérience 2 (31), et qui contient de la *soude caustique*, possède des propriétés acides.

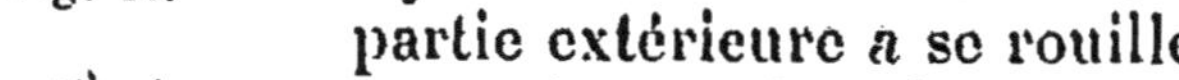

1° Une goutte du liquide placée sur le bout de la langue donne la sensation de *brûlure* et non d'acidité; le produit est *caustique* et dissout la peau.

2° Il ne ronge pas la plupart des métaux. Une lame de fer *ab* bien polie étant plongée dans ce liquide (fig. 28), la partie *b* s'y conserve sans altération, alors que la partie extérieure *a* se rouille.

Fig. 28.

3° Il n'a aucune action sur le calcaire.

4° Si, dans une portion du liquide, on verse quelques gouttes de tournesol bleu, celui-ci reste bleu; mais si, dans une autre portion, on verse un peu de tournesol *rougi* par un acide, celui-ci redevient immédiatement *bleu*.

La *soude caustique* possède donc des propriétés tout à fait différentes de celles des *acides;* on la dénomme une base.

**= 47. Généralisation.** = Nous appellerons provisoirement *bases* les corps composés dont les propriétés se rapprochent de celles de la soude caustique.

Nous pouvons constater, par exemple, que *l'eau de chaux* a une saveur brûlante et ramène au bleu le tournesol rougi par un acide. Elle contient donc une base, la *chaux éteinte*. De même la *potasse caustique*, *l'ammoniaque*, ont des propriétés basiques.

On se sert souvent, pour les caractériser, de réactifs autres que le tournesol. Les plus employés sont : la teinture de *phénol-phtaléine*, liquide incolore, qui est coloré en *lilas* par les bases et que les acides rendent de nouveau incolore; la dissolution très étendue de *méthyl-orange*, qu'un grand nombre d'acides font virer au *rose* et que les bases ramènent au *jaune*; le papier trempé dans une infusion de *curcuma*, jaune, sur lequel les acides sont sans action et que les bases colorent en *brun*.

**= 48. Constitution des bases ou hydrates. Nomenclature. =** Considérons la *chaux éteinte* contenue dans *l'eau de chaux*. Nous pouvons admettre que ce corps provient de la combinaison de la *chaux vive* ou oxyde de calcium avec *l'eau*. Par suite, elle renferme du calcium, de l'oxygène, provenant à la fois de l'oxyde et de l'eau, et de l'hydrogène. Une **base** *est donc un composé ternaire contenant un* **métal** *de l'oxygène et de l'hydrogène*.

De même que l'acide phosphorique est un hydrate d'anhydride phosphorique, de même la chaux éteinte est un hydrate d'oxyde de calcium, et c'est ce nom qu'elle porte en chimie ou plutôt un nom abrégé : on l'appelle *hydrate de calcium*.

La soude caustique est de *l'hydrate de sodium;* la potasse caustique, de *l'hydrate de potassium*.

Le nom d'une base est formé, en général, du mot **hydrate** suivi de la préposition *de* et du *nom du métal* qu'elle contient.

**= 49. Oxydes basiques. =** Supposons qu'on enlève à l'hydrate de calcium l'eau qu'il renferme; on régénérera *l'oxyde de calcium* qui lui a donné naissance. On dit, pour cette raison, que l'oxyde de calcium est un *oxyde basique*.

Les oxydes basiques se nomment comme les hydrates correspondants.

*Remarques.* — I. Nous voyons l'analogie de composition,

d'une part, entre les *bases* et les *oxacides* (composés ternaires); d'autre part, entre les *oxydes basiques* et les *anhydrides* (composés binaires). Mais les *oxydes basiques* contiennent toujours un *métal*, tandis que les *anhydrides* contiennent, en général, un *métalloïde*. C'est ce qui explique pourquoi nous avons appelé *anhydrides* les produits de la combustion dans l'air du phosphore et du charbon, tandis que nous avons appelé *oxydes* les combinaisons oxygénées du magnésium, du mercure, du calcium, etc.

II. Les caractères donnés ci-dessus (47) ne s'appliquent qu'aux *bases solubles*. La rouille de fer, par exemple, qui n'a pas de saveur ni d'action sur le tournesol parce qu'elle est insoluble, est cependant une *base*. Pourquoi? c'est ce que le paragraphe suivant va nous expliquer, en justifiant le mot *base*, qui jusqu'à présent ne se comprend guère.

### 3. — SELS.

### = 50. Action d'un acide sur une base.

*Expérience.* — Dans un verre renfermant une dissolution étendue de *soude caustique*, plaçons un thermomètre qui servira d'agitateur, puis versons quelques gouttes d'*acide chlorhydrique*. Nous constatons que le thermomètre monte immédiatement. Versons ensuite de l'acide avec précaution, en déposant deux gouttes du contenu du verre, l'une sur un morceau de papier buvard trempé dans du tournesol rougi, l'autre sur un morceau de papier au tournesol bleu. Il se forme d'abord une tache bleue sur le papier rouge, tandis que le papier bleu reste bleu. Puis, après de nouvelles additions d'acide qui font monter le thermomètre, l'inverse se produit, c'est-à-dire qu'il se forme une tache rouge sur le papier bleu, tandis que le papier rouge reste rouge. Ajoutons alors progressivement des quantités très petites de *soude*. Il arrive un moment où les gouttes laissent sur les deux papiers une tache violacée, de teinte intermédiaire entre le rouge et le bleu. On dit que le liquide du verre est *neutre* au tournesol. Si l'on goûte le liquide, on lui trouve la saveur de l'eau renfermant du sel de cuisine. Si l'on en évapore une portion dans une capsule de porcelaine, il se forme de petits cristaux blancs ayant l'aspect et la saveur du sel fin.

C'est qu'en effet, dans l'action de l'acide chlorhydrique sur la soude caustique, il s'est formé de l'eau et du sel de cuisine, dont le nom chimique est *chlorure de sodium,* comme le montre le tableau ci-dessous :

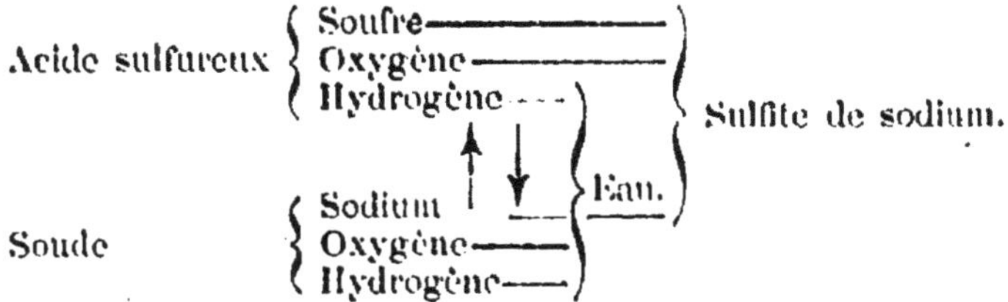

Aux corps qui peuvent se former d'une façon analogue, qui se présentent à *l'état solide sous forme de cristaux solubles dans l'eau, ayant une saveur spéciale qui n'est ni acide ni brûlante,* on donne le nom de **sels**. Tels sont, par exemple, le *sel de nitre* ou salpêtre (4), le *sel ammoniac* (18), le *sel de magnésie* (purgatif), etc.

Quel que soit l'acide employé pour neutraliser la soude, les mêmes faits se produisent; avec l'*acide sulfureux,* par exemple, on obtiendrait de l'*eau* et du *sulfite de sodium* (le sulfite de soude des photographes) :

Un sel de sodium quelconque pourra donc être obtenu avec de la soude et l'acide convenable. C'est pourquoi on dit que la *soude* est la **base**, c'est-à-dire la partie fondamentale, des sels de sodium. Il faut bien remarquer, toutefois, que l'acide est non moins indispensable et que, de plus, le sel ne renferme qu'une partie de l'acide (chlore dans le chlorure de sodium) et qu'une partie de la base (son métal); l'*eau* qui se produit dans la réaction en même temps que le sel est formée avec l'hydrogène de l'acide, l'oxygène et l'hydrogène de la base.

*Remarque.* — Si un hydrate quelconque, traité par l'acide chlorhydrique, fournit un *chlorure* et de l'*eau,* on dit que c'est une *base.* — La *rouille de fer*, hydrate ferrique, donne, dans ces conditions, du chlorure ferrique et de l'eau : c'est donc une base.

Seul, ce caractère appartient à toutes les bases et peut servir à les définir.

## = 51. Autres modes de formation des sels. =

a) *Action d'un acide sur un oxyde.*

*Expérience.* — Dans un tube à essais renfermant de l'acide sulfurique étendu et légèrement chauffé, laissons tomber de la magnésie jusqu'au moment où le contenu du tube est neutre au tournesol. Le liquide évaporé fournit de petits cristaux ayant une saveur très amère, car il s'est formé du sel de magnésie (*sulfate de magnésium*) et de l'eau.

Réaction :

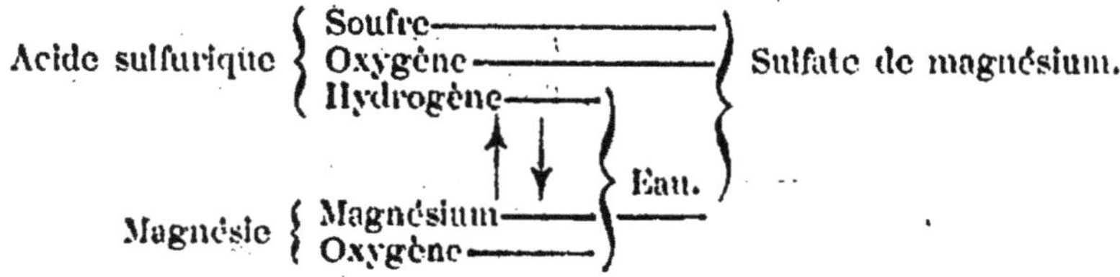


Il se forme encore de l'eau aux dépens de l'acide et de l'oxyde, et le sel obtenu renferme le métal de l'oxyde et les corps de l'acide autres que son hydrogène. Aux oxydes qui se comportent de même vis-à-vis des acides, on donne encore le nom d'**oxydes basiques**.

L'oxyde magnétique de fer ou oxyde des battitures de forge, ne pouvant former de sels de fer par combinaison avec les acides, n'est pas un oxyde basique.

b) *Action d'un acide sur un métal.* Le *chlorure de zinc*, le *sulfate de fer*, que nous avons obtenus précédemment (15), sont encore des *sels*; le métal employé s'est substitué à l'*hydrogène* de l'acide, et ce gaz s'est dégagé (différence avec les modes de formation précédents).

c) *Action d'un acide sur un autre sel.* — Expériences 1 et 2 (27).

## = 52. Constitution des sels. — Nomenclature des sels. =

Quel que soit le mode de formation d'un sel, on constate qu'*il correspond à un acide dont l'hydrogène a été remplacé par un métal.* Si ce métal est fourni directement à l'état de corps simple, il se dégage de l'*hydrogène;* s'il est apporté à l'état d'oxyde ou d'hydrate, il se forme de l'*eau.*

Le nom chimique d'un sel rappelle toujours l'*acide* d'où il provient, ainsi que le *métal* qui a remplacé l'hydrogène, et renferme deux mots séparés par la préposition *de;* exemple : *sulfate de fer.* Le premier mot est formé avec le qualificatif de l'acide dont on change la terminaison :

*hydrique* en **ure** (acide sulf*hydrique*. . . sulf*ures*);
*ique*   en ate (acide sulf*urique* . . . . sulf*ates*);
*eux*    en ite (acide sulf*ureux*. . . . . sulf*ites*).

*Remarques.* — I. Au lieu de désigner le métal, on nomme quelquefois, dans le langage commercial notamment, l'oxyde ou la base ; exemple : *carbonate de chaux, sulfate de magnésie. Il vaut mieux dire : carbonate de calcium, sulfate de magnésium;* car si, par exemple, on dit *carbonate de chaux,* il faut, pour être logique, dire *sulfate d'oxyde de zinc,* au lieu de sulfate de zinc.

II. Tout corps ayant le premier mot de son nom terminé par *ure* est un composé binaire non oxygéné.

*Exemples : Carbure de calcium* (carbone, calcium).
*Phosphure de fer*   (phosphore, fer).
*Arséniure de nickel* (arsenic, nickel).
etc...

### 4. — NOTATION DE QUELQUES COMPOSÉS.
### ÉGALITÉS CHIMIQUES.

**= 53. Notation de quelques corps composés. =** Pour écrire un corps composé quelconque, il faut d'abord en connaître la *composition qualitative.* On écrit alors les symboles des corps simples composants dans un certain ordre, déterminé par des règles conventionnelles. Il faut ensuite indiquer par un petit chiffre le nombre des atomes de chaque composant, ce qui suppose connue la *composi-*

lion *quantitative* du composé. C'est précisément pour soulager la mémoire et faciliter l'écriture des corps qu'on leur a donné des noms qui rappellent leur constitution chimique. Nous indiquerons, dans la suite du cours, différents moyens permettant d'acquérir l'habitude d'une notation correcte. Nous nous contenterons, pour le moment, de donner quelques règles simples s'appliquant aux corps rencontrés précédemment.

**1° *Anhydrides* et *oxydes*.** — On écrit le métalloïde ou le métal d'abord, l'oxygène ensuite.

Exemples :

| | | | | | |
|---|---|---|---|---|---|
| Anhydride sulfureux | $SO^2$ | Oxyde de mercure | $HgO$ | (rouille de mercure). | |
| — sulfur*ique* | $SO^3$ | — de calcium | $CaO$ | (chaux vive). | |
| — phosphoreux | $P^2O^3$ | — de magnésium | $MgO$ | (magnésie). | |
| — phosphorique | $P^2O^5$ | — de sodium | $Na^2O$ | (soude anhydre). | |
| — carbonique | $CO^2$ | | | | |

**2° *Acides*.** — Nous écrirons le métalloïde essentiel le premier, et l'*hydrogène le dernier*.

| HYDRACIDES | | OXACIDES | |
|---|---|---|---|
| Acide chlorhydrique | $ClH$ | Acide sulfurique | $SO^4H^2$ |
| — sulfhydrique | $SH^2$ | — azotique | $AzO^3H$ |
| — bromhydrique | $BrH$ | — phosphorique | $PO^4H^3$ |

Un oxacide correspondant à un anhydride combiné à l'eau, on peut facilement retrouver la formule de quelques oxacides en ajoutant une molécule d'eau à une molécule d'anhydride.

Exemples :

| | | | | | |
|---|---|---|---|---|---|
| Anhydride sulfureux = | $SO^2$ | | Anhydride carbonique = | $CO^2$ | |
| + eau $H^2O$ ou | $OH^2$ | | + eau : | = | $OH^2$ |
| Acide sulfureux = | $SO^3H^2$ | | Acide carbonique | = | $CO^3H^2$ |

— Réciproquement, étant donnée la formule d'un oxacide, on obtient la formule de l'anhydride correspondant en lui retranchant toute l'eau possible.

Exemples :

| | |
|---|---|
| Acide sulfurique $= SO^4H^2$ | Acide azotique $= AzO^3H$ |
| $- $ eau $= \quad OH^2$ | $-$ eau $= \quad OH^2$ |
| Anhydride sulfurique $= SO^3$ | soustraction impossible ; on prend deux molécules d'acide. |
| | $2(AzO^3H)$ ou $Az^2O^6H^2$ |
| | $- \quad OH^2$ |
| | Anhydride azotique $= Az^2O^5$ |

**3° *Hydrates d'oxydes*.** — On écrit les trois corps simples dont ils sont formés, dans l'ordre suivant : métal, oxygène, hydrogène.

Exemple :

| | |
|---|---|
| Soude caustique (hydrate d'oxyde de sodium) | $: NaOH.$ |
| Rouille de fer (hydrate ferrique) | $: Fe^2O^6H^6$ ou $Fe^2(OH)^6.$ |

Quand on connaît la formule d'un oxyde basique, on obtient l'hydrate correspondant en ajoutant de l'eau à l'oxyde.

Exemples :

| | |
|---|---|
| Oxyde de calcium $= CaO$ | Oxyde de sodium $= Na^2O$ |
| $+$ eau $= \quad OH^2$ | $+$ eau $= \quad OH^2$ |
| Chaux hydratée $= CaO^2H^2$ | Soude hydratée $= Na^2O^2H^2$ |
| (hydrate de calcium) ou | (soude caustique) qu'on simplifie |
| $Ca(OH)^2.$ | et qu'on écrit $NaOH.$ |

— Réciproquement, on obtient l'oxyde correspondant à un hydrate en retranchant à celui-ci toute l'eau possible.

Exemples :

| | |
|---|---|
| Alumine hydratée $= Al^2O^6H^6$ | Potasse caustique $KOH$ |
| (ou hydrate d'aluminium) | (ou hydrate de potassium). |
| $-$ eau (3 molécules) $= O^3H^6$ | 2 molécules $= K^2O^2H^2$ |
| Alumine anhydre $= Al^2O^3.$ | $-$ eau $= \quad OH^2$ |
| (oxyde d'aluminium) | Potasse anhydre $= K^2O.$ |

**4° *Sels*.** — Un sel correspondant toujours à un acide, on écrit les corps simples qui y entrent dans l'ordre indiqué pour les acides ; le métal substitué à l'hydrogène sera donc placé le dernier.

Exemples :

| | | | | |
|---|---|---|---|---|
| Chlorure de sodium | ClNa | correspond à | ClH |
| Bromure d'argent | BrAg | — | à | BrH |
| Sulfure ferreux | SFe | — | à | SH² |
| Azotate de potassium | AzO³K | — | à | AzO³H |
| Hyposulfite de sodium | S²O³Na² | — | à | S²O³H² |
| Sulfate de cuivre | SO⁴Cu | — | à | SO⁴H² |
| Sulfate de sodium | SO⁴Na² | — | à | SO⁴H² |
| Carbonate de calcium | CO³Ca | — | à | CO³H². |

*Remarques.* — I. On écrit $SO^4Cu$ et $SO^4Na^2$, parce que l'expérience a démontré qu'*un atome de cuivre se substitue à 2 atomes d'hydrogène, tandis que le sodium se substitue à l'hydrogène atome pour atome ;* il faut donc deux atomes de sodium pour *remplacer* $H^2$ de $SO^4H^2$.

**Le potassium et l'argent** se *comportent comme le* **sodium,** *la plupart des autres métaux comme le* **cuivre** (129).

II. La formule d'un corps composé étant connue, on peut l'utiliser immédiatement pour résoudre certaines questions numériques.

*Exemple : Quel est le poids d'azote* % *contenu dans l'azotate de sodium ?*

L'azotate de sodium a pour formule :     Az    O³    Na.
Son poids moléculaire est :     $14+16\times3+23 = 85$.
85ᵍ de ce corps contiennent 14ᵍ d'azote.

100ᵍ en contiennent donc :     $\dfrac{14^g \times 100}{85} = 16^g,17$.

Réponse : 16,17 %.

Ce nombre détermine la valeur de l'azotate de sodium (appelé vulgairement *nitrate de soude*) comme *engrais azoté.*

**= 54. Égalités chimiques.** = Toute réaction chimique, obéissant à la loi de conservation de la matière (28), peut se représenter par une égalité, qui exprime que le poids des corps formés est égal au poids des corps employés.

*Exemples.* 1. Décomposition du *carbonate de calcium* par la chaleur (9) :

$$\underbrace{C \quad O^3 \quad Ca}_{12+16\times3+40} = \underbrace{C \quad O^2{\uparrow}}_{12+16\times2} + \underbrace{Ca \quad O}_{40+16} \qquad (1)$$

$$\underbrace{\phantom{xxx}}_{100} = \underbrace{\phantom{xx}}_{44} + \underbrace{\phantom{xx}}_{56}$$

2. Formation du *sulfure ferreux* (21) :

$$S + Fe = SFe$$
$$32 + 56 = \underbrace{88}$$
$$\tag{2}$$

3. Déplacement du cuivre par le *fer* dans le *sulfate de cuivre* (26) :

$$S\ O^4 \quad Cu + Fe = \quad S\ O^4 \quad Fe + Cu. \tag{3}$$

$$\underbrace{32 + 16 \times 4 + 63{,}5}_{159{,}5} + 56 = \underbrace{32 + 16 \times 4 + 56}_{152} + 63{,}5$$

Le premier membre d'une égalité chimique contient les formules des corps employés; le second membre, celles des corps obtenus ; les corps différents sont séparés par le signe $+$. Mais il ne suffit pas de connaître ces corps et leurs formules; il faut que les deux membres soient rigoureusement égaux, c'est-à-dire renferment le même nombre d'atomes de chaque corps simple ; c'est ce qui oblige souvent à placer devant les formules les coefficients convenables, ou, comme on dit, à *compléter* l'égalité, ce qui veut dire la rendre juste.

*Exemple* 1. *Combustion du phosphore dans l'oxygène de l'air* (7).

$$P + O, \qquad | \qquad P^2O^5$$

Corps employés. Corps obtenu.

On ne peut mettre le signe $=$ à la place du trait $|$ , puisqu'il n'y a que 1 atome de chaque corps simple dans le premier membre, alors qu'il y en a 2 et 5 dans le second. Pour qu'il y ait égalité, il faut mettre devant P et O les coefficients 2 et 5; d'où :

$$2P + 5O = P^2O^5,$$

égalité qui se lit : 2 atomes de phosphore et 5 atomes d'oxygène donnent 1 molécule d'anhydride phosphorique.

*Exemple* 2. *Action du salpêtre sur le charbon incandescent.* — Les corps employés ont pour formules $AzO^3K$ et C. Il faut savoir qu'il se forme de l'azote, du gaz carbo-

nique et du carbonate de potassium, soit $Az, CO^2$ et $CO^3K^2$.
On écrit donc :

$$AzO^3K + C \mid Az + CO^2 + CO^3K^2,$$

ce qui fournit, après qu'on a complété, l'égalité :

$$4(AzO^3K) + 5\,C = 2\,Az^2{\uparrow} + 3(CO^2){\uparrow} + 2(CO^3K^2),$$

qui se lit : 4 molécules d'azotate de potassium et 5 atomes de carbone donnent 2 molécules d'azote, 3 molécules de gaz carbonique et 2 molécules de carbonate de potassium.

## 55. Utilisation des égalités chimiques. = Les égalités chimiques servent à résoudre trois groupes de problèmes importants, qui se présentent à chaque instant.

*1er groupe. Étant donnés les poids (ou les volumes) des corps employés, trouver les poids (ou les volumes) des corps obtenus.*

*Exemple : Quel est le poids de vitriol vert qu'on peut obtenir en traitant par l'acide sulfurique étendu 10kg de fer supposé pur?* (expce 2, 43).

La réaction produite se traduit par l'égalité :

$$S\ O^4\quad H^2 \ + \ Fe = \ S\ O^4\quad Fe\ +\ H^2.$$

$$\underbrace{32 + 16 \times 4 + 2}_{98}\ +\ 56 =\ \underbrace{32 + 16 \times 4 + 56}_{152}\ +\ 2$$

Elle montre que 56kg de fer fournissent 152kg de sulfate de fer.
Or le vitriol vert pur a pour formule $\underbrace{SO^4Fe,\ 7}_{152}\ (H^2O)$
Son poids moléculaire est : $152 + 7 \times (2 + 16) = 278$.
Donc, 56kg de fer peuvent fournir 278kg de vitriol vert;

10kg en donnent donc $\dfrac{278 \times 10}{56} = 49^{kg},6$.

Réponse : 49kg,6.

*2° groupe. Étant donné le poids (ou le volume) d'un des corps employés, trouver le poids (ou le volume) des autres corps nécessaires à la réaction.*

*Exemple : Quel est le poids d'acide chlorhydrique nécessaire pour neutraliser 2g,8 de soude caustique (expce, 50)?*

La réaction produite se traduit par l'égalité :

$$ClH + NaOH = ClNa + HOH \quad (\text{ou } H^2O).$$

$$\underbrace{35,5 + 1}_{36,5} \quad \underbrace{23 + 16 + 1}_{40}$$

Elle montre que, pour neutraliser 40⁹ de soude, il faut 36⁹,5 d'acide chlorhydrique. Pour neutraliser 2⁹,8, il en faudra donc :

$$\frac{36,5 \times 2,8}{40} = 2^g,555.$$

Réponse : 2⁹,555.

*Remarques.* — I. — L'acide chlorhydrique utilisé dans les laboratoires n'a pas pour formule ClH ; c'est une dissolution dans l'eau du corps ayant cette formule. Supposons que celle qu'on a utilisée pour la réaction contienne 34 % de son poids du corps ClH. Il est évident qu'il faudra en employer davantage, soit :

$$2^g,555 \times \frac{100}{34} = 7^g,515.$$

II. — Supposons qu'on fasse une dissolution contenant par *litre* 36⁹,5 du corps ClH et une autre dissolution contenant par *litre* 40⁹ de soude caustique pure. — Des volumes égaux de chaque dissolution se neutraliseront exactement ; par exemple, 1 cm³ de la première neutralisera 1 cm³ de la seconde, et réciproquement. Ces dissolutions portent le nom de *liqueurs titrées* [1] *normales :* la première (liqueur normale d'acide chlorhydrique) sert au *titrage des bases* dissoutes ; la seconde (liqueur de soude normale) sert au *titrage des acides* en solution.

*3° groupe. Étant donnés les poids (ou les volumes) du corps à produire, trouver les poids (ou les volumes) des corps à employer.*

Exemple : *Quel est le poids de calcaire, supposé pur, qu'il faut traiter par l'acide chlorhydrique (expce 2, 27), pour obtenir 100ᵗ de gaz carbonique ?*

La réaction produite se traduit par l'égalité :

$$C \quad O^3 \quad Ca + 2(ClH) = CO^3H^2 + Cl^2Ca.$$
$$\underbrace{12 + 16 \times 3 + 40}_{100} \qquad \underbrace{12 + 16 \times 2}_{44} \quad + H^2O$$

---

[1] Ainsi nommées parce qu'elles contiennent un *poids déterminé* des corps dissous.

Elle montre que 100ᵍ de calcaire pur donnent 44ᵍ de gaz carbonique.

Or nous devons produire 100ˡ de ce gaz dont le litre pèse 1ᵍ,97 (159), soit

$$18,97 \times 100 = 197ᵍ.$$

Le poids de calcaire demandé est donc :

$$\frac{100 \times 197}{44} = 447ᵍ,7$$

Si le calcaire utilisé ne renfermait que 95 °/₀ de carbonate de calcium, il faudrait en employer :

$$147,7 \times \frac{100}{95} = 472ᵍ, \text{ en nombre rond.}$$

## Interprétation en volume d'une égalité chimique.

*Exemple.* — *Quel est le volume d'oxygène nécessaire pour brûler 20 litres d'hydrogène? Quel serait le volume de vapeur d'eau obtenue ?*

L'égalité à utiliser est :

$$H^2 + O = H^2O \text{ vap.}$$

On résoudra le problème très simplement en interprétant cette égalité en volume (40, rem. II) :

$$H^2 + O = H^2O \text{ vap.}$$
$$\text{2 vol.} \quad \text{1 vol.} \quad \text{2 vol.}$$

ce qui montre que le volume d'oxygène nécessaire est la moitié du volume d'hydrogène et que le volume de vapeur d'eau formée est égal au volume d'hydrogène.

Réponses : 1° 10 litres d'oxygène ;
2° 20 litres de vapeur d'eau.

# MÉTALLOÏDES

---

## CHAPITRE IV

### HYDROGÈNE. — CHLORE ET PRINCIPAUX COMPOSÉS.

---

### 1. — HYDROGÈNE (H = 1).

= **56. Préparation.** = L'hydrogène se prépare par les moyens suivants :

1° *Action d'un acide étendu sur un métal*, mais il faut

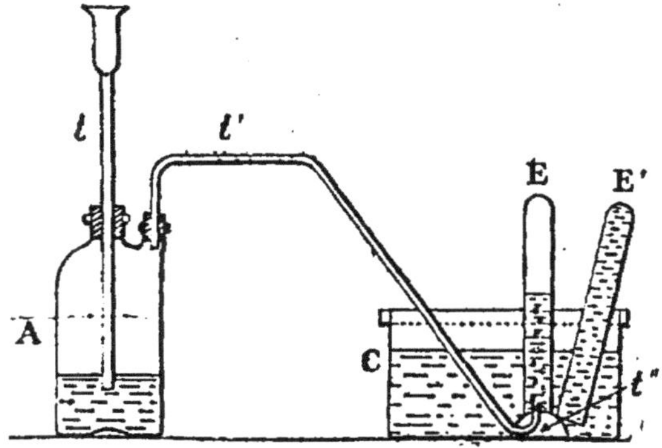

Fig. 29. — Préparation usuelle de l'hydrogène.

choisir l'acide et le métal. L'acide ordinairement employé est l'*acide sulfurique;* les métaux sont le *zinc* ou le *fer*.

Les réactions qui se produisent ont été expliquées plus haut (43). Avec le zinc, par exemple, on a :

$$SO^4H^2 + Zn = SO^4Zn + H^2.$$

L'hydrogène ainsi produit n'est pas pur; il sent l'acide sulfhydrique, car les métaux utilisés renferment du soufre. On emploie l'appareil servant à la production d'un gaz à froid (fig. 29).

2° *Action de l'eau sur l'hydrolithe*. L'*hydrolithe* ou *pierre à hydrogène* est un corps gris composé d'*hydrogène* et de *calcium*. Au contact de l'eau, il se produit une

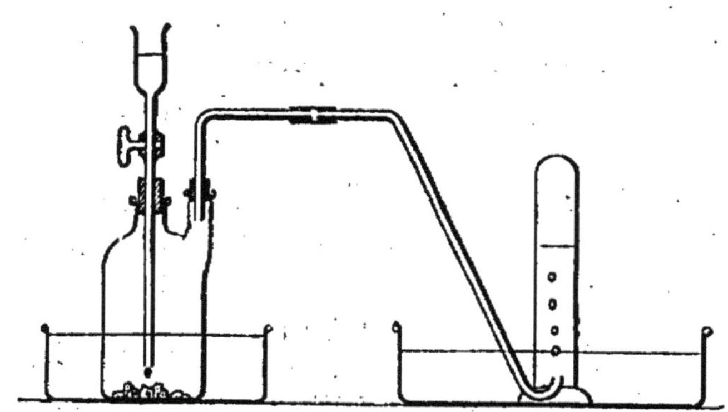

Fig. 30. — Préparation de l'hydrogène à l'aide de l'*hydrolithe*.

vive effervescence due à un dégagement tumultueux d'hydrogène, et il se forme de la chaux :

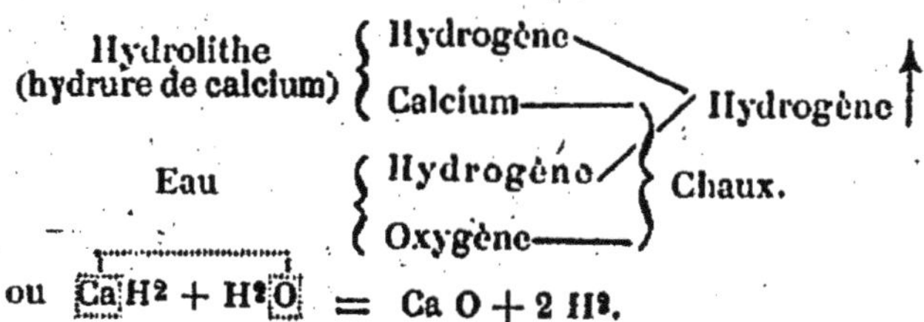

ou $\overline{Ca}H^2 + H^2\overline{O} = Ca\,O + 2\,H^2.$

L'hydrogène ainsi obtenu est très pur, mais coûte cher. On peut se servir de l'appareil représenté par la figure 30.

3° *Décomposition de l'eau par le courant électrique* (32).

**= 57. Propriétés physiques.** = L'hydrogène bien pur est un gaz incolore, absolument dépourvu d'odeur et de saveur. **C'est le plus léger de tous les gaz;** 1 litre, en effet, ne pèse que 0$^g$,089 (à 0° et sous la pression 76$^{cm}$). Comme, dans ces conditions, 1 litre d'air pèse 1$^g$,293, l'hydrogène pèse $\dfrac{0,089}{1,293}$, soit sensiblement les $\dfrac{7}{100}$ de l'air; on dit que sa *densité par rapport à l'air* est 0,07.

Cette grande légèreté est mise en évidence par les expériences suivantes :

*Expérience 1.* — Une éprouvette pleine d'hydrogène, placée l'ouverture en haut, perd rapidement son gaz, qui est remplacé par de l'air (le constater au moyen d'une allumette enflammée).

*Expérience 2.* — Une éprouvette pleine d'hydrogène étant maintenue l'orifice en bas, appliquons contre son ouverture une éprouvette de même diamètre contenant de l'air, et retournons l'ensemble de manière que l'éprouvette d'hydrogène H soit en bas, l'éprouvette d'air A en haut (fig. 31). Nous constaterons avec une allumette que l'éprouvette A contient de l'hydrogène (production d'une flamme et souvent d'une explosion), tandis que l'éprouvette H n'en contient plus.

*Expérience 3.* — Faisons arriver dans une dissolution de savon le tube abducteur de l'appareil qui produit l'hydrogène. Les bulles qui se forment et qu'on détache du tube d'un coup sec gagnent très rapidement le haut de la salle.

*Remarque.* — La *densité des gaz s'exprime par rapport à l'air;* dire qu'un gaz a pour densité *d,* c'est dire qu'à volume égal il pèse *d* fois plus que l'air. Donc (à 0° et sous la pression 76$^{cm}$) le poids d'un litre d'un gaz de densité *d* est :

Fig. 31. — Transvasement de l'hydrogène.

$$1^g,3 \times d;$$

le poids de V litres est :

$$1^g,3 \times d \times V.$$

Réciproquement, connaissant le poids P d'un certain volume de gaz, on obtiendra le volume V en divisant P par le poids du litre de gaz, $1^g,3 \times d$ :

$$V = \dfrac{P}{1,3 \times d}.$$

Il est évident d'ailleurs qu'un gaz est plus léger ou plus lourd que l'air, suivant qu'on a : $d \lessgtr 1$. L'azote, qui a pour densité 0,97, est plus léger que l'air. L'oxygène, qui a pour densité 1,105, est plus lourd que l'air[1].

**Conséquence** : L'hydrogène traverse rapidement les corps poreux (terre cuite, porcelaine non émaillée, caoutchouc); c'est ce qu'on appelle son **pouvoir diffusif**.

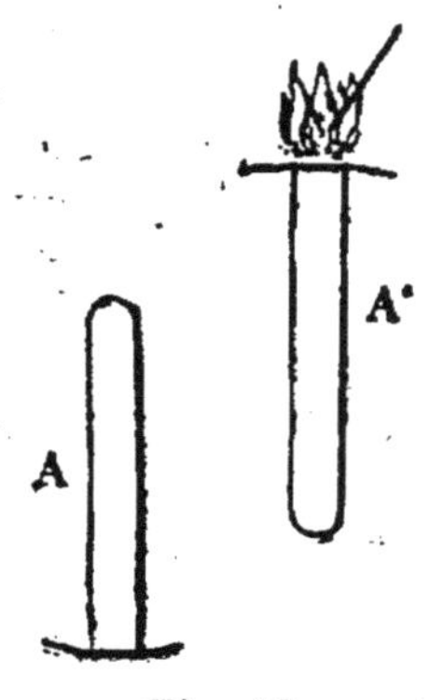

Fig. 32.

*Expérience 1.* — Fermons l'orifice inférieur d'une éprouvette d'hydrogène au moyen d'une feuille de buvard (fig. 32). Retournons l'éprouvette et plaçons une allumette enflammée à quelques centimètres du buvard. Il se produit une flamme qui gagne le buvard et pénètre dans l'éprouvette, en produisant généralement une petite détonation.

*Expérience 2.* — Fermons un vase de pile A (fig. 33) par un bon bouchon que traverse un tube coudé renfermant un liquide coloré. Coiffons ce vase d'une cloche C pleine d'hydrogène. Immédiatement le niveau monte dans la branche ouverte *t'* et baisse d'autant en *t*, car l'hydrogène pénètre plus vite dans le vase A que l'air ne peut en sortir, et celui-ci pousse le liquide du tube. Si l'on enlève la cloche C, les niveaux varient en sens inverse.

Tous les gaz sont diffusibles; plus un gaz est léger, plus il se diffuse vite; c'est pourquoi cette propriété est facile à mettre en évidence pour l'hydrogène.

**Application** : La grande légèreté de l'hydrogène a fait songer à l'employer au **gonflement des ballons**; mais, à cause de sa grande diffusibilité, on y renonça pendant un certain temps. Actuellement, c'est le seul gaz employé pour les ballons militaires et les dirigeables.

L'enveloppe des dirigeables est formée de deux tissus de coton séparés par une couche de caoutchouc et protégés intérieurement par une fine pellicule de cette substance. Le taffetas vernissé n'est employé que pour les ballons de petit volume. L'enveloppe est souvent recouverte extérieurement d'une couche jaune de chro-

---

[1] Nous désignerons toujours par *d* une densité par rapport à l'air et par D une densité par rapport à l'eau.

mate de plomb, quelquefois d'une couche d'aluminium en poudre.

L'hydrogène est généralement produit par l'action de l'acide sulfurique étendu sur du fer en copeaux ou en tournure; mais il doit être épuré très soigneusement et bien desséché (laveurs à eau, à soude ; caisses d'épuration à oxyde de fer et à chaux vive). Le gaz est emmagasiné sous pression de 100 à 150 atmosphères, soit dans des *bouteilles* pesant 70$^{kg}$ et contenant 7 m³, soit dans des *tubes* en *acier-nickel* pesant 250$^{kg}$ et pouvant renfermer 25 m³, facilement transportables au moyen de voitures spéciales qui appartiennent au matériel roulant des services aérostatiques.

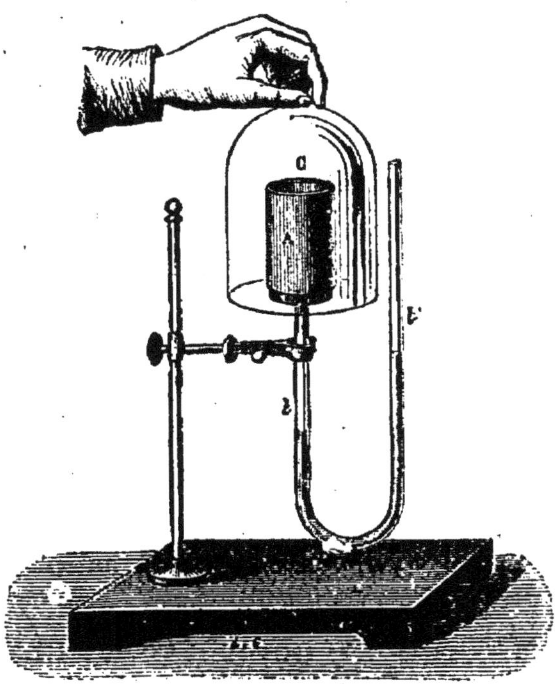

Fig. 33. — Diffusion de l'hydrogène.

L'hydrogène est le moins soluble et le plus difficilement liquéfiable de tous les gaz (sauf l'hélium) : sa température critique [1] est, en effet, de — 245°.

= **58. Propriétés chimiques.** = La propriété chimique caractéristique de l'hydrogène est *de se combiner à l'oxy-*

[1] La *température critique* d'un gaz est la température *au-dessus* de laquelle on ne peut le liquéfier, quelle que soit la pression exercée.

gène avec un *grand dégagement de chaleur en formant de l'eau* : d'où le nom d'*hydrogène*, qui engendre l'eau (60).

**Détonation du mélange d'hydrogène et d'oxygène.**

*Expérience.* — Dans un petit flacon à large goulot rempli d'eau, introduisons de l'oxygène, de manière qu'il reste encore les 2/3 d'eau dans le flacon, puis achevons de le remplir avec de l'hydrogène. Fermons-le au moyen d'un bon bouchon, et, après l'avoir entouré d'un linge mouillé, approchons l'orifice d'une bougie : sitôt le bouchon enlevé, une violente détonation se produit ; le flacon peut être brisé, ce qui n'a pas d'inconvénients grâce à la précaution indiquée.

L'inflammation du mélange peut être également produite par une étincelle électrique ou par la mousse de platine.

L'explosion du mélange d'*hydrogène et d'air* est moins violente (ainsi s'expliquent les détonations entendues dans plusieurs des expériences précédentes), mais peut néanmoins être dangereuse. Ceci nous indique les *précautions à prendre dans tous les locaux où se produit de l'hydrogène (salles d'accumulateurs, salles d'électrolyse)* ; on ne doit jamais y pénétrer avec une lumière ni y fumer. Il ne faut jamais s'approcher avec une flamme des bacs où l'on décape le fer pour l'étamage et la galvanisation, où l'on fabrique le vitriol blanc, le vitriol vert, le chlorure de zinc ; il n'y faut pas non plus jeter de corps enflammés.

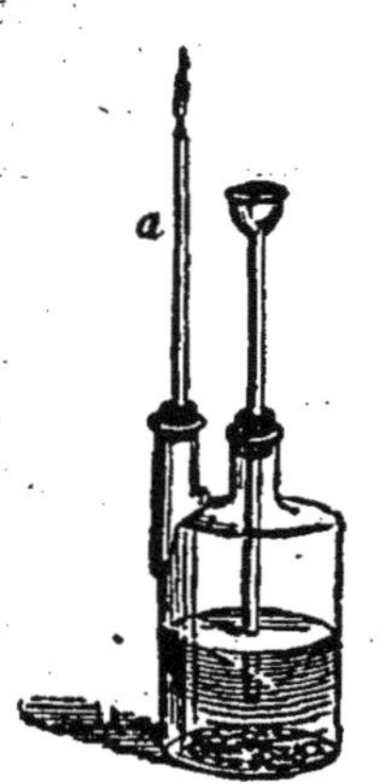
Fig. 34. — Flamme de l'hydrogène.

= **59. Combustion de l'hydrogène.** = Nous avons constaté que ce gaz brûle avec une flamme *très pâle*, presque invisible quand elle se produit dans une éprouvette. Si on l'enflamme à l'extrémité d'un tube effilé *a* (fig. 34), on constate que la flamme se colore rapidement en *jaune*. Cette coloration est due aux sels de sodium que renferme le verre ordinaire. Le tube, de plus, se ramollit et peut fondre, car *la flamme de l'hydrogène est* très chaude. Elle est plus chaude encore, si le gaz est brûlé par l'oxygène pur ; sa température peut alors atteindre 2300° : c'est la flamme *oxhydrique*.

**Applications :** a) *Chalumeaux oxhydriques.* — La haute température de la flamme oxhydrique a été employée d'abord pour fondre le platine, un des métaux les moins fusibles. Depuis que l'hydrogène est produit à bon compte par électrolyse de l'eau, cette flamme est employée pour la *soudure autogène* des métaux, c'est-à-dire leur assemblage sans l'intermédiaire d'une autre substance, telle qu'une soudure ou une brasure ou un autre alliage. Elle permet d'exécuter des travaux très variés : soudure de tuyaux et de tôle

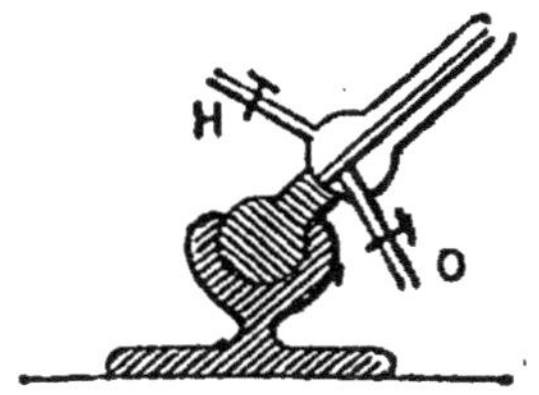

Fig. 35.
Chalumeau d'émailleur.

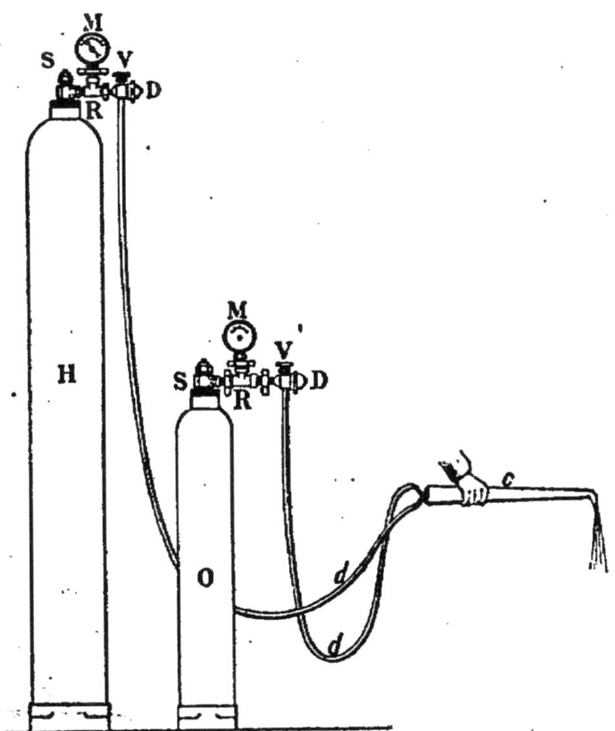


Fig. 36. — Ensemble d'une installation pour la soudure autogène :
H, bouteille d'hydrogène ; O, bouteille d'oxygène ; S, soupape ; R, raccord double ; M, manomètres ; D, détendeurs ; d, tuyaux de caoutchouc ; c, chalumeau.

d'acier, pose de brides, de tubulures, de viroles, de raccords ; soudure des plaques d'accumulateurs, etc.

La figure 35 représente un *chalumeau d'émailleur* à oxygène et hydrogène. = L'oxygène est souvent remplacé par de l'air, l'hydrogène par du gaz d'éclairage (*chalumeau aérogaz*).

La figure 36 représente l'ensemble d'une installation de soudure oxhydrique. L'inconvénient de cette soudure est son prix élevé; on l'emploie surtout pour la soudure des métaux facilement fusibles et de faible épaisseur. La soudure oxyacétylénique (254) est beaucoup plus employée.

b) *Lumière Drummont.* — La flamme oxhydrique dirigée sur une pastille de magnésie ou sur un bâton de chaux vive (fig. 37) porte ces corps à l'incandescence, ce qui donne une lumière extrêmement vive, inutilisable pour l'éclairage usuel, mais très convenable pour éclairer fortement les vues pour projections. L'hydrogène peut d'ailleurs être remplacé par du gaz de houille, de l'acétylène, de la vapeur d'essence de pétrole ou d'éther.

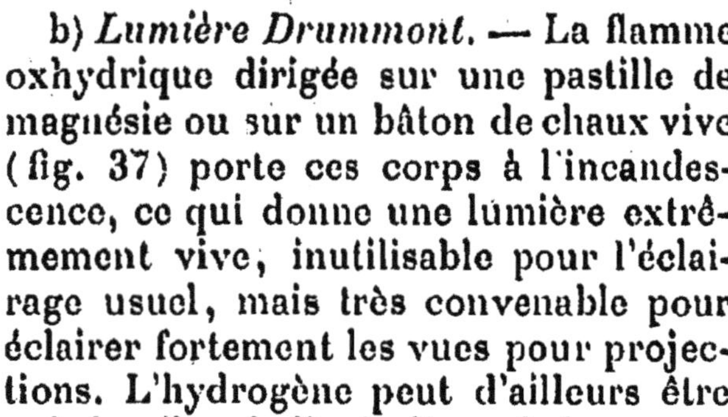



Fig. 37. — Lumière Drummont.

= **60. Formation d'eau dans la combustion de l'hydrogène.** = Quand on enflamme de l'hydrogène sec, il se forme de l'eau qu'on voit se déposer à l'état de buée sur un corps froid (fig. 38). Le même fait s'observe dans les flacons où l'on fait détoner le mélange *hydrogène-oxygène*. La vapeur, étant portée à une température élevée, occupe instantanément un grand volume : c'est ce qui explique la violence de l'explosion.

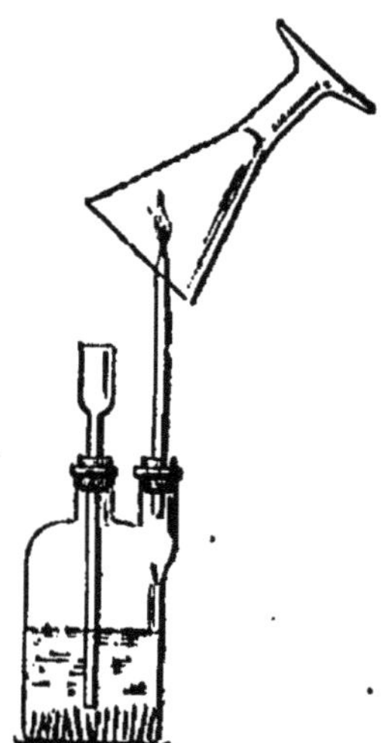

Fig. 38. — Production d'eau dans la combustion de l'hydrogène.

*Remarques :* I. Si l'on fait brûler 2ᵍ d'hydrogène en utilisant toute la chaleur produite pour échauffer de l'eau contenue dans un vase fermé et bien isolé, on constate que cette combustion élève de 58°,2 la température de 1ᵏᵍ d'eau ou de 1° la température de 58ᵍ200 d'eau. *La calorie-gramme* étant la quantité de chaleur nécessaire pour élever de 1° la température de 1ᵍ d'eau, on dit que la combustion précédente dégage 58·200 calories. C'est donc une source de chaleur considérable.

II. La mesure des quantités de chaleur dégagées dans les réactions est une branche importante de la chimie (*thermo-chimie*). On indique ces quantités au moyen des égalités qui traduisent les réactions, en convenant d'exprimer en *grammes* les poids des atomes et des molécules représentés.

*Exemple.* L'égalité :

$$H^2 + O = H^2O_{vap.} + 58·200^c$$
$$2^g \quad 16^g \quad 18^g$$

signifie que 2ᵍ d'hydrogène dégagent en brûlant 58·200 calories-grammes.

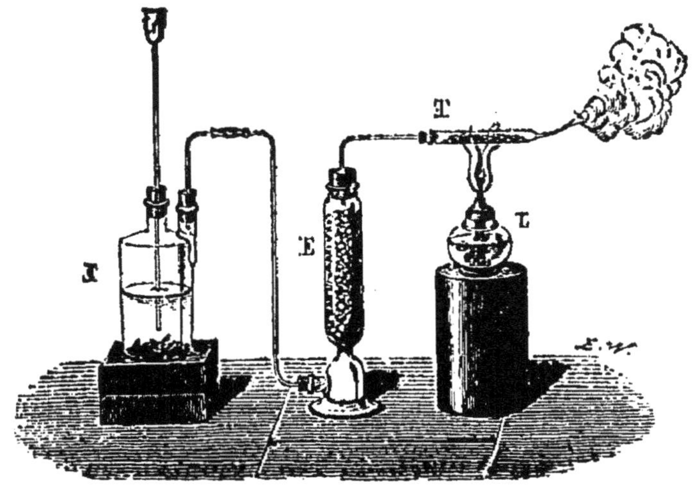

Fig. 39. — Réduction de l'oxyde cuivrique par l'hydrogène.

## = 61. Pouvoir réducteur. = L'hydrogène est capable de se combiner à l'oxygène des corps composés qui en renferment.

*Expérience.* — Adaptons à l'appareil producteur d'hydrogène une éprouvette E contenant du chlorure de calcium pour dessécher le gaz (fig. 39), puis un tube T renfermant de *l'oxyde de cuivre*. Versons de l'acide dans F pour activer le dégagement et, au bout de quelques minutes, chauffons l'oxyde. Après un certain temps, le contenu du tube devient *incandescent* et reste incandescent, même si l'on cesse de chauffer; un nuage de *vapeur* se dégage en *i*, et il se forme dans le tube du *cuivre* finement divisé, de couleur rougeâtre.

*Réaction :* $CuO + H^2 = Cu + H^2O$.

L'hydrogène s'est combiné à l'*oxyde de cuivre* pour former de l'*eau*; l'oxyde est donc ramené à l'état de *cuivre*; on dit qu'il a été *réduit* et que l'hydrogène est un *réducteur*. La réduction précédente est *exothermique*, puisque le contenu du tube devient incandescent. Les mêmes phénomènes s'observeraient avec les oxydes d'*argent*, de *mercure*, de *plomb*. — Avec les oxydes d'*étain*, de *fer*, de *zinc*, on obtiendrait encore de l'eau et le métal de l'oxyde, toutefois sans incandescence. Mais l'hydrogène n'a pas d'action sur la chaux, la magnésie, la soude, la potasse et l'alumine. —

Si l'hydrogène était peu coûteux, il pourrait donc être employé dans l'industrie pour retirer les métaux usuels de leurs oxydes. — Il sert dans les laboratoires pour obtenir les métaux purs, pour préparer le *cuivre* et le *nickel* finement divisés, dont les propriétés *catalysantes* (19) ont déjà reçu quelques applications industrielles, pour fabriquer les fils des lampes à incandescence, dites à filaments métalliques (lampe Tantale); dans les fabriques de matières colorantes artificielles, pour réduire de nombreux corps (fabrication des amines aromatiques), etc.

## 2. — CHLORE ($Cl = 35,5$).

Le chlore est un *gaz* qu'il ne faut pas confondre avec le solide blanc, vulgairement appelé chlore, qu'on jette en été dans les urinoirs et qu'on désigne aussi, dans le commerce, sous le nom de *chlorure de chaux*.

### = 62. Principes de la préparation du gaz chlore.

1° *Emploi du chlorure de chaux.*

*Expérience.* — Dans un col droit renfermant une petite quantité de *chlorure de chaux*, versons quelques gouttes d'*acide chlorhydrique* et recouvrons-le immédiatement d'une soucoupe. Une vive effervescence se produit et le flacon ne tarde pas à se remplir d'un gaz de couleur jaune verdâtre à odeur suffocante : ce gaz est du *chlore* (de *chloros*, vert).

Ce moyen ne peut être industriel, car le chlorure de chaux se fabrique avec le chlore gazeux; mais il est commode pour obtenir très rapidement quelques flacons de ce gaz.

A cet effet, il suffit d'employer l'appareil représenté par la figure 40. Il comprend un flacon F contenant du chlorure de chaux, un tube $t$ à entonnoir et à robinet $r$ par lequel on verse de l'acide chlorhydrique. Le chlore se dégage par le tube $t'$ dans le flacon F'.

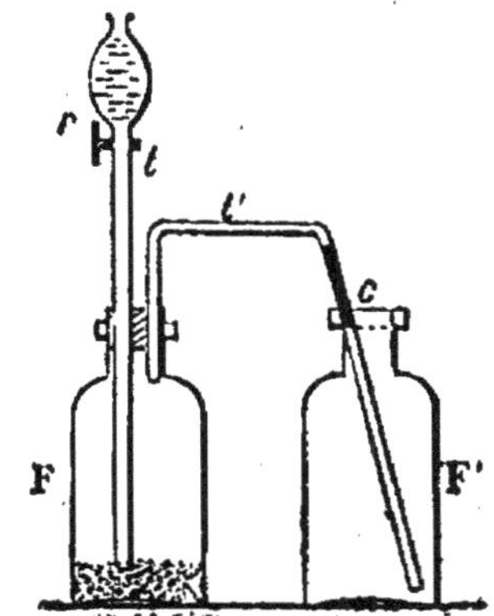

Fig. 40. — Préparation du chlore à froid.

c, raccord de caoutchouc, réunissant les deux parties du tube $t'$.

**2° *Emploi de l'acide chlorhydrique et d'un oxydant.*** L'acide chlorhydrique du commerce renferme une combinaison de *chlore* et d'*hydrogène*. Pour obtenir le chlore, il suffit d'éliminer l'hydrogène sous forme d'eau à l'aide d'oxygène fourni par un corps oxydant :

$$(1) \qquad 2(ClH) + O = Cl^2\uparrow + H^2O.$$
$$\text{(corps oxydant)}$$

*Expérience 1.* — Introduisons dans un col droit un peu de *bioxyde de plomb* ($PbO^2$) et versons-y de l'acide chlorhydrique concentré. L'atmosphère du flacon devient rapidement jaune verdâtre par suite de la formation de chlore, provenant de l'acide chlorhydrique dont l'hydrogène a été oxydé par la moitié de l'oxygène de l'oxyde de plomb. L'autre moitié reste combinée au plomb sous forme de protoxyde. Mais cet oxyde s'unit avec une certaine quantité d'acide chlorhydrique pour donner du chlorure de plomb et de l'eau. On a donc les réactions successives :

$$PbO^2 = PbO + O,$$
$$2(ClH) + O = Cl^2\uparrow + H^2O,$$
$$2(ClH) + PbO = Cl^2Pb + H^2O,$$

soit la réaction apparente (ou brute) :

$$(2) \qquad PbO^2 + 4(ClH) = Cl^2 + Cl^2Pb + 2(H^2O).$$

Au lieu de bioxyde de plomb, on peut employer du permanganate de potassium, du bichromate de potassium, du chlorate de potassium, du *bioxyde de manganèse*. Avec ces corps, le dégagement gazeux cesse très vite; mais il reprend quand on chauffe.

*Expérience 2.* — Plaçons dans le ballon B de l'appareil représenté figure 41, du bioxyde de manganèse granulé, et versons-y de l'acide chlorhydrique concentré. Chauffons légèrement; le chlore se dégage par *t* et vient s'accumuler dans le flacon C, en chassant l'air. Réaction brute :

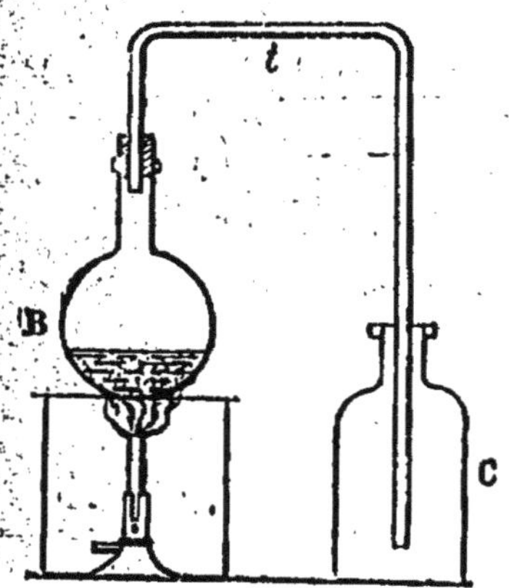

Fig. 41. — Préparation du *chlore* à chaud.

$$(3) \quad 4(ClH) + MnO^2 = Cl^2 + Cl^2Mn + 2(H^2O).$$

Le gaz ainsi obtenu n'est pas pur; il est mélangé de gaz chlorhydrique provenant de l'acide employé. Pour absorber le gaz chlorhydrique, il suffit d'interposer entre B et C un laveur contenant de l'eau.

De tous les oxydants indiqués, c'est le bioxyde de manganèse qui est le meilleur marché, car c'est un produit naturel. C'est celui qu'on emploie dans la petite industrie. L'oxydant le moins coûteux est évidemment l'*oxygène de l'air;* mais, pour que la réaction (1) se produise avantageusement, il est nécessaire d'opérer au voisinage de 400° et d'employer le gaz chlorhydrique, au lieu de sa dissolution. C'est surtout de cette façon que la grande industrie produit le chlore (*procédé Deacon*).

**= 63. Propriétés physiques.** = Le chlore est un gaz de couleur caractéristique, à odeur forte et irritante ; il provoque la toux et les crachements de sang; il faut donc éviter de le respirer. Il est beaucoup plus lourd que l'air ($d = 2,48$), facilement liquéfiable (température critique : $+ 140°$); à $+ 15°$, sous une pression de $6^{kg}$, il se transforme en un liquide jaune d'or, qu'on trouve dans le commerce dans des tubes métalliques munis de robinets. Il est assez soluble dans l'eau : entre 8° et 15°, 1 litre d'eau en dissout de $3^l$ à $1^l,5$. Le liquide jaunâtre formé s'appelle l'*eau chlorée.* Pour l'obtenir, il suffit de faire arriver le gaz chlore dans de l'eau pure.

**= 64. Action sur l'hydrogène et les composés**

**hydrogénés.** = *La propriété chimique caractéristique du chlore est la facilité avec laquelle il se combine à l'hydrogène pour former de l'acide chlorhydrique.*

*Expérience.* — Dans une grande éprouvette retournée sur la cuve à eau, introduisons des volumes égaux d'hydrogène, puis de chlore.

Sortons rapidement l'éprouvette de l'eau et, après l'avoir recouverte d'une plaque de carton, plaçons-la au voisinage d'un bec Bunsen allumé (fig. 42). Projetons de la poudre de magnésium dans la flamme : immédiatement une explosion se produit ; la plaque de carton est projetée violemment, et l'on voit se former dans l'éprouvette des fumées qui rougissent un papier de tournesol. Il se forme, en effet, du gaz chlorhydrique.

La réaction se traduit par l'égalité

$$\mathrm{Cl} + \mathrm{H} = \mathrm{ClH} + 22\,000^c$$
$$35{,}5 \qquad 1 \qquad 36{,}5$$
$$1\ \text{vol.} \qquad 1\ \text{vol.} \qquad 2\ \text{vol.}$$

Elle exprime que les deux gaz se combinent à volumes égaux pour donner un volume de composé *égal à leur somme.* Elle montre que 35ᵍ,5 de chlore se combinent à 1ᵍ d'hydrogène pour former 36ᵍ,5 de gaz chlorhydrique avec un dégagement de chaleur de 22 000 calories.

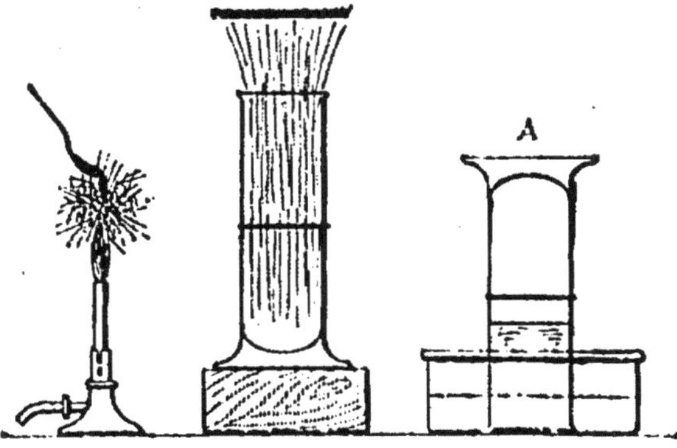

Fig. 42. — Combinaison du *chlore* et de l'*hydrogène*.

Ce dégagement de chaleur considérable mesure ce qu'on appelle l'*affinité du chlore pour l'hydrogène* et explique la violence de l'explosion.

La combinaison ne se produit pas dans l'obscurité ni même à la lumière d'une bougie ordinaire. Elle est très lente à la lumière diffuse, instantanée et explosive à la lumière solaire. Il faut donc éviter, dans l'expérience précédente, que des rayons solaires viennent frapper l'éprouvette.

**Conséquence de l'affinité du chlore pour l'hydrogène :** *le chlore est capable d'enlever l'hydrogène aux corps hydrogénés, c'est-à-dire de les décomposer avec formation d'acide chlorhydrique.*

**Expérience 1.** — Dans un flacon plein de chlore sec, introduisons une feuille de papier buvard imprégné d'*essence de térébenthine*. Immédiatement le papier noircit (il peut même s'enflammer), et des fumées à réaction acide se dégagent du flacon. L'essence de térébenthine, en effet, est un hydrocarbure, que le chlore décompose d'après l'égalité :

$$C^{10}[H^{16} + 16Cl] = 10C{\downarrow} + 10(ClH){\uparrow}.$$

**Expérience 2.** — Dans un flacon contenant du *gaz sulfhydrique*, versons de *l'eau chlorée*. Fermons le flacon et agitons : le liquide devient laiteux (formation de soufre), et l'odeur d'œufs pourris disparaît.

$$[Cl^2 + H^2]S = 2(ClH) + \underset{\text{dissous}}{S}{\downarrow}.$$

**Expérience 3.** — Dans un tube de verre de 1 mètre de long environ fermé à une extrémité, versons de l'eau chlorée jusqu'aux 9/10 de sa hauteur ; puis achevons de le remplir avec de l'*ammoniaque du commerce* (qui renferme le gaz ammoniac $AzH^3$), et retournons-le immédiatement dans un verre contenant de l'eau (fig. 43). Une multitude de petites bulles de gaz se forment au contact des deux liquides et viennent se rassembler à la partie supérieure du tube. On peut constater que ce gaz est de l'*azote chimiquement pur*. L'ammoniaque est détruite et perd son odeur piquante.

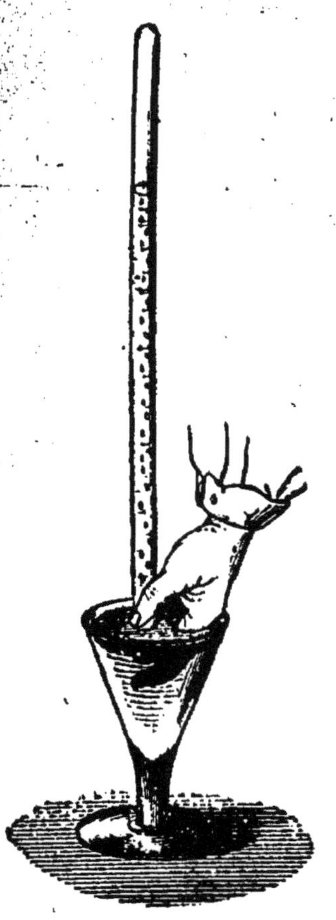

Fig. 43. — Action de l'eau chlorée sur l'ammoniaque.

Réaction principale :

$$Az[H^3 + 3Cl] = Az + 3(ClH){\uparrow}.$$

*Les deux expériences précédentes expliquent l'emploi*

*du chlore pour la désinfection des fosses d'aisances et des urinoirs.*

Le chlore détruit un grand nombre de *composés organiques* en leur enlevant de l'hydrogène : si un flacon d'eau chlorée est fermé avec un bouchon de *liège* ou de *caoutchouc,* ces substances sont profondément altérées et deviennent friables. Ainsi s'expliquent les propriétés toxiques du chlore introduit dans les voies respiratoires et son emploi pour la désinfection des salles d'hôpitaux et des navires, car il tue les microbes.

**= 65. Action sur l'eau. Pouvoir oxydant. Pouvoir décolorant. =** Lorsqu'un flacon en verre ordinaire, contenant de l'eau chlorée, est resté exposé quelque temps à la lumière, on constate que le liquide a perdu son odeur caractéristique, qu'il est devenu incolore et rougit fortement le tournesol : c'est donc qu'il ne renferme plus de chlore dissous. Sous l'action de la lumière, en effet, le chlore décompose l'eau en donnant, finalement, de l'acide chlorhydrique et de l'oxygène :

$$(Cl^2 + H^2)O = 2(ClH) + O\uparrow.$$

Si dans de l'eau chlorée on place un corps oxydable, celui-ci fixera, même en l'absence de la lumière, l'oxygène venant de l'eau. On exprime cette propriété en disant que *le chlore est un oxydant en présence de l'eau.*

Un grand nombre de *matières colorées* renferment de l'hydrogène ; sous l'action du chlore humide, cet hydrogène est oxydé, et la matière colorante est détruite. Nous pouvons le vérifier en faisant arriver un courant de chlore dans du tournesol bleu ou rouge, dans de l'encre ordinaire très étendue, dans une dissolution bleue de sulfate d'indigo : tous ces liquides sont décolorés plus ou moins complètement. Ainsi s'explique le *pouvoir décolorant du chlore humide,* source de son application la plus importante dans l'industrie, *le blanchiment des textiles végétaux.*

## = 66. Action sur les corps simples. = a) *Métalloïdes*. — Le chlore se combine à tous les métalloïdes, sauf au fluor, à l'oxygène, à l'azote et au carbone.

Fig. 44.— Combustion de l'arsenic dans le *chlore*.

*Expérience 1.* — Projetons dans un flacon plein de chlore sec de l'*arsenic* finement pulvérisé (fig. 44). Chaque grain s'entoure, en tombant, de fumées blanches qu'il faut éviter de respirer; c'est une combinaison de chlore et d'arsenic, à laquelle on donne le nom de chlorure d'arsenic, et dont la formule est $Cl^3As$.

*Expérience 2.* — Dans un flacon plein de chlore (fig. 45), descendons une coupelle renfermant un morceau de phosphore bien sec. Ce corps s'enflamme immédiatement en produisant d'épaisses fumées, qui se déposent après refroidissement sous deux formes distinctes : 1° Poussière blanche sur les parois du flacon, ayant pour formule $Cl^5P$ (*pentachlorure de phosphore*);

2° Liquide dans le fond du flacon, ayant pour formule $Cl^3P$ (*trichlorure de phosphore*).

Toutes ces combinaisons se produisent avec un dégagement de chaleur considérable.

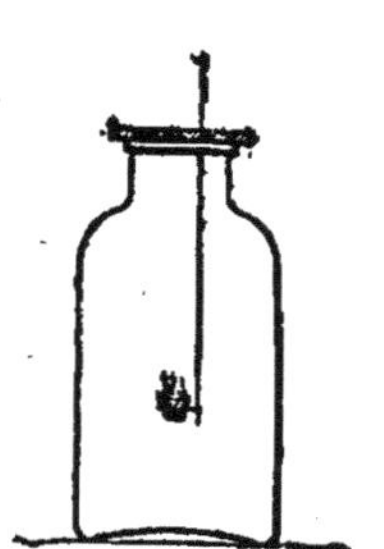

Fig. 45. — Combustion du *phosphore* dans le *chlore*.

b) *Métaux*. — Le chlore se combine à tous les métaux pour former des composés binaires, appelés *chlorures métalliques*.

*Expérience 1.* — Un morceau de *sodium* préalablement chauffé brûle dans le chlore en formant un corps solide blanc, de saveur salée, qui n'est autre chose que du *sel de cuisine* chimiquement pur ou *chlorure de sodium* ($ClNa$).

L'expérience faite avec un morceau de papier d'*étain* montrerait la formation de *chlorure stannique* ($Cl^4Sn$), liquide répandant à l'air d'épaisses fumées.

Fig. 46. — Combustion du *fer* dans le *chlore*.

*Expérience 2.* — Chauffons au rouge un gros fil de *fer* roulé en spirale et descendons-le dans un flacon de chlore (fig. 46). D'épaisses fumées rousses se produisent, et l'on observe sur les parois du flacon des taches brunes d'un corps soluble dans l'eau, appelé vulgairement *perchlorure de fer* (*chlorure ferrique* : $Cl^6Fe^2$).

Avec le *cuivre*, on obtiendrait dans les mêmes conditions un corps vert soluble dans l'eau ou *chlorure cuivrique* ($Cl^2Cu$) et un corps blanc insoluble ou *chlorure cuivreux* ($Cl^2Cu^2$).

L'or et le *platine* ne brûlent pas dans le chlore sec, mais se dissolvent dans l'eau chlorée.

*Expérience 3.* — Dans un verre contenant de l'eau chlorée, plaçons un fragment de feuille d'or comme en emploient les doreurs. Remuons avec un agitateur (fig. 47). L'or disparaît par suite de sa combinaison au chlore dissous et de la formation de *chlorure d'or* ($Cl^3Au$). Avec le platine, il se formerait du *chlorure platinique* ($Cl^4Pt$).

Fig. 47. — Dissolution de l'or dans l'eau chlorée.

## NOTIONS SUR LA VALENCE DES CORPS SIMPLES.

**= 67. Valence des métaux par rapport au chlore. =** Nous venons de voir qu'un métal quelconque donne au moins un chlorure. Parmi les chlorures formés précédemment, considérons ceux dont la molécule renferme un atome du métal.

Dans la molécule de chlorure de sodium $ClNa$, il y a 1 atome de chlore ;

Dans la molécule de chlorure cuivrique $Cl^2Cu$, il y a 2 atomes de chlore ;

Dans la molécule de chlorure d'or $Cl^3Au$, il y a 3 atomes de chlore ;

Dans la molécule de chlorure stannique $Cl^4Sn$, il y a 4 atomes de chlore.

On exprime ces faits en disant que les atomes des métaux considérés ont des *valences* différentes par rapport au chlore, c'est-à-dire que chacun d'eux se combine à des nombres différents d'atomes de chlore : 1, 2, 3 ou 4. On dit que le sodium est *monovalent*, le cuivre *divalent*, l'or *trivalent*, l'étain *tétravalent*. On représente souvent la valence par de petits traits précédant ou suivant le symbole. C'est ainsi qu'on écrit :

l'atome de sodium :  — Na  ou  Na —,

l'atome de cuivre :  = Cu  ou  Cu =  ou  — Cu —,

l'atome d'or :  ≡ Au  ou  Au ≡  ou  — Au —,

l'atome d'étain :  ⫤ Sn  ou  = Sn =  ou  — Sn —,

Ces traits s'appellent, par extension, des « valences » : à chaque trait peut être juxtaposé un atome de chlore, et un seul. Le chlorure stannique peut s'écrire dès lors :

Cette formule s'appelle une formule développée (on dit souvent que, dans ce cas, les valences sont « satisfaites » par du chlore).

*Remarques.* — I. — Outre le chlorure stannique $Cl^4Sn$, on connaît un autre chlorure de formule $Cl^2Sn$ ou chlorure stanneux. Dans celui-ci, l'étain est *divalent* ($= Sn$). L'étain peut donc être divalent ou tétravalent : c'est un métal à *valence variable*.

II. — Il y a également deux chlorures de fer ; car, outre le chlorure ferrique $Cl^6Fe^2$ obtenu ci-dessus, on connaît un chlorure de formule $Cl^2Fe$ (26) ou chlorure ferreux. Dans celui-ci, le fer est *divalent* ($= Fe$). On admet que dans le chlorure ferrique chaque atome de fer est *tétravalent* :

$$= Fe$$
$$|$$
$$= Fe ;$$

mais, comme il n'y a que 6 valences disponibles, puisque le chlorure renferme 6 atomes de chlore seulement, on suppose que les deux valences verticales se soudent, d'où le schéma

$$= Fe$$
$$|$$
$$= Fe ;$$

on dit que les deux atomes de fer *échangent* une valence et forment un groupe *hexavalent*.

**68. Valence des métalloïdes.** — Les formules des chlorures formés par combustion de l'arsenic et du phosphore dans le chlore permettent de conclure :

Que l'arsenic est *trivalent* ($Cl^3As$) ;

Que le phosphore est *trivalent* ou *pentavalent* ($Cl^3P$, $Cl^5P$).

Mais certains métalloïdes ne se combinent pas au chlore, et, par conséquent, on ne peut définir leur valence comme il vient d'être dit pour les métaux. On tourne la difficulté de la façon suivante :

Dans la molécule de gaz chlorhydrique $ClH$, 1 atome de chlore est combiné à 1 atome d'hydrogène. L'hydrogène est donc *monovalent* par rapport au chlore, et réciproquement ; par suite, tous les métalloïdes donnant des composés hydrogénés, on pourra définir leur *valence par rapport à l'hydrogène.*

*Exemples :*

Dans l'eau ($H^2O$), l'oxygène est *divalent :*

$$= O \quad \text{ou} \quad - O -;$$

(l'eau peut s'écrire $\genfrac{}{}{0pt}{}{H}{H}{>}O$ ou $H - O - H$ ; les valences de

l'oxygène sont satisfaites par de l'hydrogène).

Dans le *gaz ammoniac* ($AzH^3$), l'azote est *trivalent :*

$$Az \Leftarrow \quad \text{ou} \quad \equiv Az ---;$$

Dans le *méthane (gaz du grisou)* ($CH^4$), le carbone est *tétravalent :*

$$C \equiv \quad \text{ou} \quad -\overset{|}{\underset{|}{C}}-$$

## = 69. Classification des principaux corps simples d'après la valence.

| | MONOVALENTS : M — | DIVALENTS : M = | TRIVALENTS : M ≡ | TÉTRAVALENTS : M ≣ |
|---|---|---|---|---|
| **MÉTALLOÏDES** | Fluor<br>Chlore<br>Brome<br>Iode | Oxygène<br>Soufre | Azote<br>Phosphore<br>Arsenic<br>Antimoine } parfois pentavalents | Carbone<br>Silicium |
| | Hydrogène | | Bore | |
| **MÉTAUX** | Sodium<br>Potassium<br>Argent | Calcium<br>Baryum | Or<br>Bismuth | Étain<br>Platine } parfois divalents |
| | | Magnésium<br>Zinc | | |
| | | Cuivre<br>Mercure | | |
| | | Plomb | | Aluminium<br>Fer<br>Chrome<br>Manganèse } groupe de 2 atomes hexavalent |
| | | Fer<br>Nickel<br>Chrome<br>Manganèse | | |

*Remarques.* — I. — Les corps qui ont la même valence présentent des analogies chimiques remarquables, qui permettent de les classer dans une même *famille* de corps. Ces analogies sont surtout frappantes pour les métalloïdes, qui, l'hydrogène et le bore mis à part, se groupent en *quatre familles* où on les range par ordre de poids atomique croissant :

1re *famille.* — Fluor, Chlore, Brome, Iode.

2e *famille.* — Oxygène, Soufre.

3e *famille.* — Azote, Phosphore, Arsenic, Antimoine.

4e *famille.* — Carbone, Silicium.

II. — Un atome *monovalent* peut satisfaire 1 valence ; un atome *divalent* peut en satisfaire 2 ; un atome *trivalent*, 3, etc.

Soit, par exemple, le fer (colonne 4). Représentons les 2 atomes hexavalents :

$$Fe \equiv$$
$$|$$
$$Fe \equiv$$

Supposons que les 6 valences libres soient satisfaites par de l'oxygène ; ce corps étant divalent, il en faudra 6 : 2 ou 3 atomes. La combinaison s'écrira donc :

$$Fe = O$$
$$>O \quad ou \quad Fe^2O^3.$$
$$Fe = O$$

C'est la formule de l'oxyde ferrique.

De même, le protoxyde de *sodium* doit s'écrire :

$$Na$$
$$>O \quad ou \quad Na^2O ;$$
$$Na$$

le protoxyde de *calcium* s'écrit, lui,

$$Ca = O \quad ou \quad CaO, \quad etc.$$

*La connaissance de la valence des corps simples est fondamentale pour écrire correctement les corps composés. Pour écrire un composé binaire, par exemple, il suffit de tenir compte du nom du corps et de la valence des composants.*

## 3. — CHLORURES DÉCOLORANTS.

### (Eau de Javel. — Chlorure de chaux.)

= **70. Action du chlore sur une dissolution de soude caustique.**

*Expérience.* — Faisons arriver un courant de *chlore gazeux* dans une dissolution *étendue de soude caustique*, maintenue à la température ordinaire. Il se forme un liquide jaune paille, qui dégage une forte odeur de chlore et qui décolore l'encre ordinaire. Ce liquide est identique au produit commercial, appelé *eau de Javel*, dont se servent les blanchisseuses pour nettoyer le linge et les ménagères pour blanchir les planchers.

L'eau de Javel est très improprement désignée quelquefois sous le nom de *chlorure de soude*. La réaction qui se produit est, en effet :

$$Cl^2 + 2(NaOH) = ClONa + ClNa + H^2O$$

Hypochlorite   Chlorure<br>de sodium.   de sodium.

L'eau de Javel est donc, en réalité, de l'eau salée renfermant en dissolution le sel oxygéné appelé *hypochlorite de sodium*. C'est à ce dernier qu'elle doit ses propriétés, car l'eau salée n'a aucune odeur ni aucun pouvoir décolorant.

Si l'on remplace la soude par la *potasse,* on obtient une réaction identique :

$$Cl^2 + 2(KOH) = ClOK + ClK + H^2O$$

Hypochlorite   Chlorure<br>de potassium. de potassium.

Le mélange obtenu est l'eau de Javel ancienne, la première qui a été fabriquée industriellement. L'eau de Javel actuelle portait le nom d'*eau de Labarraque :* c'est encore sous ce nom qu'on la désigne en pharmacie. La potasse a été remplacée par la soude par raison d'économie.

*Remarque.* — Il est nécessaire que la dissolution alcaline soit *étendue* et *froide.* Chauffons, en effet, de l'eau de Javel. Après refroidissement, le liquide laisse déposer des paillettes blanches qui se décomposent en dégageant de l'oxygène : c'est du *chlorate de sodium* ($ClO^3Na$). L'eau de Javel ancienne fournirait de même du *chlorate de potassium* ($ClO^3K$). Les chlorates n'ont ni odeur ni pouvoir décolorant.

**= 71. Action du chlore sur la chaux éteinte. =**
Si l'on fait passer un courant de chlore sur de la chaux éteinte en poudre maintenue froide, on obtient une pous-

sière qui garde l'aspect de la chaux, mais qui dégage, comme l'eau de Javel, une forte odeur de chlore et décolore très lentement l'encre ordinaire : c'est le *chlorure de chaux solide*, ou simplement le *chlore*, que nous avons utilisé précédemment. Ce corps, pas plus que l'eau de Javel, n'est un composé défini ; on attribue au composé essentiel qu'il renferme la formule $(CaO)Cl^2$. Il contient toujours un excès de chaux et du chlorure de calcium.

La figure 48 indique l'appareil généralement employé dans l'industrie pour sa fabrication. Il se compose d'une grande chambre en grès, renfermant des tablettes horizontales en chicane T T' T'', sur lesquelles on dispose de la chaux éteinte aussi pure que possible en couches de 6 à 7ᶜᵐ d'épaisseur. Le chlore arrivant par M

Fig. 48. — Préparation industrielle du *chlorure de chaux*.

est absorbé rapidement par la chaux avec dégagement de chaleur. Il faut éviter que la température dépasse 50° ; sinon, il se formerait du *chlorate de calcium* ; il suffit, pour cela, de faire arriver lentement le courant de chlore. Quand la chaux est saturée, on retire le chlorure de chaux par les portes C, et on le met immédiatement en tonneaux pour la vente.

## = 72. Propriétés et usages de l'eau de Javel et du chlorure de chaux. =

Ces corps sont caractérisés par leur instabilité, c'est-à-dire par la facilité avec laquelle ils dégagent du chlore, sous l'action des acides même très faibles.

*Expérience.* — Dans un verre contenant de l'eau de Javel, faisons couler de l'eau de Seltz (fig. 49); des bulles de gaz se dégagent du liquide et forment au-dessus du liquide une couche verdâtre. Donc l'acide carbonique, acide très faible, décompose l'eau de Javel.

Ainsi s'expliquent l'odeur de chlore de ces corps, ainsi que leurs pouvoirs désinfectant et décolorant qui s'exercent lentement à l'air par suite de la présence dans celui-ci de gaz carbonique, et rapidement sous l'action d'un acide fort.

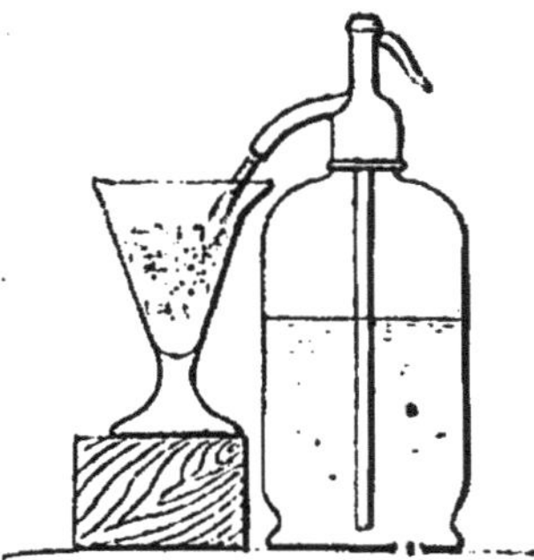

Fig. 49. — Décomposition de l'eau de Javel par l'eau de Seltz.

Nous pourrions répéter les expériences faites à ce sujet, avec le chlore ou l'eau chlorée, en employant soit de l'eau de Javel, soit du chlorure de chaux, additionnés de quelques gouttes d'acide chlorhydrique. Une seule suffira.

*Expérience.* — Dans un verre contenant du chlorure de chaux délayé dans de l'eau, faisons tremper partiellement une bandelette de *toile de lin écrue*, grise par conséquent. Ajoutons quelques gouttes d'acide chlorhydrique, puis remuons avec un agitateur. Au bout de très peu de temps, nous constaterons que la portion de la bande de toile plongeant dans le liquide a blanchi. Il est absolument nécessaire d'enlever tout le chlore restant; sinon, il se formerait avec l'hydrogène de la matière de l'acide chlorhydrique qui rongerait le tissu.

Ainsi se justifie l'appellation de *chlorures décolorants* donnée à l'eau de Javel et au chlorure de chaux.

Ces corps remplacent dans l'industrie le chlore gazeux, incommode à transporter, et l'eau chlorée, qui renferme trop peu de chlore; car, sous un faible volume, ils fournissent facilement de grandes quantités de ce gaz. $1^{kg}$ de chlorure de chaux fraîchement préparé peut donner $110^l$ de chlore (on dit qu'il titre $110^o$ chlorométriques); le titre varie ordinairement entre $80^o$ et $100^o$.

Le chlorure de chaux sert principalement au *blanchiment des fils et tissus d'origine végétale (coton, lin, chanvre, ramie)*, ainsi que dans le blanchiment de la *pâte à papier*. L'eau de Javel sert principalement dans les blanchisseries pour rendre très blanc le linge lavé; elle est utilisée également pour le blanchiment du *jute*.

L'un et l'autre sont employés comme *désinfectants*.

## 4. — ACIDE CHLORHYDRIQUE (ClH).

### (Acide muriatique, esprit de sel.)

**= 73. Gaz chlorhydrique. =** L'expérience représentée par la figure 42 constitue une synthèse de ce gaz et permet de lui attribuer la formule ClH. Pour le préparer, on emploie un moyen beaucoup plus simple.

Fig. 50. — Action de l'acide *sulfurique* sur le *sel* de cuisine.

*Expérience 1.* — Dans un verre renfermant du *sel de cuisine* (fig. 50), versons de l'*acide sulfurique*. Une vive effervescence se produit; d'abondantes fumées s'élèvent au-dessus du verre. Elles rougissent un papier de tournesol bleu. Si l'on approche du verre le bouchon d'un flacon d'ammoniaque, les fumées deviennent blanches et plus denses : nous reconnaissons là les caractères du gaz qui se dégage d'un flacon d'acide chlorhydrique (18, expérience 2).

Il s'est produit une réaction de déplacement que représente l'égalité :

$$ClNa + SO^4H^2 = ClH + SO^4HNa.$$

| Chlorure de sodium. | Acide sulfurique. | Gaz chlorhydrique. | Sulfate acide [1] de sodium. |
|---|---|---|---|

Le dégagement cesse assez rapidement; on l'active en chauffant. Nous pouvons préparer quelques flacons en utilisant l'appareil figure 51, dans le ballon duquel nous introduirons du *sel fondu* pour éviter la mousse que produit le sel ordinaire.

[1] Le corps SO⁴HNa est un sel de l'acide sulfurique, un sulfate par conséquent. Il renferme encore 1 atome d'hydrogène de l'acide; c'est pourquoi on l'appelle sulfate *acide* de sodium; on dit encore quelquefois *bisulfate de sodium*. Ce corps n'a pas d'usages industriels. Si les atomes d'hydrogène étaient remplacés par 2 atomes de sodium, on obtiendrait le sel SO⁴Na² ou *sulfate neutre de sodium,* très important dans l'industrie (verrerie).

*Un chlorure quelconque chauffé avec de l'acide sulfurique fournit du gaz chlorhydrique;* il est naturel de prendre le moins coûteux, qui est le *chlorure de sodium.* C'est à ce chlorure que l'industrie a recours, ce qui justifie le nom très ancien d'*esprit de sel* donné à ce corps, ou plutôt à sa dissolution.

Le gaz chlorhydrique a une odeur et une saveur piquantes. Il est plus lourd que l'air ($d =$ 1,27), ce qui permet de le recueillir par déplacement d'air

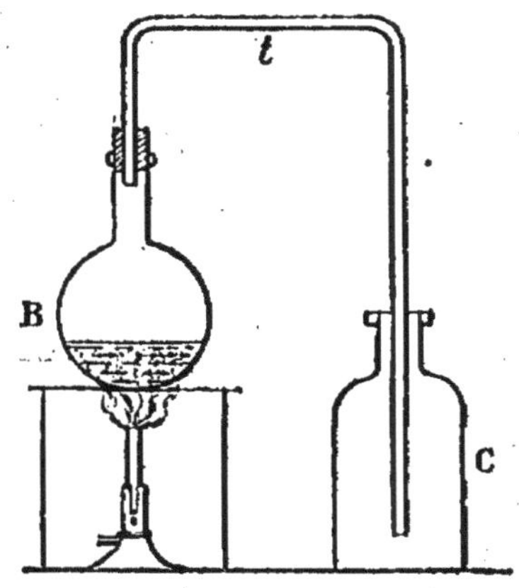

Fig. 51. — Préparation du gaz chlorhydrique.

dans un flacon ayant son ouverture en haut. *Il est très soluble dans l'eau. 1 litre d'eau en dissout 500 litres à 0° et 430 litres à 15°.*

*Expérience 2.* — Fermons un flacon plein de gaz chlorhydrique avec un bon bouchon, muni d'un tube effilé dont la pointe est fermée. Retournons-le (fig. 52) au-dessus d'une terrine contenant de l'eau bleuie par du tournesol, de manière que le tube plonge dans le liquide, et brisons la pointe effilée. Immédiatement le liquide monte dans le tube par suite de la diminution de pression due à la dissolution. Il pénètre dans le flacon sous forme d'un jet très vif, dont la violence s'atténue vite; en même temps, il change de couleur et passe au rouge pelure d'oignon. Si le gaz était pur, le flacon se remplirait entièrement.

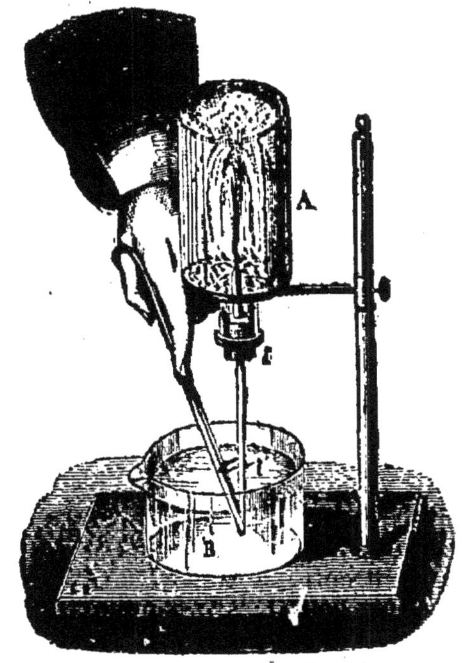

Fig. 52. — Grande solubilité du gaz chlorhydrique.

La température de l'eau s'élève notablement; il n'y a pas simple dissolution, mais

combinaison du gaz et de l'eau. Il se forme des hydrates d'acide, $ClH, n\,(H^2O)$. L'existence de ces hydrates explique pourquoi le gaz chlorhydrique répand à l'air, par suite de sa combinaison avec la vapeur d'eau atmosphérique, d'épaisses fumées; ces fumées se dégagent également des flacons et des touries contenant la dissolution : il faut éviter de les respirer.

**= 74. Dissolution de gaz chlorhydrique : acide chlorhydrique usuel. =** La solubilité du gaz chlorhydrique dans l'eau permet d'en transporter de grandes quantités sous un faible volume. C'est cette dissolution qui porte le nom d'*acide chlorhydrique* ou encore d'*acide muriatique*.

Pour préparer cette dissolution au laboratoire, il suffit de remplacer le col droit de la figure 51 par un verre renfermant de l'eau.

Dans l'industrie, on fait arriver le gaz, produit dans un four par l'action de l'acide sulfurique sur du sel dénaturé[1], dans une série

Fig. 53. — Absorption du *gaz chlorhydrique* dans l'industrie.

de bonbonnes ou de cuves étagées (fig. 53), A, A', A", qui communiquent entre elles par les tubes $t$, $t'$, $t''$. Le gaz arrive par T, l'eau pure du côté de A"; les deux courants gazeux et liquide circulent donc en sens inverse, ce qui rend l'opération continue et permet

---

[1] Sel additionné d'une substance qui le rend impropre à la consommation et l'exonère du droit de consommation de 0 fr. 10 par kilogramme.

l'absorption méthodique du gaz. A sa sortie de la dernière cuve, celui-ci passe dans une tour AB en poterie (fig. 51), garnie intérieurement de coke, dans laquelle coule par R un filet d'eau. Les gaz qui sortent par S doivent être dépourvus de gaz chlorhydrique; ils se dégagent par une haute cheminée [1].

## = 75. Propriétés essentielles de l'acide chlorhydrique dissous. = La dissolution de gaz acide chlorhy-

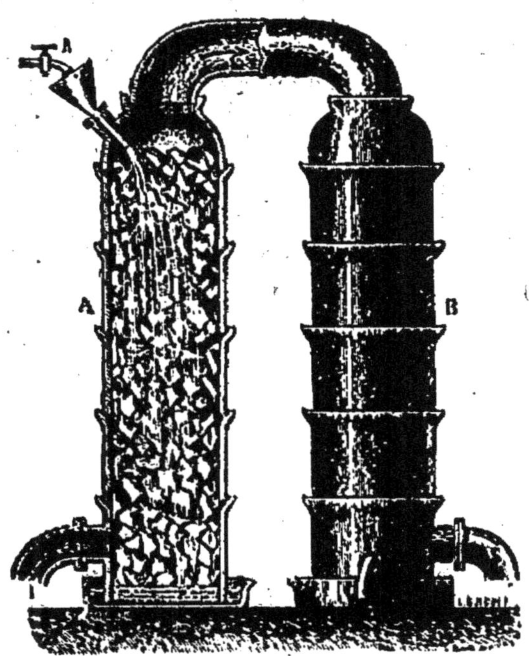

Fig. 51. — Tour absorbante.

drique, que nous appellerons acide chlorhydrique ordinaire, est, à l'état pur, un liquide incolore, plus lourd que l'eau, marquant ordinairement 22° au pèse-acides Baumé, ce qui correspond à une densité de 1,18, et renfermant alors 34 pour 100 de son poids en gaz chlorhydrique [2]. L'acide usuel est coloré en jaune, parce qu'il renferme des matières organiques et des sels de fer provenant des appareils.

[1] Obligation légale dans les fabriques de produits chimiques.
[2] Voir la table I à la fin du volume.

*Métaux.* — Tous les *métaux*, sauf l'or et le platine, décomposent l'acide que la dissolution contient; il se dégage de l'hydrogène, et il se forme un chlorure du métal. Nous l'avons déjà constaté avec le *zinc* (45). Le fer, le nickel, l'aluminium se comportent comme le zinc, c'est-à-dire décomposent l'acide à la température ordinaire.

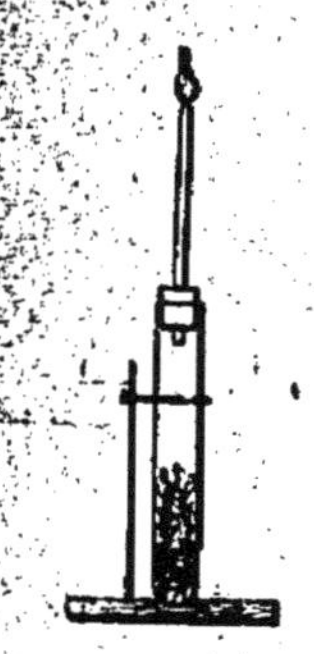

Fig. 55. — Action de l'acide chlorhydrique sur le fer.

*Expérience.* — Plaçons dans un tube à essais (fig. 55) quelques copeaux de fer et versons de l'acide chlorhydrique ordinaire : une vive effervescence se produit, due au dégagement d'hydrogène, qu'on peut allumer à l'orifice d'un tube effilé fermant le tube. Le liquide restant, filtré, est verdâtre; c'est une dissolution de chlorure *ferreux*.

Réaction :

$$2(ClH) + Fe = Cl^2Fe + H^2.$$

La décomposition s'observe encore avec de l'acide très étendu.

Certains métaux ne décomposent l'acide, même le plus concentré, que très lentement à la température ordinaire; mais la décomposition est rapide à chaud.

*Expérience.* — Plaçons dans un ballon de l'*étain* en grenaille et versons de l'acide chlorhydrique étendu : rien ne se produit. Remplaçons cet acide par de l'acide à 22°B : nous n'observons aucun changement. Mais, si nous chauffons, des bulles d'hydrogène se dégagent, et l'étain se transforme en chlorure *stanneux*.

Réaction :

$$2(ClH) + Sn = Cl^2Sn + H^2.$$

*Remarque.* — Quand le fer et l'étain brûlent dans le chlore, on obtient les chlorures *ferrique* et *stannique*; avec l'acide chlorhydrique, on obtient les chlorures *ferreux* et *stanneux*. Le chlore libre est donc un chlorurant beaucoup plus énergique que le chlore combiné à l'hydrogène de l'acide chlorhydrique. *Quand un métal peut former plusieurs chlorures, le plus chloruré (... ique) s'obtient, en général, avec le chlore libre.*

## = 76. Action sur les oxydes et les hydrates. =

L'acide chlorhydrique se combine aux oxydes et aux hydrates métalliques pour former des *chlorures* et *de l'eau*.

*Expérience.* — Plaçons sur une lame de cuivre oxydé une goutte d'acide concentré et chauffons. Il se forme une tache verte, par suite de la production de chlorure cuivrique. Celui-ci étant volatil, comme tous les chlorures d'ailleurs, si nous continuons à chauffer, la tache disparaît et le métal est mis à nu.

Réaction :

$$CuO + 2(ClH) = Cl^2Cu + H^2O.$$

*Cette propriété importante est appliquée pour le décapage des métaux,* c'est-à-dire pour enlever la couche superficielle qui les recouvre et empêche soit de les recouvrir d'un autre métal, soit de faire des soudures.

Nous avons montré (47) que l'acide chlorhydrique se combinait à la soude caustique en donnant du chlorure de sodium et de l'eau :

Réaction :

$$ClH + NaOH = ClNa + H^2O + 13\,000^c.$$

C'est un des acides qui dégage le plus de chaleur dans la neutralisation d'une molécule de soude caustique. Aussi est-ce un *acide fort* qui décompose les sels à acide plus faible que lui : *carbonates* (27, exp⁰ᵉ 1), *sulfures* (26, exp⁰ᵉ 2). Cette propriété est utilisée pour préparer le gaz carbonique et l'acide sulfhydrique.

## = 77. Remarque. =

L'acide chlorhydrique est le type des *hydracides* ou acides sans oxygène, dont le remplacement de l'hydrogène par un métal fournit des sels binaires. Tous les métalloïdes monovalents se comportent comme le chlore et donnent des hydracides :

*Acide fluorhydrique* FH, dont la dissolution attaque le verre et doit être conservée dans des flacons en gutta-percha ;

*Acide bromhydrique* BrH ;

*Acide iodhydrique* IH.

Ces métalloïdes se combinent aux métaux pour former des *fluo-rures,* des *bromures,* des *iodures,* comme le chlore donne des chlorures. Ils sont tous très dangereux à respirer. Ils présentent, au point de vue physique, de grandes différences :

Le *fluor* est un gaz jaune $(d = 1,26)$.

Le *chlore* est un gaz verdâtre $(d = 2,48)$.

Le *brome* est un liquide rouge $(D = 3,2)$.

L'*iode* est un corps solide $(D = 4,5)$ à reflets gris d'acier.

Au contraire, ils offrent, au point de vue chimique, d'étroites analogies et forment un groupe très naturel, une famille dans laquelle l'énergie chimique décroît du fluor à l'iode (1re *famille des métalloïdes*).

## = 78. Propriété caractéristique du chlore libre.

*Expérience.* — Dans un tube à essais *t* (fig. 50), contenant une dissolution étendue *d'iodure de potassium* additionnée *d'empois d'amidon*, versons un peu d'eau chlorée ou d'eau de Javel très étendues. Immédiatement le contenu du tube devient *bleu* (*t'*). Deux réactions successives se produisent :

1º Le chlore décompose l'iodure de potassium :

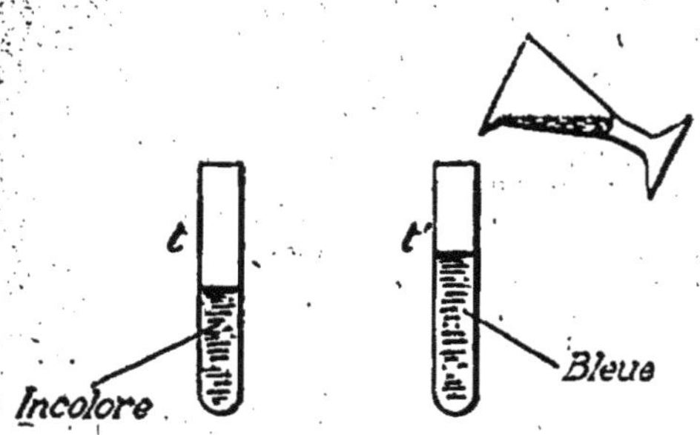


Fig. 50. — Propriété caractéristique du chlore libre.

$$I\overline{K + Cl} = I + ClK$$

2º L'iode formé se combine à l'amidon pour former de l'iodure d'amidon, bleu.

*Le chlore libre colore donc en* bleu *l'iodure de potassium amidonné.*

Les *bromures* sont décomposés par le chlore, comme les iodures ; de là l'emploi du chlore pour l'*extraction*, dans quelques cas, du *brome* et de l'*iode*.

# CHAPITRE V

## OXYGENE. — EAU.

---

### 1. — Oxygène (O = 16).

= **79. Préparation.** = a) *Décomposition par la chaleur de corps riches en oxygène.*

Nous avons vu (9) que la rouille de mercure chauffée cède facilement son oxygène ; le gaz ainsi obtenu coûterait très cher. C'est pourquoi on remplace habituellement l'oxyde de mercure par le *chlorate de potassium.*

Le chlorate de potassium est un corps cristallisé, blanc, composé de chlore, de potassium et d'oxygène. On l'utilise en pharmacie sous forme de pastilles contre l'irritation de la gorge. Quand on le chauffe, il se décompose comme l'indique le tableau ci-dessous :

$$\text{Chlorate de potassium} \begin{cases} \text{Chlore} \\ \text{Potassium} \\ \text{Oxygène} \end{cases} \begin{cases} \text{Chlorure de potassium.} \end{cases}$$

Il suffit donc d'employer l'appareil que représente la figure 57 ; l'oxygène est recueilli sur l'eau ; le chlorure de potassium reste dans la cornue. On a remarqué que la décomposition est facilitée par l'addition de certains oxydes métalliques. Avec le *bioxyde de manganèse,* en particulier, elle commence vers 200° et fournit un dégagement très régulier d'oxygène. On introduit donc dans la cornue un mélange de *chlorate de potassium* et de *bioxyde de manganèse* (opéré à la main et non pas au mortier, par exemple, car le chlorate pourrait exploser violemment). Le bioxyde se retrouvant intact après la décomposition, on ne le mentionne pas parmi les corps employés, et la réaction peut s'écrire simplement :

$$ClO^3K = 3\overset{\uparrow}{O} + ClK$$

Chlorate de potassium         Chlorure de potassium.

**b)** *Préparation à froid par l'oxylithe ou pierre à oxygène.*

Le procédé précédent est un peu compliqué et nécessite une surveillance attentive de l'appareil : il arrive

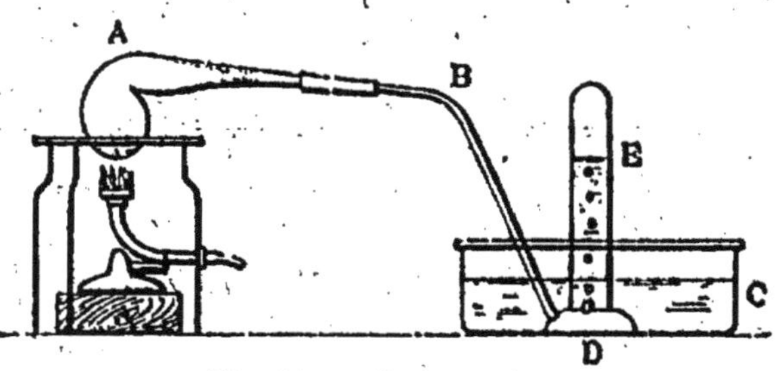


Fig. 57. — Préparation
de l'oxygène à l'aide du *chlorate de potassium.*

souvent que la cornue fond ou se brise. Le suivant est beaucoup plus simple et peut, dans certains cas, être employé industriellement.

L'*oxylithe* est un produit artificiel assez récent qui se présente sous la forme d'une pierre jaunâtre, friable et qui contient essentiellement du *bioxyde de sodium*. Cette pierre, mise au contact de l'eau, fournit un dégagement immédiat et abondant d'*oxygène*, en laissant un résidu de *soude caustique*.

Réaction :

$$Na^2O^2 + H^2O = \overset{\uparrow}{O} + 2\,(NaOH).$$

Il suffit d'employer l'appareil servant à la production des gaz à froid (fig. 20). Mais, comme la réaction dégage beaucoup de chaleur, il est nécessaire de refroidir le flacon (fig. 58). On place donc dans ce flacon quelques morceaux d'oxylithe (avoir bien soin de *ne pas les prendre à la main*, car le produit est très caustique ; se servir d'une pince en fer), et on laisse tomber l'eau goutte à goutte en ouvrant le robinet du tube à entonnoir.

Ce procédé est rapide et commode ; malheureusement, il est un peu coûteux.

**= 80. Principes de sa préparation industrielle. =** Les moyens précédents ne sont pas employés dans l'industrie pour la fabrication de grandes quantités d'oxygène, parce que les corps

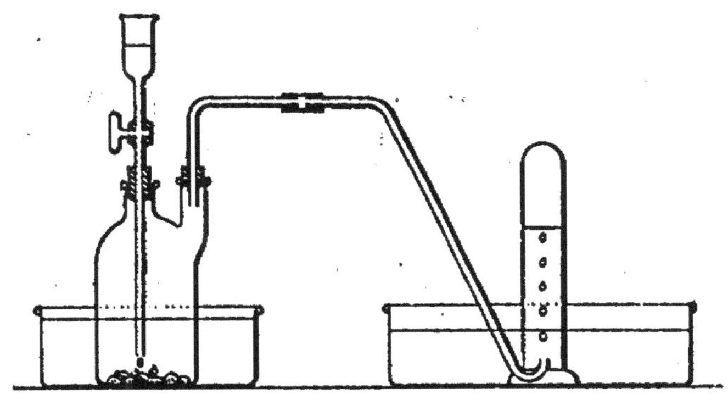

Fig. 58. — Préparation de l'oxygène à l'aide de l'oxylithe.

utilisés sont des produits artificiels qui coûtent cher. Dans la grande industrie, on retire l'oxygène soit de l'eau, soit de l'air :

*a)* De l'eau, qu'on décompose par le courant électrique (32) ;

*b)* De l'air, soit par un procédé chimique, soit par un procédé physique (114).

Quel que soit le procédé employé, l'oxygène est livré par l'industrie en cylindres faits d'acier épais ou *bouteilles*, dans lesquelles il est comprimé à 100 atmosphères et plus. Une bouteille de 15 litres renferme donc, à la pression de 100 atmosphères, 1 500 litres d'oxygène à la pression ordinaire. Pour l'usage, les bouteilles sont munies d'un *détendeur* et d'un *manomètre* (Voir fig. 36).

Il faut manier ces bouteilles avec précaution, ne pas les jeter brusquement sur le sol et ne pas les placer dans des endroits trop chauds.

= **81. Propriétés physiques.** = L'oxygène est un gaz incolore, inodore, sans saveur, plus lourd que l'air. 1 litre pèse, en effet (à 0° et sous la pression 76$^{cm}$), 1$^{gr}$,43. Sa densité par rapport à l'air est donc $\dfrac{1,43}{1,3}$, soit 1,1.

L'oxygène se dissout très faiblement dans l'eau : 1 litre d'eau en renferme au plus 40$^{cm3}$, quantité suffisante toutefois pour les animaux et les végétaux aquatiques. Il est difficilement liquéfiable, car sa température critique est de — 118° (une pression de 50 atmosphères à cette température suffit pour le liquéfier : c'est sa pression critique). Il l'est plus facilement que l'azote, dont la température critique est de — 146°.

= **82. Propriétés chimiques.** = La propriété caractéristique de l'oxygène est de faire brûler vivement les

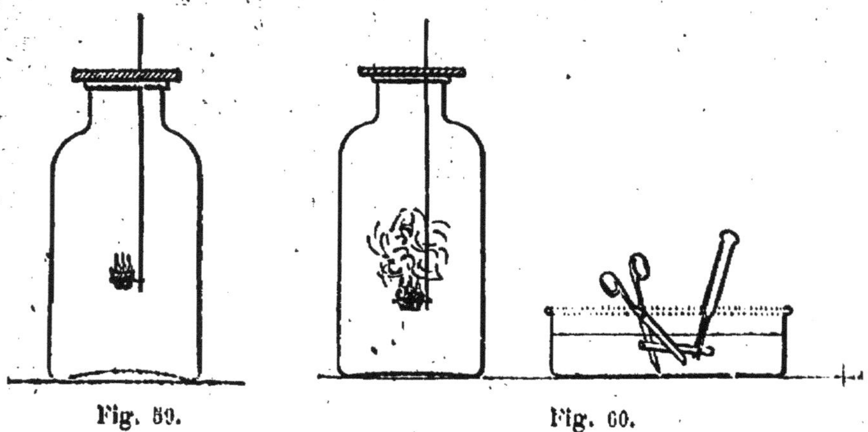

Fig. 59.                                   Fig. 60.

corps. Nous allons la mettre nettement en relief en faisant brûler dans l'oxygène les corps suivants : *soufre, phosphore, charbon, sodium, magnésium, fer.* Toutes ces expériences s'effectuent dans des flacons d'oxygène renfermant un peu d'eau.

*Expérience 1. — Soufre. —* Allumons quelques morceaux de soufre placés dans une petite coupelle en terre; le soufre brûle avec une flamme bleue très pâle. Descendons la coupelle dans un flacon d'oxygène (fig. 59); nous constatons que la flamme devient d'un bleu intense et que le soufre brûle beaucoup plus rapidement que dans l'air. Il se forme des fumées à odeur suffocante, identiques à celles que dégage une allumette soufrée enflammée; ces fumées proviennent de la combinaison du soufre et de l'oxygène et constituent un corps appelé *anhydride sulfureux*.

Si nous agitons le flacon en le fermant avec la paume de la main, nous verrons les fumées disparaître, et nous constaterons que le flacon adhère à la main, ce qui indique la production d'un vide, dû à la dissolution du gaz. L'eau du flacon rougit le tournesol bleu, car il se forme de l'*acide sulfureux* (14).

*Expérience 2.* — *Phosphore.* — Plaçons dans une coupelle un petit morceau de phosphore bien séché. Descendons-le dans un flacon d'oxygène (fig. 60) et enflammons-le au moyen d'une tige de fer chauffée. Il brûle avec une flamme éblouissante en donnant d'épaisses fumées blanches, identiques à celles qui se sont formées dans l'expérience du paragraphe 7 (*anhydride phosphorique*). Ces fumées disparaissent très rapidement au contact de l'eau et lui donnent une réaction acide.

*Expérience 3.* — *Charbon.* — Allumons au brûleur un morceau de charbon de bois taillé placé dans un porte-crayon : il brûle avec beaucoup de peine. Descendons-le dans un flacon d'oxygène (fig. 61); il devient très rapidement incandescent en passant du rouge au blanc, ce qui indique une forte élévation de température, et il brûle très rapidement, sans flamme appréciable (différence avec les deux corps précédents). Agitons le flacon ; nous constatons encore la production d'un vide. Versons un peu du liquide dans de l'eau de chaux : celle-ci se trouble; il s'est donc formé du *gaz carbonique* (*anhydride carbonique*).

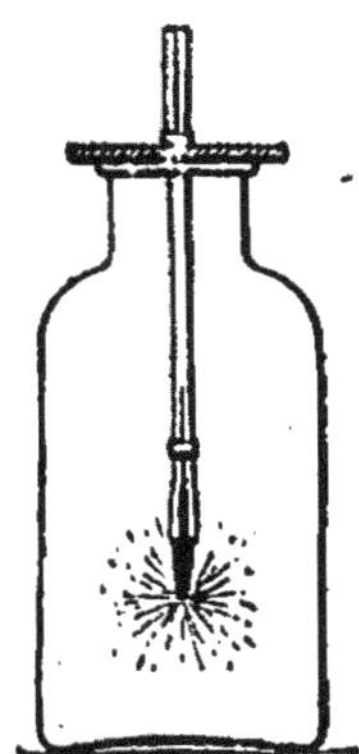

Fig. 61.

*Expérience 4.* — *Sodium.* — (Même dispositif que pour l'expérience 2.) Plaçons dans une coupelle un petit morceau de *sodium* bien sec. Allumons-le au brûleur et, quand il commence à brûler, plongeons-le dans un flacon d'oxygène : il se produit une flamme *jaune* très vive, en même temps que se dépose sur les parois du flacon et que se forme dans la coupelle une poussière blanche, absolument inodore, très soluble dans l'eau, appelée *oxyde de sodium*. L'eau du flacon acquiert des propriétés *basiques*, car il se forme de l'*hydrate de sodium* ou *soude caustique* (19).

*Expérience 5.* — *Magnésium* (dispositif précédent). Plaçons dans une coupelle un peu de *magnésium* en poudre et un très petit morceau d'amadou dont nous enflammerons un des coins. Descendons la coupelle dans un flacon : dès que l'amadou a mis le feu au magnésium, il se produit une flamme extrêmement vive et de très courte durée (exp° 2, 17). Il se forme une poussière blanche, ayant l'aspect de l'oxyde de sodium, mais insoluble dans l'eau ; car, si l'on agite le flacon, elle tombe au fond de l'eau : c'est de l'*oxyde de magnésium*, vulgairement appelé *magnésie*.

*Expérience 6*. — *Fer*. — Disposons à l'extrémité d'un fil de fer très fin $f$ (fig. 62) un petit morceau d'amadou $a$ ;

allumons celui-ci et plongeons le fil dans un flacon d'oxygène contenant une couche d'eau de 4 à 5cm. Le fer, porté à l'incandescence par l'amadou, brûle sans flamme en lançant une gerbe d'étincelles brillantes, identiques à celles que produit le fer mal chauffé à la forge. Du bout du fil se détachent des globules gris qui s'incrustent dans le verre, lorsque le flacon ne renferme pas suffisamment d'eau, et qui sont identiques, par leur composition, aux écailles grises qui se détachent du fer chauffé quand on le martèle (*battitures de forge*). C'est une combinaison de fer et d'oxygène à laquelle on donne le nom d'*oxyde magnétique de fer* (quelques espèces, en effet, se comportent comme un aimant vis-à-vis du fer), absolument insoluble dans l'eau, d'ailleurs.

Fig. 62.

= **Conclusion**. = Dans toutes les expériences précédentes, les corps ont brûlé dans l'oxygène beaucoup plus vivement et plus rapidement que dans l'air ordinaire ; mais les produits obtenus dans les deux cas sont identiques. Nous devons donc en conclure que le corps contenu dans l'air et qui fait brûler est bien de l'*oxygène*. L'air agit comme de l'oxygène dilué dans quatre fois son volume d'un gaz incapable de faire brûler, l'azote.

= **83. Ozone**. = Lorsque l'oxygène est soumis à l'action de l'*effluve* électrique, il prend une odeur caractéristique, celle de l'air en temps d'orage, celle d'une prairie le matin en été : il se transforme en *ozone*. L'ozone n'est pas un corps simple ou composé, formé aux dépens de l'oxygène ; il a toutes les propriétés de ce gaz, mais son *pouvoir oxydant* est beaucoup plus énergique ; on admet que c'est de l'oxygène réduit à un plus petit volume, de l'oxygène condensé.

La molécule d'ozone se représente par le symbole $O^3$

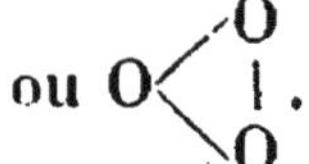

## 2. — COMBUSTIONS.

**= 84. Remarques générales sur les combustions.** = Chaque fois qu'un corps brûle dans l'air, il y a combinaison du corps et de l'oxygène, avec dégagement de chaleur ; ce phénomène chimique est une **combustion**. Toute combustion est donc une combinaison *exothermique*. On a coutume de distinguer le corps qui brûle ou *combustible* et celui qui fait brûler ou *comburant*[1].

Les combustibles sont très nombreux et peuvent être solides, liquides ou gazeux (houille, pétrole, acétylène). Les comburants sont en petit nombre : dans toutes les combustions précédentes, c'était l'oxygène ; dans un poêle, dans une chaudière à vapeur, dans une locomotive, c'est l'air. Ce peut être de la vapeur de soufre (17) ou du chlore (66).

Lorsque la combinaison des deux corps est rapide, le dégagement de chaleur se produit dans un temps très court et porte à l'incandescence le combustible solide ou les produits solides de la réaction : c'est une **combustion vive**. Toutes les combustions que nous avons réalisées dans l'oxygène sont des combustions vives.

Si la combinaison est lente, au contraire, la chaleur dégagée dans un temps beaucoup plus long se perd par rayonnement ; elle ne suffit plus pour produire l'incandescence et la luminosité ; parfois même elle n'est plus appréciable au toucher ni même au thermomètre ; on dit que c'est une **combustion lente**. Telles sont, par exemple, la transformation d'une branche d'arbre en bois mort (au bout de quelques années, il reste une substance grise, friable, incapable de brûler, comparable aux cendres obtenues dans les foyers où l'on brûle du bois) ; la *rouille* que subit le fer exposé à l'air humide (la rouille de fer est, en

---

[1] Cette distinction est tout à fait artificielle ; quand le charbon brûle dans l'oxygène, il n'y a aucune raison de dire que c'est l'oxygène qui fait brûler le charbon plutôt que l'inverse. Toutefois, le charbon étant solide et l'oxygène gazeux, la modification la plus apparente (transformation du charbon en cendres) est subie par ce corps, ce qui explique son appellation de *combustible*.

effet, un oxyde de fer). Dans les deux cas, les corps brûlent réellement, mais si lentement que leur température n'est pas supérieure à celle des corps environnants.

Il est évident que, *si l'on veut faire servir un combustible au chauffage, il faudra uniquement utiliser les combustions vives.* Ces combustions seront d'autant plus vives que le contact du comburant et du combustible sera plus intime, condition qu'on réalise par l'emploi de combustibles de grosseur convenable, par l'usage des soufflets, des machines soufflantes pour cubilots de fonderie et fours industriels à préparer les métaux, etc... Elles seraient plus vives encore si le comburant était de l'oxygène, car alors il n'y aurait plus d'azote à échauffer. Si l'oxygène pouvait être livré à très bas prix, il serait très avantageusement utilisé pour le chauffage indust iel et la production de températures élevées; son usage actuellement se limite à l'alimentation des *chalumeaux pour soudure autogène et découpage des métaux* [chalumeaux oxhydriques ou oxy-gaz (59), oxy-acétyléniques (254)]; et des *lampes pour projections lumineuses* et vues cinématographiques [lumières oxhydrique (59), oxy-éthérique, oxy-essence, oxy-acétylénique, etc.].

= **85. Effets lumineux.** = Les combustions vives, seules employées industriellement, sont, comme nous l'avons vu (82), accompagnées de production de *lumière.* Cette lumière, dans un certain nombre de cas, peut être utilisée pour l'*éclairage.*

a) *Condition pour qu'un corps brûle avec flamme.* — Reportons-nous aux combustions qui ont été effectuées dans l'oxygène. Nous avons constaté que le soufre, le phosphore, le magnésium brûlent avec flamme, tandis que le charbon, le fer surtout, brûlent sans flamme.

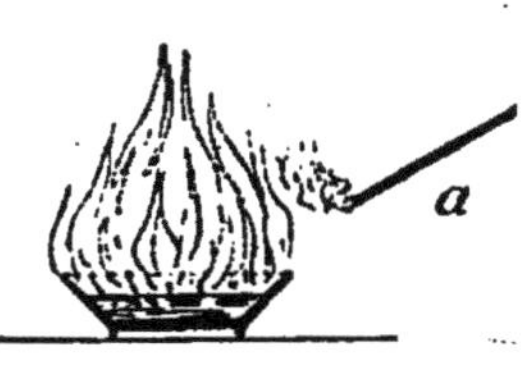


Fig. 63.

À quoi tiennent ces différences?

*Expérience 1.* — Plaçons dans une soucoupe de la *benzine* et approchons du liquide une allumette enflammée (fig. 63). La benzine s'enflamme à distance; cette distance est d'autant plus grande, que la température de l'air ambiant est plus élevée. La benzine, en effet, est un liquide très volatil; la soucoupe est entourée de *vapeurs* de cette substance; ce sont ces vapeurs que l'allumette enflamme. *Ainsi s'expliquent les précautions à prendre dans l'emploi de la benzine et des liquides très volatils comme l'éther, l'essence de pétrole, le sulfure de carbone.*

*Expérience 2.* — Éteignons une bougie allumée en soufflant sur la flamme. Nous constatons que la mèche s'entoure d'une fumée noirâtre, à odeur forte, qu'une allumette enflamme très facilement, ce qui permet de rallumer la bougie sans toucher la mèche (fig. 61).

La matière qui constitue la bougie (*acide stéarique*) n'est pas volatile; mais sous l'action de la chaleur elle fond, se rassemble dans la cupule qu'on observe à la partie supérieure de la bougie, monte dans la mèche par capillarité et se décompose en *gaz* combustibles qui produisent la flamme.

Fig. 61.

Un corps qui n'est pas volatil, ou qui ne peut se décomposer en produits gazeux, brûle sans donner de flamme; c'est le cas du fer et du charbon amorphe. Si le soufre, le phosphore, le magnésium brûlent, eux, avec flamme, c'est parce qu'ils sont transformés en vapeur par la chaleur dégagée dans leur combinaison avec l'oxygène. De même, si le *coke* brûle sans flamme appréciable, c'est parce qu'il ne renferme plus les matières volatiles de la *houille* dont il provient et auxquelles cette dernière doit sa propriété de brûler avec une flamme plus ou moins longue, parfois très fumeuse.

En résumé, nous pouvons conclure qu'*une flamme est constituée par un gaz ou une vapeur que la combustion porte à l'incandescence.*

b) *Condition pour qu'une flamme soit éclairante.* — L'hydrogène brûle avec une flamme si pâle, qu'on ne peut s'en servir sous cette forme pour s'éclairer. Le phosphore, le magnésium brûlent, au contraire, avec une flamme éblouissante. Ces différences s'expliquent aisément par les différences d'intensité des pouvoirs émissifs des solides et des gaz. Lorsqu'on chauffe une barre de fer à la forge, elle devient lumineuse à une température de 500° (rouge sombre), puis elle prend différentes teintes, à mesure que la température s'élève, et la lumière qu'elle émet devient de plus en plus vive : rouge cerise à 900°, rouge blanc à 1 200-1 300°, blanc éblouissant à 1 500°. Les gaz, au contraire, quelle que soit la température à laquelle ils sont portés, n'émettent par eux-mêmes aucune lumière. On dit que leur *pouvoir émissif* est très faible.

*Pour qu'une flamme soit éclairante, il faut donc qu'elle renferme des particules* **solides** *incandescentes*, soit que celles-ci proviennent de la combustion du corps ou de sa décomposition, soit qu'on les y introduise volontairement. La flamme de l'hydrogène est pâle, parce que le produit de la combustion de ce corps (vapeur d'eau) est gazeux. Les flammes du phosphore et du magnésium, au contraire, sont très vives, parce que ces corps, en brûlant, donnent de l'anhydride phosphorique et de la magnésie, corps *solides* qui sont portés à une haute température par la rapidité de la combustion.

*Le corps incandescent le plus anciennement employé est le charbon ; c'est encore le plus usité aujourd'hui.* C'est pourquoi les combustibles servant à l'éclairage sont des *corps riches en charbon.*

*Expérience.* — Écrasons la flamme d'une bougie avec une soucoupe ; celle-ci noircit, ce qui indique la présence dans la flamme de fines particules de charbon. Ce charbon provient de la décomposition de l'acide stéarique, corps renfermant **76 %** *de carbone,* 12,6 % d'hydrogène, et le reste d'oxygène.

Toute flamme fumeuse renferme donc du charbon non brûlé. *Quand une cheminée d'usine dégage de la fumée noire, il y a perte de calorique au foyer.* Suivant la quantité de comburant, la flamme d'un même corps doit donc être éclairante ou non. C'est ce que nous pouvons vérifier à l'aide du brûleur Bunsen.

Le *brûleur Bunsen* (fig. 65) sert à produire avec le gaz d'éclairage une flamme utilisée pour le chauffage. Le gaz arrive par *a*, se dégage par l'ajutage *p* sur lequel est vissée une cheminée *b*, à la base de laquelle se trouvent deux trous diamétralement opposés *o*, par lesquels pénètre l'air extérieur. C'est donc le mélange *gaz* et *air* qu'on enflamme à la partie supérieure *c* de la cheminée.

Si la quantité d'air introduite ainsi est trop grande par rapport au volume de gaz débité, il se produit en *c* un cône bleu en même temps qu'un crépitement caractéristique; la flamme rentre dans la cheminée et apparaît en *p* sous la forme d'un jet mince, allongé et éclairant (on produira cette flamme en dévissant la cheminée et en allumant le gaz directement en *p*). Pour éviter cette rentrée de flamme qui présente de graves inconvénients (échauffement du brûleur, fusion du tube de caoutchouc, etc.), il suffit de diminuer la quantité d'air qui pénètre en *o*. C'est pourquoi la cheminée porte à sa partie inférieure une virole *v* percée elle-même de deux trous *o'*, ce qui permet, en démasquant plus ou moins les orifices *o*, de régler la flamme du brûleur.

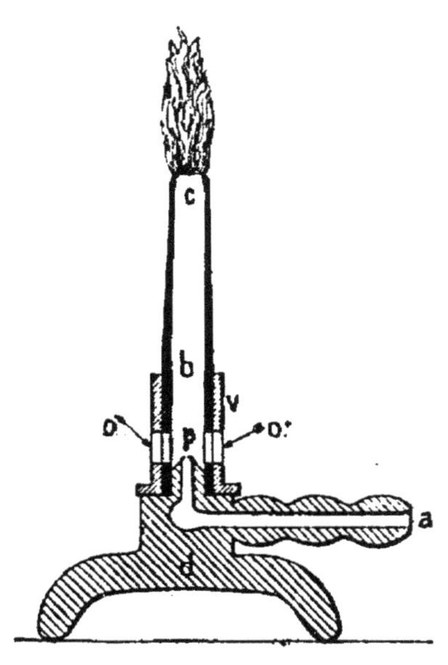

Fig. 65.
Coupe d'un brûleur Bunsen.

*Expérience.* — Tournons la virole de manière à masquer complètement les orifices *o*; ouvrons le robinet de gaz et allumons en *c*. Nous constatons la formation d'une flamme éclairante qui contient du charbon non brûlé, car une soucoupe froide s'y couvre de noir. Tournons la virole de manière à démasquer les orifices *o*; la flamme diminue de longueur et pâlit. Si l'on veut employer cette flamme pour le chauffage, on arrête de tourner lorsqu'on obtient une flamme ne présentant plus ni parties jaunes ni cône bleu.

Nous pouvons vérifier que cette flamme ne renferme plus de charbon et qu'elle est *plus chaude* que la flamme éclairante, en plaçant dans l'une et l'autre un gros fil de fer.

Les *brûleurs des réchauds* et *des fours à gaz* reposent sur le principe du Bunsen; ce qu'on allume aux couronnes, c'est le mélange de gaz et d'air. Il peut arriver qu'un réchaud à gaz brûle constamment en dedans, ce qu'on reconnaît à la production d'une flamme jaune qui noircit les ustensiles : c'est qu'il est branché sur une canalisation de débit trop faible; on peut y remédier en obturant le trou d'air par une bague coulissant sur le tube. Si l'accident se produit fortuitement, il faut immédiatement fermer le robinet de gaz et attendre quelques instants pour rallumer.

Chaque fois qu'un corps composé, comme l'acide stéarique, le pétrole, le gaz d'éclairage, brûle à l'air libre, l'extérieur seul de la flamme est au contact du comburant. Cette flamme doit donc présenter des régions d'éclat et de température très différentes (flamme *hétérogène*). C'est ce qu'on observe très facilement sur la flamme d'une bougie (fig. 66). La flamme d'un corps simple comme l'hydrogène, au contraire, est toujours *homogène*.

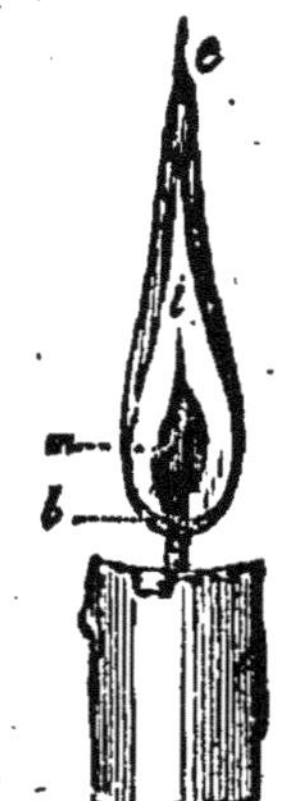

Fig. 66. — Aspect de la flamme d'une bougie : *m*, partie sombre; *i*, partie éclairante; *e*, partie rougeâtre, chaude; *L*, partie bleuâtre.

## = 86. Moyens de faire servir une flamme à l'éclairage. = a) *Flamme des corps riches en carbone*.

— La benzine, l'essence de pétrole, enflammées dans une soucoupe, brûlent avec une flamme fuligineuse impropre à l'éclairage. Le gaz de houille lui-même, s'échappant par un orifice large (Bunsen à orifices d'air obturés), donne une flamme fumeuse et rougeâtre. Dans ces différents cas, il y a, en raison de l'insuffisance du comburant, trop de carbone non brûlé; de plus, la température de la flamme n'est plus suffisante pour donner une teinte blanche aux particules charbonneuses, et l'éclat diminue. On remédie à ces inconvénients :

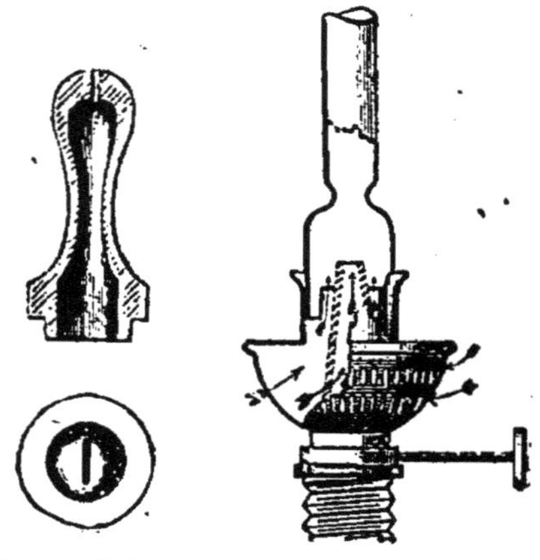

Fig. 67. — Bec papillon.

Fig. 68. — Bec de lampe à pétrole ordinaire.

1° En donnant aux orifices des becs une forme et des dimensions qui permettent le développement de la zone éclairante, tout en assurant une bonne combustion : tels sont les *becs de gaz à fente*, dits *papillons* (fig. 67);

2° En entourant la flamme d'une cheminée en verre qui provoque un afflux d'air, un tirage, ou mieux, en produisant une *flamme annulaire* dont le centre est également parcouru par un courant d'air : c'est la disposition des *lampes à pétrole* ordinaires (fig. 68);

3° En utilisant, pour chauffer l'air, les produits de la combustion, ce qui permet d'obtenir une température beaucoup plus élevée; on a ainsi des *appareils à récupération* : tels sont le *bec parisien*, pour l'éclairage des rues; les lampes *Siemens* et *Wenham*, à globe et réflecteur.

b) *Flammes non éclairantes.* — On peut les rendre éclairantes par deux moyens principaux :

1° *En mélangeant le combustible avec des corps riches en carbone*, notamment avec des hydrocarbures.

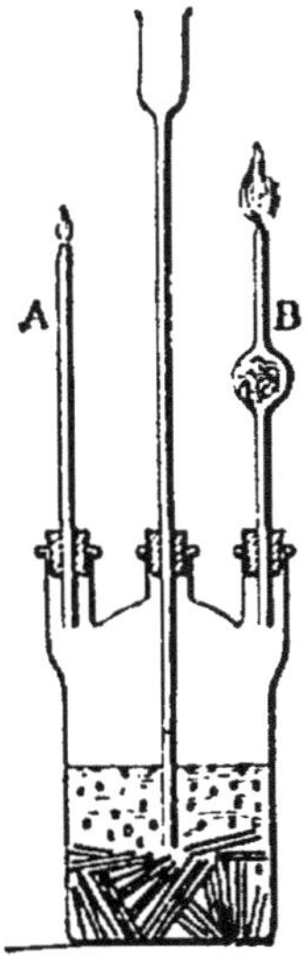

*Expérience.* — Plaçons dans une des tubulures latérales d'un appareil producteur d'hydrogène (fig. 69) un tube renflé B renfermant un tampon d'ouate imbibé de benzine. Munissons l'autre tubulure d'un tube effilé A. Enflammons le gaz à l'extrémité des tubes; il se produit en B une flamme très éclairante, bien différente de la flamme pâle obtenue en A.

Fig. 69. — Flammes comparées de l'hydrogène pur et de l'hydrogène carburé

2° *En plaçant dans la flamme une substance réfractaire*, chaux ou magnésie, qui est portée à l'incandescence et émet une lumière extrêmement vive. Mais alors il faut une température élevée capable de produire cette incandescence; on y arrive en employant l'oxygène comme comburant (lumière oxhydrique, oxy-gaz, oxy-essence, etc.). C'est un grave inconvénient pour l'éclairage usuel. Il existe, heureusement, des substances capables d'émettre à une température relativement peu élevée les rayons lumineux les plus propres à impressionner profondément l'œil (rayons jaunes et verts); ce sont des oxydes de métaux très rares (thorium, cérium, zirconium), avec lesquels on confectionne des *manchons*, qu'une flamme non éclairante, mais chaude, rend lumineux : tels sont les *manchons Auer* à 99 % de thorine et 1 % de cérite, dont il existe à l'heure actuelle de nombreuses variantes.

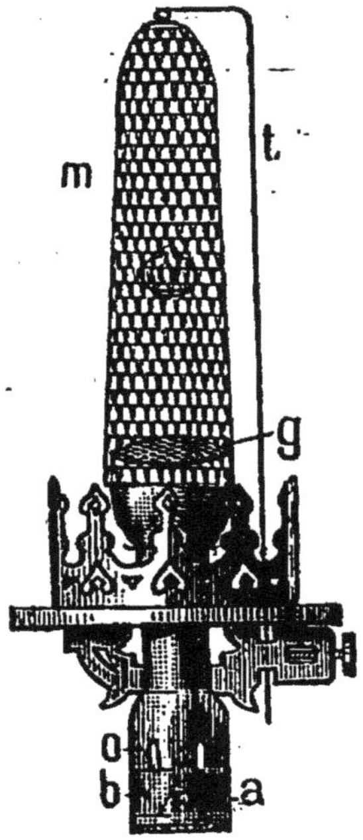

*L'incandescence* constitue un des progrès les plus importants réalisés dans l'éclairage depuis 1895. Il est essentiel de remarquer qu'il faut employer une flamme chaude, absolument dépourvue de particules charbonneuses. Toute lampe ou tout bec garni d'un manchon doit donc être muni d'un brûleur spécial assurant une combustion complète du gaz ou de la vapeur qui brûle. Ces brûleurs, dont la figure 70 donne un exemple, sont des *Bunsen* convenablement modifiés.

Fig. 70. — Brûleur et manchon type Auer :

*a*, ajutage tronconique ; *b*, bague ; *o*, orifices d'air ; *g*, grille ; *m*, manchon ; *t*, support du manchon.

**= 87. Respiration. =** L'air est indispensable à la vie. S'il ne pénètre plus dans nos poumons (cas de strangulation ou d'immersion dans l'eau) ou si sa composition se trouve altérée (travaux sous caissons, égouts, fabriques de produits chimiques, etc...), des accidents graves se produisent et entraînent souvent la mort par *asphyxie*. L'azote seul étant incapable d'entretenir la vie, c'est donc que l'oxygène, ici comme dans les combustions, est le seul corps actif.

Si l'on souffle dans de l'eau de chaux (fig. 71), elle se trouble très rapidement, ce qui indique la présence d'une forte proportion de gaz carbonique dans l'air expiré. Des analyses quantitatives ont montré que cet air renferme en moyenne 75,5 % d'azote, 16 % d'oxygène, 4,5 % de gaz carbonique. Or l'air inspiré contient 79 % d'azote, 21 % d'oxygène et quelques dix-millièmes seulement de gaz carbonique. L'appauvrissement de l'air en oxygène, le relèvement énorme du pourcentage en gaz carbonique indiquent bien que l'*oxygène* de celui-ci a été fourni par l'air; quant au *charbon*, il provient des aliments. Après introduction de l'air dans les poumons par inspiration, l'oxygène pénètre dans le sang et circule avec lui dans toutes les régions du corps. Dans ce trajet, le charbon est oxydé; il en est de même de l'*hydrogène* des aliments. Le sang revient donc aux poumons chargé des résidus de ces deux combustions (gaz carbonique et vapeur d'eau), qui sont rejetés avec l'azote non altéré. C'est cette double combustion qui maintient notre corps à la température sensiblement constante de 37°,5 (chaleur animale). Elle se produit dans toutes les régions du corps, et non pas seulement dans les poumons.

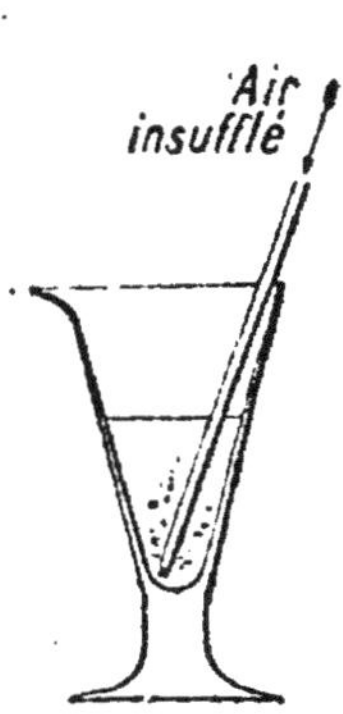

Fig. 71.

Le rôle de l'azote est vraisemblablement de tempérer l'action trop énergique de l'oxygène, qui, respiré pur, à une pression supérieure à 1 atmosphère, agit sur l'organisme comme un poison, mais qui, à faible dose, produit une action bienfaisante. *On utilise les inhalations d'oxygène pur à faible pression pour combattre avec succès certaines espèces d'asphyxies et les effets de la raréfaction de l'air dans les ascensions. L'oxygène sert également dans les appareils de sauvetage pour mineurs et puisatiers.*

### 3. — EAU PURE.

Formule :                        $H^2O$.
Poids moléculaire :    $2 + 16 = 18$.
Composition en volume :

2 vol. de vapeur d'eau contiennent { 2 vol. d'hydrogène; 1 vol. d'oxygène.

= **88. Propriétés physiques.** = L'étude de ces propriétés devant être détaillée dans le cours de physique, nous signalons seulement ici les plus importantes.

*a) Changements d'états.* — L'eau *liquide* chauffée se transforme superficiellement en vapeur (évaporation), puis bout, toujours à la même température si la pression extérieure est constante et si le liquide est bien pur. Ce point d'ébullition, quand un baromètre marque 76$^{cm}$, constitue un des points fixes de l'échelle centigrade, le point 100.

Un litre de *vapeur d'eau* pesant (35) : $\dfrac{1^g{,}607}{2}$, soit 0$^g$,803, on voit qu'elle est plus légère que l'air, ce qui explique pourquoi elle s'élève dans l'atmosphère. 1 litre d'eau liquide fournit environ 1 700 litres de vapeur à 100°. Cette vapeur acquiert donc en vase clos une force élastique considérable qu'on utilise dans les *machines à vapeur à piston;* en s'écoulant par un orifice mince, elle possède une grande vitesse qu'on emploie pour actionner les *turbines à vapeur.*

La vapeur d'eau, en se refroidissant, se présente souvent à l'*état vésiculaire,* c'est-à-dire sous forme de petites bulles à parois très minces remplies de vapeur; c'est sous cet état qu'elle constitue les nuages, le brouillard, le panache blanc des machines à vapeur.

L'eau liquide, soumise à un refroidissement suffisant, se transforme en *glace* en augmentant de volume, ce qui explique la rupture, par forte gelée, des tuyaux de

Fig. 72. — Cristaux de neige.

conduite qu'on n'a pas eu soin de purger ou d'entourer de matières isolantes, suffisamment protectrices. Quand l'eau est exposée à l'air libre, la congélation se produit également à une température fixe, qui est prise comme origine, c'est-à-dire comme *zéro,* de l'échelle centigrade. La *grêle,* la *neige,* le *givre,* sont les autres formes de l'eau à l'état solide; les deux dernières sont cristallisées (fig. 72).

b) *Pouvoir dissolvant.* — Il existe très peu de substances *solides* dont l'eau ne puisse dissoudre quelques parcelles ; mais les quantités de substance que peut dissoudre un même poids d'eau sont très variables et dépendent à la fois de la nature du corps et de la température. Le tableau suivant en donne des exemples :

| | SALPÊTRE | CHLORURE DE SODIUM | CHLORATE DE POTASSIUM |
|---|---|---|---|
| 100ᵍ d'eau dissolvent : à 0° | 13ᵍ | 35ᵍ,5 | 3ᵍ,3 |
| — — à 20° | 31ᵍ | 36ᵍ | 7ᵍ,2 |
| — — à 50° | 86ᵍ | 37ᵍ | 19ᵍ,5 |
| — — à 100° | 247ᵍ | 39ᵍ,6 | 56ᵍ |

Chacun des nombres précédents porte le nom de *coefficient de solubilité* de la substance à la température considérée ; c'est le poids maximum du corps que dissolvent 100ᵍ d'eau pour former une dissolution *saturée*. On voit que la solubilité du chlorure de sodium augmente peu avec la température ; celle du chlorate de potassium et celle du salpêtre, au contraire, augmentent considérablement, les coefficients de solubilité de ces deux corps étant à 100° respectivement 17 fois et 19 fois plus grands qu'à 0°. — Ces résultats se représentent souvent à l'aide de *graphiques* dont la figure 73 donne un exemple.

La dissolution est un des moyens les plus employés dans l'industrie :

1° Pour *séparer un ou plusieurs corps dont l'un est soluble et l'autre insoluble.*

*Expérience.* — Pulvérisons du *sel gemme* gris dans un mortier. Chauffons avec de l'eau ; décantons et évaporons le liquide clair : nous obtenons du *sel de cuisine* très fin et très blanc.

2° Pour *obtenir un sel à l'état cristallisé,* ce qui est une garantie de pureté et donne au produit une valeur marchande plus considérable.

*Expérience.* — Dissolvons dans de l'eau chaude du *sel Solvay* en poudre, produit plus ou moins pur à base de carbonate de sodium. Filtrons et abandonnons à l'air : l'eau s'évapore et laisse déposer des cristaux d'autant plus volumineux que l'évaporation est plus lente ; ce sont les *cristaux de soude*, ou simplement les *cristaux* des blanchisseuses.

3° Pour *séparer plusieurs sels inégalement solubles.*

4° Pour *amener à l'état liquide* un très grand nombre d'autres substances *et faciliter ainsi leur emploi, leur extraction ou leur élimination :* aussi s'en sert-on dans les teintureries, les blanchisseries, les sucreries, les distilleries, les tanneries, les fabriques de produits chimiques,

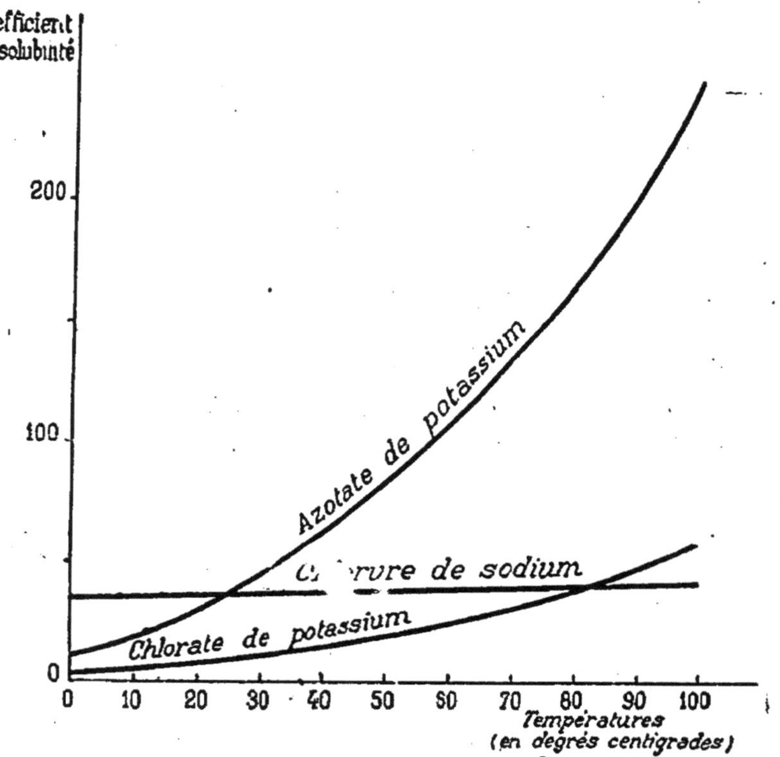


Fig. 73. — Courbes de solubilité.

ainsi que pour la préparation des produits pharmaceutiques, des réactifs liquides, des bains pour la photographie, etc.

L'eau dissout de même un grand nombre de *gaz*, mais la solubilité de ces gaz diminue quand la température s'élève. Elle varie énormément avec leur nature : tandis que 1 litre d'eau dissout seulement quelques centimètres cubes d'azote, d'oxygène ou d'hydrogène, il peut dissoudre des centaines de litres de *gaz chlorhydrique* et de *gaz ammoniac*, ce qui permet de transporter de grandes quantités de ces gaz sous forme de dissolutions d'un faible volume, *l'esprit de sel* et *l'alcali volatil*.

— Enfin l'eau se mélange avec un certain nombre de *liquides*, l'alcool, par exemple. D'autres liquides, au contraire (pétroles, huiles, éther, benzine), ne se mélangent pas à l'eau; ils s'en séparent en couches distinctes et peuvent en être séparés par *décantation*.

*Le pouvoir dissolvant de l'eau explique pourquoi aucune eau naturelle n'est rigoureusement pure.*

**= 89. Propriétés chimiques. =** 1° *L'eau se combine avec un grand nombre de corps.* Exemples :

Les *anhydrides* sont transformés en *oxacides* (82), un certain nombre d'*oxydes* en hydrates d'oxydes ou *hydrates* (82) (oxyde de sodium, chaux, baryte).

Un certain nombre de *sels* ne peuvent cristalliser qu'en se combinant à l'eau : tels sont les vitriols bleu, blanc et vert, les cristaux de soude ; les sulfates de cuivre, de zinc, de fer, le carbonate de sodium *anhydres* se présentent sous forme de poudres *amorphes*, très différentes des corps correspondants cristallisés ou sels *hydratés*.

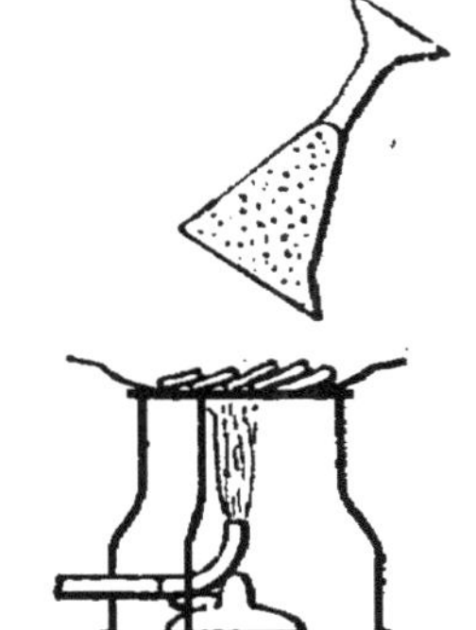

Fig. 74. — Déshydratation du *vitriol bleu*.

*Expérience.* Chauffons sur une toile métallique un gros cristal de *vitriol bleu*. Ce corps perd de l'eau (fig. 74) et se transforme en une masse *blanche* pulvérulente, qui redevient *bleue* lorsqu'on la plonge dans l'eau ou dans un liquide contenant de l'eau. Le vitriol bleu a pour formule $SO^4Cu,5(H^2O)$. Sous l'action de la chaleur, il perd son eau et se transforme en sulfate de cuivre *anhydre* $(SO^4Cu)$, incapable de cristalliser, ou, comme on dit, amorphe.

2° *L'eau est décomposée elle-même par un certain nombre de corps simples :*

*a)* Par quelques *métalloïdes* dont les plus importants à considérer sont le *chlore* (65) et le *charbon* (157);

*b)* Par beaucoup de *métaux*.

**= 90. Action des métaux. =** Nous avons constaté déjà (31) que le *sodium* décompose l'eau à la température ordinaire, que le *magnésium* la décompose à 100°.

Le *fer*, porté à la température du rouge sombre au moins, décompose l'eau comme le montre l'égalité

$$3Fe + 4(H^2O) = Fe^3O^4 + 4H^2 \uparrow$$
$$\text{vap.}$$

C'est ce qui explique la formation d'écailles grises se détachant de la masse quand un morceau de fer rouge est plongé brusquement dans l'eau froide.

Le *zinc* se comporte comme le fer; on a, au rouge sombre :

$$Zn + H^2O = ZnO + H^2 \uparrow$$

Quelques métaux (cuivre, plomb, or, etc...) ne la décomposent à aucune température.

TABLEAU INDIQUANT L'ACTION DES MÉTAUX SUR L'EAU

| DÉCOMPOSITION | | | | PAS DE DÉCOMPOSITION |
|---|---|---|---|---|
| A LA TEMPÉRATURE ORDINAIRE | A 100° | A PARTIR DE 600° (rouge sombre) | A PARTIR DE 900° (rouge cerise) | |
| Potassium. Sodium. Calcium. | Magnésium. Manganèse. | Fer. Zinc. | Étain. | Cuivre. Plomb. Bismuth. Mercure. Argent. Or. Platine. |

*Règle :* Un métal qui décompose l'eau agit sur elle comme *réducteur*, c'est-à-dire se combine à l'oxygène pour former un *oxyde*, et il se dégage de l'*hydrogène*.

## 4. — EAUX NATURELLES.

**= 91. Principaux types d'eaux naturelles. =**
1º *Eau de pluie.* — Lorsque les vésicules qui constituent les nuages rencontrent, en s'abaissant, des couches d'air plus chaudes et moins humides, elles se transforment de nouveau en vapeur qui s'élève et reforme d'autres nuages. Rencontrent-elles, au contraire, des couches d'air moins chaudes : elles se résolvent en fines gouttelettes qui tombent et s'agglomèrent en gouttes plus ou moins grosses : il *pleut.* L'eau de pluie renferme donc les gaz et poussières contenus dans l'air; mais c'est celle qui se rapproche le plus de l'eau distillée, surtout si on la recueille après que les premières eaux tombées ont entraîné la plus grande partie des poussières et impuretés de l'air.

2º *Eau de source, eau de puits.* — La pluie qui tombe sur le sol se partage en deux portions principales : l'une *ruisselle* sur le sol et s'écoule dans les rivières; l'autre *s'infiltre* dans la terre jusqu'à ce que, rencontrant des couches imperméables, elle s'accumule pour former des *nappes souterraines.* Ce sont ces nappes qu'on atteint en creusant des *puits;* ce sont elles aussi qui reviennent naturellement au jour sous forme de *sources.* L'eau de *puits* et l'eau *de source* renferment donc des matières minérales enlevées par dissolution aux terrains traversés : sels de calcium en particulier, de magnésium, de sodium (eaux salées), de potassium, etc,... sous forme de sulfates, carbonates et chlorures.

3º *Eau de rivière.* — Les rivières sont alimentées par les sources, par les eaux de ruissellement et par celles qui proviennent de la fonte des neiges ou des glaciers. Elles renferment donc les substances contenues dans les eaux de source et toutes les impuretés qu'elles recueillent dans leur trajet : eaux d'égouts, résidus industriels de toutes sortes (eaux résiduaires des blanchisseries, sucreries, distilleries, brasseries, etc.). Les eaux torrentielles contiennent, en outre, des matières solides en suspension, des grains de sable, par exemple, qui, dans les régions montagneuses où l'on utilise l'eau comme force motrice dans des *turbines*, peuvent produire une usure rapide de la machine.

4° *Eau de mer*. — L'eau de mer a une saveur salée et amère, parce qu'elle renferme des sels de sodium et de magnésium. C'est le *chlorure de sodium* qui domine; on l'en extrait par évaporation dans les marais salants sous le nom de *sel marin* (210). Elle renferme également des sels de calcium, des bromures, des iodures. Le poids total de ces substances solides dissoutes peut atteindre 50$^g$ pour 1 litre.

5° *Eaux minérales*. — Quelques eaux de sources renferment une notable proportion de substances qui les rendent très efficaces dans le traitement de certaines maladies. On les appelle des *eaux minérales*. Telles sont : les eaux *gazeuses*, riches en gaz carbonique (Vichy, Seltz); les eaux *sulfureuses*, contenant de l'acide sulfhydrique et des sulfures (Barèges); les eaux *ferrugineuses*, renfermant du carbonate de fer dissous (Spa, Bussang); les eaux *purgatives*, renfermant des sulfates de sodium et de magnésium (Sedlitz, Hunyadi-Janos), etc. Certaines de ces eaux doivent, en outre, leurs effets curatifs à une température élevée : ce sont des eaux *thermales* (Plombières, Carlsbad, Aix-la-Chapelle, etc.).

En résumé, les eaux naturelles contiennent ou peuvent contenir les matières suivantes :

1° des *gaz* (gaz carbonique, azote, oxygène) (toutes les eaux);

2° des *matières minérales en suspension* (eaux torrentielles, eaux en temps de crue);

3° des *sels minéraux dissous* (toutes les eaux, sauf l'eau de pluie);

4° des *matières d'origine organique* (eaux stagnantes, eaux d'égouts, eaux résiduaires de très nombreuses industries);

5° des *germes*, les uns inoffensifs, les autres nuisibles, susceptibles de provoquer de dangereuses maladies, comme la fièvre typhoïde, le choléra.

Suivant la destination de l'eau, ces différentes impuretés

peuvent présenter plus ou moins d'inconvénients. Nous allons indiquer celles qui sont nuisibles.

**= 92. Eaux potables. =** L'eau est indispensable dans l'alimentation, car le corps d'un homme renferme les $^1/_7$ de son poids d'eau et en évacue journellement plusieurs litres; cette quantité doit donc lui être restituée par l'eau naturelle ou par d'autres boissons, ainsi que par les aliments. Enfin l'eau est non moins indispensable pour les soins de propreté du corps et de l'habitation.

Une *eau potable* est une eau qui peut être employée à ces différents usages, notamment comme boisson, *sans aucun danger pour la santé.*

a) *Eau considérée comme boisson.* — Une eau bonne à boire doit être fraîche (température $< 13°$), limpide, absolument incolore et inodore. Elle doit posséder une saveur agréable, ce qui implique la présence de sels dissous (de calcium principalement), très utiles pour l'organisme : leur quantité, toutefois, ne doit pas dépasser $0^g,5$ par litre. Elle doit renfermer des gaz dissous; sinon, elle est lourde et indigeste; telle est l'eau de neige ou l'eau des glaciers. Elle doit contenir le moins possible de matières organiques (au plus, $0^g,002$ par litre), être dépourvue d'œufs et de larves de vers parasites, et surtout être absolument exempte de bactéries pathogènes. Les eaux de citerne, les eaux stagnantes, les eaux des rivières même ne satisfont pas à ces dernières conditions. Les eaux de puits et de sources peuvent être contaminées par des infiltrations d'égouts ou de fosses d'aisances; elles renferment alors en quantités notables des chlorures, des sels ammoniacaux des nitrates. La présence de ces sels dans une eau la rend immédiatement suspecte.

Toute eau destinée à servir de boisson doit donc être soumise à une *analyse chimique,* qui détermine la nature et la quantité des substances qu'elle renferme, et à une *analyse bactériologique* qui détermine les espèces et le nombre des germes qu'elle contient [1].

---

[1] Une eau ne doit être livrée à la consommation publique que par autorisation de l'État, après avis du Comité consultatif d'hygiène.

*b) Eaux pour les usages domestiques.* — Les eaux destinées aux usages domestiques doivent satisfaire à la plupart des conditions précédentes. Toutefois, les eaux servant à la préparation des boissons et des aliments chauds peuvent fort bien être insipides et n'être pas aérées. Les eaux *dures*[1] cuisent très mal les légumes; toutes les ménagères savent d'ailleurs que le bouillon, le thé ou le café préparés avec ces eaux sont beaucoup moins bons qu'avec les *eaux douces*. Ces eaux dures, ne dissolvant pas le savon, sont des plus impropres au nettoyage du linge; elles ne conviennent pas pour les soins de toilette et de propreté, ni pour le lavage des planchers. C'est pourquoi une bonne eau ne doit pas renfermer par litre plus de $50^{cg}$ de matières solides, dont moins de $20^{cg}$ de sulfate de calcium. *L'eau de pluie* est excellente pour la plupart de ces usages, à la condition d'être dépourvue de germes pathogènes.

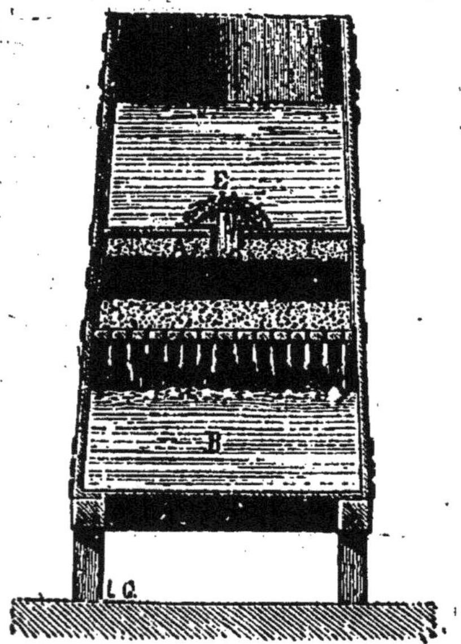

Fig. 75. - Filtre domestique :
E, crépine; A, couches de charbon et de sable; B, eau filtrée.

= **93. Purification des eaux destinées à la boisson.** = Les impuretés les plus dangereuses sont les matières organiques et les germes. Leur élimination peut se faire soit par absorption, soit par destruction à l'aide d'une température élevée, soit par combustion à l'aide d'une substance riche en oxygène; d'où les trois sortes de procédés employés pour la purification :

1° *Filtration.* — Pour les eaux d'alimentation des villes, on utilise, lorsque le sol est sablonneux ou caillouteux, la *filtration naturelle :* on creuse parallèlement au lit des

───────

[1] C'est-à-dire contenant une forte proportion de sels de calcium.

rivières des galeries souterraines, dans lesquelles s'accumule l'eau vive qui s'infiltre dans le sol et s'épure ainsi. Le procédé est inefficace ou inutilisable, lorsque les terrains sont calcaires ou argileux. On emploie alors des *filtres artificiels* constitués par des couches superposées de cailloux, graviers, gros sable et sable fin.

Pour les usages domestiques, on utilise la filtration sur

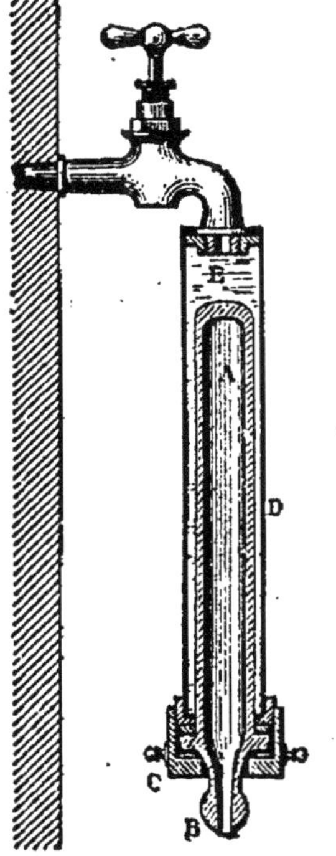

Fig. 76. — Filtre Chamberland sous pression.

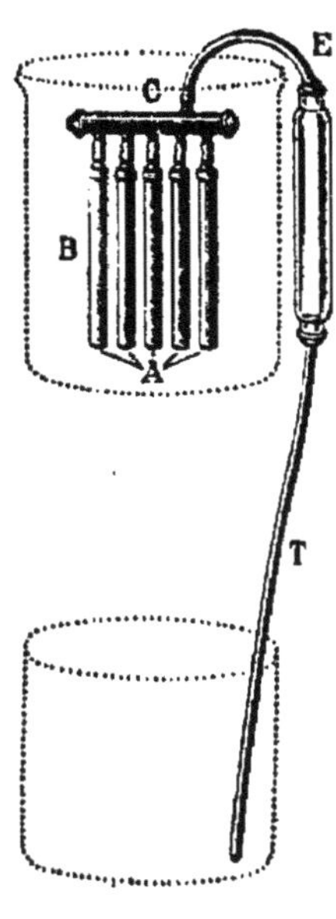

Fig. 77. — Filtre sans pression.

terre cuite poreuse ou sur sable et charbon. La figure 75 représente un filtre de ménage assez employé. Les filtres de ce genre sont très souvent inefficaces, à cause de la trop faible épaisseur des matières filtrantes ; ils perdent rapidement leur pouvoir et donnent à ceux qui s'en servent une sécurité trompeuse.

Les meilleurs filtres sont ceux qui utilisent comme matière filtrante une substance à pores très petits, pouvant se nettoyer commodément et fréquemment : tels sont les *filtres Chamberland* à porcelaine non émaillée, les filtres *Mallié* à porcelaine d'amiante.

La figure 76 représente un filtre Chamberland monté sur une canalisation d'eau sous pression. La partie essentielle est un tube AB en porcelaine *dégourdie*, ou *bougie*. Cette bougie est placée dans un tube métallique D, de manière que sa partie B émerge. L'obturation de D est obtenue par le joint à vis et caoutchouc C.

L'appareil étant adapté au robinet de distribution, lorsqu'on ouvre celui-ci, l'eau pénètre par E dans le tube D, filtre à travers la bougie et sort purifiée par l'extrémité B. Au bout de quelques jours d'usage, la bougie se recouvre d'un enduit qu'on enlève à la brosse, après avoir démonté l'appareil.

La figure 77 représente un *filtre Chamberland sans pression :* il se compose d'une série de bougies B communiquant avec un collecteur C, le tout plongé dans l'eau brute. L'eau filtrée s'accumule dans les bougies et dans le collecteur, d'où elle est évacuée par un siphon ET. Le débit est plus faible que dans les filtres avec pression, mais la filtration semble meilleure.

L'inconvénient de ces filtres est de nécessiter des nettoyages fréquents. Même les meilleurs laissent passer un certain nombre de germes, tous ceux évidemment dont le diamètre est inférieur à celui des pores de bougies. Celles-ci ne retiennent pas, d'ailleurs, les poisons solubles (*toxines*) sécrétés par les microbes pathogènes. Ce procédé de purification est tout à fait insuffisant en temps d'épidémie.

2° *Ébullition.* — L'ébullition de l'eau, *maintenue pendant 10 minutes au moins*, est un des procédés d'épuration les plus efficaces, parce que les germes sont détruits. C'est le procédé le plus recommandable pour toutes les eaux suspectes : il doit être employé même pour les eaux destinées aux soins de propreté quand règnent, dans une région, des maladies contagieuses. L'eau bouillie, toutefois, a perdu les gaz dissous, et quelques sels minéraux ont été précipités ; elle n'a plus les mêmes qualités que l'eau naturelle et devient indigeste. Il est bon, quand on veut la consommer comme boisson, de l'aérer soit par agitation ou brassage en vase couvert, soit simplement par filtration sur des filtres en papier ou mieux en amiante. Mais alors on perd une partie du bénéfice de l'ébullition, par l'introduction des germes en suspension dans l'air atmosphérique.

3° *Moyens chimiques*. — Ce sont les moyens les plus efficaces pour la destruction des germes et l'asepsie du liquide. Mais les corps oxydants employés peuvent introduire dans l'eau des substances qui lui communiquent une saveur désagréable et peuvent même être nuisibles à l'organisme. Les oxydants pratiquement employés pour les eaux d'alimentation sont :

1° Le mélange de *chlorure de chaux* et de *chlorure ferrique* connu sous le nom de *ferro-chlore* (procédé Duyk-Howatson). Ce procédé n'est employé que pour les grandes installations; il est très efficace, mais coûteux.

2° L'*ozone* (83). Ce procédé est appliqué dans un grand nombre de villes; l'eau, bien décantée et filtrée sur sable, arrive à la partie supérieure d'une tour, d'où elle ruisselle goutte à goutte dans un *stérilisateur;* là elle se mélange à de l'*air ozonisé*, fourni par les appareils à ozone installés u rez-de-chaussée. Non seulement la plupart des germes sont détruits, mais la proportion d'oxygène augmente notablement.

L'ébullition et les moyens chimiques précédents étant peu pratiques ou trop coûteux pour les eaux destinées aux lavages et à la toilette, on peut se contenter d'employer dans ces derniers cas certaines substances antiseptiques, dont les plus recommandées sont :

1° Pour les eaux d'ablution et de bain : le *sublimé* (1ᵍ pour 10 litres d'eau); l'*eau oxygénée* (1 litre pour 100 à 150 litres d'eau);

2° Pour les eaux destinées au lavage des habitations, l'*eau de Javel*, le *vitriol vert*, etc...

# CHAPITRE VI

## LE SOUFRE ET SES PRINCIPAUX COMPOSÉS.

**1.** — Soufre (S = 32). — Sulfures.

Le soufre existe dans le commerce sous deux formes différentes : le soufre en bâtons tronçoniques ou *soufre en canons*, et le soufre en fine poussière ou *fleur de soufre*. Le soufre sous ces deux formes possède, en général, les mêmes propriétés.

= **94. Propriétés physiques.** = Le soufre est un corps solide, de couleur jaune citron clair, sans aucune odeur ni saveur. Si l'on jette un morceau de soufre en canons dans un vase contenant de l'eau, il tombe rapidement au fond : il est donc plus lourd que l'eau (D = 2 environ). Si l'on retire ce morceau de soufre, même après un séjour prolongé dans l'eau, on constate que son poids n'a pas varié : ce corps est, en effet, complètement insoluble dans l'eau. Mais il se dissout dans quelques liquides, notamment dans le sulfure de carbone et la benzine.

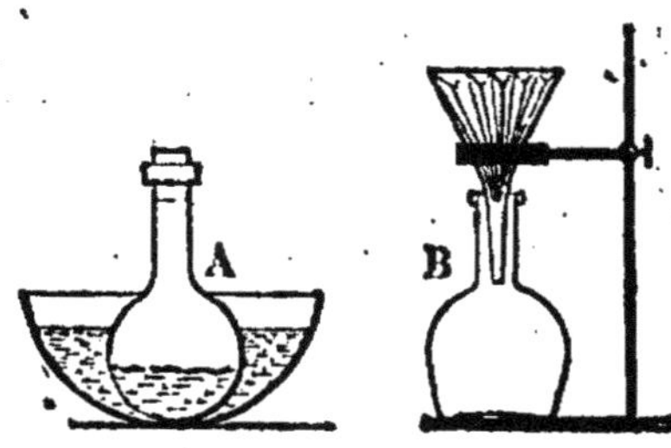
Fig. 78. — Dissolution du *soufre* dans le *sulfure de carbone*.

*Expérience 1.* — Plaçons dans un ballon A (fig. 78) de la *fleur de soufre* et du *sulfure de carbone*, puis fermons le ballon ; portons-le dans une capsule renfermant de l'eau tiède et agitons. Au bout de quelque temps, filtrons le contenu du ballon au-dessus d'une fiole à fond plat B. (Ces opérations doivent être faites loin de toute flamme.) Il reste sur le filtre une poussière jaune, représentant le soufre insoluble dans le sulfure de carbone ; le liquide filtré limpide renferme du soufre en dissolution, car, si l'on abandonne à l'air la fiole B, le dissolvant s'évapore et le soufre apparaît sous forme de cristaux, d'autant plus gros que l'évaporation est plus lente. Le soufre insoluble est évidemment incapable de cristalliser de cette façon : on l'appelle du *soufre amorphe*. Les cristaux de soufre soluble peuvent être inscrits dans un prisme *droit* à base losange (rhombe) (fig. 79) ; on dit qu'ils appartiennent au système *orthorhombique* [1], et,

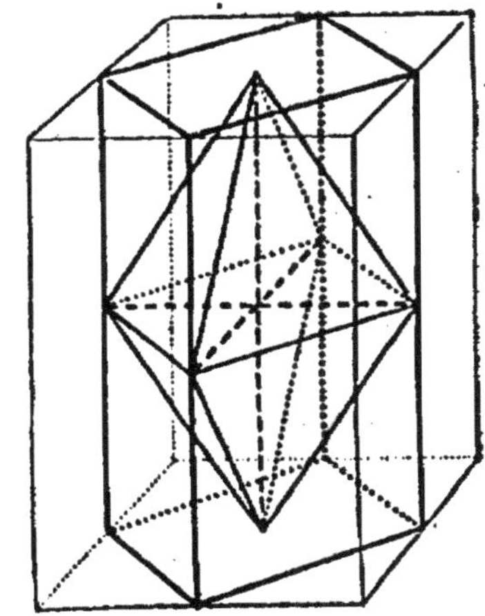

Fig. 79. — Formes orthorhombiques.

comme leur forme est celle d'un octaèdre tronqué (fig. 80), cette espèce de soufre s'appelle *soufre octaédrique*. Le soufre en canon renferme très peu de soufre insoluble.

Nous avons montré (2) les changements d'états successifs éprouvés par le soufre quand on le chauffe. Il fond vers 113° et bout vers 440°.

*Expérience 2.* — Faisons fondre du soufre dans un creuset en terre que nous laisserons refroidir. Enlevons au couteau la croûte superficielle qui se forme d'abord et coulons le liquide non solidifié : le creuset apparaît alors tapissé de fines aiguilles, partant de la paroi et dirigées vers le centre (fig. 81). Ces aiguilles ont

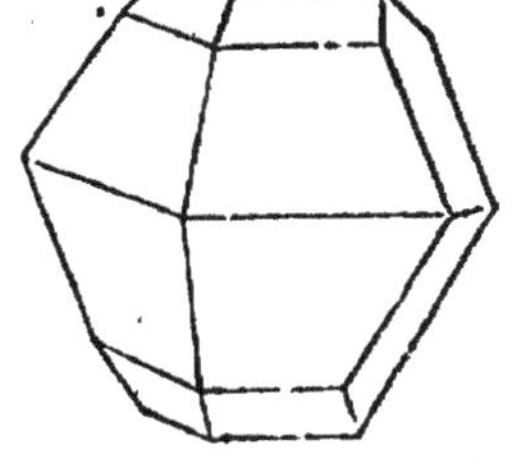

Fig. 80. — Cristal de soufre octaédrique.

---

[1] Tous les corps cristallisés, naturels ou artificiels, dont les formes sont parfois si compliquées et si dissemblables en apparence, peuvent être ramenés à *six* ou *sept* formes géométriques simples, typiques, qu'on appelle *formes primitives* des systèmes cristallins. Un corps qui peut affecter des formes appartenant à des systèmes différents est dit *polymorphe* (plusieurs formes). Les corps incapables de cristalliser sont dits *amorphes* (sans forme).

la forme de prismes déformés, qui peuvent être contenus dans un prisme *oblique* à base-losange (fig. 82) : ce soufre, appelé *prismatique*, appartient au *système clinorhombique*; il s'observe sur la cassure des canons de soufre.

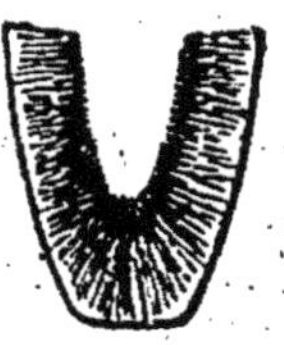

Fig. 81. — Cristallisation du soufre par fusion.

*Expérience 3.* — Coulons en petits filets dans de l'eau froide du soufre fondu, refroidi vers 230°. Nous retirons de l'eau des filaments mous, élastiques, capables d'être utilisés pour prendre des empreintes d'objets en relief. Le soufre, sous cette forme, n'est pas cristallisé; on l'appelle du *soufre mou*.

Le soufre est donc un corps capable de prendre à l'état solide des formes très différentes (soufre amorphe, soufre octaédrique, soufre prismatique, soufre mou), qui n'ont pas exactement les mêmes propriétés physiques, et possèdent, en particulier, des densités et des points de fusion différents. C'est un corps *polymorphe*. Le soufre mou et le soufre prismatique, abandonnés à l'air, reviennent d'ailleurs rapidement à la forme octaédrique : on dit que celle-ci est la forme *stable* du soufre aux températures ordinaires.

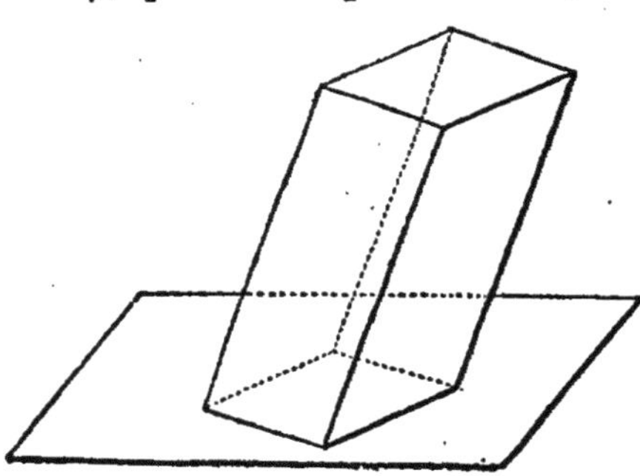

Fig. 82.
Prisme oblique à base losange.
(Prisme clinorhombique.)

Le soufre est *mauvais conducteur de la chaleur* : c'est ce qui explique les craquements que fait entendre un bâton de soufre tenu à la main (*cri du soufre*); ils sont dus à l'inégalité de dilatation éprouvée par les couches superficielles et les couches internes.

*Il est mauvais conducteur de l'électricité :* un bâton de soufre frotté sur du drap attire les corps légers, de petits morceaux de papier, par exemple. Cette propriété est appliquée pour la confection de matières isolantes, telles que l'*ébonite* qu'on obtient en ajoutant au caoutchouc de 50 à 60 % de soufre.

**= 95. Propriétés chimiques. =** a) *Action des métalloïdes.* — Le soufre brûle dans l'*oxygène* (82) et dans l'air avec une flamme bleue, en donnant du gaz sulfureux :

$$S + O^2 = SO^2 + 69\,000^c.$$

Cette combustion dégage beaucoup de chaleur ; par conséquent, le soufre est capable de *réduire* les composés oxygénés. Chauffé à 400° avec de l'acide sulfurique, par exemple, il donne du gaz sulfureux (*gaz Pictet*) et de l'eau :

$$S + 2(SO^4H^2) = 3(SO^2\uparrow) + 2(H^2O).$$

Il brûle également dans le *chlore* : il se forme des chlorures de soufre $Cl^2S$ et $Cl^2S^2$.

Le chlorure $Cl^2S^2$ est un liquide jaune-rougeâtre qui a une certaine importance industrielle. Chauffé avec de l'huile de lin, il fournit le *caoutchouc artificiel* ou *factice;* il sert également pour incorporer le soufre au caoutchouc dans la *vulcanisation* (97) et la fabrication de l'ébonite.

Le soufre se combine très facilement au *phosphore* (139), plus difficilement au *carbone :* si l'on fait passer de la vapeur de soufre sur du charbon chauffé au rouge, il se forme des vapeurs qui se condensent en un liquide jaune clair très volatil, à odeur désagréable : c'est le *sulfure de carbone $CS^2$*, corps comparable par sa formule et par quelques-unes de ses propriétés à l'anhydride carbonique $CO^2$. Il est employé comme dissolvant du caoutchouc (colle pour cycles), et pour l'extraction et la récupération des matières grasses [1].

b) *Action des métaux.* — Nous avons montré (17) que le cuivre brûle dans la vapeur de soufre ; il se forme du sulfure cuivreux $Cu^2S$. Le fer se combine également au soufre (21) et donne du sulfure ferreux $FeS$. Tous les

---

[1] Ce liquide, très volatil et combustible, est d'un maniement dangereux. On tend à le remplacer dans l'industrie par le tétrachlorure de carbone $CCl^4$, liquide qui n'offre pas les inconvénients du sulfure de carbone.

métaux, sauf l'or et le platine, se combinent au soufre pour donner des *sulfures métalliques*.

Un certain nombre de ces sulfures se trouvent dans la nature et servent soit à la fabrication du gaz sulfureux, soit à la préparation des métaux qu'ils renferment. Les plus importants sont : le bisulfure de fer ou *pyrite*, le sulfure de zinc ou *blende*, le sulfure de plomb ou *galène*, le sulfure mercurique ou *cinabre*, les sulfures de cuivre, d'antimoine, d'argent.

*Remarque*. Il est intéressant de constater l'analogie entre les formules des *oxydes* et celles des *sulfures*.

Exemples :

| | | | | |
|---|---|---|---|---|
| $CuO$ | Oxyde cuivrique. | | $CuS$ | Sulfure cuivrique. |
| $Cu^2O$ | — cuivreux. | | $Cu^2S$ | — cuivreux. |
| $FeO$ | — ferreux. | | $FeS$ | — ferreux. |
| $Fe^2O^3$ | — ferrique. | | $Fe^2S^3$ | — ferrique. |
| $Fe^3O^4$ | — salin de fer. | | $Fe^3S^4$ | — salin de fer. |
| $Na^2O$ | Protoxyde de sodium. | | $Na^2S$ | Protosulfure de sodium. |
| $Na^2O^2$ | Bioxyde de sodium. | | $Na^2S^2$ | Bisulfure de sodium. |

Cette analogie tient à ce que l'*oxygène* et le *soufre* sont *divalents*. Mais les ressemblances ne se bornent pas là : elles se poursuivent dans les propriétés des oxydes et des sulfures. La sulfuration du fer, par exemple, est favorisée par l'humidité comme l'est son oxydation; le sulfure mercurique se décompose aussi facilement par la chaleur que l'oxyde mercurique (9), etc. La vapeur de soufre est un comburant pour les métaux, comme l'oxygène. Le soufre et l'oxygène présentent donc des caractères communs qui ont permis de les ranger dans une même famille, la *famille des métalloïdes divalents* ou 2e *famille* des métalloïdes.

## = 96. Extraction du soufre. =

Le soufre existe dans le sol, mélangé à de la terre au voisinage de volcans, principalement en Sicile et aux environs du Vésuve. Cette *terre à soufre* constitue la source de soufre la plus importante du monde et son minerai usuel.

Pour extraire le soufre, il suffit de le séparer des matières terreuses auxquelles il est mélangé. On se fonde, pour cela, sur la fusibilité ou la volatilité du premier et sur l'infusibilité ou la non-volatilité des secondes. Deux méthodes sont donc employées : 1° l'extraction par fusion; 2° l'extraction par distillation.

**1° *Extraction par fusion*.** — Il suffit de porter le minerai à une
température légèrement supérieure à 113°. En Sicile, le bois ou le
charbon coûtant cher, on utilise une partie du soufre comme combustible. La terre à soufre est mise en forme de tas ou meules
dans des fosses peu profondes dont le fond est incliné (*calcaroni*)
(fig. 83). Au centre est ménagée une cheminée par laquelle on met
le feu. Une partie du soufre brûle ; le reste fond, coule sur le fond

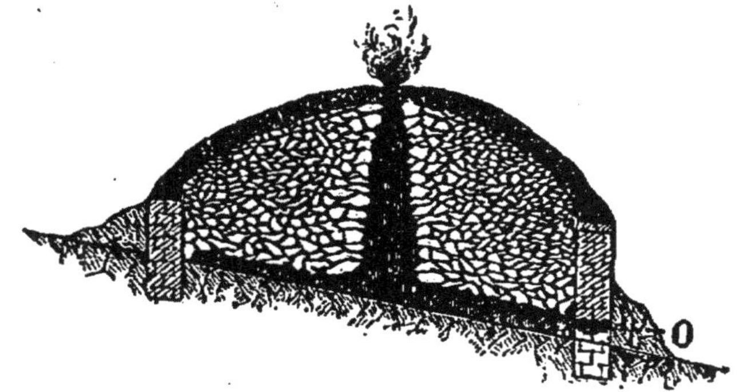

Fig. 83. — Un *calcarone* sicilien.

de la fosse et se rassemble dans un récipient placé à l'extérieur.
Le rendement de l'opération est très faible ; plus d'un tiers du
soufre est perdu ; de plus, le procédé déverse dans l'atmosphère
des torrents de gaz sulfureux qui détruisent toute végétation. Les

Fig. 84. — *Fourneau à galère* pour la distillation de la terre à soufre.

calcaroni tendent à être remplacés par des fours fermés disposés
en série, de manière à rendre l'opération continue.

On utilise également la vapeur surchauffée sous une pression de
3 à 4kg.

**2° *Extraction par distillation*.** — Le soufre se transforme complètement en vapeur à sa température d'ébullition ; il faut donc
porter le minerai à une température de 440° au moins. L'opération
se pratique aux environs de Naples, dans des fours que représente
en coupe la figure 84. La terre à soufre est mise dans les pots A

chauffés par un foyer commun ; le soufre distille et vient se condenser dans les pots B extérieurs au four (*four à galère*).

Le soufre ainsi obtenu est *impur*. C'est sous cette forme qu'il est expédié d'Italie. Pour un grand nombre d'usages, il subit une épuration dans des *raffineries*, généralement établies dans les ports d'importation.

Le raffinage est une deuxième distillation qui permet d'obtenir soit le *soufre en fleur*, par sublimation de la vapeur de soufre, soit le *soufre en canon*, par coulée du soufre liquide dans des moules en bois de sapin refroidis. La fleur de soufre elle-même, qui renferme des acides du soufre, subit souvent une épuration consistant en des lavages à l'eau, suivis de séchage.

## = 97. Usages du soufre. = Le soufre a de nombreuses applications.

Il sert à la fabrication de plusieurs *produits chimiques* (gaz sulfureux, acide sulfurique, hyposulfites, chlorure de soufre, sulfures de phosphore, sulfure de carbone, sulfures métalliques artificiels), ainsi qu'au soufrage des allumettes et de certaines mèches. C'est un des composants de la *poudre à tirer noire* et de la plupart des feux employés en pyrotechnie. On l'utilise pour faire les *scellements* des pièces qui ne sont pas exposées à être chauffées (soubassements, grilles, colonnes), ainsi que des scellements isolants (fixation des cloches et godets en porcelaine ou en verre sur leur tige). Son action destructive sur les êtres inférieurs ou microscopiques le fait employer avec succès : sous forme de pommades, pour le traitement de quelques affections de la peau et notamment de la *gale*, et sous forme de fleur de soufre, projetée à la surface des feuilles, pour le traitement de plusieurs *maladies de la vigne*, dues à des champignons microscopiques.

La *vulcanisation du caoutchouc* en consomme de grandes quantités.

Le caoutchouc naturel présente l'inconvénient de se ramollir, de devenir perméable, lorsque la température atteint de 30 à 40°, et de devenir cassant au-dessous de 0°. Si on lui incorpore du soufre dans la proportion de 15 à 25 0/0 de son poids (caoutchouc vulcanisé), il conserve son élasticité et son imperméabilité entre des limites de température assez étendues. La vulcanisation peut s'opérer sur le caoutchouc en feuilles, ou sur les objets confectionnés, ce qui est préférable, car le caoutchouc vulcanisé ne se soude plus à lui-même par simple compression. Elle se fait par plusieurs procédés : soit *à chaud,* à l'aide de fleur de soufre ; soit *à froid,* à l'aide de chlorure de soufre dissous dans le sulfure de carbone.

## 2. — Gaz et acide sulfureux.

Quand nous avons fait brûler du *soufre* dans l'*oxygène* (82), nous avons obtenu un gaz à odeur piquante, identique à celui qui se dégage d'une allumette soufrée enflammée, et qu'on appelle *gaz* ou *anhydride sulfureux*. Cette expérience en réalise la synthèse. L'analyse chimique de ce corps montre qu'il renferme des poids égaux de soufre et d'oxygène, et qu'un volume quelconque contient un

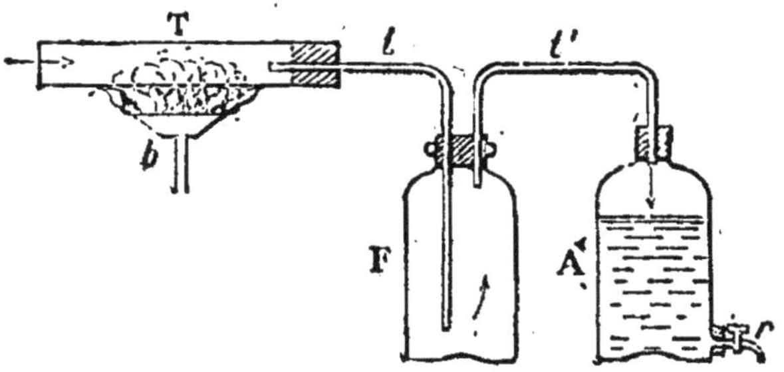


Fig. 85. — Production du gaz sulfureux par combustion du soufre.

volume égal d'oxygène et la moitié de son volume de soufre en vapeur ; c'est ce qu'exprime la formule :

$$\text{Poids moléculaire} = \frac{\overbrace{32 + 16 \times 2}^{SO^2}}{64}$$

64* de gaz sulfureux renferment. . . . $\begin{cases} 32^g \text{ de soufre.} \\ 32^g \text{ d'oxygène.} \end{cases}$

2 volumes . . . . . $\begin{cases} 1 \text{ vol. de vapeur de soufre.} \\ 2 \text{ vol. d'oxygène.} \end{cases}$

## = 98. Production du gaz sulfureux.

1° Le moyen le plus commode pour le produire consiste à *brûler du soufre* dans l'air. Nous pourrons prendre l'appareil qui nous a servi pour obtenir le gaz carbonique par combustion du charbon (fig. 85). — Le flacon F contiendra du gaz sulfureux très impur, mélangé d'azote et d'air.

Ce moyen est employé toutes les fois qu'on a besoin de produire rapidement et commodément du gaz sulfureux pouvant être mélangé à l'azote sans inconvénient.

2° Ce moyen serait beaucoup trop coûteux dans la grande industrie chimique, qui utilise le gaz sulfureux pour fabriquer l'acide sulfurique. — On utilise alors non plus du soufre libre, mais du soufre combiné sous forme de *sulfure naturel*.

*Expérience.* — Plaçons dans le tube T de l'appareil (fig. 85) de la *pyrite de fer* pulvérisée, et chauffons. Au bout de quelque temps, la pyrite, qui était grise, devient rougeâtre ; ses composants, soufre et fer, brûlent : le premier donne du *gaz sulfureux* qui, mélangé d'azote, gagne le flacon F ; le fer se transforme en oxyde ferrique de couleur rouge, non volatil, qu'on appelle des *cendres de pyrites*.

La réaction s'écrit :

$$2(FeS^2) \; + \; 11O \; = \; \underline{Fe^2O^3} \; + \; 4(SO^2)\uparrow.$$
$$\text{Bisulfure de fer.} \qquad \text{Oxyde ferrique.}$$

Cette opération, exécutée industriellement dans des fours appropriés, porte le nom de *grillage*. — Au lieu de pyrite de fer, on utilise quelquefois la blende et la galène. — Le grillage préliminaire des sulfures est une opération indispensable lorsqu'ils servent de minerais [1].

*Remarque.* — On observe toujours dans l'expérience précédente un anneau de *soufre* dans la partie du tube la plus éloignée du brûleur. La pyrite chauffée à l'abri de l'air laisse dégager une partie de son soufre et se transforme en un sulfure moins riche en soufre :

$$3(FeS^2) \; = \; S^2\uparrow \; + \; \underline{Fe^3S^4}$$
$$\text{Bisulfure.} \qquad\qquad \text{Sulfure salin.}$$

[1] Le gaz sulfureux obtenu par grillage des sulfures naturels est beaucoup plus impur que celui produit par combustion du soufre. En particulier, il contient des composés arsénicaux provenant du sulfure d'arsenic que renferme la pyrite, et beaucoup de poussières entraînées mécaniquement. Pour certains usages, il doit être épuré.

Cette distillation de la pyrite fournit dans l'industrie une petite quantité de soufre.

3° On obtient le *gaz sulfureux chimiquement pur*, nécessaire pour la fabrication de l'anhydride sulfureux liquide pur, *en réduisant l'acide sulfurique pur* par du *soufre pur* (procédé Pictet, 95), ou, ce qui est plus coûteux, mais facile à réaliser au laboratoire, par *un métal convenablement choisi* (*cuivre* ou *mercure*).

*Expérience.* — Plaçons dans un tube à essais de l'*acide sulfurique concentré* et quelques copeaux de *cuivre*. Chauffons avec précaution. L'acide bouillant est décomposé par le métal : il se dégage du *gaz sulfureux*, reconnaissable à son odeur, et de la vapeur d'eau, et il se forme dans le tube du *sulfate de cuivre anhydre* gris.

Réaction :

$$2(SO^4H^2) + Cu = SO^2 \uparrow + \underline{SO^4Cu} + 2(H^2O) \uparrow.$$

## = 99. Propriétés physiques. =

L'anhydride sulfureux est, à la température ordinaire, un gaz incolore, d'une odeur piquante, plus de deux fois plus lourd que l'air ($d = 2,23$). Un litre d'eau en dissout 80 litres à 0° et 50 litres environ à 15° ; il est donc assez soluble ; mais, cette dissolution s'altérant très vite, il n'y a pas intérêt à la fabriquer pour l'industrie.

*Ce gaz est très facile à liquéfier*, car sa température critique est de $+ 156°$. — La liquéfaction se produit à $-10°$ sous la pression ordinaire ; un mélange réfrigérant suffit donc. Dans l'industrie, on le liquéfie par compression, après l'avoir refroidi au-dessous de 0°, pour éliminer l'eau à laquelle il peut être mélangé. — Il se vend en récipients cylindriques ou bonbonnes en cuivre, en fer ou en acier, qui peuvent contenir, suivant leurs dimensions, de 20 à 125$^{kg}$ de liquide et qui sont munis d'un robinet de fermeture à pointeau. Ces récipients ont des parois beaucoup moins épaisses que les bouteilles à oxygène ou à hydrogène, parce que la pression de la vapeur du liquide ne dépasse guère 3$^{kg}$. C'est pourquoi, d'ailleurs, on l'emmagasine aussi dans des siphons ressemblant aux siphons d'eau de Seltz.

*L'anhydride sulfureux liquide* est absolument incolore, quand il est pur; il est plus lourd que l'eau (D = 1,40 environ). Il bout à − 10° sous la pression atmosphérique et se solidifie à − 79°.

Son évaporation à l'air libre fait descendre rapidement sa température à 15 ou 20° au-dessous de 0. Le froid est plus intense si l'évaporation est faite sous pression réduite, et elle peut produire la congélation du liquide. C'est pour cette raison qu'on l'emploie dans certaines *machines à glace* et dans les *machines à produire le froid artificiel*, dont les applications prennent de plus en plus d'importance (126). — L'anhydride sulfureux liquide peut remplacer avantageusement le gaz pour une foule d'usages.

## = 100. Propriétés chimiques.

1° Il *n'est ni comburant ni combustible*; c'est ce que nous pouvons vérifier en plongeant une allumette enflammée dans un flacon plein de ce gaz. Aussi peut-on l'employer pour l'extinction des incendies et, plus spécialement, des feux de cheminées. Il suffit, dans ce dernier cas, de jeter du soufre dans la cheminée et de la fermer immédiatement par le bas avec un linge mouillé, pour éviter le départ du gaz dans l'atmosphère. On peut utiliser avantageusement les siphons d'anhydride liquide : il suffit de munir l'ajutage d'un caoutchouc s'engageant dans la cheminée et d'appuyer sur le levier.

2° *Il n'entretient pas la vie*. — Le gaz sulfureux n'est pas toxique à faible dose; l'air devient irrespirable, quand il en contient 15 pour 1 000. C'est un antiseptique et un microbicide des plus énergiques, qu'on emploie pour la désinfection des locaux malsains ou contaminés, des vêtements, des linges d'hôpitaux, pour la destruction des rats à bord des navires, des insectes parasites (mites, charançons et autres) et, d'une façon générale, celle de tous les germes infiniment petits, pour la conservation des fruits, des boissons fermentées, du houblon, etc.

On désinfecte les locaux, par exemple, en y faisant brûler du soufre contenu dans des coupelles en terre. On empêche les fermentations nuisibles de se produire dans les tonneaux destinés à renfermer du vin, de la bière ou du cidre, en y brûlant des mèches soufrées.

3° *Oxydation du gaz sulfureux.*

a) Le *gaz sulfureux sec s'oxyde difficilement.* — On peut cependant obtenir cette oxydation en faisant passer un mélange de gaz sulfureux et d'oxygène secs sur de la *mousse de platine* chauffée vers 350°.

*Expérience.* — Montons l'appareil représenté par la figure 86. Il comprend : un flacon F, renfermant de l'acide sulfurique dans lequel se dessèchent du gaz sulfureux et de l'oxygène arrivant par

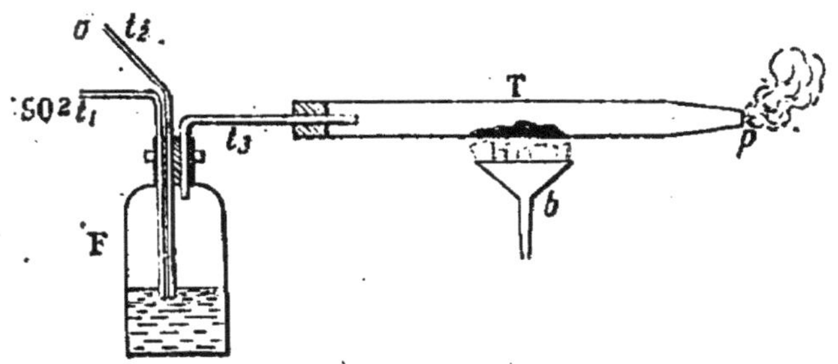


Fig. 86. — Oxydation du *gaz sulfureux* par l'intermédiaire de la mousse de platine.

les tubes $t_1$ et $t_2$; un tube effilé T, contenant de la mousse de platine, qu'on peut chauffer à l'aide du brûleur *b*, et dans lequel pénètre par $t_3$ le mélange de gaz sulfureux et d'oxygène. Au bout de quelque temps, il se dégage par la pointe *p* d'épaisses fumées blanches à réaction fortement acide. Ces fumées recueillies dans l'eau formeraient de l'acide sulfurique.

Il se forme, en effet, grâce à la mousse de platine agissant comme *substance de contact,* de l'*anhydride sulfurique* :

$$SO^2 + O = SO^3,$$

corps extrêmement avide d'eau, qui se combine à la vapeur d'eau contenue dans l'air avec un grand dégagement de chaleur. — Si le gaz sulfureux est pur, la mousse de platine peut servir indéfiniment. — *Ce procédé est employé depuis quelque temps déjà dans l'industrie pour fabriquer l'anhydride et l'acide sulfuriques;* le tube T est remplacé par des colonnes appelées *catalyseurs* (*procédé dit de contact*).

**b)** *Le gaz sulfureux humide s'oxyde* TRÈS FACILEMENT et se transforme *en acide-sulfurique :*

$$SO^2 + O + H^2O = SO^4H^2.$$

*Expérience.* — Dans un tube à essais contenant quelques centimètres cubes d'une dissolution *un peu vieille* de gaz sulfureux, versons quelques gouttes d'une dissolution de *chlorure de baryum.* Nous observons la formation immédiate d'un précipité blanc abondant, *que ne donne pas la dissolution fraîchement préparée* et qui se produit avec tous les liquides contenant de *l'acide sulfurique.* Le chlorure de baryum, en effet, est le réactif de l'acide sulfurique ; il donne avec cet acide un précipité lourd, très blanc, de sulfate de baryum, insoluble dans les acides :

$$SO^4H^2 + Cl^2Ba = SO^4Ba \downarrow + 2(ClH).$$

*La transformation facile du gaz sulfureux humide en acide sulfurique explique l'altération rapide des tôles dans les appareils où l'on brûle des houilles pyriteuses.*

*Conséquence.* — *Si la dissolution du gaz sulfureux est au contact de corps oxygénés, elle leur enlève de l'oxygène ; elle les réduit.*

*Expérience.* — Dans une grande éprouvette à pied pleine de gaz sulfureux, faisons couler, le long des parois, une dissolution étendue de *permanganate de potassium.* Ce liquide, de couleur violacée, est immédiatement décoloré, car le gaz sulfureux enlève de l'oxygène au permanganate dissous et se transforme en acide sulfurique. Celui-ci, à son tour, forme avec le manganèse et le potassium des sulfates incolores. La décoloration persistera tant que l'éprouvette contiendra du gaz sulfureux.

*La décoloration du permanganate de potassium est une réaction très sensible, souvent employée pour caractériser le gaz sulfureux.*

**= 101. Propriétés décolorantes. =** Grâce à ses propriétés réductrices, le gaz sulfureux humide peut décolorer, en leur enlevant de l'oxygène, un grand nombre de matières colorées.

*Expérience.* — Recouvrons d'un entonnoir une coupelle contenant du soufre enflammé (fig. 87), et plaçons au-dessus de l'orifice supérieur une bande de toile sur laquelle nous avons fait une large tache de *vin rouge*. Celui-ci ne tarde pas à être décoloré.

On peut enlever de même, en faisant brûler du soufre sous un cornet de papier, une tache de fruits; on devra ensuite laver l'étoffe à grande eau pour enlever l'acide sulfurique formé, qui la rongerait rapidement.

Dans quelques cas, l'action décolorante est plus complexe. La matière colorante n'est pas détruite, mais simplement transformée en une combinaison sulfitique incolore que les acides ou les bases décomposent.

Fig. 87. — Décoloration du vin par le *gaz sulfureux*.

*Expérience.* — Plongeons dans une dissolution de gaz sulfureux des pétales de fleurs colorées, de roses, par exemple, ou de violettes. Ces pétales se décolorent rapidement. Plaçons quelques-uns d'entre eux dans une dissolution sulfurique étendue : ils rougissent. Plaçons-en d'autres dans une dissolution de soude caustique ou d'ammoniaque : ils verdissent. Les matières colorantes végétales sont rougies par les acides et verdies par les bases : il faut donc en conclure que dans les pétales décolorés la matière colorante n'est pas détruite.

*Application.* — L'anhydride sulfureux est employé pour le *blanchiment des matières animales* que le chlore altère profondément : soies, laines, plumes, éponges, colles fortes, cordes de boyaux, et de quelques matières végétales que le chlore jaunit : pailles, objets en osier, herbes, gommes, etc. On l'utilise en sucrerie pour la *sulfitation* des jus ou des sirops. La sulfitation des jus prévient leur altération par les fermentations ; celle des sirops, qui est la plus employée en France, permet d'obtenir une plus grande quantité de sucre blanc en premier jet, et facilite, en outre, la cristallisation et le turbinage des masses cuites.

## 102. Propriétés acides de la dissolution. — Acide sulfureux. — Sulfites.

La dissolution fraîchement préparée de gaz sulfureux a une saveur acide très prononcée. — Elle rougit le tournesol bleu et le décolore ensuite. — Elle doit donc renfermer *un acide*

Si l'on fait arriver du gaz sulfureux dans une dissolution de soude caustique, on observe la formation, avec dégagement de chaleur, d'un corps cristallisable, neutre au tournesol, de formule $SO^3Na^2$, appelé *sulfite neutre de sodium* :

$$SO^2 + 2(NaOH) = SO^3Na^2 + H^2O.$$

Si l'action du gaz sulfureux se prolonge, il se forme un autre sulfite de sodium, très instable, acide au tournesol, de formule $SO^3HNa$, appelé *sulfite acide* ou *bisulfite de sodium* :

$$SO^2 + NaOH = SO^3HNa.$$

Ces corps sont les sels de sodium d'un acide inconnu à l'état libre, qu'on n'a pu isoler, dont la formule doit être $SO^3H^2$ (acide sulfureux), dont le gaz sulfureux est l'*anhydride* ($SO^2 + H^2O = SO^3H^2$) et dont les sels sont les *sulfites*.

Cet acide renferme 2 atomes d'hydrogène, séparément remplaçables par du sodium.

C'est pourquoi on l'écrit quelquefois :

$$SO < {OH \atop OH}.$$

On a remarqué, en effet, que dans un oxacide les atomes d'hydrogène remplaçables par un métal appartiennent au groupe d'atomes OH, groupement ou radical monovalent appelé *oxhydrile*. Les deux sulfites de sodium peuvent s'écrire :

$$SO < {OH \atop ONa} \quad \text{et} \quad SO < {ONa \atop ONa}$$

$$\text{Sulfite acide.} \qquad \text{Sulfite neutre.}$$

Les *sulfites* possèdent les propriétés réductrices du gaz sulfureux humide ; c'est pourquoi l'on emploie en photographie le *sulfite neutre de sodium* dans les bains dits « révélateurs » qui accentuent la décomposition des sels d'argent, amorcée seulement par l'exposition à l'air lors de la prise du cliché.

Les *bisulfites* sont utilisés comme décolorants et antiseptiques.

Le *bisulfite de sodium* est ordinairement vendu sous forme d'un liquide contenant 40$^g$ d'anhydride sulfureux pour 100$^{cm3}$ et pesant de 35 à 40°B. Il sert pour le blanchiment et le lavage de la laine, le rinçage des tonneaux devant contenir du vin ou de la bière, la conservation des jaunes d'œufs dans la mégisserie. — On l'utilise également comme *antichlore* pour le rinçage des tissus végétaux blanchis au chlore.

Le *bisulfite de calcium*, qu'on obtient en faisant passer du gaz sulfureux de bas en haut dans des tours garnies de chaux, est un produit indispensable pour la préparation, dans les papeteries, de la *pâte de bois* dite chimique ou *pâte au bisulfite*.

Remarque. — Quand on fait bouillir une dissolution de sulfite neutre de sodium additionnée de soufre, on obtient de l'*hyposulfite de sodium :*

$$SO^3Na^2 + S = S^2O^3Na^2.$$

Ce sel correspond donc à l'acide hyposulfureux $S^2O^3H^2$. Il est très employé en photographie comme dissolvant des sels d'argent (bains de fixage); on s'en sert également dans le blanchiment comme *antichlore*.


### 3. — ACIDE SULFURIQUE ORDINAIRE.

#### (Huile de vitriol.)


== **103. Composition. Production.** == *L'acide sulfurique chimiquement pur* correspond à l'anhydride sulfurique ; sa formule s'en déduit par l'addition d'une molécule d'eau à une molécule d'anhydride, car 98$^g$ de cet acide contiennent 80$^g$ d'anhydride et 18$^g$ d'eau :

$$\underbrace{SO^3}_{80} \ \underbrace{32 + 16 \times 3}_{} + \underbrace{H^2O}_{18}\ \underbrace{2+16}_{} = \underbrace{SO^4H^2}_{98},$$

Ce corps est difficile à préparer et surtout difficile à conserver. — L'*acide sulfurique ordinaire*, très souvent désigné sous le nom d'*huile de vitriol*, est un mélange d'acide pur et d'eau.

On ne prépare pas l'acide sulfurique ordinaire dans les laboratoires. C'est un produit fourni par l'industrie et qui est fabriqué actuellement de deux façons :

1° Par le *procédé de contact* (100, 3°, *a*), récent (assez employé à l'étranger), dans lequel la préparation se fait en deux phases :

*a*) — Oxydation du gaz sulfureux par l'intermédiaire d'une *substance catalysante*;

*b*) — Absorption par l'eau de l'anhydride sulfurique formé.

2° Par le *procédé* dit *des chambres de plomb*, le plus ancien et le plus employé encore, qui consiste à rendre rapide la réaction :

$$SO^2 + O + H^2O = SO^4H^2,$$

en employant, pour fixer l'oxygène sur l'anhydride sulfureux, l'*acide azotique et ses dérivés* (134).

**= 104. Propriétés physiques.** = L'acide sulfurique est vendu dans le commerce à différents degrés de concentration, qu'on apprécie à l'aide du pèse-acides ou aréomètre de Baumé ; acide à 22°B, à 52°B, à 60°B, à 66°B[1]. L'acide le plus concentré (acide sulfurique *bouilli*) pèse 66°B ($D = 1,84$) et correspond sensiblement à la formule

$$SO^4H^2, \frac{1}{12}(H^2O).$$

C'est un liquide incolore lorsqu'il est pur, de consistance huileuse (d'où son nom d'huile de vitriol); il n'émet pas de vapeurs à la température ordinaire, bout vers 340° et se solidifie au-dessous de zéro. — Son ébullition est difficile et se produit, comme celle de tous les liquides visqueux, avec des soubresauts violents; on peut la faciliter par l'addition de pierre ponce menue.

**= 105. Propriétés chimiques : réduction. — Action des métaux.**

*Expérience.* — Chauffons avec précaution, dans un tube à essais, de l'acide sulfurique concentré, additionné de *charbon de bois* pulvérisé. Quand l'acide bout, il se dégage du tube des fumées blanches qui décolorent le permanganate de potassium. Quand on

---

[1] Voir la table IV à la fin du volume.

les dirige dans de l'eau de chaux, celle-ci se trouble. Elles contiennent donc du gaz sulfureux et du gaz carbonique.

La réaction peut s'expliquer par le schéma suivant :

$$\overbrace{SO^4H^2}$$
$$SO^2 + \boxed{O} + H^2O$$
$$\phantom{SO^2 + {}}C$$
$$SO^2 + \boxed{O} + H^2O$$
$$\underbrace{\phantom{SO^2}}_{SO^4H^2,}$$

et s'écrire sous forme d'égalité :

$$2(SO^4H^2) + C = 2(S\overset{\uparrow}{O}^2) + C\overset{\uparrow}{O}^2 + 2(H^2O).$$

Le *soufre* se comporte d'une façon très voisine (95, a).
*Les réducteurs enlèvent donc à l'acide sulfurique l'oxy-
gène qui a été fixé sur l'anhydride sulfureux, et celui-ci
se dégage.* Vis-à-vis de ces réducteurs, l'acide sulfurique
se comporte comme un *oxydant.*

*Action des métaux.* — Le cuivre, le mercure, l'argent,
un grand nombre de métaux agissent de cette façon sur
l'acide *concentré* et *bouillant.* — Le métal est oxydé, puis
l'oxyde formé se combine à un excès d'acide sulfurique
pour donner un *sulfate* et de l'eau. Avec le *cuivre,* par
exemple, on a :

$$SO^2 + \boxed{\genfrac{}{}{0pt}{}{O}{Cu}} + H^2O \;:\; SO^4H^2 + Cu = SO^2 + CuO + H^2O,$$
$$CuO + SO^4H^2 = H^2O + SO^4Cu,$$

réactions qu'on écrit en une seule fois :

$$2(SO^4H^2) + Cu = S\overset{\uparrow}{O}^2 + SO^4Cu + 2(H^2O).$$

Seul, l'or n'exerce pas cette réduction. — Le platine est
dissous en quantité appréciable par l'acide concentré et
bouillant. Le plomb n'a pas d'action sur l'acide qui pèse
moins de 60°B et peut servir à le concentrer jusqu'à ce
degré. Si l'acide est froid et concentré, il n'est pas décom-

posé par le fer, ce qui permet de le transporter dans des wagons-citernes en fer.

Mais l'acide *étendu* est vivement décomposé par ce métal, ainsi que par le zinc et par le nickel. Dans ce cas, *l'acide n'est pas réduit : il se dégage de l'hydrogène* (56,a) *et il se forme un sulfate.*

En résumé, les métaux se comportent de trois façons différentes avec l'acide sulfurique :

1° *Métaux sans action :* or, plomb, ce dernier au-dessous de 60°B;

2° *Métaux réduisant l'acide concentré et bouillant :* cuivre, mercure, plomb, argent, platine, etc.

3° *Métaux déplaçant l'hydrogène de l'acide étendu et froid :* fer, zinc, nickel.

Ces réactions sont appliquées pour préparer l'*hydrogène* ou le *gaz sulfureux* et un certain nombre de *sulfates.*

== **106. Action de l'eau.** == L'acide sulfurique concentré est *un corps très avide d'eau.*

*Expérience.* — Dans un verre contenant de l'eau et un thermomètre, versons avec précaution de l'acide sulfurique concentré et mélangeons les deux liquides avec le thermomètre. La température s'élève très rapidement; de nouvelles additions d'acide peuvent faire monter le thermomètre jusqu'à près de 100°.

Si l'on versait l'eau goutte à goutte dans une grande quantité d'acide, cette eau, transformée rapidement en vapeur, pourrait projeter violemment l'acide en dehors du vase et produire des brûlures dangereuses.

C'est pourquoi, lorsqu'on fait de l'acide étendu (acide à 22°B pour accumulateurs, par exemple), il faut toujours *verser l'acide dans l'eau,* par petites portions, et en remuant constamment avec une baguette de verre ou de porcelaine. — Les précautions doivent être plus grandes encore, si l'on a à verser de l'acide sulfurique dans un liquide bouillant.

Cette propriété explique l'emploi de l'acide sulfurique comme *substance desséchante* (fig. 88) et comme *agent déshydratant* dans un certain nombre de préparations où se forme de l'eau, qui nuit aux réactions (131, 132, 276, etc.).

L'acide sulfurique exposé à l'air augmente de poids. Si des touries d'acides sont imparfaitement bouchées, il n'est pas rare en hiver d'y trouver de gros cristaux incolores qui empêchent l'acide de couler. Ces cristaux correspondent à la formule $SO^4H^2, H^2O$ (*acide sulfurique glacial*) ; pour les fondre, il suffit de transporter les touries dans un local à 15°.

*Conséquence : Action sur les matières organiques.*

*Expérience.* — Plaçons une goutte d'acide sulfurique sur une feuille de papier, sur un morceau de bois et sur un morceau de sucre. Sur chacune de ces substances se forme une tache noire. On dit que l'acide les a *carbonisées*.

Ces matières renferment du charbon, de l'oxygène et de l'hydrogène ; l'acide se combine à l'eau : le charbon, dès

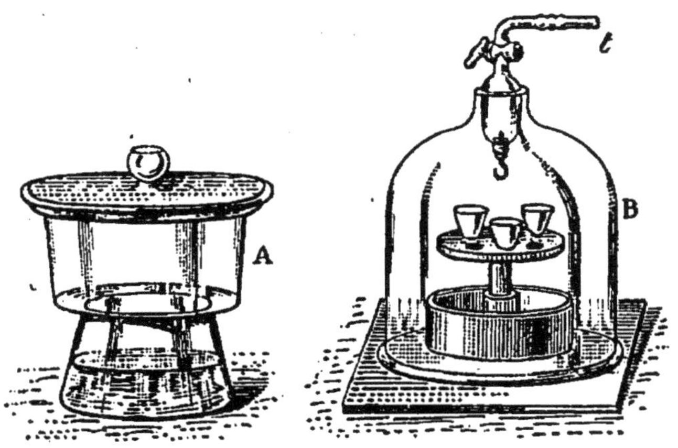

Fig. 88. — Dessiccateurs de laboratoire à acide sulfurique.
A, ordinaire ; B, à vide (*t*, trompe).

lors, apparaît. Si l'on chauffait, ce charbon décomposerait l'acide avec dégagement d'anhydrides sulfureux et carbonique.

Le noircissement rapide de l'acide sulfurique en touries ou en flacons souvent débouchés est dû à la carbonisation des poussières atmosphériques qui tombent dans le liquide.

L'affinité de l'acide sulfurique pour l'eau explique le danger des brûlures qu'il produit, et son action mortelle quand il est introduit dans l'estomac. *Ces brûlures doivent être immédiatement lavées à grande eau ou avec de l'eau additionnée d'ammoniaque, et recouvertes ensuite d'un mélange d'huile d'olives et d'eau de chaux.* Les taches produites sur les vêtements doivent être lavées immédiatement à l'eau ammoniacale.

**= 107. Propriétés acides. Sulfates. =** L'acide sulfurique, même en dissolution étendue, présente tous les caractères qui nous ont servi à caractériser un acide. Il colore en rouge pelure d'oignon le tournesol bleu, et en rose le méthylorange ; il ronge les métaux usuels, fait effervescence avec le calcaire. Il neutralise les bases avec dégagement de chaleur.

Nous pourrions répéter avec l'acide sulfurique l'expérience faite au n° 47 avec l'acide chlorhydrique et la soude caustique et constater la formation d'un produit cristallisable provenant de la substitution du sodium à l'hydrogène de l'acide :

$$SO^4H^2 + 2(NaOH) = SO^4Na^2 + 2(H^2O).$$

Ce produit de substitution est un sel appelé *sulfate neutre de sodium* (74).

On a constaté que 98$^g$ d'acide sulfurique neutralisent 40$^g \times 2$ ou 80$^g$ de soude en dégageant 15 800 calories $\times 2$, c'est-à-dire que la neutralisation d'une molécule-grammes de soude par cet acide dégage 15 800 calories. Ce dégagement de chaleur est plus grand qu'avec tout autre acide ; c'est pourquoi on dit que l'acide sulfurique est *le plus fort* de tous les acides.

Si l'acide est en quantité deux fois plus grande pour neutraliser la même quantité de soude que précédemment, on obtient un autre *sulfate de sodium* ($SO^4HNa$), appelé *sulfate acide* ou *bisulfate de sodium* :

$$SO^4H^2 + NaOH = SO^4HNa + H^2O.$$

Les deux atomes d'hydrogène de l'acide sulfurique étant remplaçables successivement par le sodium, on doit donc écrire sa formule :

$$SO^2 <^{OH}_{OH}$$

et les deux sulfates de sodium :

$$SO^2 <^{OH}_{ONa} \qquad SO^2 <^{ONa}_{ONa}$$

Sulfate acide      Sulfate neutre.
ou bisulfate.

Les *sulfates* ou sels de l'acide sulfurique correspondent donc à cet acide, dont l'hydrogène est remplacé par un métal, et renferment tous le groupement ou radical $SO^4$.

Pour écrire leur formule, il suffit de remplacer cet hydrogène par le métal en tenant compte de la valence [1].

Soit à écrire le *sulfate ferrique*. Le fer, dans ce cas, forme un groupe de 2 atomes *hexavalents*, qui doivent remplacer 6 atomes d'hydrogène.

Or l'acide sulfurique en renferme 2 seulement. On est donc conduit à prendre trois molécules, soit $3(SO^4H^2)$, qu'on écrit :

$$(SO^4)^3H^6,$$

pour conserver intact le radical $SO^4$; d'où, par substitution des 2 atomes de fer aux 6 atomes d'hydrogène,

$$(SO^4)^3Fe^2,$$

formule du sulfate ferrique.

## = 108. Action sur les sels. = Nous avons constaté déjà que l'acide sulfurique décompose le *chlorure de sodium* (73) et tous les chlorures, dont l'acide se dégage (*acide chlorhydrique*).

*L'acide sulfurique décompose tous les sels à acide plus faible que lui.*

Cette propriété, extrêmement importante, permet de préparer dans l'industrie ou dans les laboratoires la plupart des acides. Il suffit de traiter par l'acide sulfurique un sel convenablement choisi de l'acide à obtenir.

---

[1] Cette règle est générale et permet d'écrire correctement un sel quelconque. Il suffit de connaître *la formule de l'acide correspondant*, ainsi que *le symbole et la valence du métal*, puis de remplacer *l'hydrogène de l'acide par le métal conformément à la valence.*

1° Si l'acide est *volatil*, il se dégage à froid ou sous l'action d'une température peu élevée et n'entraîne, dans ce cas, que des traces d'acide sulfurique, puisque celui-ci est peu volatil. On prépare de cette façon :

| | | | |
|---|---|---|---|
| L'acide chlorhydrique. | . . . . | par décomposition d'un | *chlorure,* |
| — fluorhydrique | . . . . . | — | *fluorure,* |
| — sulfhydrique. | . . . . . | — | *sulfure,* |
| — azotique. | . . . . . . | — | *azotate,* |
| — acétique. | . . . . . . | — | *acétate,* |
| Le gaz carbonique | . . . . . . | — | *carbonate.* |

Le choix du sel est dicté dans l'industrie par des raisons économiques ; on prend, lorsque c'est possible, un sel abondant dans la nature (carbonate de calcium, chlorure de sodium).

2° Si l'acide n'est pas *volatil*, on traite son *sel de calcium*, car alors il se forme un résidu presque insoluble de sulfate de calcium, qui permettra d'en séparer l'acide formé par dissolution et par décantation ou filtration. On prépare de cette façon :

| | | | | |
|---|---|---|---|---|
| L'acide phosphorique. | . . . . | par décomposition du | *phosphate de calcium,* | |
| — citrique | . . . . . . | — | *citrate* | — |
| — tartrique. | . . . . . | — | *tartrate* | — |
| — oxalique | . . . . . | — | *oxalate* | — |

**= 109. Usages divers. =** Indépendamment des usages déjà indiqués (préparation des acides, des sulfates artificiels, du gaz carbonique, de l'hydrogène, du gaz sulfureux, etc.), l'acide sulfurique reçoit dans l'industrie une foule d'applications. La plus grande partie de l'acide à 52° B. obtenu dans les chambres de plomb sert à transformer les phosphates naturels en *superphosphates* ou engrais phosphatés solubles (227), ainsi qu'à épurer les pétroles et les huiles végétales. On emploie l'acide sulfurique dans l'extraction de l'acide stéarique pour la fabrication des bougies, dans les glucoseries et dans les distilleries qui préparent de l'alcool avec des mélasses, ainsi que pour l'affinage de l'or, la fabrication des cirages, du coton-poudre, des éthers, du parchemin végétal, des papiers d'emballage sulfurisés, etc.

Il sert au décapage des tôles de fer avant l'étamage.

On l'utilise comme liquide d'attaque dans un certain nombre de piles électriques et dans les accumulateurs. Pour ce dernier usage, il faut de l'acide très pur qu'on étend d'eau pure en prenant les précautions indiquées.

L'acide sulfurique est donc un produit de la plus grande importance.

## = 110. Acide pyrosulfurique.

Lorsqu'on calcine du sulfate acide de sodium, il se produit la réaction suivante :

$$2(SO^4HNa) = S^2O^7Na^2 + H^2O.$$

Le corps $S^2O^7Na^2$ s'appelle pour cette raison du *pyrosulfate de sodium* (pyro vient d'un mot grec, qui signifie *feu*). C'est un sel qui correspond à l'*acide pyrosulfurique*. Cet acide peut être considéré comme provenant de l'élimination d'une molécule d'eau entre deux molécules d'acide sulfurique ordinaire, ainsi que l'indique le schéma ci-dessous :

$$
(1) \quad SO^2\!\!\begin{cases} OH \\ OH \end{cases} \!\!\!- H^2O = SO^2\!\!\begin{cases} OH \\ O \end{cases}
$$
$$
(2) \quad SO^2\!\!\begin{cases} OH \\ OH \end{cases} \qquad\qquad SO^2\!\!\begin{cases} O \\ OH. \end{cases}
$$

On peut l'obtenir en ajoutant de l'anhydride sulfurique à l'acide sulfurique ordinaire en proportions déterminées par l'égalité :

$$SO^3 + SO^4H^2 = S^2O^7H^2.$$

C'est un corps solide cristallisé qui répand à l'air d'épaisses fumées et se transforme en un liquide huileux brun, nommé acide sulfurique fumant.

Les *acides sulfuriques fumants* du commerce ou *oléums* sont des mélanges en quantité variable d'anhydride et d'acide sulfuriques; exemple : l'*oléum* à 30 0/0 d'anhydride. Ces acides sont indispensables pour la fabrication d'un grand nombre de matières colorantes artificielles. Ils sont obtenus très facilement par le procédé de contact : c'est ce qui explique pourquoi celui-ci a été étudié et est exploité dans les grandes usines qui fabriquent ces colorants. Ils servent également pour la dissolution de l'indigo, corps bleu insoluble dans l'eau[1].

---

[1] On fabriquait autrefois cet acide en Saxe, à Nordhausen, en distillant des sulfates de fer : d'où le nom d'*acide sulfurique de Nordhausen ou de Saxe*, qu'on lui donne encore quelquefois.

## 4. — HYDROGÈNE SULFURÉ (SH²).
### (Acide sulfhydrique).

**= 111. Production et propriétés essentielles. =**
Toutes les matières organiques qui renferment du soufre, les
œufs par exemple, dégagent dans leur putréfaction un gaz à
odeur fétide que nous avons obtenu en traitant le *sulfure de
fer artificiel* par l'acide *chlorhydrique* (26, expérience 2) :

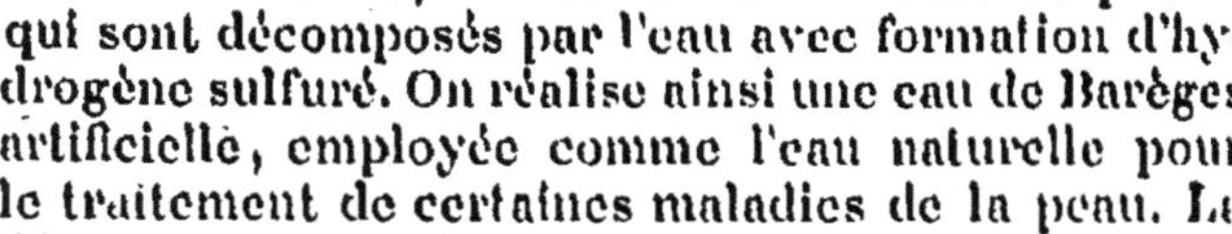

$$2(ClH) + SFe = Cl^2Fe + SH^2.$$

Ce gaz, composé de soufre et d'hydrogène, est un sul-

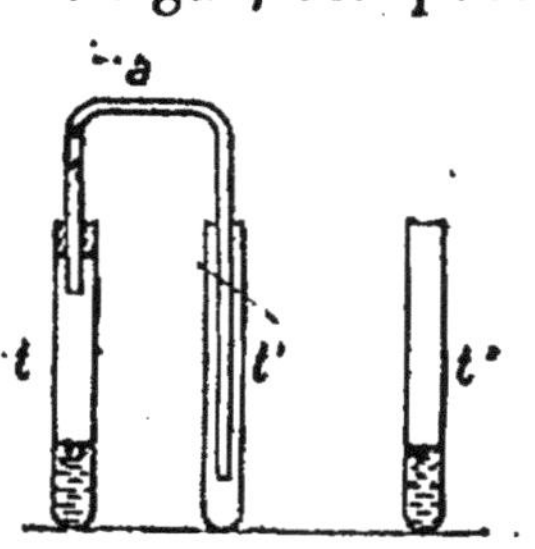

fure d'hydrogène qu'on appelle com-
munément *hydrogène sulfuré* ou
*acide sulfhydrique.* Il se dégage de
certaines eaux naturelles.

*Expérience.* — Plaçons dans un verre
contenant de l'eau quelques fragments du
corps brun, vendu chez les pharmaciens
sous le nom de *foie de soufre* ou *sel de
Barèges.* L'eau ne tarde pas à répandre
l'odeur des œufs pourris. Le foie de soufre,
en effet, renferme des sulfures de potas-

Fig. 89. — Production
de l'hydrogène sulfuré.

sium instables, qui sont décomposés par l'eau avec formation d'hydrogène sulfuré. On réalise ainsi une eau de Barèges
artificielle, employée comme l'eau naturelle pour
le traitement de certaines maladies de la peau. La
décomposition précédente est accélérée par addition d'un acide étendu.

Un grand nombre de sulfures sont de
même décomposés par les acides. Nous pouvons, pour montrer les propriétés de l'hydrogène sulfuré, le préparer à l'aide de *sulfure ferreux* et d'acide *sulfurique étendu*
placés dans un tube à essais (fig. 89).

Fig. 90.
Combustion de
l'hydrogène
sulfuré.

Ce gaz est plus lourd que l'air : il reste
dans le tube à essais $l'$ ($d = 1,2$ environ). Il
est un peu soluble dans l'eau : c'est ce que nous pouvons
vérifier en le faisant arriver dans un tube à essais $l''$, contenant un peu d'eau ; si l'on agite, ce tube reste adhérent
au pouce par suite du vide produit.

*Il brûle.* — En remplaçant le tube recourbé *a* par un tube effilé (fig. 90), nous obtiendrons par la pointe un jet de gaz qui peut être enflammé. Si la flamme est recouverte d'une soucoupe froide, nous observerons que celle-ci se recouvre d'une buée et d'un dépôt de soufre ; nous constaterons de plus, à l'aide de permanganate, qu'il se forme du gaz sulfureux. Ces faits s'expliquent facilement ; car sur les bords de cette flamme la combustion est complète, tandis qu'au centre elle est incomplète. Lorsque la combustion est complète, il se forme du gaz sulfureux et de l'eau :

$$SH^2 + 3O = SO^2 + H^2O.$$

Si la quantité d'oxygène est insuffisante, l'hydrogène seul brûle et le soufre se dépose :

$$\boxed{SH^2 + O} = S \downarrow + H^2O.$$

C'est par la combustion qu'on se débarrasse dans l'industrie de ce gaz très gênant.

*Il est décomposé par un grand nombre de métaux.*

*Expérience.* — Plaçons une pièce d'argent mouillée au-dessus du tube effilé (fig. 90). L'argent noircit très vite par suite de la formation de sulfure d'argent *noir :*

$$SH^2 + 2Ag = SAg^2 + H^2.$$

*Il forme également des sulfures avec un grand nombre de sels dissous.*

*Expérience.* — Écrivons les mots : sulfure de plomb et sulfure d'arsenic sur deux feuilles de papier blanc $b_1$ et $b_2$, en utilisant les dissolutions incolores d'azotate (ou d'acétate) de plomb et de chlorure d'arsenic. Exposons $b_1$ et $b_2$ à l'action de l'hydrogène sulfuré (fig. 91). Les mots précédents apparaissent en noir ($b'_1$) et en rouge ($b'_2$) par suite de la formation de sulfure de plomb *noir* et de sulfure d'arsenic *rouge.*

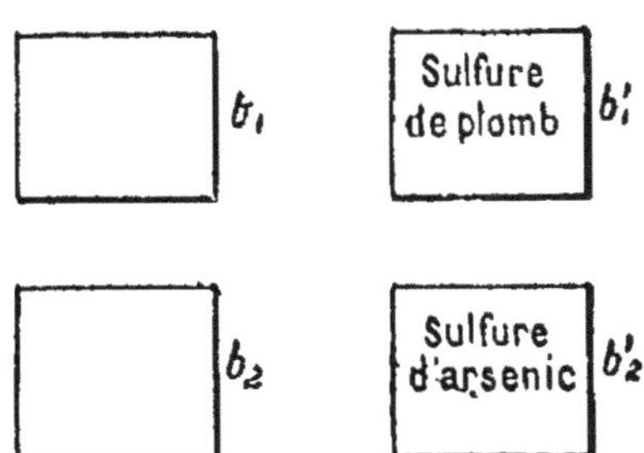


Fig. 91. — Action de l'hydrogène sulfuré sur un sel de plomb et sur un sel d'arsenic.

Ces réactions sont utilisées :

1° pour reconnaître la présence de l'hydrogène sulfuré (papier à l'acétate de plomb);

2° pour déterminer le métal d'un sel (analyse qualitative : on se fonde sur les couleurs et les propriétés différentes des sulfures formés). Pour obtenir rapidement de petites quantités d'hydrogène sulfuré, on utilise souvent l'appareil à production intermittente représenté par la figure 92 (appareil de *Kipp*);

3° pour purifier les acides industriels. Les composés arsénicaux de l'acide sulfurique ordinaire, par exemple, sont éliminés sous forme de sulfure d'arsenic à l'aide d'hydrogène sulfuré.

*C'est un poison violent*, qui à faible dose produit déjà des maux de tête, du vertige, de l'oppression (*plomb des vidangeurs*). Il faut éviter de le respirer fortement, car il peut, à la dose de 1 %, produire une mort *foudroyante*. Son contre-poison est le *chlore* (124); on peut, à cet effet, respirer du chlorure de chaux imbibé de vinaigre.

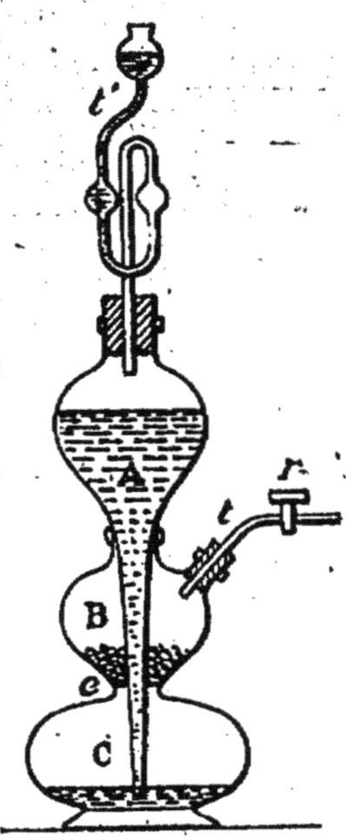

Fig. 92.
*Appareil de Kipp.*

A. Entonnoir s'engageant dans le tube du flacon BC; e, étranglement servant à maintenir le sulfure ferreux; t, tube à dégagement muni d'un robinet r; t, tube de sûreté à boules. — Pour recueillir l'hydrogène sulfuré, il suffit d'ouvrir r. — Le dégagement terminé, on ferme r.

= **112. Propriétés acides.** = L'hydrogène sulfuré dissous a une saveur douceâtre; il ne fait pas effervescence avec le calcaire, mais il colore en rouge vineux le tournesol bleu, et il se combine aux bases fortes pour former des sulfures et de l'eau. Avec la soude, par exemple, on obtient :

$$SH^2 + 2(NaOH) = SNa^2 + 2(H^2O)$$
Sulfure neutre
de sodium.

ou

$$SH^2 + NaOH = NaSH + H^2O.$$
Sulfure acide ou
sulfhydrate de sodium.

Ce dernier corps est ainsi nommé à cause de son analogie avec l'hydrate de sodium NaOH.

Avec l'ammoniaque, on obtient de même sulfure et sulfhydrate. Ce sont ces deux combinaisons qui existent surtout dans les fosses d'aisances et dans les égouts ; elles sont toutes deux très toxiques ; on les détruit par le *chlore* ou le *vitriol vert*.

Ces propriétés justifient le nom d'*acide sulfhydrique* donné à l'hydrogène sulfuré. C'est un hydracide très faible (grande différence avec l'acide chlorhydrique).

Les sulfures peuvent être considérés comme les sels de cet acide, et l'on pourrait les écrire en appliquant la règle donnée précédemment ; c'est pourquoi nous écrirons *d'abord* le symbole du soufre. Mais il est plus simple, de juxtaposer les symboles du *soufre* et du *métal* en tenant compte de la valence.

*Exemples.* — Sulfure de plomb (Pbɪɪ) : SPb ;
Sulfure d'arsenic (Asɪɪɪ) : $S^3As^2$.

# CHAPITRE VII

## L'AZOTE ET SES PRINCIPAUX COMPOSÉS

### 1. — AIR. — AZOTE ($Az = 14$).

**= 113. Propriétés physiques de l'air.** = La couche gazeuse qui entoure la terre et dans laquelle nous sommes plongés se nomme l'*atmosphère*, et le gaz qui la constitue s'appelle l'*air atmosphérique*.

L'air remplit tous les vases que nous disons *vides*, quand ils ne renferment ni solides ni liquides : c'est lui qui produit le glouglou d'une bouteille pleine qu'on vide où d'un flacon qu'on incline dans l'eau pour le remplir, le recul des armes à feu, etc. C'est à son déplacement que sont dus les vents qu'on utilise dans la locomotion à voiles, les moulins à vent, les aéromoteurs pour pompes.

*L'air est pesant.* — On peut montrer le poids de l'air de la façon suivante :

*Expérience.* — Dans un ballon d'un litre au moins, mettre environ 1 décilitre d'eau. Faire bouillir de manière à chasser l'air et fermer le ballon avec un bon bouchon choisi à l'avance. Porter sur la balance et tarer, de façon à avoir le fléau bien horizontal. Si l'on enlève alors le bouchon, on entend un sifflement dû à la rentrée de l'air, et, le bouchon replacé, on constate que le fléau s'incline du côté du ballon. Il faut, pour rétablir l'équilibre, placer environ 1ᵍ sur le plateau renfermant la tare.

Si l'on possède une *trompe à eau*, on fera l'expérience en tarant le ballon muni d'un tube à robinet. Après avoir fait le vide, fermé le robinet et replacé le ballon sur la balance, on constate cette fois que le fléau s'incline du côté de la tare et que, pour rétablir l'équilibre, il faut placer plus de 1ᵍ près du ballon.

Un litre d'air pèse donc un peu plus de 1ᵍ. Des mesures précises ont montré que le litre d'air, à 0° et sous la pression de 76$^{cm}$, pèse 1ᵍ,293 ou, en nombre rond, 1ᵍ,3, c'est-à-dire $\dfrac{1\,000}{1,293}$ ou environ 770 fois moins qu'un litre d'eau.

L'air, comme tous les gaz, est *compressible* : c'est pour cette raison qu'à mesure qu'on s'élève il se raréfie, et que l'épaisseur de l'atmosphère est faible (une centaine de kilomètres) par rapport au rayon de la terre.

**═ 114. L'air est liquéfiable. ═** Pendant très longtemps il avait été impossible de liquéfier l'air, si grande qu'eût été la compression

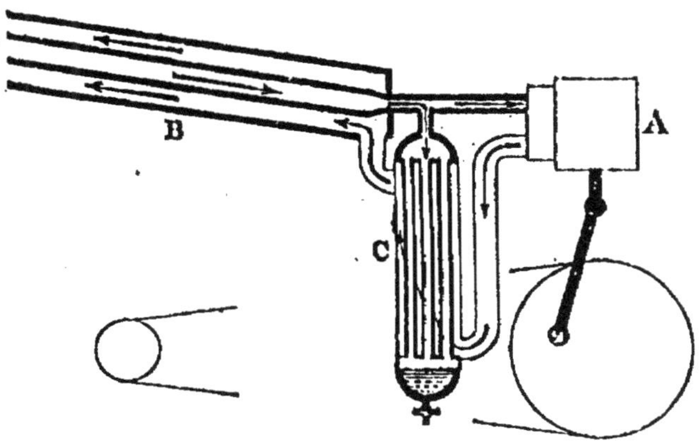

Fig. 93. — Schéma de l'appareil de M. Claude
pour la liquéfaction de l'air.
A, détendeur ; C, liquéfacteur ; B, échangeur.

exercée. Sa température critique, en effet, est très basse ( — 140° environ) et ne peut être atteinte que par *détente*. Un gaz comprimé s'échauffe ; inversement, si un gaz fortement comprimé est détendu brusquement, il se refroidit ; c'est sur ce principe qu'est fondé l'appareil de M. CLAUDE, représenté schématiquement par la figure 93. L'air comprimé à une quarantaine d'atmosphères pénètre par le tube central B dans le cylindre de détente A, où se meut un piston. L'air détendu et refroidi circule dans le liquéfacteur C renfermant un faisceau de tubes et dans le manchon B, où il refroidit énergiquement l'air introduit ; l'ensemble des tubes B constitue un échangeur de température. Une dérivation conduit une portion de l'air introduit dans les tubes du liquéfacteur ; il 'v liquéfie et peut être recueilli à la partie inférieure.

L'air liquide est de couleur bleuâtre ; on peut le conserver quelques jours en le plaçant dans des vases de forme spéciale (fig. 94).

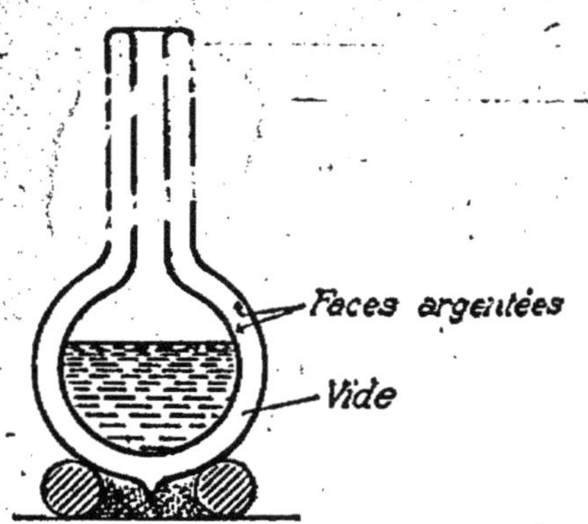


Fig. 94. — Vase de M. d'Arsonval pour la conservation de l'air liquide.

Il bout à une température très basse (— 192°) ; à cette température, la plupart des liquides et des gaz se solidifient. Les corps solides acquièrent de nouvelles propriétés : par exemple, le caoutchouc devient cassant comme du verre ; le plomb devient dur et élastique, etc.

La principale application de l'air liquide, indépendamment de son emploi pour obtenir de basses températures, est la *préparation industrielle de l'oxygène*.

Quand on évapore de l'air liquide, on constate que les vapeurs qui se dégagent d'abord renferment surtout de l'*azote*, et le liquide restant s'enrichit de plus en plus en *oxygène*. C'est ce qu'on exprime en disant que l'azote liquide est plus volatil que l'oxygène liquide : le premier, en effet, bout à — 195°, le second à — 182°. On a remarqué d'ailleurs, en liquéfiant l'air, que l'oxygène passe à l'état liquide bien avant l'azote. Si un dispositif convenable permet de retirer le liquide formé au début, il est évident que l'oxygène ainsi obtenu sera bien moins coûteux que si on liquéfiait l'air complètement pour l'évaporer ensuite. C'est sur ce principe que reposent les appareils de *M. G. Claude*.

== **115. Analyse quantitative de l'air en volume.** ==
L'expérience du paragraphe 7 nous a montré que l'air contenait deux gaz principaux, l'*azote* et l'*oxygène*. En nous servant d'une cloche graduée, nous constaterions que le volume d'azote est environ les $\frac{4}{5}$ du volume primitif et que, par conséquent, le volume d'oxygène doit en être $\frac{1}{5}$.

Pour trouver les proportions exactes de ces gaz, on emploie des moyens plus précis. Ils se ramènent tous au même principe : on enlève par un moyen chimique l'oxygène contenu dans un volume connu d'air $v$; le volume restant $v'$, mesuré à la pression initiale, est le volume d'azote; celui d'oxygène est donc $v - v'$.

Le corps généralement choisi pour enlever l'oxygène est le *phosphore*; il n'est pas nécessaire de chauffer, mais le procédé est long. Dans une éprouvette graduée, retournée sur la cuve à mercure, on introduit 100 cm³ d'air, puis un bâton de phosphore (fig. 95). Le mercure monte lentement et s'arrête lorsque le phosphore

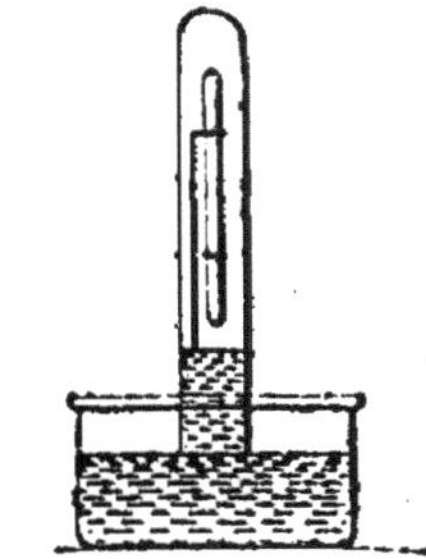

Fig. 95. — Analyse de l'air par le phosphore à froid.

ne luit plus (de 12 à 24 heures). = Si on lit le volume de gaz restant après avoir amené, en abaissant l'éprouvette, les niveaux du mercure dans l'éprouvette et la cuve sur le même plan horizontal, on trouve 79 cm³. Donc le volume

d'oxygène est $100 - 79 = 21$ cm³, soit un peu plus de $\dfrac{1}{5}$.

= **116. Autres substances contenues dans l'air.** = Outre de l'azote et de l'oxygène, l'air renferme toujours, en proportions beaucoup moindres toutefois, les substances suivantes :

1° *Du gaz carbonique*, dont on met la présence en évidence en abandonnant à l'air un verre renfermant de l'eau de chaux bien limpide (fig. 96) : celle-ci se recouvre d'une pellicule blanche, qui augmente peu à peu d'épaisseur et qui fait effervescence avec l'esprit de sel. — Nous reconnaissons là le carbonate de calcium.

Fig. 96. — Carbonatation superficielle (*b*) de l'eau de chaux (*a*) exposée à l'air.

Des mesures précises ont montré qu'il y a de 3 à 6 litres de gaz carbonique par 10 000 litres d'air.

2° *De la vapeur d'eau*, dont la présence se constate par sa condensation, c'est-à-dire sa transformation en eau liquide. Ainsi se produisent la buée qui recouvre en hiver les vitres d'une salle chauffée, la rosée qui se dépose sur les feuilles des plantes au printemps et à l'automne, les fines gouttelettes qui ruissellent sur une carafe préalablement bien sèche qu'on remplit d'un liquide bien frais et qu'on transporte dans un endroit plus chaud.

On peut se servir également de substances capables de l'absorber et qui, par suite, augmentent de poids : *chlorure de calcium, chaux vive, acide sulfurique,* etc...

*Expérience* (fig. 97). — Plaçons sur un des plateaux d'une balance un vase B renfermant de l'huile de vitriol et tarons en A; nous

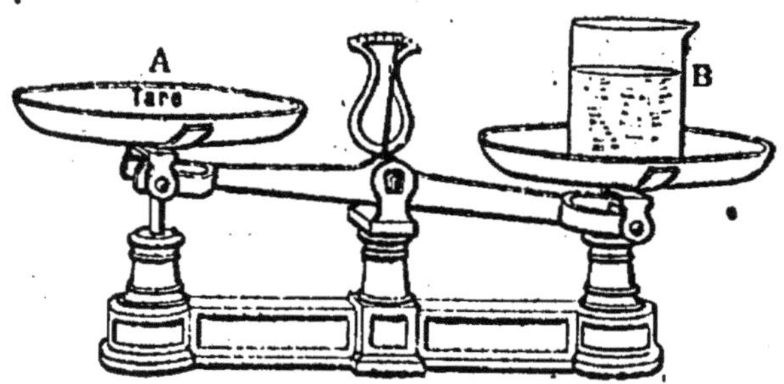


Fig. 97. — Augmentation de poids de l'acide sulfurique exposé à l'air.

constaterons au bout de quelques jours que le fléau s'est infléchi du côté du vase B; l'augmentation de poids de ce vase est due à l'absorption par l'acide de la vapeur contenue dans l'air.

La quantité de vapeur contenue dans un litre d'air varie considérablement suivant la saison de l'année, la direction du vent, la température, ce qu'on exprime d'ailleurs couramment lorsqu'on dit que le temps est *très sec* ou *très humide.*

3° *De l'hydrogène* en petite quantité, 1 litre environ pour 10000 litres d'air.

4° *Des poussières.* — L'air, dans les couches voisines du sol tout au moins, renferme de nombreuses poussières. Ce sont elles qui se déposent sur du linge blanc étendu en plein air pour sécher, elles aussi qu'on voit danser dans un rayon de soleil en dehors duquel on est placé. Ces poussières sont de natures très diverses : poussières minérales (sable, particules terreuses, parcelles de charbon), débris de végétaux, d'animaux même. — Elles contiennent aussi des êtres vivants microscopiques ou *germes*, plus connus sous le nom de *microbes*, dont le nombre varie énormément avec l'endroit considéré : très faible au sommet des montagnes et en pleine mer (moins de 3 germes par mètre cube), très notable dans les rues d'une ville populeuse (6000 germes par mètre cube dans la rue de Rivoli à Paris), il devient considérable dans les salles habitées et les appartements (80000 germes par mètre cube dans les hôpitaux de Paris).

Les expériences de **Pasteur**[1] ont prouvé d'une façon irréfutable l'influence de ces germes. Ce sont eux, par exemple, qui rendent trouble et aigre une tisane ou un bouillon exposé à l'air. Si la plupart de ceux que nous respirons sont inoffensifs, quelques espèces, en revanche, sont extrêmement dangereuses et provoquent des maladies graves, comme la scarlatine, la tuberculose surtout, maladies éminemment contagieuses, transmissibles par l'air.

= **117. Substances accidentellement contenues dans l'air.** = L'air, suivant les circonstances et les lieux considérés, peut renfermer quelques autres substances en quantités variables, mais généralement très petites : du *gaz sulfureux* dans les agglomérations industrielles [combustion de houilles pyriteuses (98)] ; du *gaz sulfhydrique*, du *gaz ammoniac*, provenant de la putréfaction ou de la décomposition des matières organiques qui renferment du soufre et de l'azote ; du *gaz chlorhydrique* (au voisinage de la mer). — En temps d'orage, il renferme de l'*ozone* (83) et des substances produites par la combinaison de l'azote, de l'oxygène et de l'eau par les gigantesques étincelles qu'on appelle *éclairs*.

= **118. L'azote atmosphérique n'est pas un corps simple.** = L'azote extrait de l'air n'a pas exactement les mêmes propriétés

---

[1] *Pasteur* (Louis), grand savant français, né à Dôle en 1822, mort à Villeneuve-l'Étang en 1895, connu surtout par ses travaux sur les fermentations, et à qui nous devons la vaccination contre le croup et le traitement préservatif de la rage.

que l'azote retiré de composés azotés (*azote pur*). Ces deux corps ne sont donc pas identiques. Effectivement, en 1894, deux savants anglais ont réussi à extraire de l'azote atmosphérique un gaz plus lourd que l'azote pur, qu'ils appelèrent *argon* : 100ˡ d'azote atmosphérique renferment environ 1ˡ,2 d'argon. — En 1898, l'étude de l'*air liquide* a montré que l'argon lui-même est accompagné d'autres gaz : le *néon* (1ˡ pour 40 000ˡ d'air); le *krypton*, le *xénon*, l'*hélium* (chacun moins de 1ˡ pour 1 000 000ˡ d'air). La très faible proportion de ces gaz explique pourquoi ils avaient jusqu'alors échappé à l'analyse.

**= 119. Résultats. =** Si on laisse de côté les gaz en quantités très variables ou très petites que renferme l'air, on peut résumer dans le tableau suivant les résultats *moyens* fournis par de nombreuses analyses en volume et en poids :

| | VOLUME : | | POIDS : | |
|---|---|---|---|---|
| Oxygène | 21ˡ, | | 23ᵍ,2 | |
| Azote pur | 78ˡ,07 | } 79ˡ | 75ᵍ,5 | } 76ᵍ,8 |
| Argon et autres gaz | 0ˡ,03 | | 1ᵍ,3 | |
| | 100ˡ, » | | 100ᵍ, » | |

Le résultat essentiel à retenir est que l'*air* renferme 21 % d'oxygène (en volume).

Considéré jusqu'à la fin du xviiiᵉ siècle comme un élément, l'air est donc une association de nombreux corps. C'est *Lavoisier* qui, en 1775, montra le premier, d'une façon irréfutable, qu'il renferme deux corps très différents : l'un, inapte à entretenir la vie (*azote*); l'autre, qui produit la transformation des métaux en rouilles ou *oxydes :* d'où le nom d'*oxygène* (qui engendre les oxydes). C'est depuis cette époque que la chimie a fait les immenses progrès dont nous bénéficions.

**= 120. L'air est un mélange et non une combinaison. =** Il nous suffit de montrer que l'air pur et desséché ne satisfait pas aux caractères d'une combinaison (21) :

1° Les nombres 23,2 et 76,8 indiquant les poids respectifs d'oxygène et d'azote dans 100 d'air sont des *nombres moyens* qui éprouvent de légères variations suivant les lieux où l'air est puisé, de sorte que le rapport $\dfrac{23,2}{76,8}$ *n'est pas rigoureusement invariable.*

2° Le mélange de 21 litres d'oxygène pur et de 79 litres d'azote atmosphérique réalise un air artificiel identique à l'air ordinaire, sans absorption ni dégagement de chaleur, et sans *modification de volume* (34).

3° Dans l'air, l'oxygène et l'azote conservent *distinctes leurs propriétés aussi bien physiques que chimiques* (82). En particulier, si ces deux gaz étaient combinés, la liquéfaction de l'air se produirait à une température unique; de même, l'évaporation de l'air liquide fournirait un mélange renfermant exactement 21 % d'oxygène et 79 % d'azote; autrement dit, elle produirait une vapeur ayant même composition que le liquide, comme dans le cas d'eau pure évaporée, par exemple, ce qui n'est pas le cas ici.

## 2. — Le gaz ammoniac ($AzH^3$) et sa dissolution.

= **121. Production et sources industrielles.** = Le liquide connu dans le commerce sous le nom d'*alcali volatil* dégage un gaz à odeur piquante, qui se combine par simple contact au gaz chlorhydrique (18) en donnant des fumées blanches et qui, comme nous pouvons nous en assurer, *bleuit un papier au tournesol rouge*.

Ce gaz est décomposé par le chlore avec formation d'azote et de gaz chlorhydrique (64). C'est donc un composé d'*azote* et d'*hydrogène*, un *azoture d'hydrogène* habituellement nommé *gaz ammoniac*. Il se produit dans la distillation des matières organiques renfermant de l'azote et de l'hydrogène, comme la houille (308) et la tourbe, et dans la putréfaction des matières organiques azotées, comme l'urine. L'azote et l'hydrogène libres, mélangés, ne se combinent que sous l'action de l'étincelle électrique.

Des mesures précises ont montré que deux volumes de ce gaz sont formés par la combinaison d'un volume d'azote et de trois volumes d'hydrogène; c'est ce qu'exprime la

formule : $\boxed{AzH^3}$.

C'est la dissolution de ce gaz dans l'eau qui porte le nom d'*alcali volatil* ou d'*ammoniaque*.

L'industrie le retire : 1° des eaux ammoniacales ayant servi à l'épuration du gaz de houille des usines à gaz et des fours à coke; 2° des eaux-vannes des vidanges [1].

— Cette dissolution chauffée laisse dégager tout son gaz ammoniac.

Pour étudier les propriétés de ce gaz, il nous suffira donc d'employer l'appareil, représenté par la figure 98, qui comprend un ballon contenant de l'alcali volatil et un tube à dégagement, sur lequel est renversé un flacon permettant de recueillir le gaz par déplacement d'air.

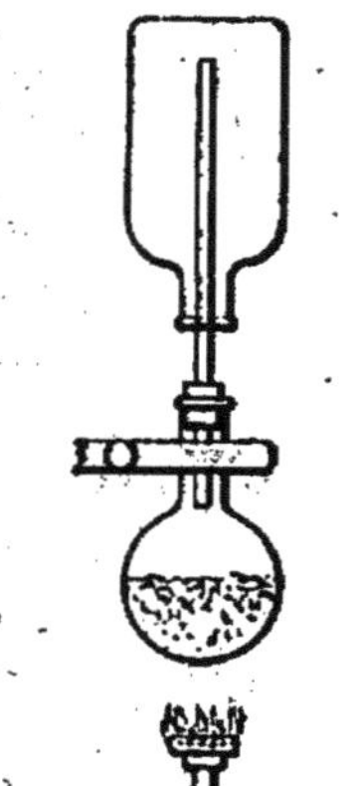

Fig. 98.
Production du gaz ammoniac.

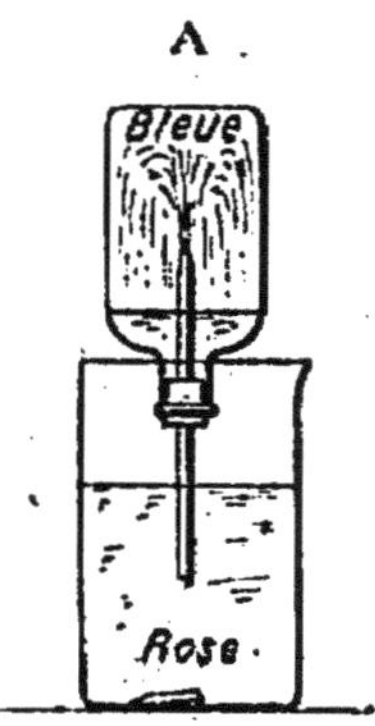



Fig. 99.
Solubilité du gaz ammoniac.

= **122. Propriétés physiques.** = a) Le *gaz ammoniac* est un corps incolore, à odeur caractéristique et irritante, provoquant le larmoiement (c'est l'odeur du fumier qui fermente et celle des urinoirs en été). Il n'est pas dangereux dans l'air au-dessous d'une teneur de 0,03 %; à dose plus élevée, il provoque des ophtalmies et des affections inflammatoires. Dans les ateliers, il faut éviter que l'atmosphère en renferme plus de 0,05 %. Il est plus léger que l'air ($d = 0,6$ environ), ce qui nous a permis de le recueillir dans un flacon ayant l'ouverture en bas.

b) Ce gaz est *très soluble dans l'eau*. — Nous pouvons le montrer en répétant l'expérience qui nous a servi à constater la grande solubilité du gaz chlorhydrique, mais en mettant dans le vase contenant de l'eau du tournesol rougi par un acide (fig. 99). Un litre

---

[1] Les vidanges collectées dans les villes sont déversées dans des fosses, où elles déposent les matières solides en suspension. Les eaux surnageantes ou eaux-vannes sont traitées dans des appareils distillatoires appropriés, permettant d'en retirer économiquement l'ammoniaque qu'elles renferment. Les boues séchées forment des engrais solides très actifs (*poudrettes*).

d'eau dissout plus de 1000 litres de gaz ammoniac à 0° et environ 750 litres à 15°. La solubilité décroît rapidement à mesure que la température s'élève, et elle devient nulle à 70°.

La dissolution pure, ou *ammoniaque pure*, est un liquide incolore plus léger que l'eau, et d'autant plus léger qu'il renferme plus de gaz dissous. Sa densité s'évalue au *pèse-esprit* ou aréomètre de Baumé pour liquides plus légers que l'eau [1].

*Exemples.*

$$\text{Ammoniaque à } 28°\text{B } (D = 0,888); \text{ poids de gaz : } 34 \text{ %.}$$
$$\text{— à } 22°\text{B } (D = 0,923); \quad — \quad 20 \text{ %.}$$

*L'ammoniaque ordinaire* du commerce est colorée en jaune par des matières organiques.

c) Le *gaz ammoniac est facilement liquéfiable*, car sa température critique est de 13° environ. À 10°, il suffit de le comprimer à 6,5 atmosphères. C'est un liquide incolore, très caustique, qui bout à — 33°,5 et dont l'évaporation rapide produit un refroidissement intense utilisé dans un grand nombre de machines frigorifiques (126). Ce liquide est vendu dans le commerce dans des bonbonnes cylindriques en fer ou en acier.

## = 123. Propriétés chimiques du gaz ammoniac. =

a) *Décomposition*. — Le gaz ammoniac est décomposé en azote et hydrogène par une série d'étincelles électriques. Ceci explique pourquoi il ne se forme que de très petites quantités de ce gaz, quand des étincelles éclatent en vase clos dans le mélange d'azote et d'hydrogène. La décomposition du gaz ammoniac dans ces conditions [2] est *limitée* par la combinaison des corps formés, ce qu'on représente souvent par le schéma :

$$AzH^3 \xrightarrow{\phantom{xxx}} \xleftarrow{\phantom{xxx}} Az + 3H.$$

[1] Voir la table V à la fin de l'ouvrage.

[2] Ces décompositions *réversibles* sont très fréquentes et portent le nom de *dissociations*. La plupart des corps composés se *dissocient* à haute température ou sous l'action d'étincelles électriques répétées.

Les corps qui se combinent à l'hydrogène en dégageant beaucoup de chaleur doivent décomposer le gaz ammoniac : nous l'avons constaté pour le *chlore* (64). Il en est de même pour l'*oxygène* : le gaz ammoniac ne brûle pas dans l'air, mais il s'enflamme dans l'oxygène pur, et le mélange des deux gaz détone au contact d'une bougie allumée :

$$2\,(AzH^3) + 3O = Az^2 + 3\,(H^2O).$$

*L'oxydation est facilitée par les substances catalysantes.*

**Expérience.** — Faisons passer dans une dissolution ammoniacale B de l'oxygène contenu dans un flacon A (fig. 100), et condui-

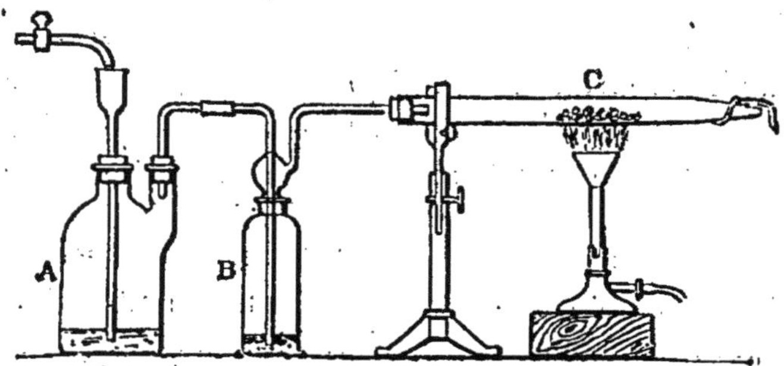

Fig. 100. — Oxydation de l'ammoniaque au contact<br>de la mousse de platine.

sons le mélange des deux gaz dans un tube C contenant de la *mousse de platine* chauffée. Il se dégage par la pointe du tube de la vapeur d'eau et des fumées *acides* qui rougissent le tournesol bleu. Il se forme, en effet, dans ce cas, de l'*acide azotique* :

$$AzH^3 + 4O = AzO^3H + H^2O.$$

Non seulement l'oxydation est facilitée, mais elle est beaucoup plus complète qu'en l'absence de substance de contact. C'est à une oxydation semblable qu'est due la formation de l'acide azotique dans la nature, phénomène extrêmement important désigné sous le nom de *nitrification* (133, a).

b) *Combinaison.* — Le gaz ammoniac se combine par *simple addition* à un certain nombre de corps, dont les plus importants à considérer sont les *acides*. Nous avons constaté sa combinaison au *gaz chlorhydrique*. Les fumées blanches formées contiennent un corps ayant pour formule :

$$ClH,\ AzH^3.$$

Ce corps se forme également avec dégagement de chaleur, lorsque le gaz ammoniac barbote dans la dissolution chlorhydrique : il peut cristalliser et présente des propriétés voisines de celles du chlorure de potassium ; c'est le *sel ammoniac* usuel.

De même, lorsque du gaz ammoniac barbote dans de l'*acide sulfurique*, il se forme, avec dégagement de chaleur, la combinaison

$$SO^4H^2, 2(AzH^3) \quad \text{ou} \quad SO^4 {\large<} \begin{matrix} H,AzH^3 \\ H,AzH^3 \end{matrix}$$

corps cristallisable possédant les propriétés du sulfate neutre de potassium, et appelé vulgairement *sulfate d'ammoniaque*.

Le sel ammoniac et le sulfate d'ammoniaque, bien que ne répondant pas à la définition que nous avons donnée des sels (52), présentent donc les propriétés des sels métalliques et, en particulier, celles des sels de potassium correspondants. Pour bien marquer ces ressemblances, on écrit :

le sel ammoniac :

$$Cl(AzH^4), \quad \text{au lieu de} \quad Cl \,|\, H \,|\, Az \,|\, H^3 \,|, \quad \text{par analogie avec } ClK;$$

le sulfate d'ammoniaque :

$$SO^4(AzH^4)^2, \quad \text{au lieu de} \quad SO^4 {\large<} \begin{matrix} H,AzH^3 \\ H,AzH^3 \end{matrix}, \quad \text{par analogie avec } SO^4K^2;$$

autrement dit, on admet que les combinaisons du gaz ammoniac et des acides renferment le groupement d'atomes $(AzH^4)$, fonctionnant vis-à-vis de l'hydrogène des acides comme un atome de potassium.

Ce groupement ou radical monovalent s'appelle *ammonium*. Les sels ammoniacaux sont donc des *sels d'ammonium* ; le sel ammoniac porte le nom chimique de *chlorure d'ammonium*, et le sulfate d'ammoniaque celui de *sulfate d'ammonium*.

Pour écrire un sel ammoniacal quelconque, il suffit donc d'appliquer la règle générale (153, note), c'est-à-dire de remplacer l'hydrogène de l'acide générateur par le radical monovalent (AzH⁴).

*Exemple.* — Soit à écrire les carbonates d'ammonium.

Les carbonates proviennent de l'acide carbonique

$$CO^3H^2 \quad \text{ou} \quad CO\underset{OH}{\overset{OH}{<}}$$

En remplaçant H par AzH⁴, on obtient :

$$CO^3H\,(AzH^4),$$

carbonate acide ou bicarbonate d'ammonium, et

$$CO^3\,(AzH^4)^2,$$

carbonate neutre d'ammonium.

## = 124. Propriétés basiques de la dissolution : analogies et différences avec la potasse et la soude caustiques.

a) *Analogies.* — La dissolution ammoniacale, comme la potasse et la soude caustiques, ramène au bleu le tournesol rougi par un acide, verdit les matières colorantes végétales, colore en lilas la phénol-phtaléine. Ces trois corps ont une réaction *alcaline*. L'ammoniaque a une saveur brûlante ; c'est un liquide très caustique. Sa neutralisation par les acides donne lieu à la formation de sels d'ammonium, et la combinaison est accompagnée d'un dégagement de chaleur considérable. Par analogie avec la potasse caustique ou hydrate de potassium, ou avec l'hydrate de sodium, on peut admettre qu'elle renferme un hydrate correspondant à AzH³, H²O ou *hydrate d'ammonium,* $AzH^4 — OH$.

b) *Différences.* — Il existe toutefois des différences entre l'ammoniaque et la potasse ou la soude caustiques.

1º La dissolution ammoniacale dégage un gaz à réaction basique ; les dissolutions de potasse et de soude chauffées ne laissent pas dégager l'hydrate qu'elles contiennent. Ce sont des *alcalis fixes*, tandis que l'ammoniaque est un *alcali volatil.*

2º La neutralisation d'une molécule-grammes d'un acide

quelconque par la quantité convenable d'ammoniaque dégage moins de chaleur que la neutralisation de la même quantité d'acide par la potasse caustique.

L'ammoniaque est donc une base un peu moins forte que les alcalis fixes; elle doit donc être déplacée par ceux-ci.

*Expérience 1.* — Chauffons dans un tube à essais un peu de sel ammoniac dissous, auquel nous avons ajouté quelques gouttes d'une dissolution de soude caustique. Il se dégage par l'orifice du tube des vapeurs qui bleuissent le tournesol rouge et fument au contact du gaz chlorhydrique.

Les sels ammoniacaux sont donc décomposés par la potasse et la soude. Ils le sont également par la plupart des oxydes basiques.

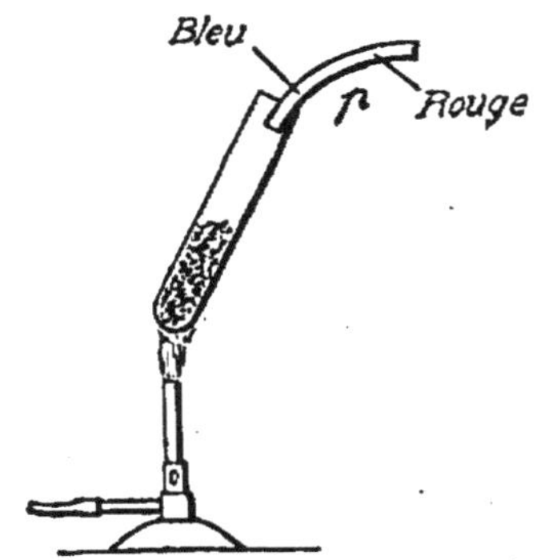


Fig. 101. — Réaction caractéristique des *sels ammoniacaux*.

*Expérience 2.* — Plaçons sur une soucoupe du sel ammoniac pulvérisé : il n'a aucune odeur. Ajoutons de la chaux vive en poudre et mélangeons : immédiatement se répand l'odeur du gaz ammoniac, indiquant la décomposition du sel par la chaux.

Cette réaction permet de reconnaître qu'un sel est un *sel ammoniacal* (fig. 101). Elle explique pourquoi les *engrais ammoniacaux* ne doivent jamais être mélangés à de la chaux vive.

*3° L'ammoniaque dissout un grand nombre de composés métalliques*, et, en particulier, *les composés du cuivre.*

*Expérience 3.* — Dans un tube à essais renfermant une dissolution de vitriol bleu, versons quelques gouttes d'une lessive de potasse. Il se forme un précipité blanc bleuâtre *d'hydrate cuivrique*, $Cu(OH)^2$. Dans un autre tube contenant le même sel de cuivre, versons une goutte d'ammoniaque : il se forme un précipité très voisin du précédent. Ajoutons un excès d'ammoniaque : le précipité devient plus abondant, puis se dissout en donnant une liqueur limpide d'un beau bleu (*eau céleste*), très employée pour le traitement de certaines maladies de la vigne.

*Expérience 4.* — Plaçons dans un col droit des copeaux de cuivre et arrosons-les d'ammoniaque. Le flacon restant bouché, on constate, au bout de quelque temps, que le liquide bleuit et qu'un vide se produit : en faisant dégager dans de l'eau le gaz restant, on recueillerait de l'azote. Le cuivre s'oxyde rapidement, en effet,

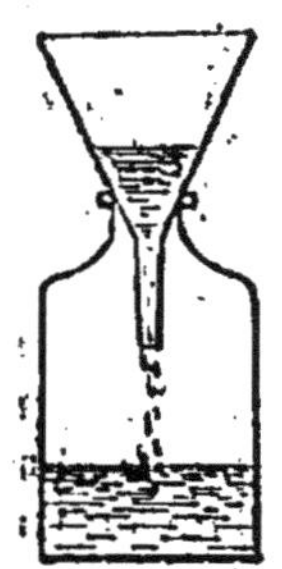

Fig. 102.

Action de l'ammoniaque sur la tournure de cuivre.

au contact de l'ammoniaque; celle-ci dissout l'oxyde formé et donne le liquide bleu observé. L'oxydation est plus rapide, si l'on place la tournure de cuivre sur un entonnoir disposé au-dessus d'un flacon (fig. 102). Quand on fait repasser le liquide sur le cuivre, la liqueur se fonce de plus en plus.

Cette liqueur, dite *liqueur cupro-ammoniacale* ou *réactif de Schweitzer*, dissout la cellulose. Si dans la dissolution obtenue on verse un acide, la cellulose se précipite sous forme d'une gelée blanchâtre qui, comprimée fortement dans un vase percé d'orifices très petits, se résout en filaments brillants ayant l'aspect de la soie : c'est le principe de la fabrication dans l'industrie des *soies artificielles*, dites *soies à l'ammoniaque*.

**= 125. Usages divers de l'ammoniaque. =** Outre les usages déjà indiqués, l'ammoniaque est utilisée pour extraire certains colorants (orseille, cochenille), pour modifier les bains de teinture ainsi que certaines teintes. En solution étendue, on l'emploie également pour le dégraissage de la laine fine (les savons ordinaires rendent la laine dure et cassante), pour cautériser les piqûres d'insectes et combattre les effets de l'ivresse (quelques gouttes dans un verre d'eau).

Son usage le plus important est la fabrication des *sels ammoniacaux*. On obtient ces sels soit en faisant arriver le gaz ammoniac dans l'acide à l'état liquide (acides chlorhydrique, sulfurique, azotique), soit en recevant dans l'ammoniaque dissoute l'acide ou l'anhydride gazeux (gaz carbonique, gaz sulfureux, acide sulfhydrique). Les plus employés sont le *sulfate*, le *chlorure*, le *nitrate*, les *carbonates* et les *sulfures* (112).

Enfin, le *gaz ammoniac liquéfié* est très employé pour la *production artificielle du froid*.

**= 126. Utilisation de l'ammoniaque et des gaz facilement liquéfiables dans les machines frigorifiques. =** Les machines frigorifiques les plus employées dans l'industrie pour la production du froid artificiel utilisent l'évaporation rapide de liquides très volatils, bouillant sous la pression normale à des températures très inférieures à 0⁰ et dont les vapeurs peuvent être liquéfiées à la température ordinaire par simple compression. Les liquides employés sont : l'ammoniaque anhydre (machines Linde, Fixary, de Lavergne, etc.), l'anhydride sulfureux (machines Pictet), l'anhydride carbonique (machines Hall), le chlorure de méthyle (machines Douane).

Toutes ces machines comprennent trois parties essentielles :

1° l'*évaporateur* ou *réfrigérant*, contenant le liquide dont l'évaporation produit le froid ; 2° le *compresseur*, pompe aspirante et foulante, qui aspire les vapeurs produites dans l'évaporateur et les refoule dans un condenseur ; 3° le *condenseur* ou liquéfacteur, dans lequel les vapeurs sont comprimées et régénèrent le liquide initial ;

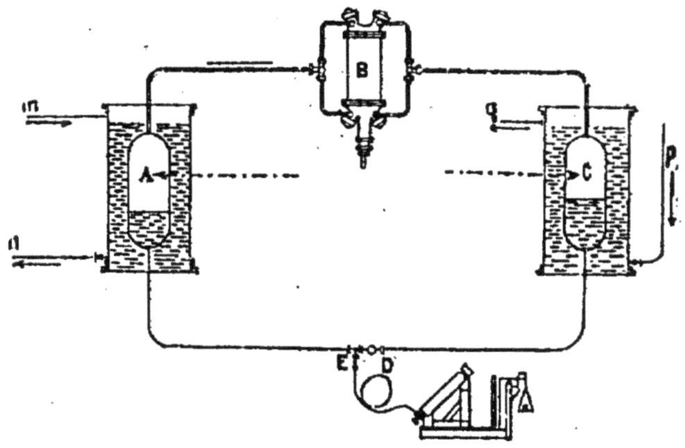


Fig. 103. — Schéma d'une installation frigorifique.

A, réfrigérant ; B, compresseur ; C, condenseur ; D, régleur ; E, recharge.

ce liquide fait retour à l'évaporateur et parcourt ainsi un cycle continu.

La figure 103 donne un schéma général de l'installation.

Le compresseur B est une pompe aspirante et foulante à double effet.

A chaque aspiration de cette pompe, s'évapore du récipient A un certain poids de liquide qui refroidit le reste en empruntant de la chaleur aux parois de l'évaporateur. Si un liquide chaud arrive en *m*, il sortira donc refroidi en *n*. Ce liquide peut d'ailleurs être remplacé par un courant d'air.

A chaque refoulement de la pompe, les vapeurs sont comprimées dans le liquéfacteur C, où elles se condensent. Mais, la compression étant accompagnée d'un dégagement de chaleur, il est nécessaire de refroidir le condenseur, afin que la température de ce récipient soit inférieure à la température critique du gaz à liquéfier. C'est pourquoi il est entouré d'une cuve refroidie par de l'eau fraîche, qui arrive par *p*; cette eau sort chaude par *q*. Le liquide contenu sous pression dans le liquéfacteur retourne à l'évaporateur par un tube muni d'un robinet D, dont l'ouverture est réglée de manière à maintenir dans le récipient A un niveau sensiblement constant.

Théoriquement, la même quantité de liquide peut servir indéfiniment; dans la pratique, il faut de temps à autre recharger l'évaporateur pour compenser les fuites inévitables qui se produisent dans le compresseur. Dans ce cas, on emprunte le liquide volatil à des bonbonnes; le robinet régleur D est alors fermé et remplacé par le robinet de charge E.

Si le liquide placé autour de A est difficilement congelable (eau fortement salée ou dissolution de chlorure de calcium), et qu'on y plonge des récipients contenant de l'eau ordinaire, celle-ci se congélera et fournira la *glace, dite artificielle,* qui remplace pour une foule d'usages la glace naturelle.

L'utilisation du froid artificiel a pris depuis quelques années une importance considérable. On l'emploie de plus en plus pour la conservation et le transport des denrées alimentaires (viandes, volailles, poissons, fruits, légumes, lait, œufs, boissons fermentées, etc.). Il sert dans un grand nombre d'industries chimiques ou d'opérations industrielles, soit pour régulariser les réactions chimiques (brasseries, distilleries, fabriques de dynamite), soit pour la séparation de plusieurs corps par voie de cristallisation (fabriques de colorants organiques et de produits pharmaceutiques), soit pour faciliter le travail des matières premières (chocolateries, fabriques de caoutchouc), etc...

## 3. — ACIDE AZOTIQUE OU NITRIQUE ($AzO^3H$)
### (EAU-FORTE).

*L'eau-forte* des graveurs sur métaux est un liquide fortement acide dans lequel existe, mélangé à plus ou moins d'eau, l'acide dont nous avons fait la synthèse au moyen d'oxygène et d'ammoniaque (123, *a*), l'acide azotique AzO³H. Ce corps s'appelle souvent *acide nitrique*, parce qu'on le fabrique avec des *nitrates*, par exemple avec le *sel de nitre* ou *salpêtre ordinaire* (nitrate ou azotate de potassium).

== **127. Préparation.** == Un *azotate* quelconque chauffé avec de l'acide *sulfurique* fournit de l'acide *azotique*.

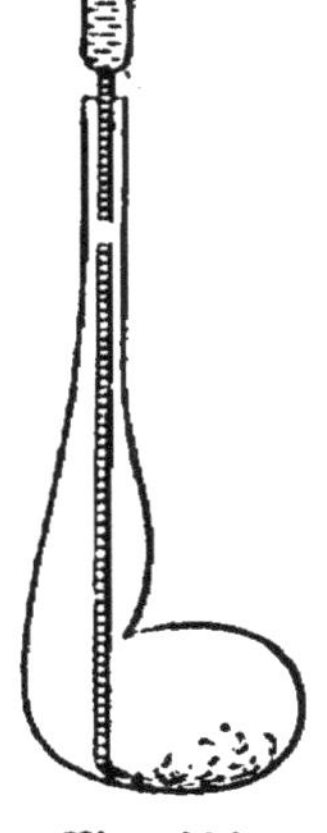

Fig. 101.

*Expérience.* — Introduisons dans une cornue du *salpêtre ordinaire* pulvérisé; puis, à l'aide d'un tube à entonnoir disposé comme l'indique la figure 101, versons dans la cornue un poids d'acide *sulfurique concentré* égal au poids de salpêtre. Le tube étant bien égoutté, retirons-le et montons l'appareil représenté par la figure 101. Dès que la cornue est chauffée à 90°, nous apercevons dans l'appareil d'abondantes vapeurs rouges qui se dissipent peu à peu, en même temps qu'un liquide ruisselle sur le col de la cornue et vient se rassembler dans le ballon refroidi. Au bout de quelque temps, de nouvelles vapeurs rouges apparaissent; elles indiquent la fin de la réaction. Si nous enle

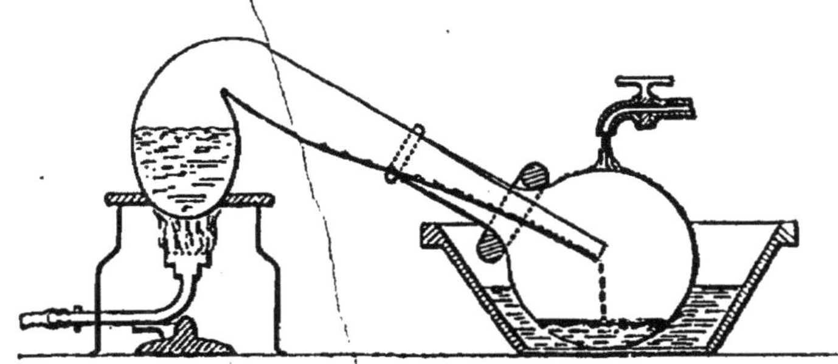

Fig. 103. — Production de l'acide azotique.

vons le ballon, nous constatons qu'il renferme un liquide légèrement jaune, qui fume à l'air: c'est de l'*acide azotique fumant*.

L'acide sulfurique décompose le salpêtre, comme l'indique l'égalité :

$$\text{AzO}^3\text{K} + \text{SO}^4\text{H}^2 = \text{AzO}^3\text{H} + \text{SO}^4\text{HK}.$$

Salpêtre
(azotate de potassium).

L'acide azotique, <u>volatil</u>, s'est dégagé, puis condensé dans les parties froides de l'appareil ; il reste dans la cornue du sulfate acide ou bisulfate de potassium.

La *préparation industrielle* de l'acide azotique repose sur le même principe ; comme le salpêtre ordinaire coûte cher, il est remplacé par le salpêtre du Chili ou *nitrate de sodium*. La réaction se produit dans des cylindres en fonte (fig. 106) ; les vapeurs acides se condensent dans des touries tubulées, disposées en série et contenant de l'eau.

*Remarque.* — Expliquons pourquoi il se forme des vapeurs rouges au *début* de la réaction. L'acide sulfurique qui est un déshydratant énergique, enlève de l'eau à l'acide azotique formé et le transforme en *anhydride azotique* :

$$2(AzO^3H) - H^2O = Az^2O^5.$$

Mais l'anhydride azotique est un corps instable, qui se décompose rapidement à partir de 80° :

$$Az^2O^5 = 2(AzO^2) + O.$$

C'est le corps $AzO^2$, ou peroxyde d'azote, qui constitue les vapeurs rouges observées, appelées encore *vapeurs nitreuses,* et qu'il faut

Fig. 106. — Préparation industrielle de l'acide azotique.

éviter de respirer, car elles sont toxiques. L'acide azotique les dissout et se colore en jaune. Pour avoir de l'acide azotique pur, il faut donc n'engager le col de la cornue dans le ballon qu'après la disparition des vapeurs nitreuses ou purifier l'acide coloré en le chauffant légèrement et en le faisant traverser par un courant d'air. (L'opération porte dans l'industrie le nom de *blanchiment*.)

= **128. Propriétés physiques.** = Il existe deux formes principales d'acide azotique :

1° L'*acide azotique fumant*, qui, lorsqu'il a été blanchi, est presque l'acide chimiquement pur, correspondant à la formule $AzO^3H$. Il bout à 86°, mais se volatilise aux températures ordinaires ; les vapeurs qu'il émet se combinent à l'humidité de l'air et forment les fumées blanches qui lui ont donné son nom. Il pèse de 48 à 45°B.

2° L'*acide azotique ordinaire*, qui correspond à la formule $2(AzO^3H), 3(H^2O)$, et renferme 68 °/₀ d'acide pur. Il bout à 123° et pèse 42°B ($D = 1,42$).

Pour différents usages, on emploie l'acide précédent, étendu d'une plus ou moins grande quantité d'eau. Les acides étendus ont un point d'ébullition compris entre 123° et 100° et une densité qui tend vers 1[1]. L'acide commercial le plus employé pèse 36°B ($D = 1,33$).

= **129. Propriétés chimiques. Pouvoir oxydant.** = L'instabilité de l'anhydride azotique se retrouve dans l'*acide azotique fumant*. Après une exposition de quelques heures à la lumière, l'acide, primitivement incolore, prend la teinte jaune qui caractérise la formation de peroxyde d'azote. La chaleur agit de la même façon : ainsi s'expliquent les vapeurs rouges remarquées précédemment à la fin de l'expérience.

La lumière ne colore pas les acides étendus, mais la chaleur les décompose. Dans tous les cas, on observe la réaction :

$$(1) \qquad 2(AzO^3H) = 2(AzO^2) + \overset{\uparrow}{O} + \overset{\uparrow}{H^2O}.$$

*Le dégagement d'oxygène explique pourquoi l'acide azotique est un oxydant énergique.*

*Expérience 1.* — Chauffons dans un têt à rôtir du charbon de bois pulvérisé et laissons couler à sa surface, à l'aide d'un long

---

[1] Voir la table III à la fin de l'ouvrage.

tube effilé, de l'acide azotique fumant. Une vive incandescence se produit, car le charbon s'oxyde aux dépens de l'acide, et l'on observe encore la production de peroxyde d'azote.

*Expérience* 2. — Dans un col droit rempli de gaz sulfureux, faisons couler de l'acide azotique fumant pur. Nous observons la formation de vapeurs nitreuses, ainsi que la production sur les parois du flacon d'*un corps cristallisé blanc*.

Versons dans de l'eau pure le contenu du flacon; le liquide obtenu donne, avec le chlorure de baryum, un précipité blanc; donc il s'est formé de l'*acide sulfurique*. Le soufre a été oxydé et transformé en anhydride sulfurique; celui-ci, au contact de l'eau, a fourni de l'acide sulfurique :

$$SO^2 + 2(AzO^3H) = \underline{SO^4H^2} + 2(AzO^2).$$

Ajoutons de l'eau froide dans le flacon et agitons; les cristaux disparaissent et donnent une nouvelle quantité d'*acide sulfurique*. Ces deux réactions expliquent l'*emploi de l'acide azotique pour la fabrication industrielle de l'acide sulfurique par le procédé des chambres de plomb* (134); les cristaux précédents portent le nom vulgaire de *cristaux des chambres de plomb*. Leur formule est $SO^4H(AzO)$.

*Expérience* 3. — Dans un tube à essais contenant un peu d'acide azotique ordinaire, introduisons quelques fragments d'*or* en feuille : le métal reste inaltéré, même si nous chauffons. Versons dans le tube de l'acide chlorhydrique et continuons à chauffer : l'or disparaît, et le liquide se colore en jaune par suite de la formation de *chlorure d'or*. L'hydrogène de l'acide chlorhydrique est oxydé par l'acide azotique; il se forme donc de l'*eau chlorée* qui dissout l'or. Le mélange des deux acides porte le nom d'*eau régale*. L'eau régale dissout également le platine; on l'utilise dans l'extraction de ce métal; elle sert dans l'analyse chimique pour produire des oxydations.

Les *matières organiques* sont, en général, profondément oxydées par l'acide azotique fumant. Si l'on verse cet acide sur de l'essence de térébenthine, il se produit une véritable explosion, qui projette le liquide dans toutes les directions. Le crin, la soie, la laine brûlent dans sa vapeur. Il détruit très rapidement le caoutchouc, le liège, les étoffes, la paille, la sciure de bois. C'est pourquoi les touries d'acide azotique ne doivent jamais être emballées avec des matières sèches. Comme dans toutes ces oxydations il se forme du peroxyde d'azote toxique, il faut éviter également de placer les touries dans des locaux contenant du bois, de la sciure de bois, de la poussière de charbon.

Les brûlures produites par cet acide sont très dangereuses.

**= 130. Rôle acide. Action des métaux. =** L'acide azotique colore le tournesol en rouge pelure d'oignon. Si l'on neutralise de la potasse caustique par cet acide, il se forme un produit cristallisable provenant du remplacement de son hydrogène par le potassium de la base, dont la formule est $AzO^3K$ : c'est l'azotate de potassium. L'acide azotique doit donc s'écrire $AzO^2$ — OH. Le dégagement de chaleur est très voisin de celui que donne l'acide chlorhydrique. Comme celui-ci, l'acide azotique est donc un *acide fort*.

On peut facilement substituer un métal à l'hydrogène acide en employant un oxyde au lieu d'hydrate. Si l'on traite, par exemple, de l'oxyde cuivrique par de l'acide azotique étendu, il se forme une solution bleue d'*azotate de cuivre* :

$$2(AzO^3H) + CuO = (AzO^3)^2Cu + H^2O.$$

C'est ce qui explique l'emploi de cet acide pour le *dérochage* et le *décapage* des objets en cuivre, bronze ou laiton, destinés à être recouverts par l'électrolyse d'un autre métal (or, argent, nickel, cuivre).

*La plupart des azotates peuvent s'obtenir directement par action de l'acide sur le métal.*

*Expérience.* — Dans un verre contenant du *cuivre* en tournure (fig. 107), versons de l'acide azotique *ordinaire*. Une vive effervescence se produit ; d'abondantes fumées rouges se dégagent ; le liquide du verre devient bleu verdâtre, car le cuivre se transforme en *azotate de cuivre*, corps cristallisé bleu.

Cette réaction semble donc donner en même temps du *peroxyde d'azote*. Répétons-la en plaçant le cuivre dans un flacon tubulé : au bout de quelque temps, les fumées rouges se dissipent. Recueillons al   s dans une éprouvette le gaz formé ; ce gaz est incolore : ce n'est pas du peroxyde d'azote, mais un autre oxyde moins riche en oxygène, nommé *oxyde azotique* (AzO). Retournons l'éprouvette dans l'air ; immédiatement les fumées rouges apparaissent (A), car l'oxyde azotique fixe instantanément l'oxygène de l'air :

$$AzO + O = AzO^2.$$

Dans l'action de l'acide azotique sur le cuivre, il se forme donc de l'azotate de cuivre, de l'eau et de l'*oxyde azotique* qui, au contact de l'air, se transforme immédiatement en peroxyde d'azote.

Tous les métaux, sauf l'or et le platine, décomposent l'acide azotique ordinaire.

*Remarques.* — I. L'acide azotique fumant n'a aucune action sur le fer, le nickel, le cuivre, l'étain.

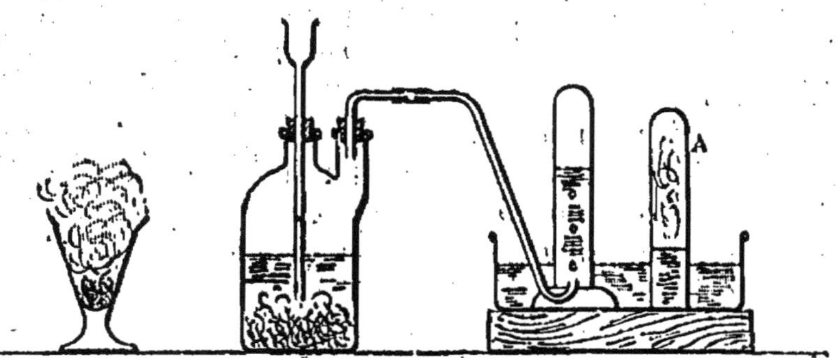

Fig. 107. — Action de l'acide azotique sur le *cuivre*.

II. L'acide très étendu est décomposé seulement par le fer et le zinc : il se dégage, dans ce cas, des gaz incolores : $Az^2O$, oxyde azoteux ; $Az$, azote ; et il peut se former des combinaisons azotées complexes.

III. Jamais dans ces réactions il ne se dégage d'*hydrogène* ; en admettant que ce gaz se forme, il est immédiatement oxydé ou se combine à l'azote.

IV. Lorsque l'éprouvette (A) est retournée sur de l'eau froide, on constate que cette eau possède des propriétés acides. Il se produit, en effet, la réaction :

$$2(AzO^2) + H^2O = \underbrace{AzO^2H}_{\text{Acide azoteux.}} + \underbrace{AzO^3H}_{\text{Acide azotique.}}$$

L'acide *azoteux* ou *nitreux* est un acide très instable, dont les sels s'appellent *azotites* ou *nitrites* (133).

*L'action de l'acide azotique sur les métaux comme le cuivre, le zinc, le nickel et le fer (ou l'acier), est utilisée dans la gravure à l'eau-forte.*

Supposons qu'il s'agisse de graver un nom sur une plaque de cuivre. Le métal est d'abord recouvert d'une mince couche de vernis, de cire molle ou de paraffine. Sur ce vernis, on trace à l'aide d'une pointe en acier les caractères à dessiner et l'on enlève le vernis, de manière à mettre le métal à nu. On entoure alors la plaque d'un bourrelet de cire molle, de manière à former une sorte de cuvette, sur laquelle on verse de l'acide azotique ordinaire étendu de son volume d'eau. L'eau-forte ronge le métal aux endroits découverts. Après un certain temps, qu'on peut déterminer par un essai préliminaire sur l'envers de la plaque, on verse l'excès d'acide; on passe à l'eau pour enlever l'azotate formé, et l'on enlève le vernis par un dissolvant. Les caractères apparaissent en creux; on peut les rendre plus apparents en passant dans les morsures un vernis coloré ou une résine.

## = 131. Action sur la cellulose. = La *cellulose* est la substance fondamentale de tous les végétaux. Le coton brut en contient de 85 à 90 %. L'ouate de coton bien blanche, la moelle de sureau, le papier à filtrer blanc lavé aux acides sont de la cellulose presque pure.

*Expérience.* — Faisons avec précaution un mélange de 1 partie d'acide azotique fumant et de 3 parties d'acide sulfurique à 66°B. Dans le mélange refroidi, introduisons de l'*ouate de coton* que nous y laisserons séjourner un quart d'heure. Retirons le coton; lavons-le à grande eau et faisons-le sécher à l'air, en évitant de le porter à plus de 40°. Nous obtenons ainsi une substance qui a conservé l'aspect du coton, mais qui est rude au toucher et brûle avec une extrême rapidité. Un petit fragment bien sec placé sur le dos de la main brûle sans résidu et tellement vite qu'on perçoit à peine le dégagement de chaleur. Cette cellulose nitrée porte les noms de *coton-poudre* ou de *fulmi-coton*. Elle est soluble dans l'acétone ordinaire (274).

Le *fulmi-coton* comprimé détone avec une extrême violence sous l'action d'une capsule de fulminate; il ne peut être employé, à cause de ses effets brisants, pour le chargement des armes à feu; il est utilisé pour le chargement des torpilles. Dissous dans l'acétone et découpé ensuite en petits morceaux, il fournit les poudres sans fumée, dites *pyroxylées* (poudres de guerre, poudres de chasse).

En variant les proportions d'acide azotique et d'acide sulfurique employées pour la nitration de la cellulose, on peut obtenir des *nitro-celluloses* différentes du fulmi-coton. Les plus importantes sont celles qui sont solubles dans l'alcool et dans l'éther ordinaires (*pyroxylines solubles*), et qui fournissent trois produits importants : le *collodion*, le *celluloïd*, les *soies artificielles* à la nitrocellulose.

Le *collodion* est une dissolution dans l'éther de ces pyroxylines.

Le *celluloïd* est une pyroxyline additionnée de *camphre*. On l'obtient en incorporant à de la pyroxyline sèche la moitié de son poids de camphre, puis en dissolvant le mélange dans de l'alcool ordinaire et en soumettant la dissolution à une série de laminages et de compressions qui fournissent des plaques ou des lames, découpées ensuite en fils ou joncs. Le celluloïd est un corps dur qui se travaille comme le bois et sert à confectionner par courbage, moulage ou soufflage, une foule d'objets (linge américain, peignes, objets de tabletterie, garnitures de passementerie, films pour cinématographes et pellicules photographiques, etc.).

Le *pégamoïd* est une espèce de celluloïd imitant le cuir; il est employé dans la carrosserie et la reliure. Le *loréïd* est du celluloïd souple, avec lequel on fait des nappes et du linge de table.

*Le collodion et le celluloïd sont des corps extrêmement inflammables*, qu'il faut manier loin des flammes et des foyers desquels peuvent jaillir des étincelles.

Les *soies artificielles à la nitrocellulose* (*soies de Chardonnet*) s'obtiennent par dissolution des pyroxylines solubles dans un mélange d'alcool et d'éther; le collodion ainsi obtenu est comprimé dans des cylindres munis de nombreux orifices très petits dits *filières*. Les fils formés se solidifient à l'air, par suite de l'évaporation des dissolvants, et prennent l'aspect de la soie. Pour être utilisables sans danger, ils doivent être ensuite dénitrés.

## 132. Rôle nitrant de l'acide azotique : dérivés nitrés.

Vis-à-vis de certains composés organiques hydrogénés, l'acide azotique se comporte comme l'indique le schéma ci-dessous :

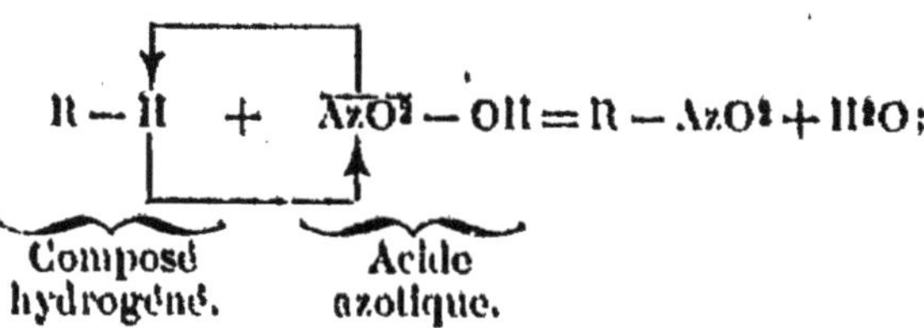

$$R - H + AzO^2 - OH = R - AzO^2 + H^2O;$$



c'est-à-dire qu'il se forme, avec de l'eau, un produit provenant de la substitution du groupement $AzO^2$ à un atome d'hydrogène du composé hydrogéné. A ce produit de substitution on donne le nom de *dérivé nitré*. Telle est, par exemple, *la nitrobenzine*.

*Expérience.* — Dans un vase en verre mince A (fig. 108), contenant un mélange refroidi fait avec des poids égaux d'acide *azotique* et d'acide *sulfurique*[1], faisons couler lentement, en agitant constamment, de la *benzine*, contenue dans le verre B. Versons le contenu du vase A dans un autre vase A' renfermant de l'eau ; il se rassemble dans le fond de ce vase, en *b*, un liquide jaunâtre, d'aspect huileux, qu'on peut séparer de la couche surnageante *a* par

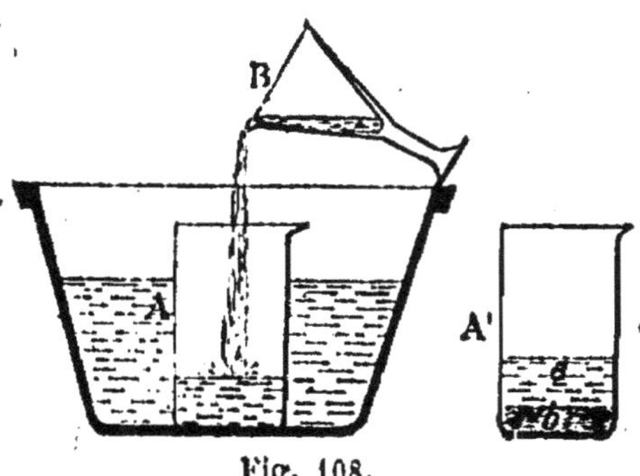

Fig. 108.

Préparation de la *nitrobenzine*.

décantation et qui possède une odeur agréable, tout à fait différente de celle de la benzine, rappelant celle des savonnettes bon marché : ce liquide, en effet, est employé en parfumerie sous le nom d'*essence de Mirbane*. C'est de la *nitrobenzine* :

$$\text{C}^6\text{H}^6 \quad \text{ou} \quad \text{C}^6\text{H}^5 - \text{H} \; + \; \overline{\text{AzO}^2} - \text{OH} \; = \; \text{C}^6\text{H}^5 - \text{AzO}^2 + \text{H}^2\text{O}.$$

Benzine.      Acide azotique.      Nitrobenzine.

Le *phénol ordinaire* ou *acide phénique* (318) donne également des dérivés nitrés, dont le plus important est l'*acide picrique* (319).

**= 133. Importance de l'acide azotique. Sources.** = Par la variété de ses applications (décapage, gravure à l'eau-forte, fabrication de l'acide sulfurique, préparation d'un grand nombre de colorants artificiels et surtout de la plupart des explosifs modernes : nitroglycérine, dynamites (280), fulminates, picrates, etc.), l'acide azotique est un produit industriel dont l'importance augmente sans cesse. Pendant longtemps, on a utilisé exclusivement, pour le préparer, le *nitrate de sodium* naturel, importé du Chili et du Pérou. Or les gisements de nitrate s'épuisent ; ce sel, d'ailleurs, est très recherché pour l'agriculture comme engrais azoté, fournissant aux plantes l'azote soluble néces-

---

[1] L'acide sulfurique sert à absorber l'eau formée.

saire à leur développement. Il a donc fallu chercher d'autres sources d'acide azotique. Deux moyens principaux sont actuellement employés : *a)* la *nitrification naturelle intensive*; *b)* la *synthèse chimique*.

*a) Nitrification naturelle intensive*. — La poussière blanche qu'on observe sur les murs humides, dans les caves, dans les écuries et quelquefois sur le sol des terrains cultivés fuse sur les charbons ardents. C'est un mélange d'azotates (azotates de potassium, de sodium, de magnésium, de calcium surtout). Les métaux de ces sels sont fournis par les matériaux des murs ; l'acide azotique, lui, provient de l'oxydation de l'azote contenu dans les végétaux et les animaux. La formation de ces azotates (*nitrification*) s'opère en trois phases :

1° Les composés organiques azotés fournissent par leur putréfaction du carbonate d'ammonium et de l'ammoniaque : c'est, par exemple, le cas de l'urine.

2° L'ammoniaque est oxydée incomplètement par une bactérie, appelée *ferment nitreux*, qui joue le rôle d'une substance catalysante. Il se produit de l'*acide azoteux* :

$$AzH^3 + 3O = AzO^2H + H^2O.$$

Cet acide, au contact des carbonates du sol, forme des *azolites*. Le ferment nitreux ne se développe bien que dans les sols aérés et calcaires.

3° Les azolites sont oxydés et transformés en *azotates* par une autre bactérie, le *ferment nitrique*. On a, par exemple :

$$AzO^2K + O = AzO^3K.$$

La connaissance des conditions les plus favorables au développement de ces bactéries a permis de réaliser des *nitrières artificielles* (MM. Schlœsing et Müntz) permettant une production énorme de nitrates, puisqu'un hectare de ces nitrières peut fournir par jour, quand la température est favorable, 15 000$^{kg}$ de nitrates.

*b) Synthèse chimique*. — Lorsque des étincelles électriques éclatent dans de l'air en vase clos, il ne se forme que de petites quantités d'oxyde azotique, car ce gaz est lui-même décomposé par l'étincelle au-dessus de 600° :

$$Az + O \rightleftarrows AzO.$$

La quantité d'oxyde azotique formée est beaucoup plus grande sous l'action de *l'arc électrique*, surtout si l'on prend soin d'abaisser la température au-dessous de 600°. En présence d'un excès d'air, l'oxyde azotique se transforme en peroxyde d'azote $AzO^2$, et, si l'on absorbe celui-ci par l'eau, il se forme un mélange d'acide azoteux et d'acide azotique d'après l'égalité

$$2(AzO^2) + HO^2 = AzO^2H + AzO^3H.$$

En absorbant ces acides par la potasse, la soude ou la chaux, on obtiendra donc les sels correspondants.

Le procédé est surtout employé en Norvège, où d'abondantes chutes d'eau fournissent à bon compte l'énergie électrique nécessaire (procédé Birkeland et Eyde). L'appareil comprend essentiellement : un four électrique dans lequel circule un courant d'air soumis à l'action d'un arc de forme spéciale (arc élargi en disque) ; une série de tours absorbantes qui contiennent, les premières de l'eau, la dernière un lait de chaux. Les produits acides formés dans les tours à eau servent à transformer complètement en nitrate le mélange de nitrite et de nitrate de calcium formé dans la dernière. Ce nitrate, connu dans le commerce sous le nom de *nitrate de chaux de Norvège,* peut remplacer le nitrate de sodium à la fois comme engrais et comme source d'acide azotique.

Grâce surtout à la fabrication électrique industrielle de l'acide nitrique, les inconvénients dus à l'épuisement des gisements de nitrates du Chili sont conjurés.

**= 134. Fabrication industrielle de l'acide sulfurique par le procédé des chambres de plomb. =** Le procédé repose sur l'oxydation du *gaz sulfureux* par l'acide azotique. Mais celui-ci est un produit coûteux ; il est donc nécessaire de le récupérer. Les expériences que nous avons faites précédemment à ce sujet (120, expérience 2) nous ont montré que l'acide azotique passait à l'état de peroxyde d'azote. Or ce gaz, au contact d'eau, d'oxygène et de gaz sulfureux, est lui-même capable de former les cristaux $SO^4H(AzO)$ (sulfate acide de nitrosyle).

Celui-ci, au contact d'eau, fournit de l'acide sulfurique
et du peroxyde d'azote. Les mêmes réactions peuvent donc
se poursuivre indéfiniment avec la même quantité d'acide
azotique, théoriquement du moins, car il y a des pertes
inévitables. Indépendamment de l'acide azotique, les

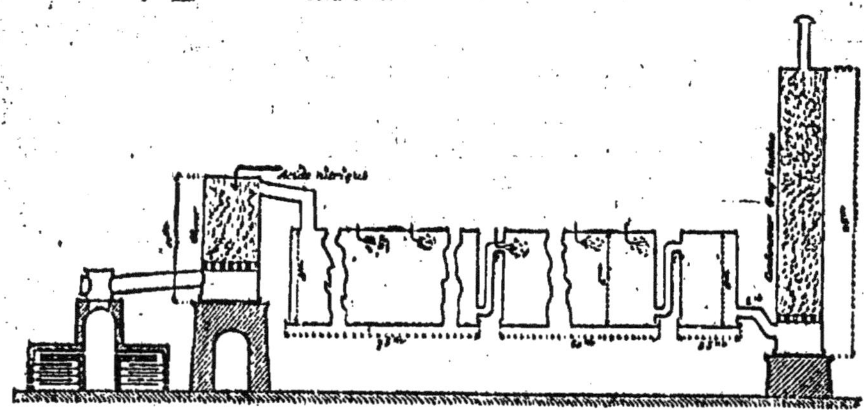

Fig. 109. — Schéma d'une fabrique d'acide *sulfurique*.

matières premières nécessaires sont donc du gaz sulfureux,
de l'air et de l'eau, avec lesquelles on produit la réaction :

$$SO^2 + O + H^2O = SO^4H^2.$$

Les appareils sont vastes, pour permettre le mélange de
ces gaz. Ils sont inattaquables par les corps employés et
les produits formés (chambres de plomb, tours en plomb
garnies de matériaux non altérés par les acides).

La figure 109 en donne un croquis schématique.

Ils comprennent essentiellement :

1° *Un four* produisant le gaz sulfureux (four à pyrites en général),
qui s'en dégage mélangé à un excès d'air ;

2° De *grandes chambres* parallélipipédiques en plomb, où se produisent les réactions principales et où s'accumule l'acide sulfurique
formé (la figure correspond à un appareil à 3 chambres ; l'eau
arrive sous forme de vapeur dans les deux premières chambres. Il
y a toujours au moins 2 chambres ; il peut y en avoir 5) ;

3° Une tour garnie de coke dite *tour de Gay-Lussac*, destinée
à absorber les produits nitrés. Ceux-ci circulent dans la tour de
bas en haut et se dissolvent dans de l'acide sulfurique concentré
introduit à la partie supérieure de la tour ;

4° Une tour garnie de briques réfractaires, dite *tour de Glover*, placée entre le four et la première chambre, et dont le but est de *dénitrifier* l'acide sulfurique contenu à la base du Gay-Lussac. Il suffit, pour cela, de l'envoyer au sommet du Glover et de le faire tomber en pluie fine : sous l'action de la température élevée des gaz du four, il perd ses produits nitrés qui repassent dans la fabrication. Il arrive ainsi au bas du Glover complètement dénitrifié ; de là il

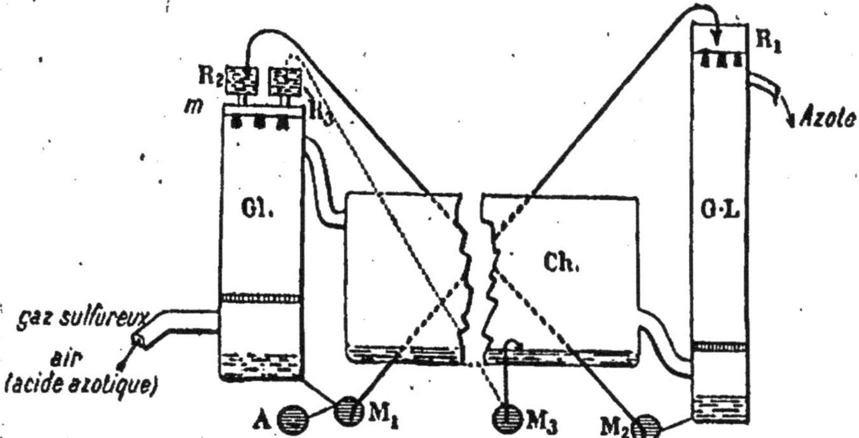


Fig. 110. — Schéma de la circulation des acides dans les tours de Glover et de Gay-Lussac.

Gl., Glover. — Ch., Chambres de plomb. — G.L., Gay-Lussac. — $M_1$, $M_2$, $M_3$ : monte-acides. — $R_1$, $R_2$, $R_3$ : récipients distributeurs. — m, mélangeur. — A, acide à 66° B pour la vente.

est envoyé au sommet du Gay-Lussac à l'aide d'un monte-acides. Cet acide parcourt donc un cycle continu, comme l'indique la figure 110.

Les différentes parties de l'appareil sont disposées dans l'ordre suivant : four, Glover, chambres de plomb, Gay-Lussac.

Le Glover et le Gay-Lussac sont souvent placés l'un près de l'autre, afin d'éviter les longues canalisations pour acides. L'acide azotique nécessaire est le plus souvent produit dans le four à l'aide de nitrate de sodium en utilisant l'acide sulfurique fabriqué.

L'acide des chambres a une concentration moyenne de 52°B. On l'amène de 52° à 66°B. en deux fois :

1° De 52° à 60°B., en le chauffant dans des appareils en plomb.

On peut également concentrer une petite quantité d'acide des chambres en l'envoyant au sommet du Glover et en le mélangeant, avant la coulée, à l'acide nitreux venant du Gay-Lussac.

2° De 60° à 66°B, par distillation dans des appareils en verre ou en porcelaine ou en lave ou en platine doré. On ne peut plus employer le plomb, puisqu'il est réduit par l'acide bouillant pesant plus de 60°B.

## 4. — RÔLE DE L'AZOTE CHEZ LES VÉGÉTAUX.
### ENGRAIS AZOTÉS.

= **135. Présence de l'azote dans la plupart des tissus animaux et végétaux.**

*Expériences* 1. — Chauffons dans un tube à essais un peu de chair musculaire et de la *soude caustique* solide (fig. 111). Nous constatons le dégagement de vapeurs ammoniacales. La *chair musculaire* contient donc de l'azote.

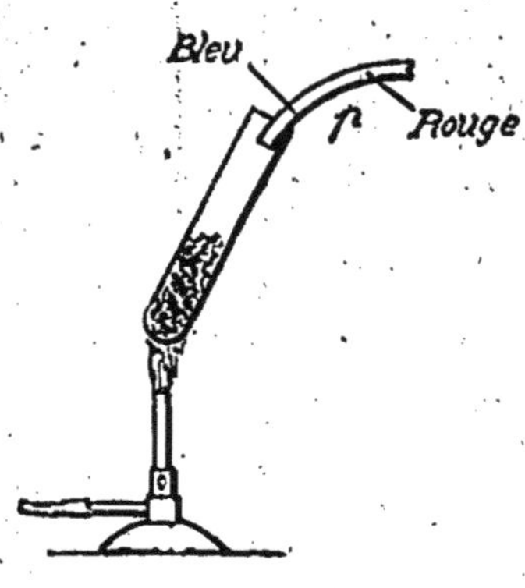

Fig. 111.

Nous observerions le même fait avec la *corne râpée*, le *blanc d'œuf*, le *sang desséché*, la *laine*, etc.

2. — Répétons l'expérience avec de la *mie de pain*; nous observons encore le dégagement d'ammoniaque : la *farine de blé* et, par suite, le *grain de blé* lui-même contiennent donc de l'azote.

Même conclusion si nous employons une farine de *pois* ou de *haricots*, un fragment de racine de *betterave*, etc.

*Conclusion : L'azote est un élément essentiel de la plupart des tissus animaux et végétaux.*

Chez les animaux, il ne peut provenir que des aliments, puisque tout l'azote de l'air inspiré se retrouve dans l'air rejeté (87). Or un grand nombre d'animaux sont herbivores ; c'est donc dans les plantes qu'ils trouvent l'azote nécessaire.

= **136. Assimilation de l'azote par les végétaux.** = Il n'y a qu'un très petit nombre de plantes capables de se nourrir avec *l'azote atmosphérique.* Ce sont principalement les légumineuses (pois, haricots, luzerne, trèfle, etc.). Encore, la pénétration de l'azote dans leurs tissus n'est-elle pas directe ; elle se fait par l'intermédiaire de micro-organismes, très abondants dans les *nodosités* caractéristiques qu'on observe sur les racines de ces plantes.

La plupart des végétaux ne peuvent absorber l'azote par leurs racines que si ce corps est à l'état de *composés solubles* (sels ammoniacaux, nitrites, nitrates) capables de passer dans la sève.

L'azote nécessaire à l'édification de ces composés peut provenir :

1° De *l'air*, sous forme *d'ammoniaque* résultant de la combinaison de l'azote et de l'hydrogène soit par des microbes dits « ammonisants », soit par les éclairs en temps d'orage (l'eau de pluie, la rosée, etc., contiennent toujours un peu de nitrite, de nitrate, de carbonate d'ammonium) ;

2° Des *résidus azotés* rejetés par les animaux : l'urine, par exemple, qu'une fermentation due à des microbes spéciaux transforme en carbonate d'ammonium ;

3° Des *débris animaux* ou *végétaux* que la putréfaction décompose en fournissant, finalement, de l'ammoniaque ou de l'azote. L'ammoniaque et ses sels ne sont d'ailleurs pas immédiatement assimilables par la plante. Il leur faut subir les *fermentations nitreuse* et *nitrique* (133).

Les transformations éprouvées par l'azote peuvent donc être résumées par le schéma suivant :

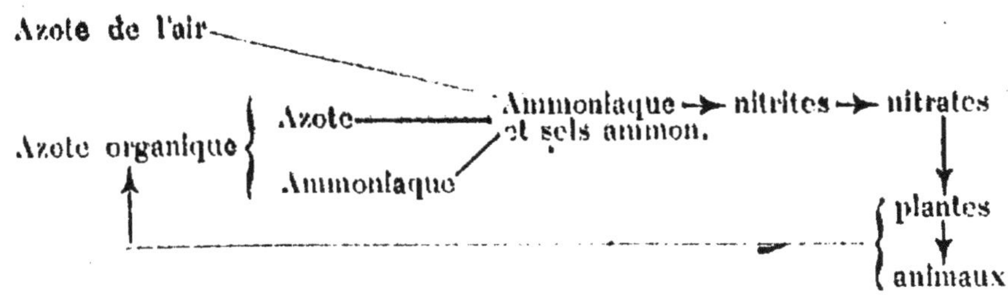


= **137. Engrais azotés.** = Lorsqu'un sol ne contient pas suffisamment de composés azotés, on lui en apporte sous forme d'*engrais azotés*. Ces engrais se classent en trois catégories d'après l'état de l'azote qu'ils contiennent :

a) *Azote organique :* sang desséché, débris d'abattoirs, vieux cuirs, déchets de laine, etc. L'effet de ces engrais est très lent, puisqu'ils doivent subir toutes les transformations indiquées dans le tableau précédent ;

*b) Azote ammoniacal.* Ces engrais se divisent en deux groupes :

1. *Engrais naturels* (eaux de vidange, poudrette, guanos, etc.) ;

2. *Engrais artificiels* : sels ammoniacaux artificiels, chaux azotée. —

Le *fumier de ferme* est un *engrais mixte*, contenant à la fois de l'azote organique et de l'azote ammoniacal.

Le sel ammoniacal le plus employé comme engrais est le *sulfate*, vulgairement appelé *sulfate d'ammoniaque*.

La *chaux azotée* est un engrais artificiel assez récent, qu'on obtient en faisant passer de l'azote atmosphérique sur du carbure de calcium chauffé au rouge vif :

$$Az^2 + C^2Ca = C + \underline{CAz^2Ca.}$$

chaux azotée<br>(ou cyanamide calcique)

Au contact de l'eau, elle se décompose comme l'indique la réaction :

$$CAz^2Ca + 3\,(H^2O) = 2\,(AzH^3)\uparrow + CO^3Ca.$$

*c) Azote nitrique :* tous les *nitrates :*

1. *Naturels,* dont le plus employé est le *nitrate de sodium* (214) (nitrate de soude, salpêtre du Chili) ;

2. *Artificiels,* nitrates de nitrières, nitrates de Norvège (133).

# CHAPITRE VIII

## PHOSPHORE. — ARSENIC.

---

### 1. — LE PHOSPHORE ET SES PRINCIPAUX COMPOSÉS.

**= 138. Phosphore ordinaire et phosphore rouge. Propriétés physiques. =** Le *phosphore*, que nous avons utilisé dans un certain nombre d'expériences (7, 66, 82, 115), a été prélevé sur des bâtons conservés dans l'eau; c'est un corps blanc jaunâtre, translucide, possédant une odeur d'ail caractéristique. Il brûle dans l'oxygène et dans l'air; 62ᵍ de ce corps se combinent à 80ᵍ d'oxygène pour former 142ᵍ d'anhydride phosphorique :

$$2 \quad P + 5 \quad O = P^2O^5,$$
$$2 \times 31 + 5 \times 16 = 142.$$

Lorsque les bâtons précédents sont exposés à la lumière solaire, leur surface se recouvre d'une *poudre* rouge orangé, opaque et sans odeur. Cette transformation s'opère également sous l'action de la chaleur, à l'abri de l'air et à une température de 200° au moins. Cette poudre brûle plus difficilement que le phosphore des bâtons; mais 62ᵍ fournissent de même 142ᵍ d'anhydride phosphorique. Ce n'est donc pas une rouille de phosphore; elle renferme le même corps simple que les bâtons, l'élément *phosphore*. Celui-ci existe donc sous deux formes différentes : 1° le *phosphore ordinaire* ou *phosphore ambré*, qu'on appelle quelquefois improprement *phosphore blanc;* 2° le *phosphore rouge*, appelé aussi *phosphore amorphe*, parce que, dans les conditions habituelles, il ne peut cristalliser.

Le phosphore rouge, chauffé au-dessus de 200°, se transforme en phosphore ordinaire ; cette transformation est l'inverse de celle qui le fournit ; c'est une transformation réversible qu'on représente ainsi :

$$\text{P ordinaire.} \rightleftharpoons \text{P amorphe.}$$

On dit que le phosphore ordinaire et le phosphore rouge sont deux *variétés allotropiques* du même corps simple. Ces variétés présentent, au point de vue physique, des propriétés très différentes que résume le tableau ci-dessous :

| PHOSPHORE AMBRÉ | PHOSPHORE ROUGE |
|---|---|
| Couleur jaunâtre. | Couleur rouge, variant du rouge orangé au brun. Opaque. |
| Translucide. | Inodore. |
| Odeur d'ail. | Dur et cassant. |
| Mou et flexible. | Densité : varie de 2 à 2,3. |
| Densité : 1,84. | Insoluble dans le sulfure de carbone. |
| Soluble dans le sulfure de carbone. | Ne fond pas. — Chauffé, se transforme en phosphore ordinaire à partir de 260°. — Ne bout pas. |
| Fond à 44°. | Habituellement amorphe. — Peut cependant cristalliser (système rhomboédrique [1]). |
| Bout à 280°. | |
| Cristallise facilement (système cubique). | |

**= 139. Propriétés chimiques. =** a) *Phosphore ordinaire. Sa propriété caractéristique est d'émettre dans l'obscurité une lueur bleuâtre (phosphorescence),* due à une oxydation lente, qui fournit principalement de l'*anhydride phosphoreux*, $P^2O^3$. La phosphorescence cesse en présence de vapeurs de benzine ou d'essence de térébenthine.

Il s'enflamme dans l'oxygène dès que la température atteint 60° ; cette combustion est très vive, par suite du grand dégagement de chaleur qui porte à l'incandescence l'anhydride phosphorique formé :

$$2P + 5O = P^2O^5 + 365\,000^c.$$

Le simple frottement peut l'enflammer. Ses brûlures

---

[1] La forme primitive du système rhomboédrique est un polyèdre à 6 faces, constituées par des losanges égaux.

sont très dangereuses : c'est ce qui explique pourquoi il doit être coupé et fondu sous l'eau.

La combustion se produit plus facilement encore si le phosphore est très divisé.

*Expérience.* — Préparons dans une fiole en verre bouchée à l'émeri une petite quantité d'une dissolution de phosphore dans le sulfure de carbone. Versons quelques gouttes de cette dissolution sur une feuille de papier filtré. Le papier, abandonné ensuite sur un verre, s'enflamme au bout de quelques minutes, car le sulfure de carbone, en s'évaporant, a laissé une multitude de petits cristaux de phosphore qui prennent feu spontanément et enflamment le papier.

L'affinité du phosphore pour l'oxygène en fait un *réducteur énergique*. Il réduit la vapeur d'eau, l'acide sulfurique, l'acide azotique et la plupart des oxydes métalliques pour former de l'*anhydride phosphorique* ou de l'*acide phosphorique*. Mais, comme il se combine également aux métaux, on obtient en outre, dans la réduction des oxydes, un *phosphure métallique* (phosphures de fer, de cuivre, de zinc, etc.).

Quand on fait passer des vapeurs de phosphore sur des bâtons de craie fortement chauffés, il se produit une matière brune ayant gardé la forme de la craie; cette matière renferme du *phosphure de calcium*, corps qui possède l'odeur d'ail du phosphore et un peu celle du carbure de calcium ordinaire.

*Expérience.* — Laissons tomber quelques morceaux de ce corps dans un verre renfermant de l'eau additionnée de sciure de bois (fig. 112). Il se forme, au contact de l'eau, des gaz qui brûlent en arrivant à la

Fig. 112. — Action de l'eau sur le *phosphure de calcium*.

surface et forment des couronnes de fumée blanche contenant de l'anhydride phosphorique. Ces gaz sont formés d'hydrogène et de phosphures d'hydrogène dont l'un est gazeux ($PH^3$) et l'autre liquide ($P^2H^4$). Ce dernier s'enflamme spontanément à l'air et met le feu aux autres gaz. C'est à ce liquide qu'on attribue le phénomène des *feux follets*.

Le phosphore se combine également avec dégagement de chaleur au *chlore* (66, a).

Avec le *soufre*, il forme plusieurs sulfures, dont le plus important est un corps solide jaune ($P^4S^3$) qui sert dans la fabrication des allumettes à la place du phosphore (allumettes au *sesquisulfure*, 142).

Le phosphore blanc, introduit dans les voies digestives, est un *poison violent*. Le seul contrepoison efficace est l'essence de térébenthine. Ses vapeurs sont très toxiques et produisent la *nécrose* des os, maladie terrifiante et mortelle, qui affecte les ouvriers manipulant ce corps.

b) *Phosphore rouge.* — Le phosphore rouge se combine aux corps simples en formant les mêmes corps que le phosphore ordinaire ; mais ces combinaisons sont beaucoup moins énergiques. Il s'enflamme à 280° seulement ; le frottement ne dégage pas assez de chaleur, en général, pour atteindre cette température. Il s'oxyde très lentement dans l'air à la température ordinaire et *n'est pas phosphorescent*.

Alors que le phosphore ordinaire décompose à l'ébullition les dissolutions alcalines (réduction de l'oxyde correspondant), le phosphore rouge n'a aucune action sur ces bases. Enfin *il n'est pas toxique*, ce qui explique sa substitution au phosphore ordinaire pour la fabrication des allumettes [1].

**= 140. Composés oxygénés du phosphore : anhydride phosphorique, acides phosphoriques. =** Le corps solide blanc ($P^2O^5$), obtenu dans la combustion vive du phosphore, se combine à l'eau pour former *des acides phosphoriques.* Nous l'avons constaté (40) à l'aide du tournesol bleu. C'est donc de l'*anhydride phosphorique.* Ce corps est extrêmement avide d'eau, et la combinaison dégage beaucoup de chaleur; on peut le constater en plaçant un peu de ce corps dans un morceau de papier filtre appliqué sur le dos de la main. (De là provient le danger des brûlures produites par le phosphore.)

---

[1] La vente et le transport du phosphore ne peuvent se faire que dans des conditions précises déterminées par la loi. Tous renseignements, à ce sujet, sont fournis par les maisons de produits chimiques.

Il doit donc être conservé en flacons hermétiquement fermés ; on l'utilise quelquefois comme desséchant et comme déshydratant.

Si, dans la combinaison de l'anhydride avec l'eau, on empêche la température de s'élever, il se forme un acide correspondant à la réaction :

$$P^2O^5 + 3(H^2O) = P^2O^6H^2 = 2(PO^3H).$$

Cet acide, dont la formule $PO^3H$ est identique à celle de l'acide azotique $AzO^3H$, s'appelle *acide métaphosphorique*.

Si, au contraire, on laisse la température s'élever, il se forme un acide correspondant à la réaction :

$$P^2O^5 + 3(H^2O) = P^2O^8H^6 = 2(PO^4H^3).$$

Cet acide est l'*acide orthophosphorique* ou *acide phosphorique ordinaire*, corps qui se présente habituellement sous forme de cristaux incolores, donnant par fusion un liquide sirupeux.

Chauffé vers 200°, cet acide se déshydrate partiellement et fournit un autre acide, l'*acide pyrophosphorique* :

$$2(PO^4H^3) - H^2O = \underbrace{P^2O^7H^4}_{\text{Acide pyrophosphorique.}}$$

Il y a donc trois acides phosphoriques. Le plus important est l'acide orthophosphorique, dont les sels ou orthophosphates s'appellent habituellement des *phosphates*.

*Remarque.* — A l'anhydride *phosphoreux*, $P^2O^3$, formé dans la combustion lente du phosphore, correspond l'*acide phosphoreux* $PO^3H^3$, qu'on écrit :

$$PO \begin{cases} OH \\ OH \\ H \end{cases},$$

car le *phosphite neutre de sodium* a pour formule $PO^2Na^2H$ ou

$$PO \begin{cases} ONa \\ ONa \\ H \end{cases}.$$

## = 141. Principe de la fabrication du phosphore ordinaire et du phosphore rouge.

= Dans les os et dans certains terrains existe un phosphate de calcium $(PO^4)^2Ca^3$, appelé *phosphate tricalcique* (227). Supposons que ce phosphate soit traité par une quantité d'acide sulfurique suffisante pour éliminer entièrement le calcium :

$$(PO^4)^2Ca^3 + 3(SO^4H^2) = 2(PO^4H^3) + 3(SO^4Ca).$$

*L'acide phosphorique*, qui est soluble, pourra être séparé du sulfate de calcium presque insoluble. Si l'on chauffe cet acide avec du charbon à haute température, il se produira la réaction

$$PO^4H^3 + 4C = P + 4(CO) + 3H.$$

Pour obtenir le *phosphore* en bâtons, il suffira donc de condenser la vapeur de phosphore contenue dans les gaz dégagés, de purifier le liquide par filtration sur noir et de le couler dans des moules : tel est le principe de la *méthode chimique* employée pour la fabrication du phosphore ordinaire.

On le prépare également aujourd'hui par une *méthode électro-thermique* : elle consiste à traiter directement dans un four électrique le phosphate tricalcique additionné de silice. Celle-ci élimine le calcium sous forme de scorie fusible ; le carbone réducteur est fourni par les électrodes.

On obtient le *phosphore rouge* en chauffant à 250°, pendant une dizaine de jours, du phosphore ordinaire contenu dans des cylindres en fonte. Il se forme une masse dure, qu'on détache au marteau et qu'on broie sous l'eau pour la transformer en poudre. Cette poudre renferme toujours du phosphore ordinaire (138). On la purifie en la chauffant avec une dissolution de soude qui laisse intact le phosphore rouge.

## = 142. Fabrication des allumettes.

= Toute allumette chimique comprend deux parties essentielles : une tige et une pâte.

La tige est constituée par une petite bûchette de bois

tendre (aune, tremble ou peuplier) ou par une mèche de coton imprégnée d'acide stéarique ou de paraffine (allumettes-bougies).

La pâte, qui forme bouton à l'extrémité de la tige, renferme au moins un corps combustible, des corps oxydants, des matières colorantes et un agglutinant. Par sa combustion elle met le feu au support, soit directement, soit par l'intermédiaire de soufre.

Nous n'examinerons que les allumettes françaises, dans la fabrication desquelles entre le phosphore ou le sesquisulfure de phosphore. On peut les diviser en deux grandes catégories : 1° les *allumettes au sesquisulfure*, qui ont remplacé depuis longtemps déjà les allumettes au phosphore ordinaire ; ces dernières se fabriquent de moins en moins dans les autres pays, à cause des dangers qu'elles présentent et de la nécrose qu'elles produisent chez les ouvriers ; 2° les *allumettes amorphes*.

*Les allumettes au sesquisulfure*, soufrées sur $1^{cm}$ de longueur environ, sont terminées par un bouton ocré qui s'enflamme par simple frottement sur une surface rugueuse. Les *allumettes amorphes*, dont les formes les plus connues sont le type Régie à bûchette blanche soufrée terminée par un bouton brun foncé et le type « Suédoises » à bûchette rouge paraffinée terminée par un bouton jaune, ne peuvent s'enflammer par simple frottement comme les précédentes. Il faut utiliser un frottoir spécial, constitué par un *gratin* contenant du phosphore amorphe, étendu en couche mince sur une des faces de la boîte qui renferme les allumettes.

ALLUMETTES AU SESQUISULFURE

| | | |
|---|---|---:|
| Combustible : | *Sesquisulfure de phosphore* | $3^{gr}$ |
| Oxydant : | *Chlorate de potassium* | 12 |
| Colorant : | Ocre rouge | 1 |
| Corps rugueux : | Verre pilé | 3 |
| Agglutinants | Gélatine | 3 |
| | Colle forte | 2 |
| | Oxyde de zinc | 2,3 |
| | Eau | 18.7 |
| | | $50^{gr}$ |

|         |                              |        |
|---------|------------------------------|--------|
| Bouton  | *Fleur de soufre*            | 1gr 9  |
|         | *Chlorate de potassium*      | 18,6   |
|         | Bichromate                   | 1,8    |
|         | Verre pilé                   | 3      |
|         | Colle forte                  | 2,3    |
|         | Gomme adragante              | 0,6    |
|         | Blanc de zinc                | 4,6    |
|         | Eau                          | 17,2   |
|         |                              | 50gr   |
| Gratin  | *Phosphore amorphe*          | 0      |
|         | Terre d'ombre                | 7      |
|         | Verre pilé                   | 3      |
|         | Gomme adragante              | 1      |

La fabrication des allumettes ordinaires comporte les opérations suivantes :

1º La *préparation des bûchettes* et leur *mise en presse* automatiquement, entre des lames de bois parallèles qui sont ensuite serrées dans un cadre en fer ;

2º La *mise en soufre et en pâte :* on immerge successivement dans ces produits les allumettes en presse. Chaque trempage est suivi d'un séchage convenable. Les cadres sont ensuite dégarnis et les allumettes rangées automatiquement dans de grandes boîtes qui facilitent le triage ;

3º Les *opérations finales,* qui comprennent le triage, la mise en boîtes, le gratinage des boîtes, s'il y a lieu, le timbrage et l'emballage.

## 2. — L'ARSENIC ET SES PRINCIPAUX COMPOSÉS.

**= 143. Propriétés essentielles. =** L'*arsenic* est un corps simple qu'il ne faut pas confondre avec le corps blanc désigné habituellement sous le même nom et qui est de l'*anhydride arsénieux* ($As^2O^3$).

L'*arsenic* se présente habituellement sous la forme d'un solide gris d'aspect métallique, insoluble dans l'eau et qui se *sublime* facilement (fig. 113).

Comme le phosphore, il peut se présenter sous deux formes allotropiques très différentes : l'*arsenic cristallisé* (D = 5,7), l'*arsenic amorphe* (D = 4,7).

Fig. 113.
Sublimation de l'arsenic.

Il s'oxyde lentement dans l'air humide et se recouvre d'une couche grise qui le ternit : c'est pourquoi on le conserve sous l'eau. Il brûle assez difficilement dans l'air, mais s'enflamme dans l'oxygène à partir de 200° en donnant de l'*anhydride arsénieux* $As^2O^3$ (différence avec le phosphore).

Nous avons vu (66) qu'il brûle dans le *chlore;* il n'y a qu'un chlorure d'arsenic, $Cl^3As$.

Il forme avec le soufre plusieurs sulfures qui existent dans la nature et dont les plus importants sont le *réalgar* ($As^2S^2$; rouge) et l'*orpiment* ($As^2S^3$; jaune), qu'on utilise pour le débourrage des peaux de mouton.

Enfin il se combine à tous les métaux pour former des *arséniures*, qu'on rencontre dans la plupart des sulfures naturels (95, *b*). C'est de l'un de ces composés, le *mispickel* ($FeSAs$), qu'on retire l'arsenic par distillation et condensation :

$$FeSAs = SFe + As\uparrow.$$

**= 144. Anhydride arsénieux. =** C'est le composé le plus important de l'arsenic. On l'appelle encore *arsenic blanc, farine d'arsenic, mort aux rats* ou, improprement, *acide arsénieux.*

On l'obtient en grillant les arséniures naturels. Il peut d'ailleurs affecter plusieurs formes : poudre, masse vitreuse (arsenic vitreux), masse blanche opaque (arsenic porcelané).

Il se comporte comme un oxydant avec certains corps, le charbon, par exemple :

$$2(As^2O^3) + 3C = 4As + 3(CO^2);$$

d'où son emploi en verrerie (175).

Avec les oxydants, l'acide azotique, par exemple, il se transforme en *anhydride arsénique :*

$$As^2O^3 + O^2 = As^2O^5;$$

vis-à-vis des corps oxygénés, il se comporte donc comme un *réducteur.*

**= 145. Arsénites. Arséniates. =** A l'anhydride arsénieux correspond l'*acide arsénieux*, $AsO^3H^3$ :

$$As^2O^3 + 3(H^2O) = 2(AsO^3H^3)$$

inconnu à l'état libre, dont la formule est identique à celle de l'acide phosphoreux et dont les sels sont des *arsénites*. Celui qui sert à préparer les autres est l'*arsénite de potassium*.

*Expérience.* — Versons dans une dissolution de *sulfate de cuivre* quelques gouttes d'une dissolution d'*arsénite de potassium* (ou une solution faite avec 2 parties d'anhydride arsénieux et 8 parties de carbonate de potassium) : il se forme un précipité vert feuille d'arsénite de cuivre qui, lavé et séché, constitue le *vert de Scheele*.

En remplaçant le sulfate de cuivre par de l'*acétate de cuivre*, on obtient un précipité d'un vert différent du précédent, le *vert de Schweinfurt*.

Ces couleurs sont employées en peinture et dans la fabrication des papiers peints; elles donnent de belles nuances, mais sont très vénéneuses.

A l'*anhydride arsénique*, $As^2O^5$, correspondent des *acides arséniques* de formules identiques à celles des acides phosphoriques (140), et dont les sels s'appellent *arséniates*. Un certain nombre sont employés en thérapeutique. L'anhydride arsénique est employé comme *oxydant*. (Voir préparation de la fuchsine, 325.)

**= 146. Toxicité de l'arsenic. Moyens de reconnaître ce corps. =** L'arsenic est un corps faiblement toxique, mais *tous ses composés sont très vénéneux;* de là l'emploi de l'*anhydride arsénieux* pour la destruction des rats, des mouches, des insectes, etc.

Un grand nombre d'empoisonnements sont dus à l'ingestion de ce composé, qui se présente usuellement sous forme d'une poudre blanche, inodore, ressemblant à de la farine. Son action est mortelle dès qu'il a pénétré dans la circulation. Tant qu'il n'est que dans l'estomac, on peut combattre ses effets par l'emploi de vomitifs énergiques, puis de contrepoisons, dont les plus efficaces sont la magnésie calcinée et l'hydrate ferrique.

En dehors de l'empoisonnement aigu, les composés arsénicaux peuvent produire une intoxication lente, l'*arsénicisme*, très difficile à combattre. C'est là le grand danger des verts arsénicaux.

A petite dose, l'arsenic agit sur l'organisme comme tonique ou comme antiseptique; de là l'emploi de ses dérivés minéraux ou organiques pour la préparation d'un grand nombre de produits médicamenteux (liqueurs de Fowler, de Pearson, etc.).

La présence de l'arsenic dans un corps quelconque peut

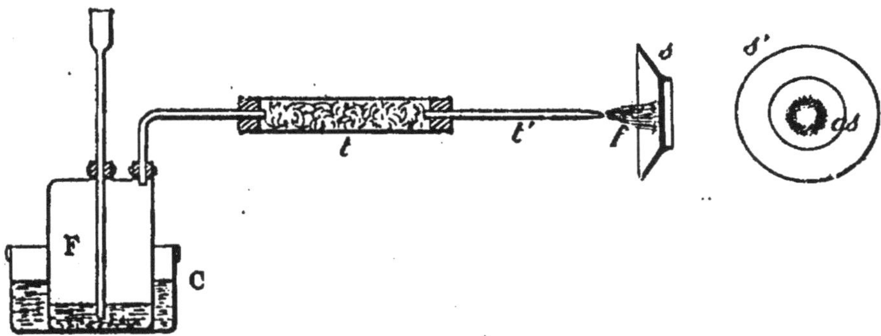

Fig. 114. — *Appareil de Marsh.*

F, appareil producteur d'hydrogène *pur*, dans lequel on introduit la solution arsénicale; *t*, tube épurateur contenant de l'ouate de coton; *t'*, tube effilé; *f*, flamme d'hydrogène et d'hydrogène arsénié; *s*, soucoupe écrasant la flamme. — Il se forme sur la soucoupe (*s*) une tache d'arsenic (*as*) volatile, soluble dans l'eau de Javel.

être mise en évidence à l'aide de l'*appareil de Marsh* (fig. 114).

On peut reconnaître l'*anhydride arsénieux* en le chauffant avec de l'*acétate de sodium;* il se dégage une vapeur nauséabonde d'odeur caractéristique (*cacodyle*), très vénéneuse d'ailleurs.

**═ 147. Métalloïdes de la 3ᵉ famille. ═** Près de l'arsenic, on place quelquefois l'*antimoine* (Sb), corps d'aspect métallique, qui a beaucoup plus d'usages que l'arsenic libre et qui, notamment, entre dans la composition d'assez nombreux alliages (196).

L'arsenic et l'antimoine présentent, dans leurs propriétés chimiques, certaines analogies avec le *phosphore*. Ils brûlent dans l'oxygène en formant des anhydrides. Ils donnent avec l'hydrogène des composés neutres et combustibles rappelant l'hydrogène phosphoré. Les formules de ces composés sont identiques à celles des composés correspondants de l'*azote*.

|  | Az. | P | As | Sb |
|---|---|---|---|---|
| *Chlorures*. . . . . . . . . | $Cl^3Az$ | $\begin{cases} Cl^3P \\ Cl^5P \end{cases}$ | $Cl^3As$ | $\begin{cases} Cl^3Sb \\ Cl^5Sb \end{cases}$ |
| *Composés hydrogénés*. . | $AzH^3$ | $PH^3$ | $AsH^3$ | $SbH^3$ |
| *Anhydrides*. . . . . . . | $\begin{cases} Az^2O^3 \\ Az^2O^5 \end{cases}$ | $\begin{cases} P^2O^3 \\ P^2O^5 \end{cases}$ | $\begin{cases} As^2O^3 \\ As^2O^5 \end{cases}$ | $\begin{cases} Sb^2O^3 \\ Sb^2O^5. \end{cases}$ |

C'est pourquoi tous ces corps sont rangés dans la même famille. L'azote toutefois se différencie nettement des trois autres par sa faible affinité chimique pour le chlore et pour l'oxygène, ainsi que par les propriétés basiques de l'ammoniaque.

Le *bore* (B) n'a aucune analogie chimique avec les quatre corps précédents, malgré sa trivalence. Il doit être mis à part. Il forme deux composés importants :

1° L'*acide borique* ($BO^3H^3$), qui se vend en paillettes, en poudre ou fondu; c'est un corps soluble dans l'eau (*eau boriquée*), employé comme antiseptique et pour imprégner les mèches des bougies stéariques (295);

2° Le *borax* ou tétraborate de sodium ($B^4O^7Na^2$), corps solide blanc vendu en cristaux ou en poudre, dont on se sert pour le glaçage du linge et pour le décapage des métaux destinés à être soudés.

# CHAPITRE IX

## CHARBON. — GAZ CARBONIQUE. — OXYDE DE CARBONE.

----

**1. — CHARBONS ET CARBONE. — PROPRIÉTÉS ESSENTIELLES.**

= **148. Exemples.** = Si l'on retire d'un foyer où brûle du *bois* une bûche à moitié consumée, on constate que le bois s'est transformé en une substance *noire*, capable elle-même de brûler, sans produire de flamme toutefois : on dit que le bois s'est *carbonisé*, et au corps noir formé on donne le nom de **charbon de bois**, qui en rappelle l'origine. La *braise des boulangers* est une variété de charbon de bois.

La *houille* présente avec le charbon de bois quelques analogies ; elle est *noire* et *brûle*, ce qui justifie le nom très ancien de *charbon de terre*, qu'on lui donne encore souvent. Consumée lentement à l'abri de l'air, elle se transforme en une substance sonore, d'un gris noirâtre, qui s'allume difficilement et brûle sans flamme. Cette substance est à la houille ce que le charbon de bois est au bois ; on l'appelle le *coke*.

Quand une lampe à pétrole *file*, il se dépose sur le verre une poussière noire très ténue qui tache les doigts (*noir de fumée*). Nous avons appelé *charbon de sucre* le résidu noir et léger obtenu dans la décomposition du sucre par la chaleur (3).

Tous les corps précédents, en effet (charbon de bois, braise, houille, coke, noir de fumée, charbon de sucre), rentrent dans la catégorie des corps appelés **charbons,** parce qu'ils sont *noirs* et *brûlent*. Ils possèdent, en outre, *quelques propriétés physiques* communes : ce sont des corps *solides sans aucune odeur ni saveur*, absolument *insolubles dans l'eau, infusibles aux plus hautes températures*; le ramollissement de certaines houilles est dû à des matières goudronneuses. De plus, et ce caractère est absolument général, *tous donnent en brûlant dans l'air ou dans l'oxygène un gaz lourd qui trouble l'eau de chaux* [(17) (82)], le *gaz carbonique*. C'est pour cette raison que les chimistes ont rangé dans la catégorie des charbons la *mine de crayons* et le *diamant*, bien que celui-ci soit très dur, transparent souvent, et d'un aspect tout différent de celui du charbon de bois. Ces deux corps, très réfractaires, brûlent à une température élevée en laissant un peu de cendres, et ils fournissent du gaz carbonique, comme un charbon quelconque.

**═ 149. Charbon pur ou carbone.** ═ Brûlons un poids déterminé de différentes sortes de charbons, et faisons en sorte de peser les *cendres* produites, ainsi que le *gaz carbonique* formé (161). Nous trouverons, par exemple, que, en se combinant avec l'oxygène,

12ᵍ *de charbon de sucre* fournissent 44ᵍ de gaz carbonique et pas de cendres.
12ᵍ *de charbon de bois* — 30ᵍ,3 et 2ᵍ,4 —
12ᵍ *de houille* bien sèche — 35ᵍ,2 et 1ᵍ,1 —
12ᵍ *de coke* bien sec — 39ᵍ,6 et 1ᵍ,2 —
12ᵍ *de diamant* donneraient un peu
 moins de . . . . . . . . . . . . . 44ᵍ de gaz et quelques ᵐᵐᵍ de cendres.

Le même poids, 12ᵍ, de ces différents charbons donnant des poids différents de gaz carbonique et de cendres, nous devons en conclure que ce ne sont pas des corps purs, mais des mélanges. Toutefois le *charbon de sucre*, dont la combustion se fait sans laisser de cendres et donne le poids *maximum* de gaz, peut être considéré comme un corps pur. C'est du *charbon pur* ou **carbone**.

On appelle **carbone** *le corps simple tel que* 12ᵍ *de ce corps, en brûlant complètement, donnent* 44ᵍ *de gaz carbonique*. Moins donc un corps renferme de carbone, moins il donne de gaz carbonique. Les charbons précédents se rangent dans l'ordre suivant par richesse croissante en carbone :

Houille, charbon de bois, coke, diamant, charbon de sucre.

Les *cendres* représentent les matières minérales associées au charbon. Leur poids ne peut toutefois renseigner exactement sur la teneur en carbone du corps considéré, car celui-ci peut renfermer d'autres corps simples qui se dégagent pendant la combustion ou brûlent eux-mêmes : c'est le cas de la houille, qui, outre du carbone, renferme de l'oxygène, de l'azote, de l'hydrogène, du soufre.

Le *carbone* existe à l'*état de combinaison* dans une foule de corps : combiné à l'hydrogène, il constitue les *hydrocarbures*, dont plusieurs se trouvent dans la nature (gaz grisou, pétroles). Combiné à l'oxygène, à l'hydrogène et souvent à l'azote, il se trouve dans toutes les *matières organiques, animales et végétales* (lait, os, viande; bois, sucre, huiles, pain). Il a perdu évidemment, dans tous ces composés, les propriétés caractéristiques du carbone libre ; mais, si l'on soumet ces corps à une température élevée, ils se décomposent, et le carbone apparaît sous forme de *charbon* : c'est ce qui explique pourquoi la viande trop rôtie, le pain trop grillé, les os calcinés avec précaution, etc., prennent la teinte *noire* du charbon; pourquoi l'huile, le pétrole, incomplètement brûlés, donnent une flamme fumeuse. C'est avec quelques-uns de ces corps qu'on fait les *charbons artificiels*.

= **150. Classification.** = On peut diviser les charbons en deux grandes catégories :

1° Les *charbons naturels :* diamant, graphite, combustibles dits minéraux (anthracites, houilles, lignites et tourbes);

2° Les *charbons artificiels :* coke, charbon de bois, noir de fumée, noir animal.

L'étude des *combustibles* étant faite dans le cours de marchandises, nous dirons seulement quelques mots du diamant, du graphite, du noir de fumée et du noir animal.

= **151. Diamant.** = Le diamant se trouve dans la nature (Brésil, Inde, Afrique du Sud) sous forme de *cristaux* à 8, 12, 24 facettes appartenant au système cubique (fig. 115), tantôt absolument incolores, tantôt légèrement teintés de rose ou de jaune, tantôt enfin complètement noirs (*carbonados*). Ces cristaux sont de grosseurs très différentes ; leur densité varie entre 3 et 3,5 ; ils contiennent de 96 à 99,5 °/₀ de carbone. Les plus beaux sont employés en joaillerie ; les autres servent à garnir les *diamants de vitriers* (fig. 116), certaines *filières* d'étirage, les *perforatrices* employées dans le creusement des tunnels en roche dure : le diamant est, en effet, le corps le plus dur qu'on con-

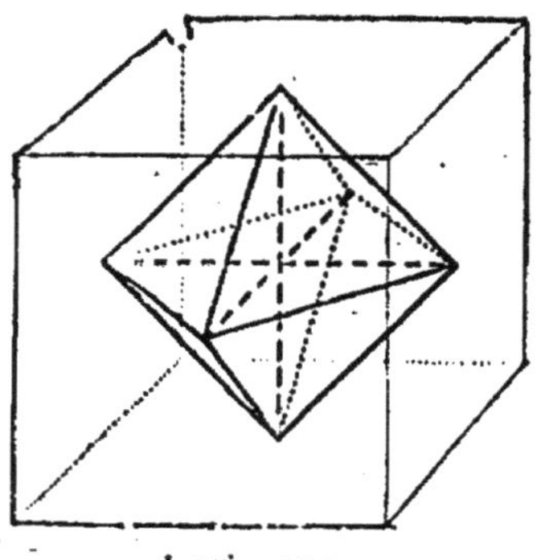

Fig. 115.

Cube et octaèdre régulier.

Fig. 116. — Diamant de vitrier :

*s*, sabot ; *d*, morceau de diamant ; *m*, manche ; *c*, casse-verre.

naisse ; il raye tous les autres corps. Il ne peut être *taillé*[1] qu'au moyen de sa propre poussière.

= **152. Graphite.** = C'est le nom savant de la *mine de plomb* des ménagères ou *plombagine*, car ce corps laisse, comme le plomb, une trace grise sur le papier ; d'où son emploi dans la confection des crayons ordinaires. Il s'extrait du sol, surtout aux environs d'Irkoutsk et dans l'île de Ceylan. C'est un corps cristallisé dans le système hexagonal (fig. 117), à structure feuilletée, tendre, friable, doux au toucher, tachant les doigts (on le

---

[1] La taille est l'opération qu'on fait subir aux diamants de prix pour obtenir un grand nombre de facettes qui augmentent leur éclat à la lumière.

constate facilement en apointant un crayon sur un doigt).
Sa densité varie entre 2,1 et 2,4 ; il renferme seulement
de 75 à 91 % de carbone ; le reste est formé
de matières terreuses, dont on se débarrasse
par broyage et lavage. C'est un corps *très
réfractaire ;* d'où son emploi en métallurgie
pour faire des *creusets* de fusion, des *briques
neutres* pour garnissage de fours, pour garnir (*brasquer*) le fond de certains *moules* en
fonderie. Il est encore utilisé comme *lubri-
fiant* dans la grosse horlogerie, comme en·
duit préservatif contre la rouille pour les
poêles et tuyaux. Il conduit assez bien l'électricité, d'où son emploi pour rendre conducteurs les moules en plâtre, gutta ou gélatine, destinés à la
reproduction d'objets par voie galvanique.

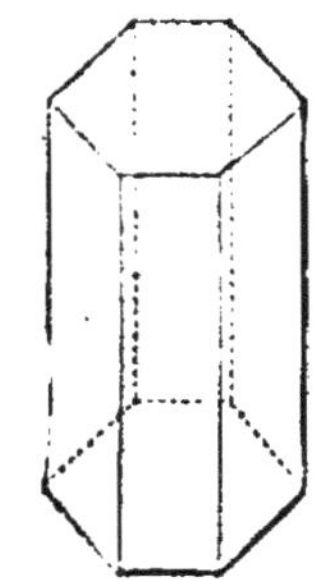

Fig. 117.
Prisme hexago·
nal régulier.

Le graphite existe dans les *fontes grises* qui sont tra-
vaillées dans les ateliers ; c'est lui qui tache les doigts
quand on les lime, tourne, perce.

*Remarque.* — Le diamant, le graphite sont des variétés de *carbone cristallisé :* celui-ci est donc *dimorphe.* Le charbon de bois,
le noir de fumée, la houille, ne sont pas cristallisés ; le carbone
qu'ils contiennent est *amorphe.*

= **153. Noir animal.** = Ce produit se fabrique avec du
sang et surtout des os. Lorsqu'on jette un os dans le feu,
on le voit brûler avec flamme, noircir, devenir incandescent et finalement se transformer en une matière blanche
(*os blancs*), friable (*cendre d'os*), formée essentiellement
de carbonate et de phosphate de calcium : c'est la partie
minérale de l'os ; à elle seule, elle forme près des 70 % de
l'os primitif. Le reste, soit 30 %, constitue la partie organique, composée elle-même de *graisses* et d'une matière
azotée, l'*osséine ;* bouillie avec de l'eau, l'osséine donne
une gelée, qui devient solide par refroidissement et constitue la *gélatine* ou *colle forte.* Si l'os est chauffé en vase
clos, le carbone des matières organiques ne peut brûler et
imprègne la partie minérale (*os noirs*).

L'opération se fait industriellement dans des marmites superposées renfermant environ 25$^{kg}$ d'os (fig. 118). On broie les os noirs en évitant la formation de fines poussières ; la poudre obtenue est ensuite tamisée et vendue sous le nom de *noir en grains*. C'est une substance poreuse renfermant au maximum de 10 à 12 0/0 de carbone, comparable à de la houille qui contiendrait près de 90 0/0 de pierre et qu'on n'utilise évidemment pas comme combustible.

Fig. 118. — Préparation du noir animal.

## = 154. Noirs de fumée. =

*Expérience.* — Faisons brûler dans un têt en terre (fig. 119) un papier imprégné *d'essence de térébenthine*. Observons la flamme, *fuligineuse*. Recouvrons-la d'une assiette ou d'un carreau blanc : ces objets noircissent, par suite d'un dépôt de suie très fine, dite *noir de fumée*.

Dans l'industrie, on fait brûler incomplètement des résidus de peu de valeur : vieilles graisses, huiles, résines, goudrons. Un des appareils les plus employés se compose (fig. 120) d'une chaudière C, où la matière est brûlée par une faible quantité d'air, d'une chambre D où se dépose le noir le plus gros et le moins pur, puis d'une série de sacs en toile S de 3$^m$ de haut où l'on recueille le noir le plus fin.

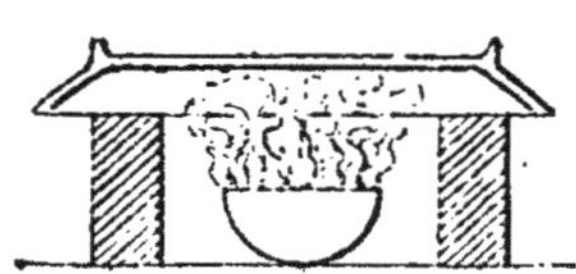

Fig. 119. — Production de noir de fumée.

Les noirs ainsi obtenus renferment de 95 à 97 % de carbone ; le reste est constitué par des matières goudronneuses, qu'on enlève par calcination à l'abri de l'air. Ils entrent dans la confection des *peintures noires*, des *crayons Conté*, des *vernis* et *cirages noirs*.

## = 155. Propriétés des charbons poreux.

a) *Pouvoir absorbant.* — Un morceau de charbon de bois exposé à l'air, après avoir été fortement chauffé, augmente de poids : il absorbe dans ses pores les gaz de l'air. Plus le charbon est poreux, plus la quantité absorbée est considérable ; mais celle-ci dépend aussi de la nature du gaz et de la température à laquelle se produit l'absorption. Ce phénomène présente de grandes analogies avec la dissolution des gaz dans l'eau : ce sont les gaz les plus solubles dans l'eau qui sont les plus absorbés ; le pouvoir absorbant, de même que la solubilité, diminue quand la température s'élève.

EXEMPLES. — 1dm³ de Charbon de bois absorbe à     15°     0° — 185° :
    Gaz ammoniac     90ᵗ » »
    Gaz chlorhydrique   85ᵗ » »
    Oxygène      9ᵗ 18ᵗ 230ᵗ
    Azote       7ᵗ 15ᵗ 155ᵗ
    Hydrogène     2ᵗ 4ᵗ 135ᵗ

*Expérience.* — Dans un verre contenant de l'eau additionnée de quelques centimètres cubes d'*alcali volatil*, ajouton un volume

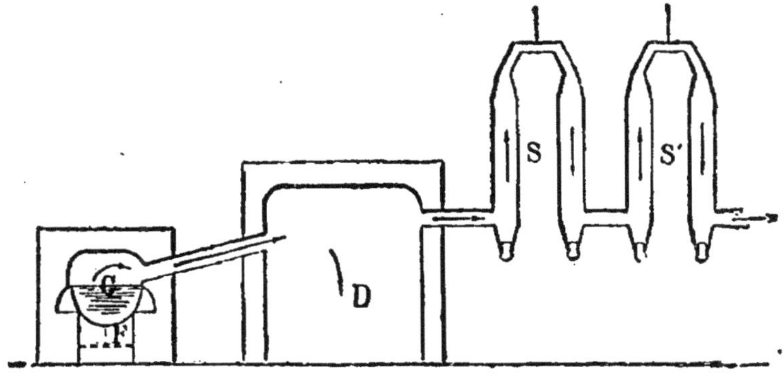


Fig. 120. — Préparation industrielle du noir de fumée.

égal de charbon de bois pulvérisé. Agitons la masse et versons le contenu du liquide sur un filtre. Le liquide qui passe est absolument *inodore*. On obtiendrait les mêmes résultats avec de l'eau dans laquelle a barboté de l'*acide sulfhydrique*.

Ces propriétés sont appliquées :

1° Pour la désinfection des fosses d'aisances à l'aide de charbon de bois pulvérisé, pour la purification des eaux potables (fig. 75) ;

2° Pour le remplissage dans l'industrie des colonnes destinées à purifier ou à absorber les gaz : tours garnies de coke ou *scrubbers* des usines à gaz, des fabriques de produits chimiques ; épurateurs humides des appareils producteurs de *gaz pauvres* pour force motrice, etc.

b) *Pouvoir décolorant.* — Les charbons poreux, le *noir*

*animal* surtout, ont la propriété d'absorber un grand nombre de matières colorantes.

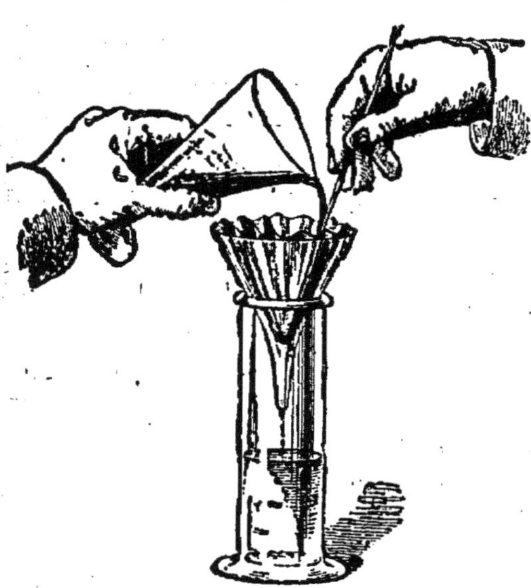

Fig. 121. — Pouvoir décolorant du noir animal.

*Expérience.* — Délayons dans un verre du *vin rouge* étendu d'eau et du *noir en grains*. Filtrons (fig. 121) : le liquide passe faiblement coloré. Recommençons l'agitation avec du noir et filtrons de nouveau : le liquide est à peu près décoloré.

Le pouvoir décolorant d'un noir s'affaiblit assez rapidement par suite de l'accumulation dans ses pores des matières colorantes. On le fait réapparaître par une calcination légère qui brûle ces matières (*revivification*); un peu de carbone brûlant chaque fois, le produit perd peu à peu ses propriétés décolorantes et forme un résidu vendu comme engrais.

Très employé autrefois en sucrerie et raffinerie, le noir animal a perdu dans ces industries son importance. On s'en sert surtout pour la *décoloration des alcools bruts*, le *blanchiment des sirops de glucose, du miel, de la vaseline.*

== **156. Propriétés chimiques du carbone.** ==

1). — La propriété chimique caractéristique du carbone est, comme nous l'avons vu, sa *combinaison avec l'oxygène* qui se fait avec un dégagement de chaleur capable de porter le corps à l'incandescence. Chaque variété de charbon s'oxyde à une température déterminée et devient incandescente à une autre température ; ces deux températures sont : pour la *braise de boulanger*, 230° et 350°; pour le *diamant*, 700° et 850°. C'est ce qui fait dire que la *braise de boulanger* est le plus combustible des charbons : d'où son emploi pour allumer les autres. *Le carbone combiné brûle, en général, beaucoup plus facilement que le carbone libre.*

2). — Nous avons supposé, pour définir le carbone, que la combustion se produisait dans un *excès* d'air ou d'oxygène ; dans ces conditions, 12$^g$ de carbone se combinent à 32$^g$ d'oxygène pour former 44$^g$ de *gaz carbonique*. Mais il peut se faire, si l'oxygène est en quantité insuffisante, qu'on obtienne un gaz qui ne trouble pas l'eau de chaux, qui brûle avec une flamme bleue (la flamme qu'on voit se produire au-dessus d'un réchaud à coke, par exemple), et dans lequel l'analyse a trouvé 16$^g$ d'oxygène seulement pour 12$^g$ de carbone : ce gaz, très différent du gaz carbonique, s'appelle *oxyde de carbone*. Deux cas sont donc à distinguer dans la combustion du carbone :

1° 12$^g$ se combinent à 32$^g$ d'oxygène : formation de 44$^g$ de *gaz carbonique* (*combustion complète*); c'est ce qu'exprime l'égalité : $C + O^2 = CO^2$;

2° 12$^g$ se combinent à 16$^g$ d'oxygène : formation de 28$^g$ d'*oxyde de carbone* (la combustion est dite *incomplète*, puisque ce gaz est lui-même capable de brûler); c'est ce qu'exprime l'égalité : $C + O = CO$.

3). — Le carbone se combine à quelques autres corps simples, notamment avec les métaux, pour former des *carbures métalliques* [carbures de calcium (157,4), d'aluminium (241), de fer, qu'on trouve dans les fontes et les aciers, de chrome, de manganèse, etc.].

4). — Le carbone se combine très difficilement à l'hydrogène; mais il existe de nombreuses combinaisons d'hydrogène et de carbone ou *hydrocarbures*, dont plusieurs s'obtiennent en chauffant les matières organiques.

Ces hydrocarbures peuvent être *gazeux* (gaz du grisou ou *méthane, éthylène, acétylène*), *liquides* (*benzine, essence de térébenthine*), *solides* (*naphtaline*).

Ce sont des corps combustibles d'une importance considérable. (Chap. XV.)

## 157. Pouvoir réducteur. — 1. *Réduction de l'oxyde de cuivre.*

*Expérience.* — Plaçons dans un tube à essais un mélange intime d'oxyde de cuivre et de noir de fumée. Fermons le tube par un bouchon muni d'un tube recourbé plongeant dans l'eau de chaux (fig. 122) et chauffons. Au bout d'un certain temps : 1° l'eau de chaux se trouble ; 2° l'oxyde noir se transforme en une matière rouge qui est du cuivre métallique pulvérulent.

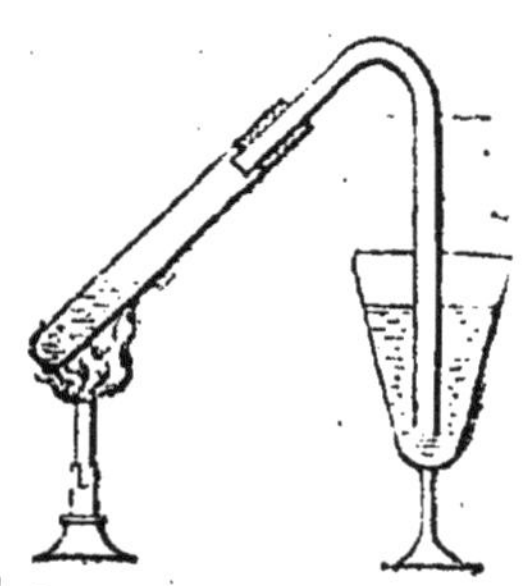

Fig. 122. — Réduction de l'oxyde de cuivre par le charbon.

Réaction :

$$2(CuO) + C = 2Cu + CO^2.$$

Le carbone est donc capable d'enlever l'oxygène de l'oxyde de cuivre.

*Il réduit* de même un grand nombre de composés oxygénés, propriété des plus importantes au point de vue industriel.

### 2. *Réduction de l'oxyde de plomb.*

*Expérience.* — Dans une cavité creusée au couteau dans un morceau de charbon de bois, déposons quelques grains de *litharge* (oxyde de plomb). Dirigeons sur ce corps le dard bleuâtre qu'on obtient en soufflant à l'aide d'un tube effilé dans la flamme du brûleur ; nous constatons la formation de globules de *plomb,* qui se rassemblent dans le fond du creux.

La réduction ne pourrait se produire dans un tube à essais, parce que celui-ci fondrait avant qu'elle commence. Elle se produit donc à une température plus élevée que celle de l'oxyde de cuivre, et, au lieu de gaz carbonique, c'est de l'*oxyde de carbone* qui se forme :

$$PbO + C = Pb + \overset{\uparrow}{C}O.$$

Un très grand nombre d'oxydes se comportent soit comme l'oxyde de cuivre, soit comme l'oxyde de plomb (formation de *gaz carbonique*; quand la température de réduction est comprise entre 400° et 800°; formation d'*oxyde de carbone,* si la réduction se fait à température plus élevée). Dans tous les cas, on obtient le *métal : c'est le prin-*

*cipe de la préparation dans l'industrie des métaux usuels (fer, zinc, plomb, cuivre, étain).*

### 3. Réduction de l'eau.

*Expérience.* — Prenons dans un foyer, avec une pince en fer, des morceaux de coke ou de charbon de bois bien incandescents et éteignons-les dans une cuve à eau sous une cloche pleine d'eau (fig. 123). Nous constatons un vif bouillonnement et la formation de bulles gazeuses qui se rassemblent au sommet de la cloche. En remplissant de ce gaz par transvasement quelques petites éprouvettes, nous constaterons : 1° que leur contenu brûle avec une flamme bleuâtre; 2° qu'elles renferment du gaz carbonique, car, si l'on y verse de l'eau de chaux, celle-ci se trouble.

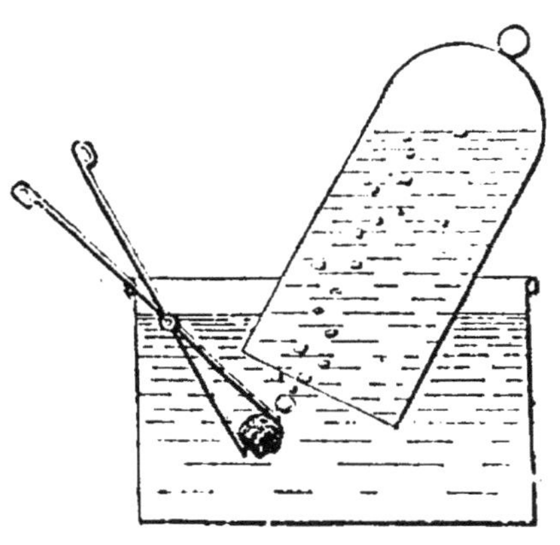

Fig. 123. — Décomposition de l'eau par le charbon incandescent.

Les réactions produites peuvent s'expliquer ainsi :

$$t > 600° : \quad H^2O + C = CO + H^2;$$
$$400° < t < 600° : 2(H^2O) + C = CO^2 + 2H^2.$$

Au début, le charbon étant très chaud, il se forme de l'hydrogène et de l'oxyde de carbone; puis, à cause du refroidissement, il se dégage du gaz carbonique. Au-dessous de 400°, l'eau n'est plus décomposée, mais seulement vaporisée. Si l'on ne tient pas compte de la vapeur d'eau, on voit donc que le mélange renferme de *l'hydrogène*, de *l'oxyde de carbone* (combustibles) et du *gaz carbonique*. Plus la température est élevée, moins il y a de ce dernier.

Le mélange combustible ainsi obtenu porte dans l'industrie le nom de *gaz à l'eau*.

4. *Réduction de la chaux.* — La chaux ne peut être réduite que par un excès de charbon à la température de l'arc électrique. Dans ces conditions, il se dégage de *l'oxyde de carbone*, et le calcium se combine à une

portion du charbon pour former du *carbure de calcium* :

$$CaO + 3C = \underbrace{CaC^2}_{\text{Carbure de calcium}} + \overset{\uparrow}{CO}.$$

La figure 124 montre la disposition d'un four électrique industriel,

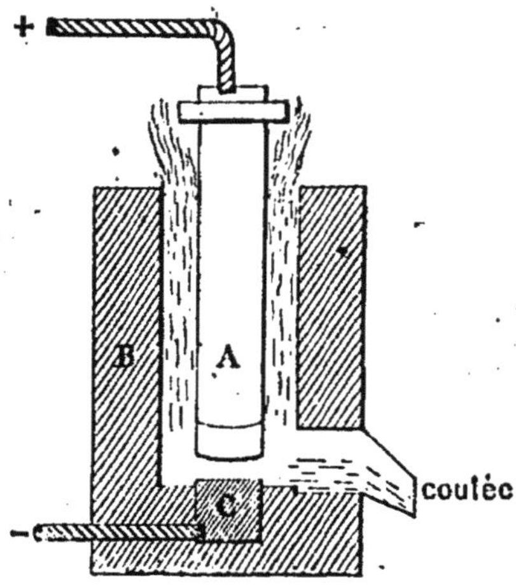



Fig. 124. — Four électrique
à résistance.

dit *à résistance*. Il se compose d'une cuve B à parois très réfractaires, dont le fond porte une plaque C en connexion avec le pôle négatif d'une source puissante ; A est une anode en graphite artificiel autour de laquelle on introduit un mélange en petits grains de *chaux* et de *coke*. Le carbure fondu est évacué par un trou de coulée latéral ; il est ensuite concassé, trié, bluté et embidonné pour la vente. Le carbure de calcium peut s'appeler de la *pierre à acétylène ;* car, au contact de l'eau, il se produit un dégagement abondant de ce gaz (250).

## 2. — GAZ CARBONIQUE ($CO^2$).

**158. Préparation.** — On l'obtient :

1° En *brûlant du charbon* aussi complètement que possible dans un courant d'air (fig. 15); mais, dans ce cas, le gaz est très impur et renferme tout l'azote de l'air ;

2° En *décomposant un calcaire* (marbre, craie, pierre à chaux) par un *acide*, soit l'*acide chlorhydrique* (préparation usuelle, fig. 125), soit l'*acide sulfurique*.

La réaction, dans ce dernier cas, est :

$$CO^3Ca + SO^4H^2 = CO^2 + H^2O + \underline{SO^4Ca}_{\downarrow}$$

Le sulfate de calcium qui se forme (plâtre) est très peu soluble dans l'eau ; il se dépose sur le calcaire et empêche bientôt le contact entre ce corps et l'acide ; d'où ralentissement et arrêt rapide de la décomposition. Dans l'industrie, on remédie à cet inconvénient en brassant continuellement le mélange et en employant du calcaire pulvérisé ; le gaz ainsi obtenu est beaucoup plus pur que celui qu'on fabrique avec l'acide chlorhydrique ;

3° En *calcinant la pierre à chaux* (9) dans les fours à chaux pouvant être fermés par le haut après charge et portant latéralement un tube qui emmène le gaz dans des laveurs pour le débarrasser des poussières entraînées : c'est ainsi qu'on procède dans les *sucreries,* où l'on a

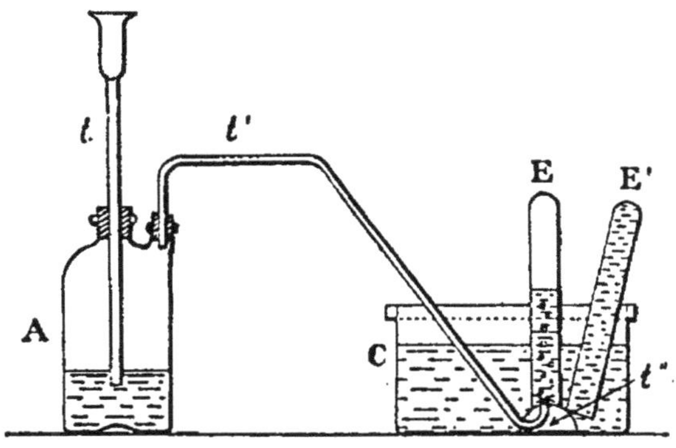


Fig. 125. — Préparation usuelle du *gaz carbonique.*

à la fois besoin de chaux et de gaz carbonique pour le traitement des jus sucrés, et dans les *usines à soude Solvay* (232).

== **159. Propriétés physiques.** == Le gaz carbonique est incolore ; il possède une odeur piquante (odeur des cuves de fermentation) et une saveur aigrelette (saveur de l'eau de Seltz). — Les propriétés que nous allons surtout mettre en évidence sont : sa *densité,* sa *solubilité,* sa *liquéfaction.*

1° *Densité.* — La densité du gaz carbonique est 1,53 environ. Il est donc plus lourd que l'air ; on peut le montrer par différentes expériences.

*Expérience 1.* — Plaçons de la craie dans un verre A ; versons de l'acid chlorhydrique et inclinons le verre au-dessus d'un récipient B (fig. 126) contenant de l'eau de chaux. Il se forme très rapidement à sa surface une croûte blanche de carbonate de calcium, ce qui indique que le gaz produit en A *tombe* dans B.

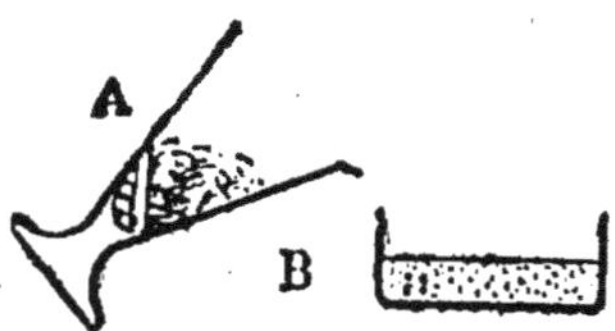

Fig. 126. — Action d'un acide sur la craie.

*Expérience 2.* — Une éprouvette pleine de ce gaz étant maintenue l'ouverture en haut, retournons-la doucement sur une bougie allumée ; celle-ci s'éteint, parce que le gaz carbonique *tombe, coule* sur la flamme.

*Expérience 3.* — Transvasement ; même dispositif que pour l'hydrogène, les éprouvettes étant placées en sens inverse.

C'est pourquoi *ce gaz s'accumule dans le fond des puits, des caves, dans les parties basses des locaux habités, pour l'assainissement desquels une ventilation par le haut est tout à fait insuffisante.*

2° *Solubilité.* — 1 litre d'eau dissout à la pression et à la température ordinaires 1 litre de gaz carbonique.

*Expérience.* — Remplissons à moitié d'eau un tube à essais ; faisons arriver au-dessus de l'eau du gaz carbonique ; fermons le tube avec le pouce et agitons. Nous constatons que le tube adhère au doigt, par suite du vide que produit la dissolution.

La solubilité d'un gaz augmentant avec la pression, on peut dissoudre dans un litre d'eau plusieurs litres de gaz carbonique en le comprimant à la pression convenable. C'est ainsi qu'on fabrique les *eaux gazeuses artificielles.*

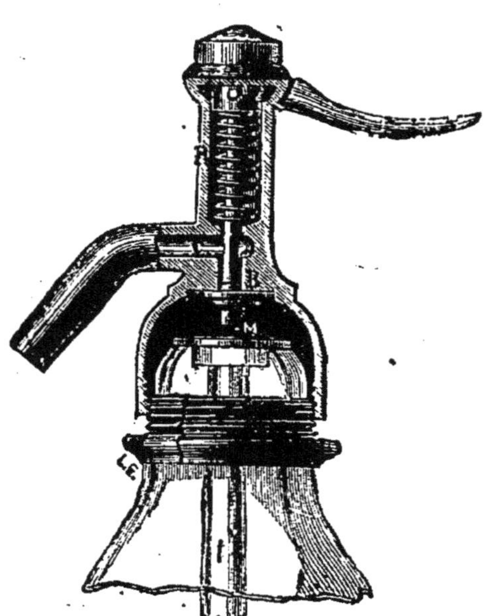

Fig. 127. — Tête de siphon à eau de Seltz.

Les siphons d'*eau de Seltz* sont des vases en verre épais renfermant de 4 à 6 litres de gaz carbonique comprimé à la pression de 4 à 6 atmosphères. Un tube plongeur *t* (fig. 127), fermé par une soupape B, permet l'évacuation du liquide par un ajutage latéral; il

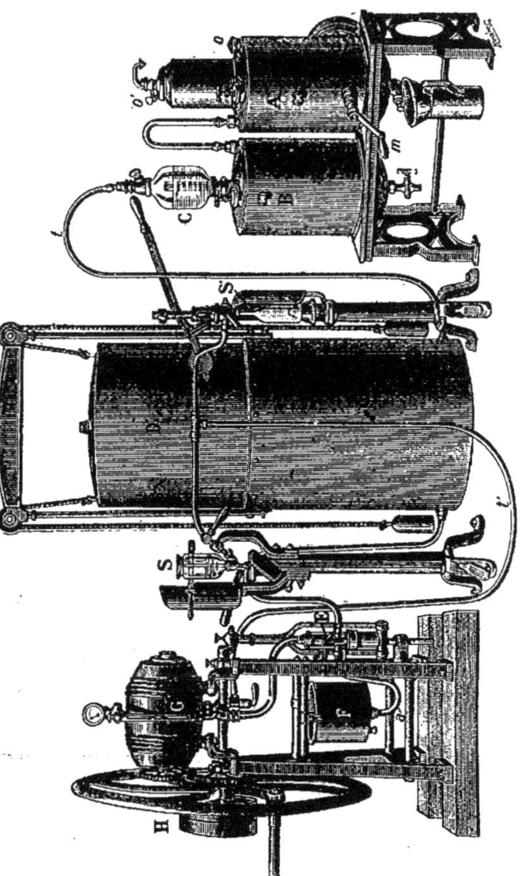

Fig. 128. — *Appareil continu pour la fabrication des eaux gazeuses.*

A, générateur; *m*, agitateur; B, laveur; C, éprouvette de contrôle; D, gazomètre; E, pompe aspirante et foulante; F, réservoir d'eau; *a*, tube d'aspiration d'eau; G, mélangeur; H, volant de commande pour la pompe et le mélangeur; *t'*, tube de refoulement de la dissolution; S, S', flacons en chargement.

suffit d'appuyer sur le levier que maintient soulevé le ressort R.

La figure 128 donne une vue d'ensemble de l'appareil *système Vapaille* permettant la fabrication continue de toutes boissons gazeuses, la mise de la bière en bouteilles, etc...

3° *Liquéfaction et solidification.* — Sa température critique étant + 31°, le gaz carbonique est facilement liquéfiable : à 15°, par exemple, il suffit de le comprimer à 50 atmosphères. La compression se fait industriellement dans des bouteilles en acier fondu pouvant contenir 2, 4, 8 litres de liquide (prix : de 0ᶠ,50 à 0ᶠ,75 le kilo).

L'évaporation de ce liquide produit un froid intense

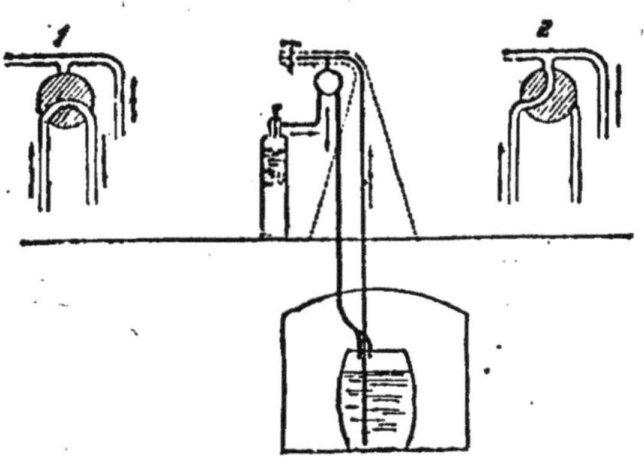

Fig. 129. — Soutirage de la bière :

1, position du robinet pour le soutirage; 2, position pour le renvoi dans le fût de la bière des tubes.

employé dans les machines à glace du *système Hall* (126). Sa vaporisation brusque produit un abaissement de température suffisant pour congeler une partie du liquide ; il se forme une poussière blanche, dite *neige carbonique,* très employée dans les laboratoires pour produire de basses températures : en la mouillant avec de l'éther et en évaporant dans le vide, on peut atteindre — 110°. Le liquide carbonique est très employé dans les brasseries pour le soutirage de la bière sous contre-pression, pour faire monter la bière des caves aux salles de consommation (fig. 129), etc...

## = 160. Propriétés chimiques.

1° Le gaz carbonique n'est *ni comburant ni combustible,* puisqu'une bougie s'y éteint et ne l'enflamme pas.

Cette propriété est utilisée dans un certain nombre d'*extincteurs d'incendie.*

Tels sont les extincteurs à deux liquides (fig. 130); ils comprennent un vase métallique V renfermant une dissolution très concentrée de *bicarbonate de sodium*, au centre duquel est suspendue une fiole F contenant de l'*acide sulfurique*. Si un incendie se déclare, on retourne le vase : l'acide coule sur le sel; il se dégage des torrents de gaz, qu'on dirige par l'ajutage sur le foyer.

On peut utiliser également les bouteilles à liquide carbonique.

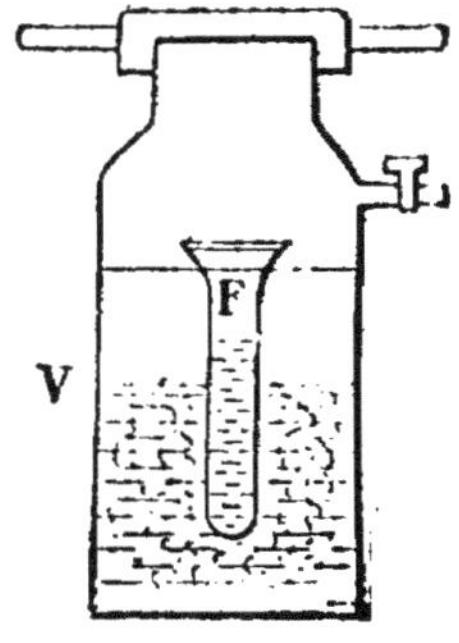

Fig. 130. — Extincteur à deux liquides.

2° *Action sur la chaux hydratée.* — Nous avons caractérisé le gaz carbonique par sa propriété de troubler *l'eau de chaux*, propriété due à la formation de *carbonate de calcium* qui se précipite. *Ce calcaire est lui-même très soluble dans une eau chargée de gaz carbonique.*

*Expérience 1.* — Dans un verre renfermant de l'eau de chaux, troublée par insufflation, versons de l'eau de Seltz et agitons; le trouble disparaît.

Cette propriété dissolvante de l'eau riche en gaz carbonique s'étend à un grand nombre de corps : carbonates de fer, de magnésium, sable, argile. *Ceci explique la limpidité des eaux naturelles qui contiennent ces substances.*

*Expérience 2.* — Plaçons dans un tube à essais un peu du liquide clair précédent, et chauffons. Nous constatons le dégagement de bulles gazeuses et la réapparition du trouble. Le gaz contenu dans l'eau se dégageant, le calcaire, en effet, redevient insoluble et se précipite.

Cette expérience explique *la formation de dépôts calcaires dans les bouilloires et les chaudières à vapeur.*

*Expérience 3.* — Dans le verre de l'expérience 1 versons de *l'eau de chaux ;* nous constatons la formation d'un nouveau trouble. Ajoutons la quantité d'eau de chaux juste nécessaire pour saturer le gaz dissous; le précipité renfermera, outre le calcaire ainsi produit, celui que contenait l'eau initiale, et le liquide filtré sera de l'eau pure.

*Ainsi s'explique la purification industrielle des eaux par l'addition de chaux et par décantation préalable avant leur introduction dans les chaudières.*

## = 161. — 3° Action sur la soude et la potasse caustiques.

*Expérience 1.* — Plaçons dans le fond d'un tube à essais quelques centimètres cubes d'une dissolution de *soude caustique* ; faisons arriver du gaz carbonique dans le tube ; fermons-le avec le pouce et agitons. Constatons la très forte adhérence du tube au doigt. Si le gaz est pur, il se produit presque le vide absolu dans le tube :

$$CO_2 + 2(NaOH) = CO_3Na_2 + H_2O.$$

Il se forme du *carbonate de sodium* soluble dans l'eau (différence avec le carbonate de calcium). — La dissolution évaporée fournirait un corps identique aux *cristaux des blanchisseuses.*

*Expérience 2.* — Faisons pénétrer dans un tube gradué, retourné sur de l'eau saturée de gaz carbonique, un certain volume de ce gaz. Introduisons dans le tube une pastille de *potasse caustique ;* fermons avec le pouce et agitons. Retournons-le ensuite, l'ouverture dans l'eau nous constatons l'ascension rapide du liquide. La différence entre les volumes de gaz avant et après représente le volume de gaz carbonique pur contenu dans le volume total primitif :

$$CO_2 + 2(KOH) = CO_3K_2 + H_2O.$$

Il se forme du *carbonate de potassium,* soluble dans l'eau, comme le carbonate de sodium.

Ces propriétés sont appliquées : 1) pour doser le gaz carbonique dans un mélange (gaz de sucreries, gaz pauvre) ; 2) pour absorber le gaz carbonique et purifier les gaz auxquels il est mélangé ; 3) pour obtenir le poids de gaz carbonique contenu dans l'air ou provenant d'une réaction chimique (on pèse la dissolution avant et après).

## = 162. Rôle chimique du gaz carbonique ; acide carbonique, carbonates.

= La dissolution du gaz carbonique a une saveur aigrelette ; elle colore en rouge vineux le tournesol bleu : on peut le vérifier avec de l'eau de Seltz. Elle se combine aux bases (chaux hydratée, potasse et soude caustiques) pour former des *sels* et de *l'eau.* Toutes ces propriétés montrent qu'elle renferme un *acide,* qu'on n'a pu isoler toutefois, dont le gaz carbonique est *l'anhydride,* qu'on appelle *acide carbonique* et auquel on attribue la formule $CO^3H^2$.

Les corps correspondant à cet acide par substitution d'un métal à son hydrogène, les *sels* de cet acide, sont les *carbonates.* Nous connaissons déjà les plus importants : *carbonate de calcium,* $CO^3Ca$ (marbre, craie) ; *carbonate de sodium,* $CO^3Na^2$, produit essentiel contenu dans les *cristaux de soude* et les *soudes du commerce ; carbonate de potassium,* $CO^3K^2$ (potasses du commerce). *Le blanc de céruse* renferme du *carbonate de plomb,* $CO^3Pb$.

== **163. Propriétés physiologiques.** == Le gaz carbonique *asphyxie,* non seulement parce qu'il ne renferme pas d'oxygène libre, mais encore parce que sa pression, quand elle atteint une certaine valeur, s'oppose au dégagement des gaz que contient le sang vicié de retour aux poumons. C'est pourquoi un air renfermant 30 $^0/_0$ de ce gaz est immédiatement mortel. — Ainsi s'expliquent les morts soudaines qui arrivent aux puisatiers, aux ouvriers qui penchent la tête au-dessus des cuves de fermentation, aux travailleurs surpris par une irruption de ce gaz.

Les symptômes de l'asphyxie (malaises, vertiges, nausées, sueurs) se manifestent pour une dose beaucoup moindre et apparaissent dans les locaux habités où l'air n'est pas suffisamment renouvelé, car la respiration appauvrit l'air en oxygène et l'enrichit en gaz carbonique, indépendamment des produits toxiques qu'elle rejette et qui donnent à l'air confiné sa mauvaise odeur.

La flamme d'une bougie s'éteignant dans une atmosphère à 20 $^0/_0$ de gaz carbonique et pâlissant déjà à partir de 10 $^0/_0$, il est prudent, avant de descendre dans une cave ou dans un puits abandonnés, d'y introduire une bougie allumée. Si elle s'éteint ou pâlit, il faut jeter de la *chaux éteinte* dans ces locaux et attendre un certain temps avant d'y pénétrer. *En cas d'accident survenu à un ouvrier,* **il ne faut jamais descendre lui porter secours,** *mais essayer de le saisir avec des crochets pour le remonter au grand air et lui donner les soins qui conviennent à tous les cas d'asphyxie.*

= **164. Rôle du gaz carbonique dans la nature.** = Nous avons signalé (116) les faibles variations des quantités de gaz carbonique contenu dans l'air. Cependant la proportion de ce gaz devrait augmenter sans cesse, puisque différentes causes en rejettent constamment dans l'atmosphère : respiration des hommes, des animaux et des plantes ; combustions dans les foyers domestiques et industriels, dans un grand nombre d'appareils d'éclairage ; fermentations industrielles (brasseries, distilleries) ; dégagements du sol dans les régions volcaniques. Mais deux causes principales s'opposent à l'augmentation de la quantité de gaz carbonique et à l'abaissement corrélatif de la quantité d'oxygène :

1° *Eaux de la mer.* — Les eaux de la mer renferment du *calcaire*, indispensable au développement d'un grand nombre d'animaux marins. Lorsque la quantité de gaz carbonique tend à augmenter dans l'air, l'eau des mers dissout cet excès qui solubilise une certaine quantité de calcaire. Mais la proportion de gaz carbonique ne peut descendre au-dessous de 3/10 000, car le gaz emmagasiné, en raison de la diminution de pression, se dégage de nouveau, ce qui entraîne la précipitation de la quantité correspondante de calcaire, et ainsi de suite.

2° *Décomposition du gaz carbonique par la substance verte des plantes sous l'action de la lumière solaire.* — Si, dans une éprouvette contenant de l'eau de Seltz, retournée sur ce liquide, on introduit une *plante aquatique verte* et qu'on expose l'appareil à la *lumière solaire*, on constate le dégagement de bulles gazeuses qui se rassemblent au sommet de l'éprouvette et qu'on reconnaît pour être de l'*oxygène*. Rien ne se produit à l'obscurité ; on n'observe pas non plus de dégagement d'oxygène avec une feuille ou un végétal qui ne seraient pas verts. La substance verte des feuilles ou *chlorophylle* et la *lumière* sont donc indispensables. Sous leur action, le gaz carbonique est décomposé : l'*oxygène* se dégage ; le *carbone*, par une série de transformations imparfaitement connues, passe à l'état de *cellulose*. C'est donc par leurs parties vertes et notamment par les feuilles, non par les racines, que les plantes absorbent le carbone nécessaire à leur développement : c'est ce carbone que nous utilisons pour nous chauffer, et qui retourne à l'air sous forme de gaz carbonique pour y éprouver le même cycle incessant de transformations.

### 3. — OXYDE DE CARBONE (CO).

= **165. Principe de la préparation industrielle de l'oxyde de carbone.**

Si, par un moyen convenable, on enlève au gaz carbonique la moitié de son oxygène, c'est-à-dire si on le *réduit partiellement*, on doit le transformer en *oxyde de carbone* : c'est ce que nous allons faire, en employant le carbone comme réducteur.

Montons l'appareil représenté (fig. 131). Il comprend un flacon A producteur de gaz carbonique, un tube C plein de charbon de

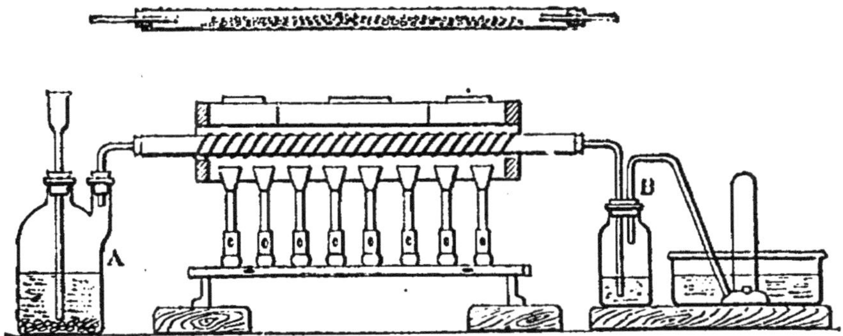

Fig. 131. — Production de l'oxyde de carbone par réduction du gaz carbonique.

bois pouvant être chauffé fortement, un flacon laveur B renfermant une dissolution de soude caustique, enfin un tube abducteur aboutissant à une cuve à eau.

Le tube C étant chauffé au rouge, on verse de l'acide dans A pour obtenir un courant *très lent* de gaz carbonique. On recueille dans l'éprouvette un gaz incolore qui brûle avec une *flamme bleue* : c'est de l'**oxyde de carbone**. Le laveur B a pour but d'éliminer le gaz carbonique non décomposé dans le tube C.

Réaction :

$$CO_2 + C = 2(CO) \uparrow$$
$$44 \qquad 12^g \qquad 2 \times 28^g$$

— Dans l'industrie, on procède d'une façon très voisine ; mais on produit le gaz carbonique nécessaire *par combustion du charbon*.

Imaginons un poêle cylindrique A (fig. 132), dont la grille G supporte une mince couche de charbon $C_1$. Supposons que l'air introduit par l'ouverture inférieure B soit en quantité *juste suffisante* pour brûler complètement le charbon; il est évident que les gaz dégagés par la cheminée D renfermeront uniquement du gaz carbonique et de l'azote. Supposons maintenant la grille chargée d'une colonne épaisse de charbon. La couche $C_1$, portée à l'incandescencé par la combustion de $C_1$, fonctionnera comme le tube C de l'appareil précédent. Il se dégagera donc par la cheminée de *l'oxyde de carbone*, *de l'azote*, *du gaz carbonique non décomposé*. C'est ce mélange qui porte le nom de **gaz pauvre**, parce que la partie combustible utile, l'oxyde de carbone, n'y entre guère que pour 25 0/0, alors que d'autres mélanges gazeux, le gaz d'éclairage par exemple, sont presque entièrement combustibles; d'où leur nom de **gaz riches**.

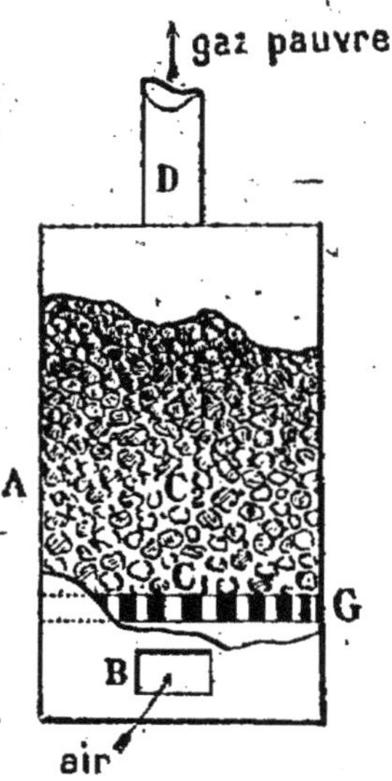



Fig. 132. — Schéma d'un gazogène à gaz pauvre.

L'appareil précédent est un générateur de gaz, un *gazogène*. Si l'on soufflait de la vapeur d'eau par B, il se dégagerait par la cheminée du **gaz à l'eau** (156). — En insufflant de l'air humide, on obtiendrait un mélange renfermant, outre du gaz carbonique, de l'azote et de l'oxyde de carbone, de l'hydrogène, c'est-à-dire un mélange de gaz pauvre et de gaz à l'eau, un **gaz mixte**. Tous ces gaz sont très employés dans l'industrie.

Indépendamment de ce mode de production de l'oxyde de carbone, il s'en forme :

1° Dans les réductions à haute température par le charbon (76) (hauts fourneaux, fabriques de carbure, etc.);

2° Dans la distillation d'un grand nombre de matières organiques (bois, houille, sucre, etc.); le gaz de houille peut renfermer jusqu'à 10 0/0 d'oxyde de carbone.

= **166. Propriétés essentielles.** = Par ses *propriétés physiques*, ce gaz se rapproche de l'*azote*.

Indiquons ses *propriétés chimiques essentielles* :

1° Il **brûle** *avec une flamme bleue très chaude*. — C'est cette flamme qu'on voit se former à la surface d'un feu de forge nouvellement chargé de houille, dans les réchauds et les braseros renfermant une couche un peu épaisse de coke ou de charbon de bois.

Réaction :

$$CO + O = CO^2 + 68\,300^c.$$

La haute température qu'on peut atteindre avec sa flamme en explique *l'emploi dans l'industrie sous forme de gaz pauvre ou de gaz mixte pour le chauffage des fours à fabriquer l'acier, le verre, etc...*

2° *Son mélange avec l'air* **explose.** — La combinaison précédente, en effet, est exothermique : le gaz carbonique formé acquiert donc presque instantanément une force élastique considérable ; d'où l'explosion. Cette propriété explique *l'emploi du gaz pauvre et du gaz mixte dans les moteurs à explosion,* dont l'usage se répand de plu en plus.

3° *C'est* **un réducteur ;** puisqu'il se combine facilement à l'oxygène, il est capable de le prendre aux composés qui en renferment et, en particulier, aux oxydes métalliques qui sont réduits à l'état de métal.

Exemple :

$$Fe^2O^3 + 3\,(CO) = 2\,Fe + 3\,(CO^2).$$

Cette réaction se produit, par exemple, dans les hauts fourneaux, conjointement avec la réduction de l'oxyde de fer par le carbone.

*L'oxyde de carbone, se combinant en outre facilement au chlore, réduit quelques chlorures.*

*Expérience.* — Dans un tube à essais renfermant quelques centimètres cubes d'une dissolution étendue de *chlorure de palladium* (le palladium est un métal rare voisin du platine), faisons arriver du *gaz d'éclairage.* La dissolution, de couleur jaune, *noircit* rapidement par suite de la formation de palladium précipité, noir sous cet état. Cette réaction permet :

1° De rechercher qualitativement l'oxyde de carbone dans un mélange gazeux ;

2° De rechercher les fuites de gaz d'éclairage venant d'une rupture de canalisation. On enfonce aux endroits qui *sentent le gaz* des tubes de fer fermés à leur partie supérieure par des bouchons auxquels sont suspendues des bandes de papier imprégnées de chlorure de palladium. Au bout de quelques heures, on enlève les bouchons et l'on voit quels sont les tubes où le papier a *noirci* le plus, ce qui permet de localiser la fuite et de la trouver facilement.

4° *C'est un* **corps neutre.** — On peut constater que ce gaz ne donne à l'eau aucune saveur, qu'il n'a pas d'action sur le tournesol, qu'il ne se combine ni aux bases ni aux acides pour former un sel et de l'eau. Ce n'est donc ni un *anhydride* ni un *oxyde basique* : on dit que c'est un *oxyde neutre*.

**== 167. Action sur l'organisme. ==** Quand on reste autour d'un réchaud allumé dans une salle close, on ressent des vertiges et de violents maux de tête, alors même que la flamme d'une bougie ne pâlit pas sensiblement. C'est donc que l'oxyde de carbone est beaucoup plus dangereux que le gaz carbonique. Alors que celui-ci n'est mortel qu'à la dose de 30 %, l'oxyde de carbone l'est quand l'air en renferme 1 %, et il est d'autant plus dangereux qu'aucune odeur n'en révèle la présence. Ce gaz produit, en effet, une altération permanente du sang et agit comme un poison : il se combine aux globules rouges du sang pour former un composé incapable de fixer de l'oxygène dans nos poumons et, par suite, de transporter ce gaz dans toutes les parties du corps. L'empoisonnement lent se produit d'ailleurs pour des doses très faibles et se manifeste à la longue par la diminution du nombre des globules rouges, par *l'anémie*.

On doit donc éviter soigneusement toutes les causes capables de répandre ce gaz dans les locaux habités, par exemple :

1° Proscrire des appartements les réchauds, les braseros, les poêles à combustion lente, dont le tuyau n'est pas engagé dans une cheminée qui tire bien ;

2° Bannir l'usage des clefs qu'on place trop souvent sur les tuyaux des poêles : on peut tout aussi bien régler le tirage en agissant sur l'arrivée de l'air ;

3° Éviter de faire rougir les poêles en fonte, car l'oxyde de carbone traverse la fonte à cette température ; donner la préférence aux appareils de chauffage à enveloppe intérieure réfractaire.

# CHAPITRE X

## LE SILICIUM ET SES PRINCIPAUX COMPOSÉS.

---

**1. — SILICE. SILICIUM (Si = 28).**

**= 168. Exemples de corps renfermant de la silice. Propriétés physiques communes.** = Le *sable* qu'on ajoute à la chaux pour faire le mortier, les *cailloux* roulés, le *silex* ou pierre à fusil, le *quartz* ou *cristal de roche* ont des propriétés communes :

1° *Ils sont durs*, rayent l'acier et même le verre. C'est pour cette raison que le silex fait feu au briquet et qu'on utilise des machines à jet de sable pour le décapage mécanique des métaux, ainsi que pour la décoration et le dépolissage du verre ordinaire.

2° *Ils fondent difficilement.* Le sable blanc, le quartz pulvérisé sont infusibles aux températures les plus élevées réalisées dans les fours industriels ordinaires. Ces corps, toutefois, se ramollissent dans la flamme du chalumeau oxhydrique ; à cet état, ils peuvent être étirés en fils fins et être soudés à eux-mêmes.

3° *Ils sont insolubles dans l'eau pure.* L'eau chargée de gaz carbonique en dissout cependant de petites quantités, ce qui permet aux plantes d'utiliser le sable pour la consolidation de leurs fibres.

Tous ces corps renferment une même substance, qui s'appelle la *silice*. Le *sable* bien blanc, le *cristal de roche* incolore, sont de la silice presque pure. L'*agate*, roche dure susceptible d'un beau poli avec laquelle on fait des mortiers pour broyer les substances dures, et dont quelques variétés (*onyx, jaspe*) sont employées dans la

Fig. 133. — Cristaux de quartz.

bijouterie et l'ornementation, est du quartz coloré par une petite quantité d'oxydes métalliques.

Les *sables des carrières*, d'un gris plus ou moins verdâtre; les *grès* rouges ou bigarrés, avec lesquels on fait des meules à aiguiser; les *pierres meulières*, employées comme matériaux de construction et pour faire des meules de moulin, sont des corps complexes où domine la silice et qui renferment des oxydes métalliques, de l'argile, du calcaire, etc.

La silice est un corps très abondant dans le sol; elle se présente d'ailleurs soit cristallisée (cristal de roche, fig. 133), soit amorphe (sable ordinaire, agate, etc...).

= **169. Composition et propriétés chimiques de la silice.** = En chauffant à l'abri de l'air un mélange de *silice* et de *magnésium* pulvérisé, on obtient deux corps nouveaux formés aux dépens des premiers : une poussière blanche qui est de la *magnésie*, et une poudre brune qui satisfait à la définition des corps simples et qui, en brûlant, reproduit la silice : à ce corps simple on a donné le nom de *silicium*. La silice est donc un composé d'oxygène et de silicium, un oxyde de silicium ; sa formule est $SiO^2$. Elle nous rappelle immédiatement celle de l'anhydride carbonique, $CO^2$.

Si nous mettons de la silice dans l'eau, aucune combinaison ne se produit. Cependant la silice est loin d'être un corps neutre, comme, par exemple, l'oxyde de carbone.

*Expérience.* — Introduisons dans un creuset en terre réfractaire un mélange intime de *sable blanc* et de *carbonate de sodium* sec pulvérisé fait dans les proportions en poids de 1 pour 4. Chauffons fortement le creuset : un vif bouillonnement se produit, dû au dégagement de gaz carbonique ; il se forme un liquide épais qui, coulé sur un carreau froid, se prend en une masse transparente qui a l'aspect du verre (fig. 131). Cette masse vitreuse est uniquement formée de silice et d'oxyde de sodium : c'est du *silicate de sodium*.

Fig. 131. — Production du silicate de sodium.

La réaction se traduit par l'égalité :

$$SiO^2 + CO^3Na^2 = CO^2 \uparrow + SiO^3Na^2$$
$$(CO^2, Na^2O) \qquad\qquad (SiO^2, Na^2O).$$

Autrement dit, la silice s'est comportée comme un anhydride plus fort que l'anhydride carbonique et a pris la place de celui-ci dans le carbonate de sodium.

On peut d'ailleurs obtenir le même silicate de sodium en chauffant à haute température de la silice et du chlorure, du sulfure, du sulfate ou du phosphate de sodium.

Au silicate de sodium doit correspondre un acide silicique $SiO^3H^2$ ($SiO^2 + H^2O$), analogue à l'acide carbonique $CO^3H^2$ ($CO^2 + H^2O$), mais beaucoup plus énergique, puisque la silice décompose les carbonates et les sels à acides forts, comme les sulfates et les phosphates.

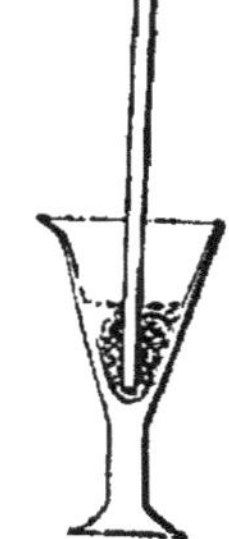

Fig. 135. — Préparation de la silice gélatineuse.

*Expérience.* — Pulvérisons un peu de *silicate de sodium* et faisons-le bouillir avec de l'eau. Il se dissout partiellement. Dans la dissolution versons de l'*acide chlorhydrique* : il se forme un précipité gélatineux, tellement dense qu'un agitateur peut s'y tenir tout droit (fig. 135).

Ce précipité est de la *silice hydratée*. On peut admettre qu'elle constitue un *acide silicique* ; car, calcinée au rouge,

elle se transforme en silice anhydre $SiO^2$, et, chauffée avec
de la soude caustique, elle reproduit le silicate de sodium.

La silice est donc de l'*anhydride silicique*. Elle se combine aux oxydes basiques pour former des *silicates* : tel
est, par exemple, le silicate de fer qui se produit dans les
foyers où l'on brûle des combustibles siliceux, silicate
facilement fusible formant par refroidissement les mâchefers.

= **170. Propriétés du silicium. Analogies avec le
carbone.** = Le *silicium* s'obtient par la réduction de la
*silice* au moyen d'un métal (potassium, magnésium ou
aluminium). C'est, comme le carbone, un corps qui peut
être amorphe ou cristallisé. A l'état cristallisé, il se présente sous forme de lamelles ou d'aiguilles brillantes assez
lourdes ($D = 2,5$), ayant l'aspect métallique. Il fond vers
1200° et se volatilise au four électrique. Il brûle très facilement dans l'air; dans l'oxygène pur, sa combustion, très
vive, se produit à 400°. Cette oxydation dégage plus de
chaleur que celle du carbone; par conséquent, si l'on
oxyde un corps renfermant du carbone et du silicium, c'est
le silicium qui brûlera le premier. Ceci nous explique
pourquoi le carbone ne réduit pas la silice aux températures ordinaires des fours industriels. Pour que cette réduction se produise, il faut une température élevée, celle du
four électrique, par exemple; mais le silicium formé dans
ces conditions se volatilise, à moins qu'il ne se trouve au
contact d'un excès de charbon. Il se produit alors une
combinaison de carbone et de silicium, un *carbure de silicium* appelé vulgairement *carborundum* :

$$SiO^2 + 3C = \underbrace{SiC}_{\text{Carborundum.}} + 2(CO)\uparrow.$$

Le *carborundum* est un corps cristallisé, très dur : de là son
emploi pour user et polir les métaux et les matières dures. C'est
un des corps les plus réfractaires qu'on connaisse; pour cette
raison, il sert à enduire les briques des fours qui doivent résister
aux températures élevées. Il suffit d'une couche de 1 à 2 millimètres
d'épaisseur: on applique au pinceau sur les parois à protéger

une pâte fluide, qu'on obtient en délayant dans l'eau le carborundum finement pulvérisé.

Le silicium, de même que le carbone, se combine facilement à un grand nombre de métaux avec lesquels il forme des *siliciures*. Tels sont, par exemple : le *siliciure de fer*, le *siliciure de cuivre*, le *siliciure de platine*. On obtient le siliciure de fer en chauffant à une température élevée un mélange d'oxyde de fer, de silice et de charbon. Les produits obtenus portent le nom de *ferro-silicium*; ils jouent un rôle important en fonderie et dans la préparation de certains aciers. Pour obtenir le *bronze silicié* ou *cuprosilicium*, on chauffe par le courant électrique, dans un creuset brasqué, un mélange de cuivre et de silice. Le bronze silicié sert à faire des fils bons conducteurs, très résistants.

Quelques siliciures sont facilement décomposables par les acides très étendus; il se dégage un gaz toxique et combustible, $SiH^4$, ou *hydrogène silicié*, comparable par sa formule au gaz du grisou ou méthane $CH^4$, et qui établit la tétravalence du silicium. Le silicium et le carbone présentent donc certaines analogies au point de vue chimique :

$$SiH^4 \quad \text{correspond à} \quad CH^4$$
$$SiO^2 \quad\quad - \quad\quad CO^2$$

Les siliciures correspondent aux carbures.

On a découvert, il y a quelques années, un protoxyde de silicium, SiO, correspondant à l'oxyde de carbone, CO. On obtient ce corps en réduisant au four électrique la silice par le silicium :

$$SiO^2 + Si = 2(SiO).$$

Il est désigné industriellement sous le nom de *monox*. C'est une poudre d'un brun velouté, extrêmement ténue, très légère, employée surtout comme calorifuge, pour la peinture du bois, de la pierre et du fer.

Le silicium et le carbone constituent la 4e famille des métalloïdes. Toutefois l'analogie entre les deux corps est loin d'être complète. Les carbonates correspondent tous à l'acide carbonique $CO^3H^2$; quelques silicates seulement correspondent à l'acide silicique $SiO^3H^2$; il existe un grand nombre d'*acides siliciques*.

## 2. — SILICATES NATURELS.

**= 171. Roches silicatées et roches siliceuses. =** Il existe dans la nature un grand nombre de silicates, dont les plus importants sont :

1° Le *silicate d'aluminium*, composé essentiel contenu dans les *argiles* (172);

2° Le *silicate de magnésium*, qu'on rencontre dans le *talc* et dans l'*asbeste*. Le *talc* est un silicate de magnésium hydraté, tendre, onctueux au toucher, employé à l'état de poudre pour adoucir le frottement et empêcher l'adhérence, et à l'état compact (*stéatite*) pour la confection des becs pour l'éclairage. L'*asbeste* renferme, en outre du silicate de magnésium, un peu de silicate de calcium. C'est une roche filamenteuse souple et soyeuse, inaltérable au feu, dont la variété la plus blanche et la plus flexible constitue l'*amiante*. L'amiante peut être filée et tissée; elle sert à faire des joints pour tuyaux de vapeur, presse-étoupes, segments de piston et, d'une façon générale, les joints devant résister aux frottements et à des températures élevées (carton d'amiante), des tissus et des filtres employés dans l'industrie chimique, des peintures incombustibles, des enduits ignifuges, etc. ;

3° Les *silicates de calcium*, de *potassium*, de *sodium*, de *fer*, de *zinc*, etc., qui se trouvent associés dans un grand nombre de *minéraux* et de *minerais*.

Les *feldspaths* sont des silicates doubles ou multiples, renfermant toujours du *silicate d'aluminium* combiné à du silicate de potassium, de sodium ou de calcium. *Le feldspath orthose*, par exemple, est un silicate double d'aluminium et de potassium.

Les *micas* sont des silicates d'aluminium, de potassium, de fer et de magnésium. Le mica noir (Inde) est surtout riche en fer et en magnésium. Le mica ambré (Canada) est riche en potassium. Les micas se clivent en lamelles minces, transparentes et élastiques, très difficilement fusibles, qui servent à la confection des vitres pour foyers. La *micanite*, isolant très employé dans la construction électrique, est constituée par des feuilles de mica assemblées à la gomme laque.

Les *granites*, roches dures employées pour le pavage, quelquefois dans la construction, sont formés par la juxtaposition de cristaux de quartz, de feldspath et de mica. Toutes les roches éruptives renferment une grande proportion de silice libre ou combinée. Le silicium est donc un des corps simples les plus répandus dans la nature : *il joue dans le monde minéral le rôle du carbone dans le monde organique.*

= **172. Argiles.** = Les *argiles* sont des mélanges complexes où domine le *silicate d'aluminium* et où l'on rencontre, en plus ou moins grande quantité, de la silice libre ou sable, du carbonate de calcium, des oxydes de fer et de manganèse (argiles jaunes et rouges, brunes), des matières organiques (argiles foncées, vertes et même noires).

L'argile la plus pure est blanche : c'est le *kaolin* ou terre à porcelaine, qu'on trouve en France dans les environs de Limoges. Lorsqu'une argile renferme peu de silice libre, elle forme avec l'eau une pâte liante qui se laisse façonner et pétrir (*argile grasse* ou plastique). S'il y a beaucoup de sable, au contraire, elle ne forme plus pâte avec l'eau : elle est *maigre*. A ce groupe appartiennent la *terre à foulon* et les *pierres à détacher*, qu'on utilise pour le dégraissage des draps et pour enlever les taches sur les vêtements, par suite de la facilité avec laquelle elles absorbent les huiles et les graisses. Si la teneur en sable est intermédiaire, l'argile forme avec l'eau une pâte claire et faiblement plastique. Une argile grasse peut donc être amaigrie par addition de sable; une argile maigre pourra être engraissée au moyen de chaux.

Les argiles sont douces au toucher; elles *happent* à la langue, lorsqu'elles sont sèches. Soumises à des températures de plus en plus élevées, elles éprouvent des modifications importantes :

1° Elles diminuent de volume, subissent un *retrait* qui se traduit par des fentes et des gerces. Le retrait est d'autant plus important que l'argile est plus grasse. On l'empêchera donc en ajoutant à l'argile des substances antiplastiques ou dégraissantes, comme le sable, les escarbilles, le quartz pulvérisé ; cette addition est indispensable pour la fabrication des poteries, puisque ces objets sont cuits.

2° Elles changent de couleur. Les matières organiques sont brûlées ; une argile fortement colorée par ces substances peut donc devenir absolument blanche à la cuisson ; c'est la terre à faire les pipes blanches : d'où son nom de *terre de pipe*.

L'oxyde de fer hydraté jaune se transforme en oxyde de fer anhydre, rouge foncé (*colcotar*) ; les argiles ferrugineuses cuites sont rouges, et d'autant plus rouges qu'elles renfermaient plus de composés du fer.

Le carbonate de calcium se décompose en donnant de la chaux qui est blanche, mais qui, exposée à l'air, s'hydrate et se délite. C'est pourquoi une argile qui contient plus de 10 $\%$ de chaux est inutilisable pour faire des briques de construction.

3° A une température élevée, elles se ramollissent, peuvent *fondre* par suite de modifications qui surviennent dans leur composition chimique. La silice libre, en effet, se combine aux oxydes basiques libres, notamment à la chaux et à l'oxyde de fer, pour former des silicates de calcium et de fer. Les silicates d'aluminium et de calcium fondent assez difficilement, mais le silicate de fer est facilement fusible. La masse prend alors l'aspect d'un verre à bouteille, plus ou moins foncé ; on dit qu'elle *se vitrifie*. Une argile fondra d'autant plus facilement qu'elle contiendra plus d'oxyde de fer, et elle ne pourra servir à faire des *briques réfractaires* pour fours industriels.

Les *marnes* sont des mélanges d'argile, de calcaire (de 20 à 60 $\%$), de sable et d'oxydes.

= **173. Principaux types de produits céramiques. Classification.** = Recherchons les propriétés de quelques pâtes céramiques, en examinant attentivement sur des cassures celles des cinq objets suivants : tuile rouge ordinaire, ustensile de cuisine en terre, assiette de faïence commune, soucoupe de porcelaine, vase dit en *grès* pour produits chimiques.

La matière constituant la *tuile* est rouge ; elle est facilement rayée par une lame de fer. Elle est poreuse, car une goutte d'eau déposée sur la cassure est absorbée rapidement. La surface extérieure est à peine plus dure que la cassure ; elle n'est recouverte d'aucun enduit. Les briques ordinaires, les tuyaux de drainage, les pots à fleurs présentent les mêmes caractères. Ce sont les objets rangés dans la catégorie des *terres cuites*.

La cassure de l'*ustensile en terre* offre quelque ressemblance avec celle des objets précédents ; la pâte est tendre et poreuse, rougeâtre le plus souvent ; mais sur les bords internes apparaît une sorte de vernis noir, gris ou vert, qui rend la matière imperméable aux liquides et aux graisses. Ce vernis se nomme une *couverte* ou *glaçure* ; on l'obtient en appliquant à l'intérieur de l'objet, avant la cuisson, une bouillie claire de sulfure de plomb. Lors de la cuisson, ce sulfure s'oxyde ; l'oxyde produit se combine au sable de la pâte en donnant du silicate de plomb, qui forme le vernis observé. La température à laquelle est porté l'objet est d'ailleurs assez peu élevée, car on ne remarque aucune trace de vitrification, indiquant un commencement de fusion. Tous les objets de ce genre constituent les *poteries communes*.

L'assiette en *faïence commune* a une pâte beaucoup moins colorée que celle des objets précédents, mais tendre encore et poreuse. La surface est recouverte d'un enduit blanc, opaque, dur et imperméable. Pour obtenir cette *glaçure*, on dépose sur les objets, d'abord cuits à une température de 1000 à 1200°, une bouillie contenant du sable, des oxydes de plomb et d'étain ; puis on porte les objets ainsi couverts à une température légèrement inférieure à la première. Toutes les *faïences* subissent cette double cuisson.

La pâte dont est faite la *soucoupe de porcelaine* est très

blanche ; elle n'est plus rayée, même sur la cassure, par une pointe de fer. Elle est recouverte d'un enduit également dur, mais transparent ; la pâte, qui est par elle-même translucide, garde donc cette propriété sous la glaçure. On donne le nom de *porcelaines* à ces poteries à pâte blanche, translucide, imperméable, ayant subi un commencement de vitrification.

La pâte du *vase à produits chimiques* est grise, dure, sonore, imperméable. La surface est recouverte d'un vernis que l'analyse reconnaît pour être du silicate de sodium. On obtient, en effet, cette glaçure en projetant à la surface de l'objet, lors de la cuisson, du sel marin humide ; la silice déplace le chlore : il se forme de la soude qui se combine à la silice pour donner du silicate de sodium facilement fusible. Les poteries de cette espèce (jarres, touries, cornues, cruches, vases) portent le nom de *grès cérames*. En résumé, les produits céramiques peuvent se classer de la façon suivante :

| | | |
|---|---|---|
| Poteries à pâte tendre non couverte. . . . . . . . . . | | *Terres cuites.* |
| Poteries à pâte tendre, couvertes d'une glaçure imperméable, cuites. . . . . . . . | à température peu élevée en une seule fois . . . . | *Poteries communes.* |
| | à température assez élevée en deux fois . . . . . . . | *Faïences.* |
| Poteries à pâte dure, couvertes d'une glaçure imperméable. . | à pâte translucide. | *Porcelaines.* |
| | à pâte opaque. . . | *Grès cérames.* |

### 3. — SILICATES ARTIFICIELS. — VERRES.

= **174. Exemples. Classification.** = La matière dont sont faites les vitres, le *verre à vitres*, présente avec le *silicate de sodium* (169) des caractères communs. A la température ordinaire, ces deux substances sont amorphes et transparentes, dures, mais fragiles; au rouge, elles se ramollissent et prennent l'état pâteux avant de fondre. Par refroidissement, elles offrent un éclat particulier, dit *éclat vitreux.*

Un très grand nombre de substances naturelles ou artificielles présentent cet aspect, caractérisé par *l'absence de cristallisation,* par une *transparence* plus ou moins parfaite et par l'*éclat vitreux.* Les briques de cubilot insuffisamment réfractaires subissent un commencement de fusion; on dit qu'elles *se vitrifient,* parce que leur surface devient dure, lisse et prend la couleur d'une bouteille en verre foncé. Les mâchefers présentent parfois le même aspect; il en est de même des laves volcaniques, de l'obsidienne (verre des volcans). — Toutes ces substances contiennent des silicates; mais aucune d'elles ne peut servir isolément à la fabrication de *verres usuels* comme le verre à vitres, le verre à gobelets et le verre à glaces.

Pour qu'une substance convienne à cet usage, elle doit remplir, en effet, les conditions suivantes :

1° Être insoluble dans l'eau ;

2° Être transparente et, suivant sa destination, être incolore ou faiblement colorée ;

3° Fondre à une température peu élevée, facile à obtenir dans un four approprié, et permettant sans peine la confection des objets ;

4° Ne pas cristalliser par le refroidissement ou par le réchauffage ; sinon, elle devient opaque et peu résistante.

Aucun silicate simple ne satisfait à ces quatre conditions. Le silicate de sodium, par exemple, est transparent et faiblement coloré; il fond facilement, mais il se dissout dans l'eau (*verre soluble*)[1]. Le silicate de fer fond à une

---

[1] Les silicates de sodium et de potassium ou *verres solubles* ont une certaine importance industrielle. On les emploie comme ignifuges ; ils servent au durcissement des pierres calcaires tendres (silicatisation), à la confection de peintures indélébiles pour travaux extérieurs, à la fabrication de pierres artificielles, etc.

température peu élevée ; il est insoluble dans l'eau, mais est fortement coloré et cristallise par refroidissement lent. Le silicate d'aluminium fond très difficilement ; il n'est pas transparent à l'état vitrifié, mais seulement translucide.

Le silicate de plomb est celui qui réalise le mieux ces conditions ; mais il a l'inconvénient d'être coûteux, et il ne peut être employé que dans la verrerie de luxe : c'est un des constituants du *cristal*.

La pratique a montré qu'on obtient de bons résultats en associant plusieurs silicates. Les *verres usuels contiennent au moins deux silicates*. D'après la nature des bases, on les divise en :

1° *Verres à base de soude et de chaux* (verre à vitres, verre pour gobeletterie commune, verre à glaces) ;

2° *Verres à base de potasse et de chaux* (verre de Bohême, verre pour gobeletterie fine, verre d'optique dit crown-glass ou crown) ;

3° *Verres à base de potasse et d'oxyde de plomb* (cristal, verre d'optique dit flint-glass ou flint-strass) ; ces verres sont lourds, sonores et très réfringents. L'oxyde de plomb est remplacé quelquefois par de la baryte ;

4° *Verres à bases multiples :* soude, chaux, alumine, oxyde de fer (verre à bouteilles).

On range également dans la catégorie des produits vitrifiés les *émaux*, verres laiteux, translucides et généralement colorés par des oxydes surajoutés, qu'on emploie beaucoup pour l'émaillage de la fonte et de l'acier. Ces produits renferment, outre des silicates de sodium et de plomb, des borates et des stannates de ces métaux.

= **175. Matières premières.** = On obtient les silicates doubles ou multiples qui composent les verres usuels en chauffant de la silice avec les sels ou les oxydes des métaux convenables. — Les matières premières indispensables sont donc :

1° La *silice*, employée sous forme de sable ou de quartz

pulvérisé. Pour les produits fins, il faut du sable absolument dépourvu de fer ;

2° Des *sels de sodium*, carbonate (sel Solvay) ou sulfate (sel de Glauber) ;

3° Des *sels de potassium*, carbonate en général (potasse du commerce, potasse perlasse), sulfate plus rarement ;

4° Des *composés du calcium* : carbonate sous forme de craie, de marbre ou de calcaire aussi exempts de fer que possible ; phosphate quelquefois (pour les émaux) ;

5° Des *oxydes de plomb* (minium, litharge) ou d'*étain*.

Enfin on emploie en verrerie quelques *substances accessoires*, qui ont pour but de faciliter la formation des silicates ou de purifier la masse fondue. — Lorsque le sodium ou le potassium sont fournis par leurs sulfates, la réduction par la silice[1] se produit malaisément ; on la facilite en ajoutant au mélange du *charbon* pulvérisé (charbon de bois, coke ou anthracite).

Afin de masquer la coloration verdâtre des verres pour gobeletterie fabriqués avec des sables un peu ferrugineux, on ajoute du *bioxyde de manganèse*. Il se forme un silicate de manganèse violacé, dont la teinte est complémentaire du vert. Un excès de ce corps se traduit par une coloration qu'on remarque souvent sur les objets en verre commun un peu épais. Le bioxyde de manganèse fournit en outre, par sa décomposition, de l'oxygène qui brûle les matières combustibles du mélange et l'affine par décoloration : c'est pourquoi il porte le nom de *savon des verriers*.

On emploie également comme oxydant l'*anhydride arsénieux* $As^2O^3$ et le *salpêtre ordinaire*. Ces substances s'ajoutent quelquefois pendant la fusion.

Enfin on utilise tous les déchets et débris de verre provenant de la fabrication (*groisil*).

[1] $SO^4Na^2 + SiO^2 = SiO^3Na^2 + SO^2 + O.$

### Exemples de compositions pour verres.

| VERRE A VITRES | VERRE A GLACES | VERRE A BOUTEILLES | CRISTAL |
|---|---|---|---|
| Sable blanc . . 1000ᵏ | Sable . . . . . 270ᵏ | Sable . . . . . 500ᵏ | Sable très pur. 1000ᵏ (quartz pulvérisé). |
| Sulfate de sodium. de 350 à 400 | Sulfate de sodium . . . 100 | Sulfate de sodium . . . . 40 | Carbonate de potassium. . 400 |
| Calcaire. de 250 à 350 | Calcaire. . . 100 | Calcaire. . . 50 | Minium pur. . 500 |
| Coke. . de 15 à 20 | Charbon. de 6 à 8 | Charbon. . . 30 | Salpêtre . . . 40 |
| Groisil. . quantité variable. | Groisil. . . . 300 |  | Groisil . . . . 1000 |
| Bioxyde de manganèse. . . . . 5 |  |  |  |

Pour obtenir les verres colorés pour vitraux, vitres de couleurs, verres opales, émaux, on ajoute au mélange différents oxydes : oxyde cuivreux (verre rouge), oxyde ferrique (verre jaune), oxyde de manganèse (verre violet), oxyde de cobalt (verre bleu), oxyde de chrome (verre émeraude), oxyde d'étain (verre opale) ou de l'acide borique (émail pour fonte).

Les matières préalablement broyées sont mélangées et calcinées (*frittage*), puis introduites dans des creusets ou directement dans des fours, afin d'y subir la *fusion* et l'*affinage* nécessaires.

## = 176. Fusion et affinage des mélanges. = Le four

à verre le plus employé actuellement est le *four à bassins de Siemens* (fig. 136), chauffé à l'aide de gazogènes et de récupérateurs [1].

Dans le bassin A, les matières fondent et réagissent les unes sur les autres pour former des silicates doubles ou multiples lourds qui tombent au fond, passent sous des flotteurs d'argile *f* et pénètrent dans le bassin d'affinage B. Dans ce bassin, les bulles gazeuses de la masse se dégagent ; les impuretés, légères, montent à la surface et sont retenues par d'autres flotteurs *f'*. Le liquide affiné pénètre alors dans le bassin de travail *c*, où il est *cueilli* pour être façonné ; la baisse de niveau qui en résulte produit ainsi la circulation continue de la masse fluide de A vers C et, par le

---

[1] Voir *Cours de Chimie*. — *Écoles pratiques d'Industrie :* pages 161 et 162, fig. 95.

mouvement d'oscillation des flotteurs, il en résulte un brassage automatique. La température des bassins A et B peut atteindre de 1 200 à 1 400°; celle du bassin C est de 800 à 1 000°.

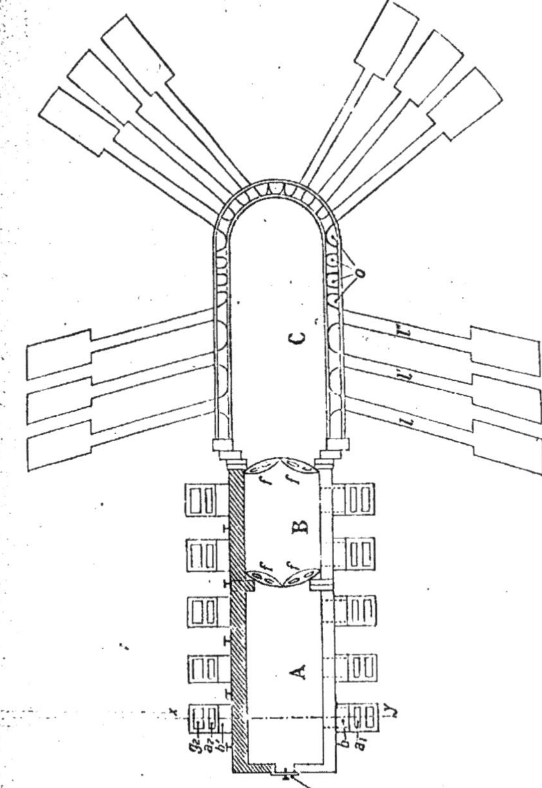

Fig. 136. — Four à bassins de Siemens.

A, bassin de fusion : B, bassin d'affinage : C, bassin de travail : *l l' l''*, longeages : *o*, trous d'ouvreaux : *a₁ a₂*, canaux d'air : *g₁ g₂*, canaux de gaz ; *b b'*, brûleurs.

Dans quelques usines et pour la fabrication des verres fins et du cristal, le mélange est placé dans des *creusets* en terre réfractaire où se font à la fois la fusion et l'affinage (ce dernier par brassage mécanique), et dans lesquels on cueille directement la matière. Ils peuvent être chauffés à feu nu (*four Boëtius*, fig. 137) ou à l'aide de gazogènes Siemens.

Fig. 137. — Four à creusets.

**= 177. Façonnage du verre.** = Le verre est travaillé soit à l'état pâteux par soufflage et moulage (verres creux de toutes natures, bouteilles, verre à vitres), soit à l'état de liquide très fluide par coulage (glaces, dalles), soit enfin, après refroidissement, par usure ou taille (cristaux, verres d'optique, imitation de pierres précieuses en strass).

Nous décrirons succinctement, à titre d'exemples de travail par soufflage et par coulage, la fabrication du verre à vitres et celle des glaces.

a) *Fabrication du verre à vitres* (verre en *manchons*). L'outil du *souffleur* de verre est un tube en fer appelé *canne* (fig. 138). — Chaque souffleur est assisté d'un aide ou *gamin*, qui cueille une certaine quantité de verre avec la canne. Après avoir arrondi la masse en forme de poire en la faisant tourner dans un moule en bois mouillé (*mabre*), il passe la canne au souffleur; celui-ci souffle alors fortement de manière à allonger la masse, la relève tout en continuant de souffler pour l'aplatir et la dilater, l'abaisse et la balance dans les *longeages*. Au bout de quelques minutes, il obtient un canon allongé, adhérent à la canne par un col et fermé à la partie inférieure par une calotte sphérique. Le gamin reprend la canne et réchauffe le canon dans les *trous d'ouvreaux;* puis il le repasse au souffleur, qui en troue la partie inférieure en soufflant fortement ; il se forme une petite vésicule mince qui finit par crever, et dont on agrandit l'ouverture en imprimant à la canne un mouvement de rotation rapide. On régularise l'ouverture avec des ciseaux, puis le manchon est détaché de la canne au moyen d'un fil de fer chaud, et fendu sur toute sa longueur à l'aide d'une tige de fer rougie. On obtient ainsi un cylindre fendu qui est porté dans un petit four, de façon à être ramolli pour en permettre l'*étendage.* Cette opération consiste à étaler le cylindre sur une surface bien plane, de manière à le transformer en feuille : elle se fait à l'aide d'une règle en bois, passée dans le cylindre, avec laquelle les bords sont rabattus sur la table ; la feuille est ensuite complètement aplanie à l'aide d'un polissoir en fer ou en bois. La figure 139 indique les différentes phases de la fabrication. Les feuilles de verre ont besoin d'être *recuites;* sinon, elles se briseraient spontanément. Cette opération se pratique dans un *four à recuire,* qui touche au *four à étendre* et dans lequel les feuilles se refroidissent lentement. Elles en sont retirées au bout de 4 à 5 jours ; puis elles sont immédiatement triées, découpées aux dimensions voulues à l'aide de diamants et mises en caisse pour l'expédition. Le verre simple

Fig. 138.
Canne du verrier.
*t,* tube en fer ;
*n,* nez ; *m,* poignée en bois ;
*e,* embouchure.
Longueur, de 1ᵐ,50 à 2ᵐ.

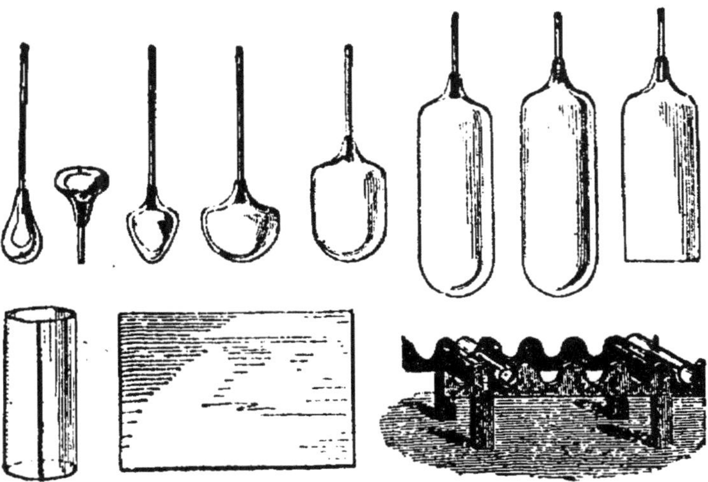

Fig. 139. — Différentes phases de la fabrication du verre.

a de 1ᵐᵐ,5 à 2ᵐᵐ d'épaisseur ; le verre double, de 3 à 4ᵐᵐ ; le verre triple, de 6 à 8ᵐᵐ. Quelques verres subissent, en outre, une préparation spéciale; tels sont les verres martelés ou dépolis pour vitres translucides, les verres mousselines, etc.

*Remarques.* — I. Les objets creux tels que verres, bouteilles, flacons, ballons, etc., sont ébauchés par soufflage dans des moules,

Fig. 140. — Moule à bouteilles.

en général (fig. 140). Le col est formé à l'aide d'un filet de verre rapporté. Les verres sont ensuite taillés, guillochés et décorés au jet de sable, s'il y a lieu.

II. Le soufflage du verre, tel qu'il vient d'être décrit, est extrêmement pénible et antihygiénique. On tend de plus en plus à le remplacer par le soufflage à l'air comprimé ou à la vapeur. La fabrication des bouteilles se fait avantageusement avec les machines *Boucher.*

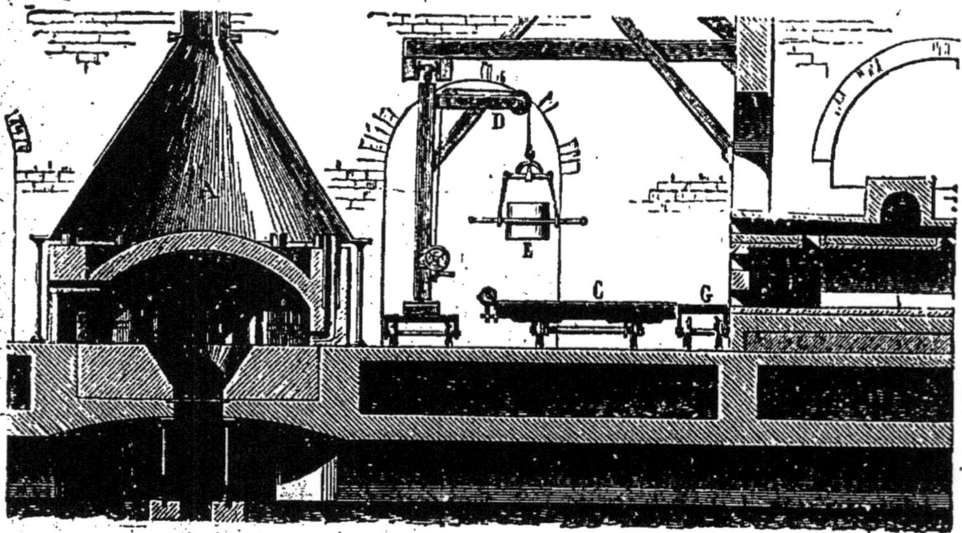


Fig. 141. — Fabrication des glaces par coulée.

b) *Fabrication des glaces coulées.* — Le verre est fondu dans des creusets qui sont transportés au moyen de pinces spéciales au-dessus de la *table de coulée* C (fig. 141), grande plaque métallique de $1^m \times 2^m \times 0^m,15$ en cuivre ou en bronze, parfaitement plane et polie, préalablement chauffée. Le creuset, suspendu à une grue D, est renversé sur la table; la nappe de verre est égalisée par un cylindre pesant, qui roule sur deux tringles placées le long des bords de la table et dont l'épaisseur est égale à celle de la glace qu'on veut obtenir. L'excès de liquide et les bavures sur les bords sont enlevés par deux raclettes en cuivre solidaires du rouleau. La plaque formée se solidifie rapidement; elle est immédiatement poussée dans le *four à recuire*, dont la sole est à hauteur de la table et où elle séjourne de 20 à 30 heures.

Dès qu'elle est refroidie, elle est apportée à l'atelier d'*équarrissage*; elle présente des défauts plus ou moins nombreux : fissures superficielles, bulles, grains de sable. On la découpe en morceaux aussi exempts que possible de défauts, qui passent immédiatement au *polissage*.

La fabrication se termine enfin par l'application d'un enduit mince, opaque et brillant, qui formera miroir; cet enduit est ou bien un alliage de mercure et d'étain (*tain; glaces étamées*), ou bien une couche d'argent (*glaces argentées*)[1].


== **178. Gravure du verre.** == Le verre est rayé par la silice et par l'acier dur. On emploie ces corps : le premier, pour la gravure dite au jet de sable et le dépolissage; le second, pour la décoration du verre par guillochage.

On peut employer également comme pour les métaux la gravure à l'acide; mais le seul acide décomposé par la silice est l'*acide fluorhydrique*, qui présente de grandes analogies avec l'acide chlorhydrique; à la température ordinaire, se produit la réaction

$$SiO^2 + 4(FH) = F^4Si + 2(H^2O).$$

L'acide fluorhydrique ronge également à froid les silicates; c'est pourquoi on conserve sa dissolution dans des flacons en gutta-percha.

Le verre à graver est recouvert au préalable d'une couche de cire ou de vernis, sur laquelle on trace les traits du dessin à produire. On enlève ensuite à la pointe le vernis sous ces traits pour mettre le verre à nu.

[1] Pour plus de détails, consulter *Notions de Technologie*, par MM. Jacquemard et Bois, 2ᵉ partie, chap. V. — *Bibliothèque des Écoles primaires supérieures et professionnelles* (Delagrave, éditeur).

On peut produire la morsure à l'acide de deux façons :

1° En versant sur la plaque la dissolution acide, comme pour la gravure à l'eau-forte. Ce procédé est peu employé industriellement, en raison des dangers que présente le maniement de l'acide et parce que les traits obtenus sont à peine visibles ;

2° En exposant la plaque au gaz fluorhydrique produit au moment même de l'emploi ; il suffit, en effet, de traiter

Fig. 142. — Gravure du verre au gaz fluorhydrique.

un fluorure par l'acide sulfurique pour obtenir ce gaz. Le fluorure employé est du fluorure de calcium pulvérisé ou *spath fluor.* On place cette poudre avec l'acide dans une auge en plomb, recouverte par la plaque, face à graver en dessous (fig. 142). Le gaz fluorhydrique se dégage :

$$F^2Ca + SO^4H^2 = 2(FH) + SO^4Ca$$

et mord le verre aux endroits mis à nu. Il suffit ensuite de laver la plaque à grande eau et d'enlever le vernis ; on obtient ainsi une gravure-mate très apparente.

# RÉCAPITULATION.

## LOIS DES COMBINAISONS CHIMIQUES.

---

### LOIS RELATIVES AUX POIDS.

**= 179. =** 1° Quand le soufre et le fer se combinent pour former du sulfure ferreux (21), le rapport entre les poids de soufre et de fer est invariable et égal à $\dfrac{4}{7}$.

*Quand deux corps se combinent pour former un composé déterminé, leurs poids sont dans un rapport invariable* (LOI DES PROPORTIONS DÉFINIES).

2° Quand $2^g$ d'hydrogène et $16^g$ d'oxygène se combinent, le poids de l'eau formée est de $18^g = 2^g + 16^g$.

*Le poids d'un corps composé est égal à la somme des poids des corps composants* (LOI DES POIDS).

D'une façon plus générale, *dans toute réaction chimique le poids des corps formés est égal au poids des corps employés* (LOI DE LA CONSERVATION DE LA MATIÈRE, 28). C'est cette loi qui permet d'écrire une réaction quelconque sous forme d'égalité.

3° Nous avons constaté l'existence de plusieurs composés oxygénés de l'azote : $Az^2O$, $AzO$, $AzO^2$ (oxydes) ; $Az^2O^3$, $Az^2O^5$ (anhydrides). Cherchons les quantités d'oxygène qui se combinent dans ces différents composés à un même poids d'azote, 14ᵍ, par exemple. Nous trouvons que :

| | | | | |
|---|---|---|---|---|
| Dans | $Az^2O$ | il y a, pour 14ᵍ d'azote, | 8ᵍ d'oxygène ; | |
| | $14 \times 2 + 16$ | | | |
| — | $AzO$ | — — | 16ᵍ — | ou 8ᵍ $\times$ 2 ; |
| | $14 + 16$ | | | |
| — | $AzO^2$ | — — | 32ᵍ — | ou 8ᵍ $\times$ 4 ; |
| | $14 + 16 \times 2$ | | | |
| — | $Az^2O^3$ | — — | 24ᵍ — | ou 8ᵍ $\times$ 3 ; |
| | $14 \times 2 + 16 \times 3$ | | | |
| — | $Az^2O^5$ | — — | 40ᵍ — | ou 8ᵍ $\times$ 5. |
| | $14 \times 2 + 16 \times 5$ | | | |

Les différents poids d'oxygène qui se combinent au même poids d'azote (14ᵍ) sont des multiples simples du plus petit d'entre eux (8ᵍ); autrement dit, entre 8ᵍ et 16ᵍ, entre 16ᵍ et 24ᵍ d'oxygène, etc., il n'y a aucun poids d'oxygène capable de se combiner à 14ᵍ d'azote; ce qui justifie l'hypothèse de la constitution atomique des corps (37).

*Lorsque deux corps se combinent pour former plusieurs composés, les poids de l'un d'eux qui s'unissent à un poids invariable de l'autre sont des multiples simples de l'un d'entre eux (LOI DES PROPORTIONS MULTIPLES).*

### LOIS RELATIVES AUX VOLUMES.

**= 180. =** 1 volume de chlore se combine à 1 volume d'hydrogène pour donner 2 volumes de gaz chlorhydrique :

$$Cl + H = ClH ;$$

2 volumes d'hydrogène se combinent à 1 volume d'oxygène pour donner 2 volumes de vapeur d'eau :

$$H^2 + O = H^2O ;$$

3 volumes d'hydrogène se combinent à 1 volume d'azote pour donner 2 volumes de gaz ammoniac :

$$3H + Az = AzH^3.$$

LOIS DES COMBINAISONS EN VOLUMES. *Lorsque deux corps gazeux se combinent pour former un composé également gazeux :*

1° *Les volumes des composants sont dans un rapport simple invariable* $\left(\dfrac{1}{1}, \quad \dfrac{2}{1} \quad \text{ou} \quad \dfrac{3}{1}\right)$;

2° *Le volume du composé et la somme des volumes des composants sont dans un rapport simple invariable :*

$$\left(\frac{2}{1+1}, \quad \frac{2}{2+1}, \quad \frac{2}{3+1}\right).$$

Le volume du composé n'est égal à la somme des volumes des composants que si ceux-ci sont égaux. Dans le cas contraire, le volume du composé est *inférieur* à la somme des volumes des composants (combinaison avec contraction). Il est les $\dfrac{2}{3}$ de cette somme, lorsque le rapport des volumes des composants est $\dfrac{2}{1}$ $\left(\text{la contraction est le } \dfrac{1}{3} \text{ du volume total}\right)$; il en est la $\dfrac{1}{2}$, lorsque ce rapport est $\dfrac{3}{1}$ $\left(\text{la contraction est de } \dfrac{1}{2}\right)$.

= **181.** = *Remarques.* — I. Soient les molécules d'hydrogène ($H^2 = 2$) et de gaz carbonique ($CO^2 = 11$). Puisque *toutes les molécules gazeuses ont sensiblement le même volume* (10, rem. II), il s'ensuit qu'à volume égal le gaz carbonique pèse les $\dfrac{11}{2}$ de l'hydrogène. La *densité* du gaz carbonique doit donc être les $\dfrac{11}{2}$ de celle de l'hydrogène (0,0695), c'est-à-dire doit être égale à

$$0{,}0695 \times \frac{11}{2} = 1{,}529.$$

C'est bien le nombre indiqué (57).

On peut donc retrouver la densité d'un corps gazeux[1] en multipliant la moitié de son poids moléculaire par 0,0695 :

$$d = \frac{m}{2} \times 0{,}0695.$$

En prenant 0,07 pour densité approchée de l'hydrogène, on obtient une densité qui diffère de quelques centièmes au plus de la densité exacte.

[1] Densité théorique.

II. La relation précédente peut s'écrire :

$$m = d \times \frac{2}{0,0695},$$

ou

$$m = d \times 28,78.$$

C'est cette relation que les chimistes emploient pour déterminer le poids moléculaire d'un corps composé gazeux, après qu'ils ont mesuré sa densité $d$.

On en tire :

$$d = \frac{m}{28,78};$$

d'où

$$d \lessgtr 1, \quad \text{suivant que} \quad m \lessgtr 28,78.$$

*Un gaz est plus léger ou plus lourd que l'air, suivant que son poids moléculaire est inférieur ou supérieur à 28,78.*

## = 182. Volumes de la molécule-grammes et de la molécule-kilogrammes.

La molécule-grammes d'hydrogène ($H^2 = 2^g$) représente un volume de

$$1^l \times \frac{2}{1,293 \times 0,0695} = 22^l,26.$$

La molécule-grammes d'oxyde de carbone ($CO = 28^g$) représente un volume de

$$1^l \times \frac{2}{1,293 \times 0,967} = 22^l,40.$$

Si l'on répète ce calcul pour d'autres gaz, on constate que les molécules-grammes représentent des volumes qui ne sont pas rigoureusement égaux. — Pour les calculs rapides et approchés, on peut prendre comme volume de la molécule-grammes le nombre moyen $22^l,30$. Si l'on considère la molécule-kilogrammes, on peut admettre qu'elle occupe un volume de 22300 litres ou de $22^{m3},300$.

Ces nombres permettent de résoudre très rapidement certains problèmes, sans faire appel à la densité exacte.

*Exemple: Quel est le volume d'air nécessaire pour brûler complètement $1^{kg}$ de soufre?*

L'égalité qui exprime la combustion du soufre est :

$$S + O^2 = SO^2.$$

$$32^g + 32^g$$
$$32^g \quad 22^l,30.$$

Elle montre que 32ᵍ de soufre demandent, pour brûler complètement, 32ᵍ ou 22ˡ,30 d'oxygène. — Le volume d'oxygène nécessaire est donc :

$$\frac{22^l,30 \times 1000}{30} = 743^l,3,$$

et le volume d'air demandé est :

$$\frac{100 \times 743,3}{21} = 3540^l \text{ en nombre rond.}$$

# MÉTAUX

## CHAPITRE XI
## PROPRIÉTÉS GÉNÉRALES.

### 1. — PROPRIÉTÉS PHYSIQUES.

= **183. Aspect.** = Les métaux usuels se présentent habituellement en barres, plaques ou fils d'aspect homogène et, en apparence, amorphes. — Quand ils ont été fondus, leur cassure laisse voir des cristaux plus ou moins gros, qu'il est très facile d'observer avec le *zinc* récemment fondu, le *bismuth* et l'*étain*. Les métaux obtenus par électrolyse (cuivre, nickel) sont souvent cristallisés quand le courant est intense et fournissent alors des dépôts grenus, sans cohésion.

La structure devient *fibreuse* par la compression, le laminage : certaines espèces de fer, pliées à froid, donnent une cassure qui a un peu l'apparence de celle d'une branche de bois et qui laisse voir un grand nombre de fibres dirigées dans l'axe de la barre.

Réciproquement, la structure fibreuse peut devenir *cristalline* sous l'action de chocs et de vibrations répétées. Un métal à structure cristalline étant généralement fragile et cassant, on explique de cette façon la rupture subite, dans quelques cas, de certains organes de machines, d'essieux, de tringles de suspension.

= **184. Couleur.** = Quelques métaux ont une coloration caractéristique : l'*or* est jaune ; le *cuivre* est rouge. Les autres sont d'un blanc plus ou moins brillant, plus ou moins gris ou bleuâtre :

Blanc d'argent : argent, platine, nickel, sodium, potassium ;

Blanc d'étain :     étain, antimoine ;

Blanc bleuâtre :    aluminium, zinc ;

Gris bleuâtre :     plomb ;

Gris d'acier :      fer, chrome, manganèse, cobalt.

Ces colorations ne sont nettement visibles que sur une surface fraîchement polie.

La couleur d'un métal varie d'ailleurs avec le nombre de réflexions qu'éprouve la lumière tombant à sa surface : si l'on regarde le fond d'un vase assez haut en *zinc*, il paraît bleu violacé ; s'il était en *argent*, il paraîtrait jaune. C'est pourquoi, lorsqu'on veut bien apprécier la couleur d'un métal sur une cassure, il faut l'observer sur des sections fraîches qu'on entoure des deux mains, de manière à ne pas laisser tomber sur elles la pleine lumière du jour.

Les métaux obtenus à l'*état pulvérulent* au moyen de leurs sels sont toujours ternes et d'une couleur parfois bien différente de celle du métal en lingot. Nous l'avons déjà constaté pour l'argent (10) et pour le cuivre (26); nous allons le montrer pour l'*or*.

*Expérience.* — Dans un tube à essais contenant une dissolution étendue de *chlorure d'or*, introduisons quelques parcelles d'*acide oxalique* et chauffons : le liquide jaunâtre se décolore, et il se forme un précipité violacé d'*or* finement divisé. C'est la couleur des photographies virées aux sels d'or, dont la teinte varie du violet rougeâtre au violet noir. Toutes les matières organiques qui renferment de l'hydrogène agissent de même ; elles *réduisent* le chlorure d'or. Ce moyen est employé quelquefois pour reconnaître si une eau naturelle renferme beaucoup de substances organiques.

De même, le *nickel* obtenu par électrolyse du sulfate est gris et terne ; l'éclat apparaît par le frottement, la compression ou la fusion. C'est pourquoi tous les dépôts électrolytiques subissent l'opération dite du *brunissage*, qui consiste à les frotter au moyen de corps durs, de manière à leur donner de la compacité et, par suite, de l'éclat, en même temps que du poli.

**= 185. Densité. =** La densité des métaux s'exprime par rapport à l'eau. Elle est très variable ; nous avons vu (31) que le sodium flotte sur l'eau ; il en est de même du potassium ; les métaux usuels sont plus lourds que l'eau et peuvent être divisés en quatre groupes :

1° Métaux légers : magnésium, aluminium, un peu plus lourds que l'eau ;

2° Métaux assez lourds, dont la densité est comprise entre 7 et 9 : zinc, étain, fer et cuivre ;

3° Métaux lourds, dont la densité est comprise entre 10 et 14 : argent, plomb, mercure ;

4° Métaux très lourds : or, platine.

Le tableau I ci-après (p. 240) indique la densité des principaux métaux.

La densité d'un même échantillon varie avec la nature du travail auquel a été soumis le métal ; par exemple, le zinc fondu a pour densité 6,86, tandis que le zinc martelé a pour densité 7,20 ; de même la densité du fer oscille entre 7,60 et 7,84.

Les nombres du tableau s'appliquent aux métaux purs, obtenus en général à l'état fondu. — Les métaux usuels renfermant toujours des impuretés peuvent présenter des densités différentes.

**= 186. Changements d'états. =** Tous les métaux, sauf le mercure, sont solides à la température ordinaire. Ils fondent à des températures extrêmement variables, indiquées par la deuxième colonne du tableau I. Les plus fusibles des métaux usuels sont l'*étain* et le *plomb*.

*Expériences.* — Plaçons de l'*étain* en grenaille dans une capsule en cuivre ou en nickel. Chauffons-la au-dessus d'une lampe à pétrole. L'étain fond rapidement et peut être coulé dans une boîte en carton, sans que le carton s'enflamme ; la température de l'étain en fusion est d'environ 230°. L'expérience peut être répétée avec du *plomb*; mais le carton se carbonise, car la température du *plomb* fondant est d'environ 330°. Le zinc ne fond que dans la flamme d'un *Bunsen*. L'*aluminium* y fondrait plus difficilement. Le cuivre et le nickel ne subissent, dans ces conditions, aucun changement d'état.

L'or, l'argent et le cuivre ne peuvent plus fondre au Bunsen ordinaire ; le fer et le nickel ne fondent que dans un violent feu de forge ; le platine enfin ne fond qu'aux chalumeaux oxygaz. La réfractilité du *platine* et surtout celle du *tantale*, du *tungstène* et de l'*osmium*, explique leur emploi dans les lampes électriques dites à filaments métalliques, telles que les lampes Z, tantale, osram, osmine, etc. Le fer chauffé émet, à partir de 500°, une lueur sombre (rouge sombre naissant), qui devient de plus en plus vive à mesure que la température croît et atteint son maximum au voisinage du point de fusion (*blanc éblouissant*) [1].

Quelques métaux, le fer, le nickel, le platine, subissent une *fusion pâteuse*, propriété importante qui permet la soudure de ces métaux à eux-mêmes par simple rapprochement et compression. — La plupart des autres subissent la *fusion brusque*, c'est-à-dire donnent un liquide très mobile qui permet de les employer au moulage d'objets usuels ou artistiques.

Un certain nombre se volatilisent facilement : le mercure, qui bout vers 360°, émet déjà des vapeurs à la température ordinaire ; le zinc, qui bout vers 920°, donne d'abondantes vapeurs vers 950°. — C'est pourquoi la préparation de ces métaux se fait dans des appareils munis de condensateurs, jouant le rôle de serpentins d'alambics.

Les expériences de *Moissan* (1905-1906) ont montré qu'au four électrique tous les métaux sont volatils. Aucun d'eux n'est réfractaire.

[1] Pour estimer approximativement les températures dans les usines, on utilise fréquemment le tableau suivant :

| | | | |
|---|---|---|---|
| Étain fondant. | 230° | Rouge sombre très avancé | 750° |
| Plomb fondant | 320° | Rouge cerise naissant | 800° |
| Bois glissant | 350° | Rouge cerise clair | 850° |
| Bois fumant | 400° | Rouge cerise | 900° |
| Zinc fondant | 430° | Rouge cerise très clair | 1000° |
| Bois brûlant | 450° | Jaune | 1100° |
| Rouge sombre naissant | 500° | Jaune très clair | 1200° |
| Rouge très sombre | 600° | Blanc | 1300° |
| Rouge sombre | 650° | Blanc soudant | 1400° |
| Rouge sombre avancé | 700° | Blanc éblouissant | 1500° |

**= 187. Conductibilité électrique. =** La *conductibilité* d'une substance pour le courant électrique est l'inverse de la *résistance* qu'elle oppose au passage du courant. — Cette résistance, qu'on représente par $r$, est liée à l'intensité et au voltage par une formule remarquable qui permet la mesure de $r$[1]. Si l'on représente par $c$ la conductibilité, on a donc : $c = \dfrac{1}{r}$; autrement dit, mieux le métal conduit l'électricité, moins il est résistant, et réciproquement. La troisième colonne du tableau I donne les résistances des principaux métaux en *microhms-centimètres* (résistances en $\dfrac{1}{1\,000\,000}$ d'ohm d'un fil de $1^{cm^2}$ de section et $1^{cm}$ de long ou *résistivités*).

On voit que le *cuivre* est presque aussi bon conducteur que l'argent; ceci en explique l'emploi comme conducteur dans les circuits parcourus par des courants faibles (fils téléphoniques, fils de sonneries, lignes télégraphiques sous-marines, par exemple), et dans la plupart des appareils où l'on doit éviter les pertes d'énergie par échauffement (dynamos, bobines d'induction, transformateurs). Le fer, quoique assez mauvais conducteur, s'emploie pour les circuits télégraphiques aériens par raison d'économie. Il y a actuellement, pour cette raison, tendance à remplacer le cuivre par l'*aluminium*.

En revanche, lorsqu'il s'agit de chauffage électrique ou d'incandescence, il faut employer des métaux de faible conductibilité en même temps que difficilement fusibles, tels que le *platine*, le *tungstène*, le *fer* noyé dans l'émail.

**= 188. Conductibilité calorifique. =** Touchons un morceau de *bois* et un morceau de *fer* pris dans la salle; le second nous paraît plus froid que le premier. — Tous les deux cependant sont à la même température; mais le fer prend plus rapidement que le bois la chaleur de nos mains : d'où la sensation de froid qu'il fait éprouver.

[1] Voir, dans la *Bibliothèque des Écoles pratiques*, le *Cours d'électricité industrielle* de M. Lebois, t. I, p. 21-22.

Les métaux sont les corps solides qui conduisent le mieux la chaleur.

*Expérience.* — Dans une capsule contenant de l'eau bouillante, plaçons trois lames de mêmes dimensions, mais de métaux différents, en *cuivre*, en *zinc*, en *fer*. Si nous touchons les lames au bout de quelques minutes, nous constatons que celle de *cuivre* ne peut être tenue à la main, tellement elle est chaude ; celle de *zinc* est assez chaude ; celle de *fer* l'est moins et peut être tenue sans peine.

Les métaux conduisent inégalement la chaleur ; par ordre de conductibilité décroissante, les trois métaux précédents se rangent ainsi : cuivre, zinc, fer. — L'argent étant le métal le plus conducteur, on a, en représentant sa conductibilité par 1000, les nombres de la quatrième colonne du tableau I. (Bien remarquer qu'ils constituent une échelle de comparaison, et non des mesures effectives.)

L'usage des *toiles métalliques* dans les laboratoires est une application de la conductibilité des métaux. — La chaleur dégagée par la flamme est absorbée en partie par le métal ; les ustensiles sont chauffés par le rayonnement, et non plus à la flamme directe. Une toile métallique est donc d'autant plus efficace qu'elle est faite en métal meilleur conducteur et aussi qu'elle s'échauffe moins vite ; sinon, elle rougit rapidement, et, traversée par la flamme, elle n'a plus aucune utilité.

*Expériences.* — 1. — Plaçons deux Bunsen identiques, réglés pour une petite flamme chaude de même hauteur, sous deux toiles métalliques de même surface et de même numéro, l'une en fer, l'autre en cuivre. Nous constatons que la première rougit beaucoup plus vite que l'autre et que la flamme la traverse beaucoup plus tôt.

2. — Répétons l'expérience avec deux toiles métalliques en fer de même surface, mais de numéros différents. La flamme traverse rapidement la toile à grosses mailles.

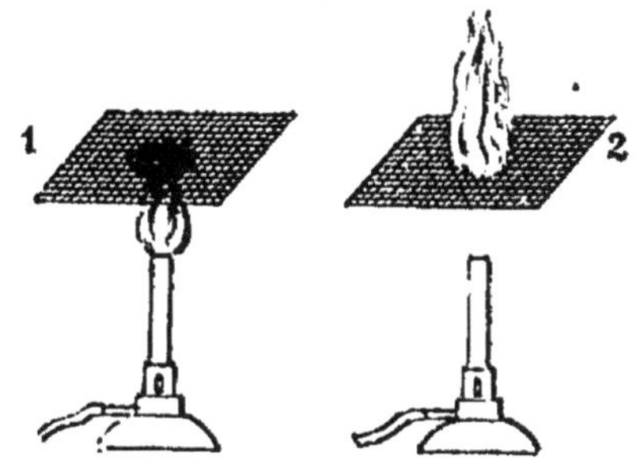

Fig. 143. — Propriétés des toiles métalliques.

3. — Plaçons un brûleur sous une toile métallique assez large à mailles fines ; tournons le robinet de gaz et approchons une allumette *au-dessus* de la toile. Le gaz s'allume et brûle sans passer au-dessous de la toile (fig. 143).

On applique cette propriété dans les *lampes de sûreté pour mines grisouteuses.* — Le premier type dû à Davy a

Fig. 144. — *Lampe Mueseler.*
C, cheminée ; T, toile métallique ;
V, manchon en verre.

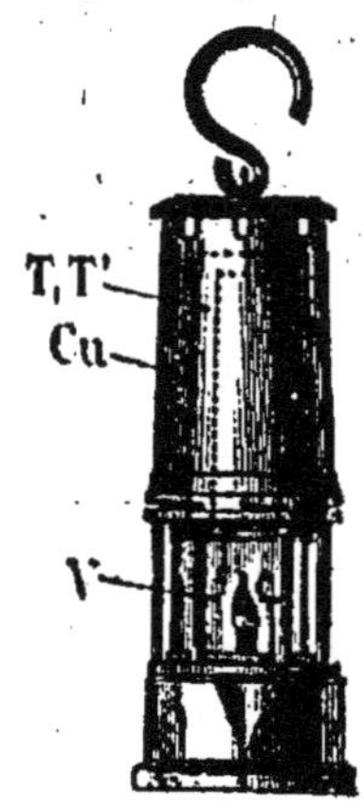

Fig. 145. — *Lampe Marsault.*
T T', double toile métallique ;
Cu, cuirasse métallique ; V, manchon.

subi d'importants perfectionnements (lampes Clauny, Mueseler, Marsault, etc., fig. 144, 145).

## TABLEAU I

| DENSITÉ | POINT DE FUSION | RÉSISTANCE (résistivité en microhms-centimètres). | CONDUCTIBILITÉ CALORIFIQUE |
|---|---|---|---|
| Potassium. . 0,86<br>Sodium. . . 0,07<br>Magnésium. 1,74<br>Aluminium. 2,56<br>Zinc fondu. 6,86<br>Chrome. . . 7,<br>Fer. . . . . 7,21<br>Étain. . . . 7,21<br>Cuivre . . . 8,80<br>Nickel . . . 8,80<br>Argent. . . 10,44<br>Plomb . . . 11,33<br>Mercure . . 13,59<br>Or . . . . . 19,33<br>Platine. . . 21,5<br>Iridium. . . 22,4 | Mercure − 39°,5<br>Potassium + 62°,5<br>Sodium. . . 93°,6<br>Étain . . . 228°<br>Bismuth. . 264°<br>Plomb . . . 330°<br>Zinc . . . . 415°<br>Aluminium. 650°<br>Argent . . . 960°<br>Or . . . . . 1 050°<br>Cuivre . . . 1 080°<br>Fer . . . . } entre<br>Chrome . . } 1 500°<br>Nickel. . . } et<br>Manganèse ( 1 000°<br>Platine . . . 1 750°<br>Iridium. . . 1 950°<br>Tantale. . . 2 200° | Argent . . . 1,47<br>Cuivre . . . 1,56<br>Or . . . . . 2,20<br>Aluminium . 2,56<br>Zinc . . . . 5,75<br>Fer. . . . } 9,06 à 10,50<br>Platine. . . 10,<br>Nickel . . . 12,32<br>Étain. . . . 13,05<br>Plomb . . . 20,38<br>Mercure . . 94, | Argent . . . 1 000<br>Cuivre . . . 736<br>Or . . . . . 532<br>Aluminium . 313<br>Zinc. . . . . 190<br>Étain . . . . 145<br>Fer. . . . . 120<br>Plomb . . . 83<br>Platine . . . 84<br>Bismuth . . 20 |

## 2. — Propriétés mécaniques.

On désigne sous ce nom les propriétés que manifeste un corps lorsqu'il est soumis à l'action de *forces extérieures* qui, par exemple, ont pour effet de le tordre, de l'aplatir, de l'allonger, de l'user par frottement.

Dans un très grand nombre d'applications industrielles, les métaux sont soumis à des efforts de ce genre : l'étude de leurs propriétés mécaniques présente donc un intérêt capital, alors que, pour les métalloïdes, elle n'a que peu d'importance.

= **189. Dureté.** = Un corps A est plus dur qu'un corps B si, quand on les frotte l'un contre l'autre, A laisse une trace sur B : le diamant est plus dur que le verre, puisqu'il le raye. — Frottons l'une sur l'autre successivement trois lames de zinc, de plomb et de fer. Le zinc raye facilement le plomb, tandis qu'il est rayé par le fer. Ces trois métaux se rangent donc ainsi qu'il suit par ordre de dureté décroissante : fer, zinc, plomb (tableau II, première colonne).

La dureté des métaux, comme les autres propriétés mécaniques et les propriétés physiques, est considérablement influencée par diverses circonstances, notamment :

1° Par le degré de pureté, la présence de métalloïdes ou de métaux accessoires. L'exemple typique est fourni par le *fer*; l'*acier* est un produit ferreux beaucoup plus dur que le fer, qui renferme de 0,20 à 1,50 $^0/_0$ de carbone ; plus il renferme de carbone, plus il est dur. Les *fontes* renferment de 2 à 5 $^0/_0$ de carbone ; certaines espèces de fontes peuvent être plus dures que l'acier ; d'autres, au contraire, ne le sont pas plus que le fer.

2° Par le travail auquel a été soumis le produit dans les usines métallurgiques, avant d'être livré au commerce : la dureté du fer, par exemple, augmente par les laminages successifs; l'étain, chauffé au rouge sombre commençant et refroidi rapidement, devient dur et sonore.

**= 190. Ténacité. =** On définit habituellement la ténacité d'un métal par la résistance qu'oppose aux *efforts de traction* une barre ou un fil de ce métal.

*Expérience.* — Attachons à deux potences (fig. 146) deux fils de 50cm de long, l'un en fer, l'autre en plomb, tous deux de même diamètre, par exemple 1mm. Suspendons à l'extrémité libre des fils des poids de 2kg : le fil de plomb se brise; le fil de fer ne se brise pas. On dit que le fer est *plus tenace* que le plomb. Il l'est beaucoup plus d'ailleurs; car, pour rompre le fil précédent, il faudrait y suspendre une charge pesant environ 30kg.

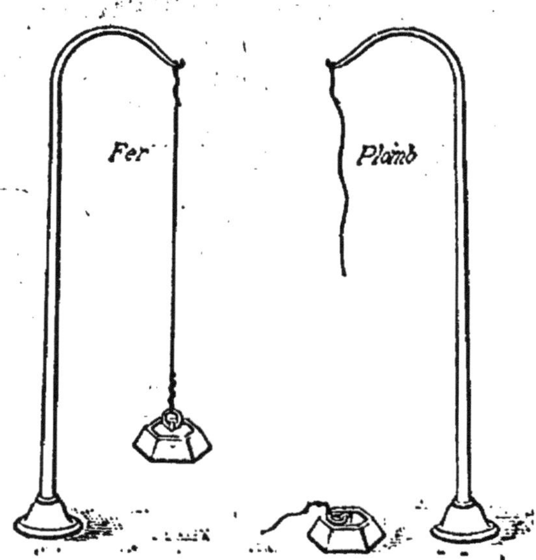


Fig. 146. — Ténacités différentes du fer
et du plomb.

Lorsqu'une barre métallique AB, fixée en A et portant deux repères rr', est soumise à l'action de charges croissantes appliquées à l'extrémité B (fig. 147), on constate :

1° Que dans une première période, dite *période élastique*, les repères rr' reviennent à leur distance primitive $l$, lorsqu'on supprime la charge;

2° Que dans une deuxième période la barre reste allongée après la suppression de l'effort ; les repères restent distants d'une longueur *l'*, plus grande que *l*. La déformation passagère précédente devient *permanente*; on dit que la *limite d'élasticité* a été dépassée. Le passage d'une période à l'autre se fait pour une charge qui est la plus grande des charges produisant l'allongement élastique et la plus petite de celles provoquant l'allongement permanent : d'où le nom de *charge limite d'élasticité* qui lui est donné. — On la représente par *E* (charge en kilogrammes rapportée à une section de $1^{mm^2}$);

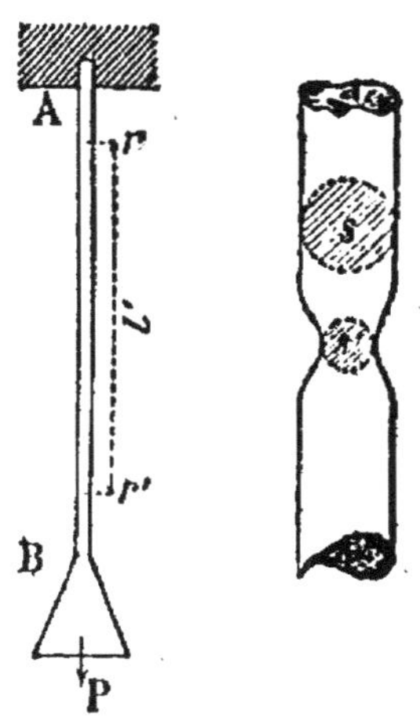



Fig. 147. — Allongement d'une barre chargée; striction.

3° Qu'à partir d'une certaine charge, la barre diminue de diamètre vers son milieu; elle s'étrangle (*striction*). Ce phénomène précède de près la *rupture*, qui se produit à l'étranglement. La charge correspondante, dite *charge de rupture*, se représente par *R*.

Deux nombres importants sont encore à considérer :

1) L'*allongement* pour cent, qui se représente par A %

et qui est donné par la relation : $A \% = \dfrac{(L - l) \times 100}{l}$,

dans laquelle L désigne la distance des repères lors de la rupture. (*L — l*) est donc l'allongement total éprouvé par *l*; on le rapporte à 100;

2) La *striction*, qu'on représente par la lettre grecque Σ (sigma) et qui s'exprime par le rapport de la diminution de section (S — S') à la section initiale S :

$$\Sigma = \frac{S - S'}{S}.$$

Ainsi, tandis que E et R s'expriment en kilogrammes, A % et Σ sont des nombres abstraits, des rapports.

Ces nombres, mais surtout les nombres E et R (tableau II), sont très employés pour classer les aciers du commerce.

## TABLEAU II

| DURETÉ | CHARGES DE RUPTURE A L'ALLONGEMENT EN KILOGRAMMES PAR $MM^2$ DE SECTION | MALLÉABILITÉ AU LAMINOIR | MALLÉABILITÉ AU MARTEAU | DUCTILITÉ |
|---|---|---|---|---|
| Tantale. raye le quartz.<br>Chrome }<br>Manganèse } rayent le verre.<br>Nickel }<br>Fer } rayent le calcaire cristallisé.<br>Zinc } (Spath calcaire.)<br>Platine<br>Cuivre<br>Aluminium } sont rayés par<br>Argent le *spath calcaire.*<br>Or<br>Bismuth<br>Étain<br>Plomb, rayé par l'ongle.<br>Potassium } mous, se pétris-<br>Sodium } sent facilement. | Nickel. . . . . . . 80<br>Fer (fil recuit). . . 65<br>Fer forgé. de 30 à 40<br>Tôle de fer. . . . . 35<br>Cuivre laminé fondu. 13<br>Cuivre laminé re-<br>cuit . . . . . . . 21<br>Cuivre en fil. . . . 42<br>Platine. . . . . . 31<br>Argent. . . . . . 21<br>Aluminium. . . . 20,3<br>Or. . . . . . . . 16<br>Zinc. . . . . . . 5,5<br>Étain . . . . . . 3,5<br>Plomb { en fil. . . 2,2<br>{ en lame . 1,3 | Or.<br>Argent.<br>Aluminium.<br>Cuivre.<br>Étain.<br>Platine.<br>Plomb.<br>Zinc.<br>Fer.<br>Nickel. | Plomb.<br>Étain.<br>Or.<br>Argent.<br>Aluminium.<br>Cuivre.<br>Platine.<br>Fer. | Or.<br>Argent.<br>Platine.<br>Fer.<br>Cuivre.<br>Aluminium.<br>Nickel.<br>Zinc.<br>Étain.<br>Plomb. |

= **101. Malléabilité.** = La malléabilité est la propriété que possèdent un certain nombre de métaux d'être réduits en lames (tôles de fer pour tuyaux de poêle, lames de zinc pour toitures) ou en feuilles (feuilles d'étain qui enveloppent certaines denrées, feuilles d'or des enlumineurs) par *passage au laminoir* ou par *battage au marteau.*

Un *laminoir* pour tôles ou pour plats se compose essentiellement (fig. 118) de deux cylindres AA' en matière très dure et à axes horizontaux, nommés *tables*, capables de tourner en sens inverse. Chacun d'eux est muni de *tourillons* supportés par deux colonnes M qui forment la *cage* de l'appareil. Ils reçoivent leur mouvement par l'intermédiaire d'organes d'accouplement (*manchons à trèfle*) et de deux gros pignons dentés EE' contenus dans une cage à *pignons*.

Le lingot à étirer, légèrement aminci, s'engage entre les cylindres dont on diminue l'écartement, après chaque passe, en agissant sur des vis de réglage par l'intermédiaire de leviers *c*.

La colonne 3 du tableau II indique l'ordre dans lequel se rangent les principaux métaux par ordre de malléabilité au laminoir ou au marteau.

Il est intéressant de noter que ces ordres de malléabilité

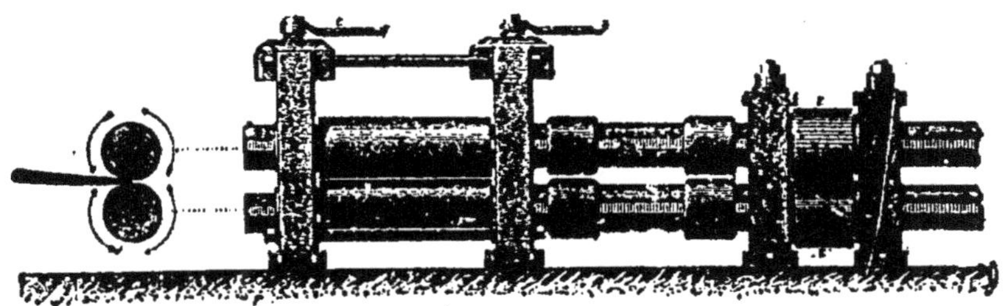

Fig. 118. — Laminoir pour tôles.

ne sont pas les mêmes ; les différences sont dues à ce que, dans les deux cas, le métal *travaille* de façons dissemblables. — Le marteau, en effet, procède par chocs successifs ; le laminoir, au contraire, par écrasement et allongement continus. Un métal est très malléable au marteau, s'il est mou et peu fragile : tel est le cas du plomb ; il l'est d'autant plus au laminoir qu'il est plus mou et plus *tenace* : tel est le cas de l'or.

La malléabilité au marteau présente de nombreuses applications : chaudronnerie, ferblanterie, poêlerie, fabrication des couverts et ustensiles de cuisine en fer battu, industries d'art telles que la serrurerie, la ferronnerie, le métal repoussé. Elle joue un rôle essentiel dans le façonnage des lingots par les différents procédés de forgeage, par l'étampage, l'emboutissage, etc.

**= 192. Ductilité. =** Les métaux malléables peuvent
être étirés en fils : cette propriété s'appelle la *ductilité*.

L'opération se fait dans les usines appelées *tréfileries*
ou *tireries*.

Pour tréfiler un métal, on commence par l'amener au
plus petit diamètre possible, à l'aide de laminoirs pour
ronds. Le cylindre ainsi obtenu est enroulé sur un
dévidoir. L'extrémité libre, amincie au marteau ou à la
lime, est ensuite engagée dans un des trous d'une *filière*,

Fig. 149. — Banc de tirerie.
A, dévidoirs ; F, filières ; E, transmissions.

plaque en acier fondu extra-dur percée de trous de différents diamètres, et saisie par une pince, ou *chien*, solidaire
d'un tambour mobile autour d'un axe vertical. Le fil attiré
s'enroule donc sur ce tambour, puis repasse dans un trou
plus petit de la filière, et ainsi de suite, jusqu'à ce qu'on
obtienne le diamètre voulu. L'ensemble des organes précédents (dévidoirs, filières, tambours, commandes des mou-
vements de rotation) constitue un *banc de tirerie* (fig. 149).

Les diamètres des fils et, par suite, ceux des trous de la
filière s'apprécient avec des *jauges*, plaques percées de
trous numérotés de diamètres connus [jauge de Paris,

jauge carcasse, jauge SWG (anglaise), jauge BS (américaine).

La colonne 4 du tableau II indique l'ordre de ductilité des principaux métaux ; l'or est le plus ductile, comme le plus malléable de tous les métaux (on peut le réduire en feuilles de $\dfrac{1}{10\,000}$ de millimètre d'épaisseur). Toutefois, l'ordre n'est pas rigoureusement le même que celui de la malléabilité au laminoir. La ténacité a ici beaucoup plus d'influence : c'est pourquoi le plomb est le moins ductile de tous les métaux.

Un grand nombre d'industries font usage de fils ainsi obtenus : *fils de fer* pour la fabrication des pointes et des clous à bois, des tamis, des treillages et grillages pour clôtures, des cardes et peignes, des fils à galvaniser ; *fils d'acier* pour câbles de suspension, pour appareils à scier les marbres et les pierres de construction, pour la fabrication des aiguilles, hameçons, cordes d'instruments de musique, etc.; *fils de cuivre* pour conducteurs et appareils électriques, clous de tapissiers et de cordonniers, toiles et tamis; *fils de zinc* pour clous et ligatures; *fils d'argent et d'or* pour la broderie et la passementerie de luxe.

## 3. — ALLIAGES.

== **193. Exemples. Utilité.** == Pour un très grand nombre d'usages, les métaux, considérés isolément, ne présentent pas les propriétés physiques et mécaniques suffisantes.

1er *Exemple.* — *L'or est le plus inaltérable de tous les métaux :* il ne s'oxyde pas dans l'air, quelle que soit la température, ne décompose aucun acide, se dissout seulement dans l'eau chlorée ou l'*eau régale* (167). Mais il est mou; c'est pourquoi on l'associe au cuivre, quelquefois à l'argent, lorsqu'on veut l'employer à la confection d'objets devant résister aux chocs ou à l'usure par frottement.

Les *alliages d'or et de cuivre,* de couleur rougeâtre,

servent à faire les monnaies d'or (titre : 0,900), des médailles et des bijoux. *Les alliages d'or et d'argent*, dont la couleur varie avec la quantité d'argent (or jaune, or pâle, or vert), sont employés dans l'orfèvrerie.

**2e Exemple.** — Les caractères d'imprimerie s'obtiennent par moulage. Il faut donc un métal capable de fondre parfaitement et d'épouser fidèlement les détails des moules. Il faut, en outre, que ce métal possède assez d'élasticité et de résistance à l'écrasement pour que les caractères subissent, sans se déformer ou se briser, l'effort de la presse à tirer. Aucun métal isolé ne réunit ces conditions ; en associant du *plomb* et de l'*antimoine* dans des proportions déterminées (80 % de plomb et 20 % d'antimoine), on obtient une sorte de métal mixte, un *alliage*, très convenable pour la fabrication de caractères résistants à contours nets.

**3e Exemple.** — Soit à construire, à l'aide d'un fil métallique, une résistance électrique variable, dite *rhéostat*. Il est naturel de choisir les métaux dont la résistivité est la plus grande (plomb, étain) ; mais ces métaux sont peu ductiles. En associant du *cuivre*, très bon conducteur, du *zinc*, bon conducteur, et du *nickel*, assez bon conducteur, on obtient un alliage appelé *maillechort*, suffisamment ductile pour être étiré en fils fins et *dont la résistivité est supérieure à celle du nickel*.

Les alliages constituent donc de véritables métaux artificiels, qui permettent de fabriquer, en modifiant la nature et la proportion des constituants, une multitude de produits répondant aux besoins les plus variés de l'industrie.

Les alliages possèdent les propriétés physiques et mécaniques qui caractérisent les métaux (éclat, conductibilité, malléabilité, ductilité, etc.). Sur leur surface ou leur cassure, il est impossible de distinguer à l'œil nu les différents constituants. — *Les alliages sont donc des corps solides, d'apparence homogène, ayant l'aspect métallique, obtenus par l'association de deux ou de plusieurs métaux.* — On distingue des alliages binaires (bronze), des alliages ternaires (maillechort), quaternaires, etc. — L'un des métaux peut être remplacé par un métalloïde (phosphore, carbone ou silicium). Les aciers ordinaires sont des alliages fer-carbone.

= **194. Propriétés.** = Les propriétés des alliages ne sont pas toujours intermédiaires entre celles des constituants. Nous allons le constater sur quelques exemples.

*a*) **Propriétés physiques.** — 1° *Le bronze d'aluminium* (de 90 à 95 % de cuivre, de 10 à 5 % d'aluminium) a la *couleur de l'or*, ce qui permet de l'employer dans la bijouterie et dans l'orfèvrerie.

2° *L'alliage de Darcet* (25 % de plomb, 25 % d'étain et 50 % de bismuth) fond vers 93° et devient liquide dans la vapeur de l'eau bouillante (fig. 150), alors que le plomb fond vers 330°, le bismuth vers 260°, l'étain vers 230°. Cet alliage est donc beaucoup plus fusible que le plus fusible des métaux constituants. Un alliage est presque toujours plus fusible que le moins fusible des métaux qui le composent. En général, l'*étain* et le *bismuth* augmentent la fusibilité.

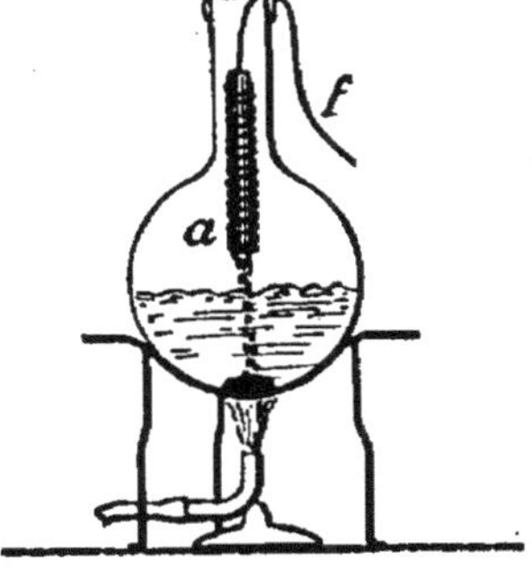

Fig. 150. — Fusion de l'alliage de *Darcet* dans la vapeur d'eau bouillante.

3° La densité réelle D d'un alliage est presque toujours différente de la densité moyenne $D_m$, calculée d'après la règle des mélanges. Dans le cas des alliages de cuivre et d'étain (bronzes) on a : $D > D_m$, ce qui indique que l'alliage s'est produit avec contraction. Dans le cas des alliages de cuivre et d'argent, au contraire, on a : $D < D_m$; il s'est produit une dilatation.

4° Au point de vue de la *conductibilité* électrique, nous avons signalé le cas du *maillechort*. La plupart des alliages ont une conductibilité réelle C inférieure à la conductibilité moyenne $C_m$; cependant, pour les alliages de plomb et d'étain ou de zinc, on a : $C = C_m$, c'est-à-dire que la conductibilité peut être calculée d'après la règle des mélanges.

*b*) **Propriétés mécaniques.** — 1° Les alliages monétaires or-cuivre, argent-cuivre, sont plus **durs** que chaque métal pris séparément.

2° Les *bronzes* qui renferment de 20 à·25 $\%$ d'étain possèdent une sonorité remarquable (bronzes pour cloches et timbres), mais sont fragiles ; ceux qui contiennent de 15 à 20 $\%$ d'étain sont durs et élastiques (bronze pour coussinets).

3° Le cuivre, le zinc surtout sont assez peu malléables ; si l'on ajoute 1 partie de zinc à 2 parties de cuivre, on obtient un alliage de couleur jaune, appelé *laiton*, qui peut être réduit en feuilles extrêmement minces et dont la ductilité est supérieure à celle du cuivre.

L'étain, le plomb, l'antimoine diminuent, en général, la malléabilité et la ductilité. C'est pourquoi ils rendent les métaux usuels aigres et cassants.

**= 195. Constitution des alliages. ==** Puisqu'un grand nombre d'alliages ne présentent pas des propriétés rigoureusement intermédiaires entre celles des métaux composants, il faut en conclure que ce ne sont pas de simples mélanges. Ce ne sont pas non plus de véritables combinaisons, puisque leur formation n'est pas soumise à *la loi des proportions définies.*

La constitution des alliages a pu être mise en évidence par plusieurs méthodes, principalement par l'étude de leur fusibilité et de leur conductibilité, par l'attaque de leur surface à l'aide de réactifs appropriés, etc...

Un certain nombre d'alliages renferment des *combinaisons métalliques définies.* Dans les *bronzes,* par exemple, on trouve, associé en général à un excès de cuivre, le composé $SnCu^3$. Les *laitons* qui contiennent moins de 33 0/0 de zinc sont des mélanges de cuivre et d'un composé cristallisé et malléable, $ZnCu^2$.

Quelques alliages fondus présentent, en se refroidissant, le phénomène connu sous le nom de *liquation.*

Supposons, par exemple, qu'on laisse se refroidir un alliage à 50 0/0 de plomb et 50 0/0 d'étain, qui fond à 200°. Celui-ci laisse d'abord déposer du plomb ; la partie liquide s'enrichit donc en étain : la température de cette portion décroît peu à peu, et la masse se solidifie vers 180°. Si l'on analyse ce solide, on trouve qu'il contient 3 parties de plomb pour 5 d'étain ; l'alliage fait dans ces proportions fond d'ailleurs à 180°. Il semble donc que ce soit un composé défini ; mais, en l'observant au microscope, on aperçoit chaque métal séparé sous forme de lamelles alternantes très fines. C'est une fausse combinaison qu'on appelle *mélange eutectique* (mélange le mieux fait) ou encore *alliage à point de fusion minimum ;* car, de tous les alliages plomb-étain, c'est celui qui fond à la température la plus basse (180°).

L'alliage à 50 0/0 d'étain et 50 0/0 de plomb est donc formé, en réalité, par un mélange eutectique plomb-étain dissous dans un excès de plomb.

La constitution des alliages est vérifiée par leur *étude micrographique.*

La méthode consiste : 1° à polir soigneusement une petite surface métallique à l'aide de poudres très fines, aussi homogènes que possible (dégrossissage à l'émeri, finissage à l'alumine anhydre, à l'oxyde de chrome ou au colcotar); 2° à soumettre la surface polie à l'action de réactifs déterminés (teinture d'iode, acide picrique, picrate de sodium, acide chlorhydrique, etc.), qui colorent différemment les divers constituants ou qui produisent des reliefs et des creux plus ou moins accentués; 3° enfin, à examiner la surface à l'aide de microscopes spéciaux.

La **métallographie microscopique** *est de plus en plus employée dans les grands ateliers pour contrôler la qualité des matériaux mis en œuvre (aciers, fontes, bronzes. laitons, alliages antifrictions);* elle fournit souvent des renseignements que l'analyse chimique seule est incapable de donner, et elle permet d'interpréter les résultats obtenus à l'aide des essais mécaniques.

## = 196. Principaux alliages industriels.

*a)* **Laitons.** == *Les laitons,* désignés vulgairement sous le nom de *cuivres jaunes, sont des alliages formés essentiellement de cuivre et de zinc.* Ils peuvent contenir un peu d'étain et de plomb. Les plus employés dans l'industrie sont ceux qui renferment de 85 à 60 % de cuivre pour 15 à 40 % de zinc.

| EXEMPLES : | CUIVRE | ZINC | ÉTAIN | PLOMB |
|---|---|---|---|---|
| Laiton en feuilles ordinaire. . . | 84 | 16 | » | » |
| Laiton anglais . . . . . . . . . . | 70,3 | 29,2 | 0,2 | 0,3 |
| Fil de laiton . . . . . . . . . . . | 70 | 30 | » | » |
| Laiton pour cartouches. . . . . | 67 | 33 | » | » |
| Roues de montre coulées. . . . | 61,7 | 36,9 | 1,4 | » |
| Métal de Müntz. . . . . . . . . . | de 63 à 50 | de 37 à 50 | » | » |

*b)* **Bronzes.** *Les bronzes sont des alliages de cuivre et d'étain*, pouvant renfermer du zinc et du plomb. L'étain peut être remplacé par de l'aluminium.

| EXEMPLES : | CUIVRE | ÉTAIN | ZINC | PLOMB |
|---|---|---|---|---|
| Bronze des cloches et des timbres . . . | 80 | 20 | » | » |
| — pour pièces mécaniques (engrenages) . . . . . . . . . . | 88 | 10 | 2 | » |
| — pour coussinets. . . . . . . . | 84 | 12 | 4 | » |
| — pour robinets. . . . . . . . . | 88 | 8 | 4 | » |
| — d'art . . . . . . . . . . . | 84 | 8 | 5 | 3 |
| — des monnaies de billon . . . . . | 95 | 4 | 1 | » |

La couleur des bronzes varie du jaune rouge au blanc jaunâtre. La fusibilité, la dureté, la sonorité et la fragilité augmentent avec la proportion d'étain. Ils sont plus durs, plus tenaces et moins altérables que le cuivre pur, se prêtent mieux que ce métal au tournage, au perçage, au limage, et, surtout, ils se moulent beaucoup mieux, notamment lorsqu'ils renferment un peu de zinc ou de plomb.

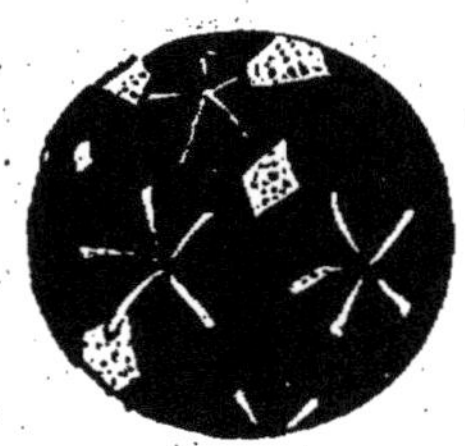

Fig. 151. — Aspect au microscope d'un alliage antifriction. (Les cristaux correspondent au composé $SnCu^3$.)

*c)* **Antifrictions.** Les bronzes pour coussinets ont l'inconvénient d'être trop durs, peu élastiques. En associant de l'*étain*, de l'*antimoine*, du *plomb*, du *cuivre* et du *zinc*, on est parvenu à réaliser des alliages très plastiques, assez durs sans l'être trop, ce qui diminue l'usure des tourillons, résistant bien à l'écrasement et fondant à une température peu élevée (de 230° à 350°), ce qui permet de les couler facilement : on les appelle des *alliages antifrictions* (fig. 151). Il en existe un très grand nombre.

| EXEMPLES : | ÉTAIN | ANTIMOINE | CUIVRE | ZINC | PLOMB |
|---|---|---|---|---|---|
| Pour coussinets. . . . . . | 90 | 8 | 2 | » | » |
| Paliers pour hélices. . . | 26 | » | 5 | 69 | » |
| Métal Magnolia. . . . . . | » | 21 | 1 (Fer) | » | 78 |

*d)* **Maillechort.** Le *maillechort*[1], appelé encore *argentan, cuivre blanc, packfong,* est un alliage de *cuivre,* de *zinc* et de *nickel.* Il a une couleur blanche d'autant plus franche que les constituants sont plus purs; il prend un beau poli, s'altère très peu dans l'air humide et résiste bien à l'action des acides; aussi peut-on l'employer pour fabriquer des couverts et des ustensiles de cuisine. On l'utilise également en horlogerie et pour la confection de rhéostats, de vases, flambeaux, compas, etc. La monnaie dite en nickel est une sorte de maillechort (monnaies belge, chilienne, etc.) ou un alliage de cuivre et de nickel (monnaie allemande), ou du nickel pur (monnaie française).

| EXEMPLES : | CUIVRE | ZINC | NICKEL |
|---|---|---|---|
| Maillechort parisien. . . . . . . . . . . | 67 | 13 | 20 |
| Packfong parisien . . . . . . . . . . . . | 62 | 23 | 15 |
| Monnaie de nickel allemande . . . . . . | 75 | » | 25 |
| — — belge . . . . . . . . . | 65 | 15 | 20 |

*e)* **Soudures et brasures.** Les *soudures* et les *brasures* sont des alliages employés pour assembler des métaux identiques ou différents, dans le cas où ces métaux ne peuvent être soudés à eux-mêmes par ramollissement et par rapprochement, ou lorsque la disposition des pièces ne permet pas leur soudure autogène. — *Ces alliages doivent être plus fusibles que les métaux à souder et doivent y adhérer fortement.*

| EXEMPLES : | PLOMB | ÉTAIN | CUIVRE | ZINC |
|---|---|---|---|---|
| Soudure des ferblantiers . . . . . . | de 70 à 90 | de 30 à 10 | » | » |
| — des plombiers . . . . . . | de 33 à 10 | de 67 à 60 | » | » |
| Brasure tendre . . . . . . . . . . . | » | » | 70 | 30 |
| | | | LAITON | |
| Brasure pour cuivre. . . . . . . . . | » | 15 | 75 | 10 |

[1] Mot formé des noms de *Maillot* et *Chorier,* deux ouvriers lyonnais qui découvrirent cet alliage vers 1820.

# CHAPITRE XII

## OXYDES ET HYDRATES MÉTALLIQUES.

### 1. — Action de l'oxygène de l'air.

= **197. Propriétés chimiques des métaux.** = Nous avons déjà constaté qu'un grand nombre de métalloïdes se combinent à la plupart des métaux : l'oxygène (66) forme des *oxydes*, le chlore (82) des *chlorures*, le soufre (95) des *sulfures*, le phosphore (157) des *phosphures*, le carbone (139) des *carbures*.

L'altérabilité des métaux, dans l'air notamment, pouvant être un obstacle à leur emploi, nous allons insister sur l'action de l'oxygène.

= **198. Action de l'oxygène libre et de l'air sec.**
*a*) Tous les métaux, sauf l'argent, l'or et le platine, s'oxydent dans l'air sec en formant des oxydes qu'on désigne sous les noms vulgaires de *rouilles, cendres* ou *crasses*. Seul le potassium s'oxyde à la température ordinaire. — Les autres métaux ont besoin d'être portés à une température qui varie avec chacun d'eux.

*Expériences 1.* — Chauffons de l'*étain* dans une capsule en fer. Vers 200°, avant qu'il soit fondu, il se recouvre d'une couche grise qui augmente d'épaisseur, à mesure que la température s'élève, et qui est un mélange d'oxyde stanneux $SnO$ et d'oxyde stannique $SnO^2$ (*potée d'étain*).

2. — Chauffons de même du *plomb* en grenaille. Très rapidement, il se recouvre d'une pellicule grise de sous-oxyde de plomb $Pb^2O$. Puis, quand il est fondu, c'est-à-dire à partir de 330°,

apparaît une crasse jaunâtre constituée par un protoxyde de plomb amorphe, appelé vulgairement *massicot*. Lorsque la température atteint de 700° à 800°, le massicot fond et donne par refroidissement un corps cristallisé en paillettes orangées, la *litharge*. Si le massicot était chauffé longuement dans un courant d'air, il se suroxyderait, prendrait une teinte rouge orangé : on aurait le *minium*, $Pb^3O^4$.

**3.** — Chauffons un copeau de *cuivre* tenu avec une pince en fer dans la flamme chaude d'un Bunsen. Celle-ci se colore en *vert* (c'est un moyen simple de reconnaître le cuivre et ses composés). Le copeau se recouvre d'abord d'une couche rougeâtre d'*oxyde cuivreux* ($Cu^2O$) (oxydule de cuivre); cet oxyde se transforme rapidement en un corps noir, qui se détache facilement du copeau, appelé vulgairement paille ou cendre de cuivre, dont le nom chimique est *oxyde cuivrique* ($CuO$).

*h*) L'oxydation est facilitée par l'état de division du métal.

*Expériences* 1. — Répétons avec de l'*aluminium* l'expérience faite au n° 17 avec la poudre de *magnésium*; il se forme de l'*alumine* ($Al^2O^3$) avec un dégagement de chaleur considérable.

**2.** — Faisons tomber du *zinc* en limaille dans la flamme du brûleur. Il se produit une flamme bleu verdâtre et une poussière blanche, appelée *blanc de zinc*. Le zinc, en effet, est volatil ; sa vapeur brûle *avec flamme* en donnant de l'oxyde de zinc ($ZnO$).

Avec des limailles de cuivre et de fer, on n'obtient plus de flamme, mais des étincelles vertes (cuivre) ou brillantes (fer) (fig. 152), propriétés utilisées en pyrotechnie.

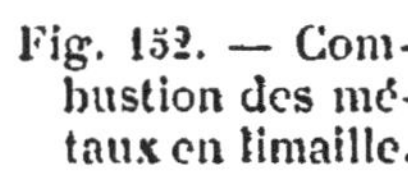

Fig. 152. — Combustion des métaux en limaille.

Lorsque l'oxyde est fusible, le métal, même en barre, peut brûler complètement, car alors l'oxyde se détache, et la surface du métal est de nouveau au contact du comburant. C'est le cas du *fer* : chauffé à la forge, il se recouvre d'écailles grises fusibles (*battitures*), mélange de plusieurs oxydes de fer ($FeO$, $Fe^2O^3$, $Fe^3O^4$).

= **199.** = *Remarques*. — I. Toutes les oxydations précédentes sont exothermiques, mais à des degrés très différents.

1° d'*aluminium* dégage, en brûlant complètement, plus de 7 000 calories, tandis que 1° de *cuivre* n'en dégage que 320. Ces quantités de chaleur mesurent ce qu'on appelle l'*affinité* du corps pour l'oxygène. Les principaux métaux et métalloïdes se rangent dans l'ordre suivant, par affinité décroissante pour l'oxygène :

*hydrogène, carbone, aluminium, magnésium, phosphore, potassium, sodium, calcium, silicium, manganèse, soufre, fer, zinc, arsenic, étain, cuivre, plomb, mercure.*

Nous pouvons en déduire quelques conséquences importantes :

1° Les métaux contenus dans cette liste, sauf le mercure, donnent des *oxydes*-que la chaleur seule est incapable de décomposer; l'oxyde de mercure (3), les oxydes d'argent, d'or et de platine [1], au contraire, se décomposent très facilement en donnant le métal et de l'oxygène.

2° Un corps quelconque de cette liste réduit, en général, les composés oxygénés des corps qui le suivent. Le *carbone* réduit la plupart des oxydes métalliques (157) et des anhydrides; l'*aluminium*, le *magnésium*, le *sodium*, le *manganèse* en réduisent de même un grand nombre. Le *fer* chauffé avec l'oxyde de plomb déplace le plomb :

$$Fe + PbO = FeO + Pb,$$

parce que la formation de l'oxyde de fer dégage plus de chaleur que celle de l'oxyde de plomb.

II. Les oxydes métalliques ne sont pas tous capables de se combiner aux *acides* pour former des *sels* et de l'*eau;* autrement dit, ils ne sont pas tous des *oxydes basiques.*

*Expériences :* 1. — Chauffons dans un ballon un mélange de *litharge* et d'*acide azotique ordinaire* étendu d'eau distillée. La litharge se dissout rapidement. Filtrons au-dessus d'un verre le liquide bouillant. Le liquide bien limpide obtenu ne tarde pas à laisser déposer, par suite du refroidissement, des cristaux blancs d'*azotate de plomb :*

$$PbO + 2(AzO^3H) = (AzO^3)^2Pb + H^2O.$$

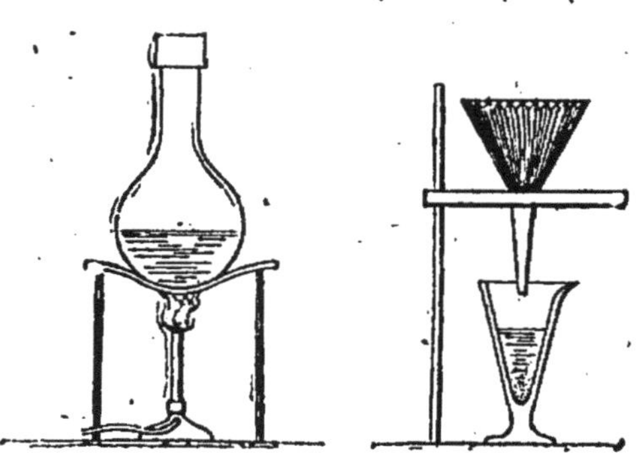

Fig. 153. — Action de l'acide azotique sur le minium.

Le protoxyde de plomb est donc un *oxyde basique.*

2. — Dans un autre ballon contenant du *minium* (fig. 153), versons encore de l'acide azotique étendu de son volume d'eau. Immédiatement, la couleur de la poudre passe au brun. Chauffons le ballon jusqu'au moment où il n'y a plus trace de minium, et filtrons le liquide bouillant.

Dans le verre apparaissent bientôt des cristaux d'*azotate de plomb ;*

[1] Obtenus par voie indirecte.

sur le filtre reste une poudre brune, qui est du *bioxyde de plomb* ($PbO^2$) ou *oxyde puce*.

Cet oxyde n'est évidemment pas un oxyde basique. Il peut, d'ailleurs, dans certaines conditions, se combiner à quelques bases pour donner des corps cristallisables, de véritables **sels**, appelés *plombates :* tel le *plombate de calcium* utilisé comme siccatif. Il se comporte donc comme un *anhydride* de l'acide plombique et peut s'appeler de l'*anhydride plombique*.

Le *minium*, par suite, peut être considéré comme une sorte de sel provenant de la combinaison d'anhydride plombique et de protoxyde de plomb et s'écrire :

$$Pb^3O^4 = PbO^2, 2(PbO) ;$$

d'où le nom d'*oxyde salin* de plomb qui lui est donné.

Tous les oxydes dont la molécule renferme 4 atomes d'oxygène pour 3 du métal s'appellent *oxydes salins*. Tels sont :

$$Fe^3O^4, \quad \text{oxyde salin de fer,}$$
$$Mn^3O^4, \quad\quad — \quad\quad \text{de manganèse.}$$

III. Quand un même métal peut former plusieurs oxydes, *l'un au moins est basique*. Nous venons de le constater pour le plomb. Il en est de même de l'étain, du manganèse, du chrome. On connaît les oxydes de chrome suivants :

$CrO$     oxyde *chromeux* ou *protoxyde* de chrome,
$Cr^2O^3$   oxyde *chromique* ou *sesquioxyde*     —    ,
$Cr^3O^4$   oxyde *salin*,
$CrO^3$    *anhydride chromique*.

Les deux premiers sont des oxydes basiques; le quatrième est un anhydride, car, à ce dernier corps, correspond l'*acide chromique* $CrO^4H^2$, qui donne les sels appelés *chromates ;* exemples : $CrO^4H^2$, chromate de potassium ; $CrO^4Pb$, *chromate de plomb* employé en peinture sous le nom de *jaune de chrome* [1].

*Un métal est donc un corps simple capable de former avec l'oxygène au moins* **un oxyde basique**. C'est le seul caractère qui permette de différencier nettement un métal d'un métalloïde.

## = 200. Action de l'air humide. Influence des acides. = Les métaux qui décomposent l'eau à la température ordinaire (90) s'altèrent très rapidement dans

---

[1] Il est bon de remarquer l'analogie entre les formules de l'acide sulfurique et de l'acide chromique. De même qu'il existe un acide pyrosulfurique $S^2O^7H^2$, il y a un acide pyrochromique $Cr^2O^7H^2$, appelé improprement acide bichromique, auquel correspond le sel bien connu sous le nom de *bichromate de potassium* ($Cr^2O^7K^2$), employé dans les piles de Grenet.

l'air atmosphérique, qui renferme toujours de la vapeur d'eau : on peut constater que des morceaux de *potassium* ou de *sodium* fraîchement coupé se ternissent vite par suite de la formation de potasse ou de soude caustique (c'est pourquoi l'on conserve ces métaux dans le *naphte*).

L'humidité favorise également l'oxydation de métaux moins oxydables : l'*aluminium* se recouvre d'une couche blanchâtre d'alumine hydratée ; le *fer se rouille*; le *zinc*, le *plomb* perdent leur éclat. Seuls, le nickel, l'étain, le mercure, l'or, l'argent et le platine ne s'altèrent pas dans ces conditions.

*Le contact des acides accélère l'altération* : lorsqu'on coupe un fruit avec un couteau bien luisant, celui-ci se tache immédiatement et se rouille, si l'on ne prend pas soin de l'essuyer ; les paniers à claire-voie en fer contenant des touries d'acide chlorhydrique sont très rapidement détériorés ; les huiles et graisses végétales produisent sur les tuyaux de cuivre et de laiton des taches vertes, etc. Le *gaz carbonique* de l'air, qui, en présence d'eau, forme un acide cependant très faible, agit de la même façon. Ainsi s'explique l'altération du zinc, du plomb, du cuivre et du fer.

Deux cas très différents sont à considérer :

1° L'oxyde formé se combine au gaz carbonique et à l'eau pour former un carbonate hydraté ou hydrocarbonate : gris sur le *zinc* ou le *plomb, vert* (vert-de-gris) sur le *cuivre*. Cet hydrocarbonate superficiel est imperméable à l'air, insoluble dans l'eau, et, par suite, protège la masse du métal contre toute altération ultérieure ;

2° La couche formée est perméable; l'*altération est progressive* et gagne le cœur de la pièce : c'est le cas du *fer*. La *rouille* de fer est un oxyde hydraté $Fe^2O^3,3(H^2O)$; elle ne renferme pas de gaz carbonique. Cependant la présence simultanée d'oxygène, d'eau et de gaz carbonique est indispensable à la formation de la rouille, car un morceau de fer bien poli ne s'altère pas dans une dissolution de soude caustique aérée (fig. 28).

**= 201. Préservation des métaux, et notamment du fer, contre l'altération. =** Le *fer* étant le métal le plus usité, et en même temps un des plus altérables, doit être recouvert de substances qui l'empêchent de se rouiller. Les nombreux produits employés varient avec la destination du fer. — On peut les classer de la façon suivante :

a) *Enduits isolants non métalliques*, formant couche imperméable entre le métal et l'air extérieur :

1° *Matières grasses* pour les objets, outils, organes de machines qui ne sont pas soumis à une température élevée. — On utilise, à cet effet, des graisses spéciales (graisse d'armes, graisse à outils), certaines huiles (huile de pieds de bœuf, huile d'olives, huiles minérales), la vaseline. On ne doit jamais employer d'huiles végétales siccatives comme l'huile de lin, parce qu'il se forme à la longue sur le métal une couche qui s'écaille, se craquèle et s'enlève difficilement. Les pétroles ordinaires sont peu recommandables, car ils renferment du soufre et sulfurent le métal.

2° *Peintures;* elles sont d'autant plus efficaces qu'elles pénètrent mieux les anfractuosités du métal. La plupart étant peu adhérentes et éprouvant par la dessiccation un retrait qui les fendille, il est nécessaire d'employer un enduit intermédiaire qui fasse corps à la fois avec la peinture et avec le métal. Le plus employé est le *minium* délayé dans l'huile : les pièces métalliques des toitures, auvents, galeries, ponts, grilles sont donc passées au *rouge*, avant d'être peintes. Au bout de quelque temps, il est nécessaire de repeindre, car des taches de rouille apparaissent en différents endroits; il faut avoir bien soin de gratter cette rouille et de repasser soigneusement ces endroits au rouge, avant de peindre de nouveau.

3° *Vernis spéciaux pour métaux.* On obtient les uns en dissolvant à froid dans l'alcool certaines résines (gomme laque, sandaraque, copal, etc.). Ces vernis s'appliquent à froid[1]. Les autres ou *vernis gras*, qui renferment de l'essence de térébenthine, de l'huile de lin et des résines, se préparent et s'appliquent à chaud. Tels sont les vernis pour cadres de bicyclettes.

4° *Mine de plomb :* mélangée à l'essence de térébenthine

ou à de l'huile, elle est employée pour la conservation des objets de poélerie, et, depuis quelque temps, pour celle des charpentes et ouvrages en fer (dans ce dernier cas, elle est appliquée à l'aide de machines à pulvériser).

5° *Émaux* (174). Les émaux utilisables à cet effet doivent être très adhérents et posséder une dilatabilité identique à celle du métal recouvert. Ils ne conviennent que pour les pièces rigides et massives qui n'éprouvent pas de flexion ou de torsion (ustensiles de cuisine et de laboratoire, appareils de chauffage).

| 1 VERNIS ANGLAIS | VERNIS POUR FER | VERNIS POUR OBJETS EN CUIVRE OU EN LAITON |
|---|---|---|
| Succin fondu . . 300ᵉ | Sandaraque. . . 150ᵉ | Copal dur. . . . . 100ᵉ |
| Gomme laque . . 215ᵉ | Mastic . . . . . . 100ᵉ | Sulfure de carbone. . . . . . . 100ᵉ |
| Safran. . . . . . . 75ᵉ | Camphre . . . . 30ᵉ | Benzine . . . . . . 100ᵉ |
| Alcool ordinaire à 95°. . . . . . . 500ᵉ | Alcool à 95°. . . 1000ᵉ | Essence de térébenthine. . . . 100ᵉ |
| | | Esprit de bois . . 200ᵉ |

6° *Chaux*. C'est la substance qui donne les meilleurs résultats pour les pièces de chemins de fer, notamment dans les tunnels; car, en absorbant le gaz carbonique, elle forme un enduit imperméable de carbonate de calcium. On empêche, dans les glaceries, la rouille des plaques de coulée en les enduisant simplement d'un lait de chaux épais.

b) *Dépôt d'un métal ne s'altérant que superficiellement et se recouvrant d'une couche imperméable.*

On recouvre le *fer* : de zinc (fer *zingué* ou *galvanisé* pour fils); d'*étain* (*fer étamé* ou *fer-blanc* pour ustensiles de cuisine, boîtes de conserves, etc.); de *cuivre* ou de *bronze* (objets exposés aux intempéries, tels que candélabres, fontaines, statues en fonte); de *plomb* (*tôle plombée* pour matériel d'usines de produits chimiques et pour couverture de bâtiments); d'*aluminium* enfin, sous forme de poudre mélangée d'huile, pour la protection des pièces d'automobiles, les radiateurs notamment, et même pour celle des poutrelles et charpentes.

La batterie de cuisine en *cuivre* est *étamée* : on évite ainsi l'altération du cuivre par les aliments et la formation de composés vénéneux.

c) *Dépôt d'un métal inoxydable.*

Le seul métal employé pour le fer est le *nickel*. L'opération se produit toujours par électrolyse d'un sel de nickel et porte le nom de *nickelage*. On nickèle également les objets en acier et en zinc.

L'*argent* et l'*or* sont employés seulement pour les objets en *cuivre* et notamment les couverts : le *ruolz* est du cuivre argenté par voie galvanique. La dorure et l'argenture se pratiquent à peu près complètement aujourd'hui par électrolyse[1].

d) *Composés métalliques imperméables.* Ce sont ou des oxydes, ou des sulfures, ou des chlorures, ou des composés arsénicaux, formés aux dépens du métal à protéger. L'acier *oxydé*, par exemple, avec lequel on fait des boîtiers de montres, est de l'acier recouvert d'une couche d'oxyde salin de fer, obten- soit par action de l'eau sur le métal chauffé au rouge, soit par électrolyse (procédé de Méritens).

Le *bronzage* des canons de fusils et des fourreaux d'armes blanches s'obtient de bien des façons. Une des plus employées consiste à favoriser l'oxydation par le gaz chlorhydrique ou par des chlorures (chlorure d'antimoine, chlorure de mercure, etc.), employés à chaud. Lorsque la pièce est refroidie, on enlève par grattage l'excès du composé formé ; elle est ensuite brunie et polie, quelquefois vernie. On obtient ainsi une teinte d'un brun noirâtre qui rappelle le bronze, mais qui ne renferme pas de cuivre. On bronze en *noir* avec le sulfure d'arsenic, en *vert* avec l'arsénite de cuivre[2].

---

[1] Voir, dans la *Bibliothèque des Écoles pratiques*, le *Cours d'électricité industrielle* de M. Lebois, t. I, p. 128-132.

[2] L'arsenic agit comme paralysant de l'oxydation. On l'emploie avantageusement pour la protection des bidons en tôle destinés au transport d'un grand nombre de produits chimiques et de denrées.

**2. — PRINCIPAUX OXYDES. — PROPRIÉTÉS GÉNÉRALES.**

= **202. Oxydes naturels.** = On trouve dans la nature un certain nombre d'oxydes plus ou moins purs, utilisés surtout comme minerais. Parmi les plus importants, nous citerons :

1° Les **oxydes de fer** :

*Oxyde salin* $Fe^3O^4$. — Exemples : fer oxydulé, *magnétite* (Suède et Norvège);

*Sesquioxyde anhydre* $Fe^2O^3$. — Exemples : *hématites rouges*, fer oligiste, fer spéculaire ;

*Sesquioxydes hydratés* $Fe^2O^3, n\,(H^2O)$. — Exemples : *hématites brunes*, fer oolithique, limonite (ces deux derniers très abondants dans le département de Meurthe-et-Moselle).

Les **ocres** sont des oxydes de fer naturels mélangés d'argile et parfois d'oxydes de manganèse. Ils sont soumis à des lessivages et à des broyages répétés pour être réduits en poudre fine, exempte de grains durs. On les emploie en peinture et pour la fabrication des papiers peints. On distingue, d'après la couleur : les *ocres jaunes* ( terre d'Italie, terre de Cologne) ; les *ocres rouges* (sanguine ou rouge des ajusteurs) ; les *ocres bruns* ( terre de Sienne, terre d'Ombre).

2° L'**alumine** ($Al^2O^3$), dont la variété la plus importante est la *bauxite*, mélange d'alumine hydratée, d'oxyde de fer et de silice, très abondante en France dans la région des Alpes ; on l'emploie, après épuration préalable, comme minerai d'aluminium. — L'*émeri*, qu'on trouve en abondance dans les îles de l'archipel grec ( Naxos surtout), est un mélange d'alumine et d'oxyde de fer ; c'est une substance très dure qu'on emploie, après pulvérisation et tamisage, comme poudre à polir (papier d'émeri, limes, cabrons, etc.) (fig. 151), et pour faire des meules à affûter, à rectifier, etc. — Le *corindon* est une variété d'alumine cristallisée et incolore, très dure, qu'on utilise également comme matière à polir.

3° Les *oxydes de manganèse* (*pyrolusite*, $MnO^2$), d'*étain* (*cassitérite*, $SnO^2$), de *cuivre* (oxyde cuivreux, $Cu^2O$, ou *cuprite*), etc.

## == 203. Oxydes artificiels. ==

*a*) Nous avons obtenu un certain nombre d'oxydes (198) par *oxydation du métal*. Ce moyen est employé pour les

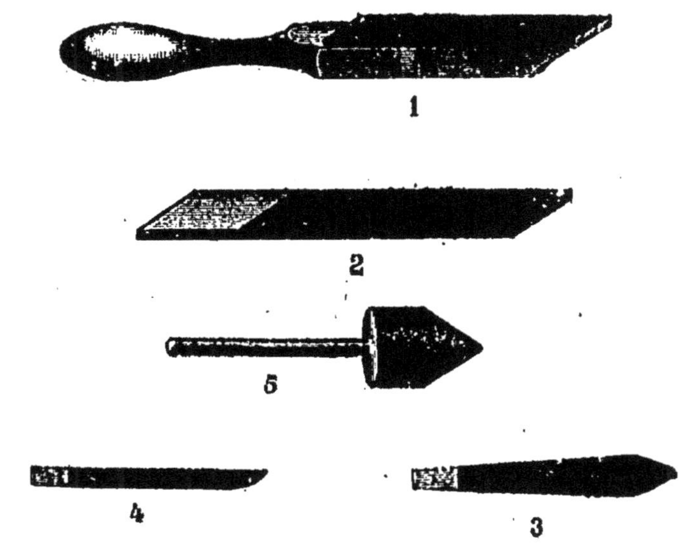

Fig. 154. — *Objets en émeri :* 1, lime plate; 2, cabron plat ; 3, 4, cabrons feuille de sauge ; 5, fraise pour cadrans d'horlogerie.

métaux facilement oxydables et *peu coûteux*. Ainsi, par exemple, sont fabriqués dans l'industrie les oxydes de *plomb* et de *zinc*.

### 1° Oxydes de plomb.

Le *protoxyde*, PbO, existe sous deux formes : le *massicot*, poudre jaune, qui fond facilement au rouge et donne, en se refroidissant, des paillettes cristallines ou rougeâtres qui constituent la *litharge*.

L'*oxyde salin*, $Pb^3O^4$, ou *minium*, est une poudre rouge orangé ; elle fournit, après traitement à l'acide azotique (199), le *bioxyde*, $PbO^2$, appelé vulgairement *oxyde puce*.

Le plus important de ces oxydes est le *minium*, qu'on emploie pour la fabrication des verres plombeux et des

émaux, pour la peinture du fer, pour la préparation de
mastics et de luts pour tubes de verre, tuyaux de vapeur,
couvercles de chaudières, pour la coloration des papiers
peints, etc.

La *litharge* et le *massicot* servent surtout à préparer
l'acétate de plomb et l'azotate de plomb, sels de plomb
solubles, à l'aide desquels on fabrique les sels insolubles,
notamment la céruse (235). La litharge peut remplacer le
minium dans la fabrication du cristal et de l'émail ; cuite

Fig. 133. — *Préparation du blanc de zinc.*
Le zinc est placé dans les cylindres A. Sa vapeur brûle, et l'oxyde formé se
dirige par C dans de grandes chambres qui permettent de le recueillir.

avec de l'huile de lin, elle augmente la siccativité de cette
huile (huile de lin lithargyrée) ; additionnée de bioxyde
de manganèse, elle entre dans la composition des mélanges
siccatifs solides qu'on ajoute aux couleurs broyées avec
de l'huile et de l'essence de térébenthine, employées en
peinture.

L'*oxyde puce* est un oxydant énergique, dont on se sert pour la fabrication de certains colorants artificiels; il se combine aux oxydes basiques pour donner des plombates, utilisés également comme siccatifs.

**2° Oxyde de zinc (ZnO).** — On le fabrique principalement en *brûlant de la vapeur de zinc* au moyen d'un courant d'air chaud (fig. 155) (procédé employé en France et en Belgique). La poudre formée se dépose dans une chambre fermée; on la récolte dans des sacs en toile; les premiers sacs retiennent les produits les plus lourds, qui peuvent renfermer un peu de zinc non oxydé; les produits les plus légers et les plus blancs se trouvent dans les derniers sacs (*blanc de neige*).

La pureté du blanc de zinc ainsi obtenu dépend évidemment de la pureté du zinc employé.

L'oxyde de zinc pur est une poudre d'un blanc éclatant, absolument inaltérable à l'air, complètement soluble sans effervescence dans l'acide sulfurique étendu. Soumis à l'action de l'hydrogène sulfuré ou du sulfure d'ammonium, il reste blanc, car il se forme du sulfure de zinc de couleur blanche (220). Ces qualités, jointes à **son innocuité absolue**, expliquent son emploi en peinture sous le nom de *blanc de zinc* à la place du blanc de plomb ou *blanc de céruse* (235).

On l'emploie, en outre, dans la fabrication du carton-pierre, des émaux, des toiles cirées blanches et des cuirs vernis, des jouets d'enfant, des allumettes chimiques, des pains à cacheter, etc.

*b) Lorsque le métal libre est trop coûteux, on décompose par la chaleur un sel de ce métal convenablement choisi : carbonate* (236,3°), *nitrate* (215,2°), *sulfate* quelquefois (224,2°).

**Chaux (CaO).** — Nous avons donné (9) le principe de sa fabrication, qui se traduit par la réaction

$$CO^3Ca = CaO + CO^2\uparrow.$$
calcaire

Dans l'industrie, le calcaire employé porte le nom de

*pierre à chaux*, et la décomposition s'effectue dans un *four à chaux* (fig. 156).

La chaux abandonnée à l'air s'*hydrate* peu à peu (205), s'*éteint* et se *carbonate* à la longue ; de là son emploi pour la confection des mortiers dits *aériens*.

Les chaux du commerce ne sont jamais pures, car la pierre à chaux contient généralement, outre le carbonate de calcium, des carbonates de magnésium et de fer, de la silice libre et de l'argile. Les chaux obtenues avec des calcaires contenant de 5 à 27 % d'argile *durcissent sous*

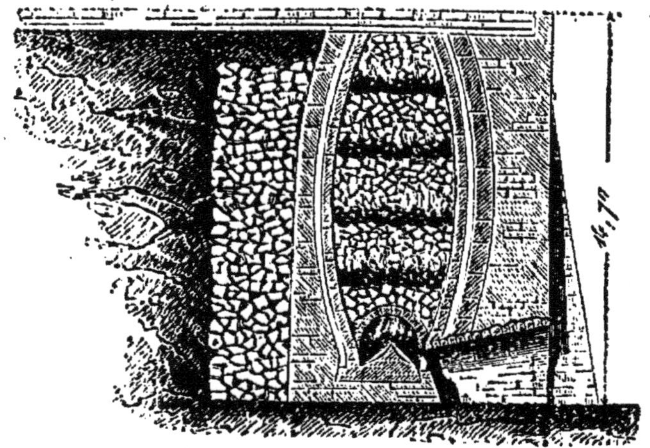

Fig. 156. — Four à chaux (type courant).

*l'eau* par suite de la formation de sels de calcium hydratés très durs : ce sont des *chaux hydrauliques*.

Si l'on chauffe à 1200° des calcaires contenant plus de 27 % d'argile, on obtient des produits durs qui ne renferment plus de chaux libre, mais des combinaisons de silice et d'alumine avec la chaux. Après pulvérisation et tamisage, on obtient des poudres grises qui font prise avec l'eau plus rapidement que les chaux hydrauliques : ce sont des *ciments*.

Pour obtenir une *chaux aérienne*, il faut donc décomposer des calcaires contenant moins de 5 % d'argile.

## = 204. Propriétés essentielles des oxydes.

1° Les oxydes sont des poudres généralement amorphes, de couleurs variées :

*Blanches :* chaux (CaO), baryte (BaO), magnésie (MgO), oxyde de zinc (ZnO), bioxyde d'étain ($SnO^2$) ;

*Rouges :* colcotar ou rouge d'Angleterre ($Fe^2O^3$), minium ($Pb^3O^4$), litharge (PbO), oxyde cuivreux ($Cu^2O$), oxyde mercurique (HgO) ;

*Noires :* bioxyde de manganèse ($MnO^2$), oxyde cuivrique (CuO) ;

*Vertes :* sesquioxyde de chrome ($Cr^2O^3$).

2° La plupart fondent facilement. Mais la *chaux*, la *magnésie*, l'*alumine* résistent aux températures les plus élevées des fours industriels ; de là leur emploi comme matériaux réfractaires.

3° La chaleur seule ne décompose que les oxydes du mercure (9) et des métaux précieux.

Pour isoler le métal, il est nécessaire de réduire l'oxyde.

Les réducteurs les plus employés sont le *charbon* et l'*hydrogène* (61). Le charbon ne réduit pas l'alumine ; avec un grand nombre d'oxydes, d'ailleurs, il faut chauffer à une température élevée, et, dans ces conditions, on n'obtient pas le métal pur, mais un carbure ou *fonte ;*

4° Quelques *protoxydes*, chauffés dans un courant d'air, se suroxydent. Ainsi sont obtenus :

Le *bioxyde de sodium* ($Na^2O^2$), corps essentiel de l'oxylithe (79) ;

Le *bioxyde de baryum* ($BaO^2$), employé comme oxydant et pour la fabrication de l'*eau oxygénée* (37) ;

Le *minium* ($Pb^3O^4$).

### 3. — HYDRATES.

**205. Action de l'eau sur les oxydes : Hydrates solubles.** — Nous avons constaté (82) la formation de *soude caustique* par addition d'eau au protoxyde de sodium :

$$Na^2O + H^2O = 2(NaOH).$$
soude caustique

Lorsqu'on verse de l'eau sur de la *chaux vive*, celle-ci s'hydrate :

$$CaO + H^2O = CaO^2H^2 \text{ ou } Ca(OH)^2 ;$$
chaux éteinte

la combinaison est exothermique et vaporise partiellement l'eau ajoutée. De même, le *baryte* caustique (BaO), la *strontiane* caustique (SrO) s'hydratent avec un grand dégagement de chaleur.

Ces trois hydrates sont des bases fortes; ils se carbonatent à l'air très rapidement; ils ont sur les réactifs colorés la même action que la soude et la potasse caustique (réaction alcaline). Comme les oxydes correspondants ont l'aspect de terre, on réunit dans un même groupe le *calcium*, le *baryum* et le *strontium*, et on les appelle des métaux *alcalino-terreux*. Le potassium et le sodium sont les métaux alcalins.

*Seuls se transforment en* **hydrates** *par addition d'eau les oxydes alcalins et alcalino-terreux.*

*Seuls également ces hydrates sont solubles dans l'eau* (lessives alcalines, eau de chaux, eau de baryte).

*Remarque.* La magnésie et le blanc de zinc ont l'aspect de chaux. Ni l'un ni l'autre ne s'hydratent dans l'eau, bien que la magnésie communique à cette eau une réaction alcaline. Le magnésium et le zinc sont réunis quelquefois dans un même groupe, celui des *métaux terreux*. — A cause de leur action sur les réactifs colorés, la chaux, le baryte, la strontiane, la magnésie s'appellent quelquefois des *terres alcalines.*

## = 206. Hydrates insolubles.

*Expérience.* Plaçons dans 6 tubes à essais, numérotés de 1 à 6, quelques centimètres cubes des *chlorures* suivants dissous : chlorures de *zinc, d'aluminium, de cuivre, de nickel, ferreux, ferrique,* puis versons dans chacun d'eux quelques gouttes d'une dissolution de potasse caustique. Dans chaque tube se forme un précipité qui est un hydrate insoluble; avec le chlorure de zinc, par exemple, s'est produite la réaction :

$$Cl^2Zn + 2(KOH) = 2(ClK) + Zn(OH)^2$$
Hydrate de↓.<br>zinc.

| Tubes : | 1 | 2 | 3 | 4 | 5 | 6 |
|---|---|---|---|---|---|---|
| Chlorures : | de zinc | d'aluminium | de cuivre | de nickel | ferreux | ferrique |
| Précipités : | blanc gélatineux | blanc gélatineux | bleu clair | vert clair | vert foncé | rouille |
| | $Zn(OH)^2$ | $Al^2(OH)^6$ | $Cu(OH)^2$ | $Ni(OH)^2$ | $Fe(OH)^2$ | $Fe^2(OH)^6$ |

Ces hydrates ont souvent une couleur caractéristique (3, 4, 5, 6) qui permet de caractériser le métal d'un sel.

On obtient donc un hydrate insoluble quelconque en traitant un *sel dissous* du métal par une lessive de *potasse* ou de *soude*. Dans quelques cas, on peut utiliser l'*ammoniaque*.

## = 207. Propriétés essentielles.

**1° Action de la chaleur.** — Si nous chauffons fortement l'alumine gélatineuse préparée ci-dessus, nous obtenons une poudre blanche qui est de l'alumine anhydre :

$$Al^2(OH)^6 = Al^2O^3 + 3(H^2O).$$

Seuls, les hydrates insolubles peuvent être ainsi déshydratés et transformés en oxydes. La potasse, la soude, la chaux éteinte ne peuvent subir cette transformation, inverse de celle qui leur donne naissance.

**2°. Fonction chimique.**

*Expérience 1.* — Plaçons un peu de chacun des précipités précédents dans un tube à essais contenant de l'acide chlorhydrique. Tous disparaissent, parce qu'il se forme un chlorure soluble et de l'eau.

Exemple :    $Zn(OH)^2 + 2(ClH) = 2(H^2O) + Cl^2Zn.$
                base        acide        eau          sel

Tous les hydrates se comportent comme des *bases* vis-à-vis des *acides* forts.

*Expérience 2.* — Plaçons un peu d'*hydrate de zinc* dans un tube à essais ; versons-y un excès de *potasse* et agitons : le précipité disparaît (il est soluble dans un excès de réactif). La réaction produite est :

$$ZnO^2H^2 + 2(KOH) = ZnO^2K^2 + 2(H^2O).$$
                base                        eau

Le corps $ZnO^2K^2$ est une sorte de sel (*zincate de potassium*) ;

l'hydrate de zinc vis-à-vis de la potasse s'est donc comporté comme un *acide* (acide *zincique*).

Un certain nombre d'hydrates se comportent donc comme des *acides* vis-à-vis des *bases fortes* et comme des *bases* vis-à-vis des acides forts; on les nomme des *hydrates indifférents*. Les plus importants sont, outre l'hydrate de zinc :

L'hydrate de plomb, $Pb(OH)^2$, capable de former des *plombites;*

L'hydrate d'aluminium $Al^2(OH)^6$, capable de former des *aluminates*.

On utilise ces propriétés pour achever de caractériser le métal d'un sel. Elles expliquent pourquoi le zinc, l'aluminium, le plomb sont altérés par les solutions alcalines.

*Remarque.* — Un hydrate quelconque renferme un ou plusieurs groupes OH (oxhydrile basique, en général) en nombre déterminé par la valence du métal; d'où *la règle pour écrire un hydrate :*

*On figure le symbole du métal et ses valences, et l'on satisfait chaque valence par un oxhydrile.*

*Exemples :*

$$\text{Hydrate de potassium :} \quad K- \; ; \quad K-OH.$$

$$\text{— — calcium :} \quad Ca< \; ; \quad Ca\overset{OH}{\underset{OH}{<}}.$$

$$\text{— — bismuth :} \quad Bi< \; ; \quad Bi\overset{OH}{\underset{OH}{\overset{OH}{<}}}.$$

## = 208. Potasse et soude caustiques. =

En raison de leurs usages variés, ce sont les hydrates les plus importants.

On peut les obtenir en projetant le métal dans l'eau (31); mais, étant donné le prix du métal, ce moyen est peu économique et sert seulement dans les laboratoires pour la préparation rapide des lessives alcalines pures. Nous indiquerons ultérieurement (211, 234) leur préparation industrielle.

On les trouve dans le commerce sous forme *solide* (*plaques, bâtons, pastilles*) ou à l'état de dissolutions (*lessives*) plus ou moins concentrées (Voir la table V à la fin du volume).

Ces deux corps ont des propriétés communes ou très voisines.

| | POTASSE CAUSTIQUE | SOUDE CAUSTIQUE |
|---|---|---|
| Formule. . . . . . . . | $KOH$ | $NaOH$ |
| Poids moléculaire. . . | $\underbrace{39 + 16 + 1}_{56}$ | $\underbrace{23 + 16 + 1}_{40}$ |
| Densité . . . . . . . . | 2,04 | 2,13 |
| Fusion. . . . . . . . . | Rouge sombre. | |
| Propriétés communes . | Très caustiques (ne pas les manier avec les doigts). Bases fortes. Se liquéfient et se carbonatent à l'air. Dissolvent la plupart des matières grasses. | |
| Principaux usages. . . | Fabrication des savons *mous*. Réactif[1]. | Fabrication des savons *durs*. Saturation des acides. |
| Caractérisation par la couleur d'une flamme. | Chlorures décolorants (70) Coloration violacée. | Coloration jaune intense. |

[1] La soude attaque le verre à la longue plus rapidement que la potasse; mais toutes les fois que cet inconvénient n'est pas à craindre, on emploie la soude au lieu de potasse, car 40$^g$ de soude équivalent à 56$^g$ de potasse.

# CHAPITRE XIII

## PRINCIPAUX GENRES DE SELS MÉTALLIQUES.

—

### 1. — Chlorures.

= **209. Exemples.** = Nous avons obtenu un certain nombre de *chlorures* :

*a*) **par l'action du chlore sur un métal (66).**

Ainsi sont obtenus :

le *chlorure ferrique* ($Cl^6Fe^2$) ou perchlorure de fer ;

— *stannique* ($Cl^4Sn$) ;

le *chlorure d'or* ($Cl^3Au$), le *chlorure platinique* ($Cl^4Pt$), employés en photographie ;

*b*) **par l'action de l'acide chlorhydrique :**

1° Sur un *métal* (75) : il se forme un chlorure et de l'hydrogène.

Ainsi sont obtenus :

Le *chlorure de zinc* ($Cl^2Zn$), employé comme désinfectant ; le *chlorure stanneux* ($Cl^2Sn$), habituellement cristallisé et hydraté ($Cl^2Sn,2H^2O$) et connu vulgairement sous les noms de *sel d'étain* ou de *sel des teinturiers* ;

2° Sur un *oxyde* ou sur un *hydrate* (76) : il se forme un chlorure et de l'eau. Ainsi sont préparés :

Le *chlorure d'ammonium* ($ClAzH^4$) ou *sel ammoniac* ou *chlorhydrate d'ammoniaque*, qui existe sous deux formes :

1. — En petits cristaux (sel cristallisé) ; c'est celui qu'on met dans les piles Leclanché ;

2. — En grosses masses fibreuses, difficiles à pulvériser (sel sublimé), utilisées pour le décapage des métaux à chaud ;

Les *chlorures de cuivre* : *chlorure cuivreux* ($Cl^2Cu^2$), corps blanc insoluble dans l'eau, dont la dissolution dans l'ammoniaque sert de réactif pour l'acétylène (255) ; *chlorure cuivrique* ($Cl^2Cu$), corps vert, soluble dans l'eau.

3º Sur un *sel* à acide plus faible que l'acide chlorhydrique :

1. *Carbonate* (158). — Ainsi s'obtient le *chlorure de calcium* ($Cl^2Ca$), corps très avide d'eau employé comme desséchant par les fruitiers, les confiseurs, etc., et pour maintenir sèches les armoires à produits chimiques ou photographiques, les cages de balances de précision, etc.

2. *Sulfure* (111). — On obtient le *chlorure de baryum* [$Cl^2Ba,2(H^2O)$], très employé comme réactif (225), en traitant par l'acide chlorhydrique le sulfure de baryum artificiel :

$$2(ClH) + SBa = Cl^2Ba + SH^2.$$

c) Quelques chlorures s'obtiennent par réaction mutuelle. On prépare, par exemple, les chlorures de mercure en chauffant du *chlorure de sodium* et un *sulfate de mercure* :

$$2(ClNa) + SO^4Hg = SO^4Na^2 + Cl^2H \downarrow.$$

Chlorure mercurique<br>(Sublimé corrosif).

$$2(ClNa) + SO^4Hg^2 = SO^4Na^2 + Cl^2Hg^2 \downarrow.$$

Chlorure mercureux<br>(Calomel).

Les *chlorures* métalliques peuvent donc être définis comme les *sels de l'acide chlorhydrique*. Mais on peut les considérer également comme les combinaisons du chlore et d'un métal, ce qui permet, en tenant compte de la valence des métaux (67), de les écrire correctement sans difficulté.

**210. Chlorures naturels. — Chlorure de sodium.** — Les chlorures précédents sont des *chlorures artificiels*. Un certain nombre d'autres existent dans la nature :

Le *chlorure de sodium* dans les eaux de la mer, dans certaines sources salées, dans les mines de sel gemme ;

Le *chlorure de potassium* et le *chlorure de magnésium* dans les eaux de la mer et dans certains dépôts salins provenant de l'évaporation d'anciennes mers (sels de Stassfürt).

Ces deux derniers sont associés dans la *carnallite* $(ClK, Cl^2Mg, 6H^2O)$.

**Chlorure de sodium (ClNa).** — C'est le plus important de tous les chlorures, car c'est un condiment dont l'homme ne peut se passer et une matière première indispensable dans l'industrie des salaisons. De plus, il sert à faire l'acide chlorhydrique, le chlore et, par suite, les chlorures artificiels, ainsi que les composés du sodium.

On le retire soit des *eaux de la mer* (*sel marin*), soit de la terre (*sel gemme*).

Le *sel marin* s'extrait à l'aide d'une série de bassins peu profonds (fig. 157) (*marais salants*), formés d'une série de compartiments ayant pour but : 1° de séparer les matières terreuses en

Fig. 157. — Schéma d'un *marais salant*.

suspension (A) ; 2° de concentrer l'eau clarifiée pour permettre la cristallisation des substances salines dissoutes (B, C) : l'évaporation de l'eau a lieu sous l'action des rayons solaires et du vent ; 3° de recueillir les sels qui se déposent (D). Ces sels sont enlevés au râteau, et placés en tas pour s'égoutter ; ils perdent, par l'action de la pluie, le chlorure de magnésium qu'ils renferment, sel beaucoup plus soluble que le chlorure de sodium et qui donnerait au produit une saveur très amère. Le sel obtenu de cette façon est très gros, et il est gris le plus souvent.

Le *sel gemme* s'extrait du sol en gros blocs au moyen de carrières ou de mines (environs de Nancy). Il peut être parfaitement blanc, gris ou rouge. Pour le purifier, on le dissout dans l'eau après l'avoir broyé; on décante et l'on évapore la dissolution claire dans de grandes chaudières plates où le sel cristallise. Les cristaux sont d'autant plus gros que la cristallisation est plus lente : après vingt-quatre heures, par exemple, on a le sel fin ordinaire; après quarante-huit heures, le sel écaillé; après soixante-douze heures, le gros sel, cristallisé en cubes formant des trémies (fig. 158) plus ou moins volumineuses. Pour obtenir le

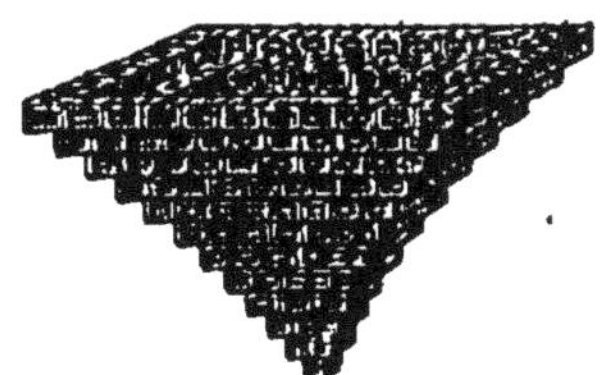

Fig. 158. — Trémie de *sel* marin.

sel fin-fin, on évapore la dissolution sous pression réduite dans un appareil ressemblant au triple effet des sucreries.

Le sel cristallisé *décrépite* quand on le chauffe, parce que les cristaux, en se formant, emprisonnent de l'eau-mère (eau d'interposition). Pour le fondre, il faut, au préalable, le pulvériser. Nous avons indiqué (63, *b*) sa faible variation de solubilité quand la température s'élève. Il se volatilise au rouge, mais ne se décompose pas même au chalumeau. En revanche, soit fondu, soit dissous, il est décomposé par le courant électrique.

## = 211. Électrolyse du chlorure de sodium et des chlorures.

*Expérience.* — Dans le voltamètre qui nous a servi à faire l'analyse de l'eau en volume, plaçons une dissolution *étendue* de sel de cuisine et connectons les bornes de l'appareil à une source de courant continu. Des bulles de gaz se dégagent autour des électrodes et gagnent le sommet de chaque éprouvette : celui qui se forme autour de l'anode est du *chlore*, reconnaissable à sa couleur jaune verdâtre; l'autre est de l'*hydrogène*, car il brûle sans flamme avec une légère détonation. L'eau du vase devient d'ailleurs alcaline, car quelques gouttes versées dans de la phénolphtaléine la colorent immédiatement en lilas.

Il se forme donc du chlore, de l'hydrogène et de la soude caustique. Sous l'action du courant, le chlorure de sodium, en effet, se décompose :

$$\text{ClNa} = \overset{+}{\text{Cl}}\uparrow + \overset{-}{\text{Na}} \quad \text{(réaction principale)}.$$

Mais le sodium décompose l'eau :

$$\overset{-}{\text{Na}} + \text{H}^2\text{O} = \text{NaOH} + \text{H}\uparrow \quad \text{(réaction secondaire)}.$$

et les mêmes réactions se continuent.

On devrait obtenir un volume d'hydrogène égal au volume de chlore ; mais celui-ci est toujours plus petit que le premier, car une partie se combine à la soude formée pour donner de l'eau de Javel. Si les électrodes n'étaient pas coiffées d'éprouvettes, il ne se dégagerait que de l'hydrogène, tout le chlore passant à l'état d'eau de Javel. *C'est un moyen employé de plus en plus actuellement dans l'industrie pour préparer directement les liquides de blanchiment,* sans passer par l'intermédiaire de l'acide chlorhydrique et du chlore gazeux.

Pour éviter la combinaison du chlore et de la soude formée, il suffit de séparer les électrodes par une cloison poreuse ou *diaphragme* s'opposant au passage des produits de l'électrolyse (fabrication industrielle de la *soude caustique*).

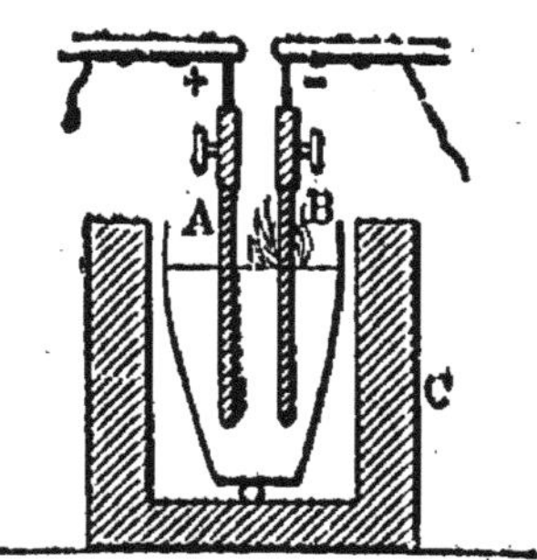

Fig. 159. — Électrolyse du *chlorure de sodium* fondu.

Si la dissolution était concentrée et l'électrolyse faite sans diaphragme, on obtiendrait un *chlorate*. C'est de cette façon qu'on prépare actuellement le *chlorate* et le *perchlorate de potassium* ($ClO^3K$, $ClO^4K$), bases des *cheddites*, explosifs puissants pour mines.

Si enfin le chlorure de sodium soumis à l'électrolyse était *fondu* par la chaleur et non *dissous* (fig. 159), on pourrait obtenir séparément le chlore et le *sodium*. C'est ainsi qu'on prépare ce métal. — Le *potassium*, le *calcium* et le *magnésium* sont également obtenus par électrolyse de leur *chlorure* anhydre et fondu.

**212. Propriétés essentielles. Réactions caractéristiques.** — 1° Les chlorures sont solubles dans l'eau, sauf le *chlorure d'argent* et les *chlorures cuivreux* et *mercureux*.

*Le chlorure d'argent peut servir à caractériser l'acide chlorhydrique et les chlorures solubles.*

*Expérience.* — Dans un tube à essais renfermant de l'acide chlorhydrique très étendu, versons quelques gouttes d'une dissolution de *nitrate d'argent :* il se forme un précipité blanc, grumeleux, qui noircit à la lumière et se dissout très rapidement dans l'ammoniaque ou l'hyposulfite de sodium.

Réaction :

$$\text{ClH} \; + \; \text{AzO}^3\text{Ag} = \underline{\text{ClAg}} \downarrow \; + \text{AzO}^3\text{H}.$$

Le même précipité s'observerait avec de l'eau salée ou de l'eau renfermant un chlorure dissous. On dit que *le réactif des chlorures est le nitrate d'argent.*

2° La plupart des chlorures anhydres se liquéfient à l'air et doivent être conservés en flacons hermétiquement fermés.

3° Tous les chlorures sont *volatils* et *sublimables.* Pratiquement, ils sont indécomposables par la chaleur ; toutefois, quelques chlorures hydratés se décomposent et dégagent de l'acide chlorhydrique :

$$\textit{Exemples} : 1. - \text{Cl}^2\text{Mg} + \text{H}^2\text{O} = 2(\text{ClH})\uparrow + \text{MgO} ;$$

$$2. - \text{Cl}^6\text{Al}^2 + 3(\text{H}^2\text{O}) = 6(\text{ClH})\uparrow + \text{Al}^2\text{O}^3.$$

Ces réactions expliquent : la première, les précautions à prendre pour obtenir de l'eau distillée bien pure (30) ; la seconde, l'emploi du chlorure d'aluminium pour l'épaillage des laines.

4° Tous les chlorures sont décomposés par *l'acide sulfurique;* il se dégage du gaz chlorhydrique (73). Si au mélange de chlorure et d'acide on ajoute du *bioxyde de manganèse,* il se dégage du *chlore* (62). Ces réactions permettent de reconnaître facilement si un corps inconnu est un chlorure.

## 2. — AZOTATES OU NITRATES.

**= 213. Exemples. Nitrates artificiels.** = En faisant agir l'*acide azotique* sur un *métal,* sur un *oxyde* ou un *hydrate* (130), on obtient un produit de substitution du métal à l'hydrogène de l'acide, un *azotate*.

Les *azotates* ou *nitrates* sont donc les sels de l'*acide azotique* ($AzO^3H$) et contiennent le radical monovalent $AzO^3$.

Parmi les nitrates artificiels ainsi obtenus, citons :

le nitrate de cuivre (bleu), $(AzO^3)^2Cu$ ;
—      plomb (blanc), $(AzO^3)^2Pb$ ;
—      bismuth (blanc), $(AzO^3)^3Bi$ ;
—      d'ammonium (blanc), $AzO^3(AzH^4)$ ;

ce dernier est employé comme réfrigérant ; il entre dans la composition de plusieurs *explosifs de sûreté*[1] pour mines grisouteuses, et notamment dans les *poudres Favier* et les *grisoutines*.

**== 214. Nitrates naturels. Nitrate de sodium. ==**
Les efflorescences blanches qu'on trouve sur certains sols et surtout sur les murs humides, — on les appelle *salpêtres* (sels de pierre) pour cette raison, — fusent sur le charbon incandescent comme le salpêtre ordinaire (5). Ce sont, en effet, des mélanges de nitrates formés avec l'*acide azotique* produit par nitrification (133) et les matériaux des murs. On y trouve notamment :

du nitrate de calcium, $(AzO^3)^2Ca$,
—      magnésium, $(AzO^3)^2Mg$,
—      sodium, $AzO^3Na$,
—      potassium, $AzO^3K$.

Le plus important des nitrates naturels est le **nitrate de sodium**. Il existe en gisements abondants au Pérou et au Chili, — d'où son nom de *salpêtre du Chili*, — mélangé à de la terre et à d'autres sels minéraux (chlorures, phosphates, iodures). Par lessivage aux lieux d'extraction, on fait une séparation grossière de tous ces corps ; ainsi est obtenu le *nitrate de soude* des agriculteurs. Nous avons

---

[1] Le grisou s'enflamme à 1 500°. Pour qu'un explosif puisse être utilisé dans les mines grisouteuses, il faut donc que la température de l'explosion qu'il détermine soit inférieure à 1 500°. C'est pourquoi les explosifs puissants, comme les cheddites ou la dynamite, ne peuvent y être employés.

signalé l'importance de ce sel comme *engrais azoté* (137).

Le *salpêtre ordinaire,* appelé encore *salpêtre de l'Inde* ou salpêtre d'Égypte parce qu'il provenait autrefois de ces régions, se fabrique actuellement avec le chlorure de potassium et le nitrate de sodium. On chauffe les deux sels en solution :

$$ClK + AzO^3Na = ClNa + AzO^3K.$$

Le chlorure de sodium, beaucoup moins soluble à chaud que le salpêtre (88), se dépose. Il sert surtout à la fabrication de la *poudre noire* (215). C'est un excellent engrais, à la fois potassique et azoté; mais il coûte trop cher pour être employé à cet usage.

A part la petite quantité d'acide azotique et de nitrates formés par voie électrochimique (133), nous pouvons considérer ces corps comme provenant du *nitrate de sodium,* ainsi que le résume le tableau suivant :

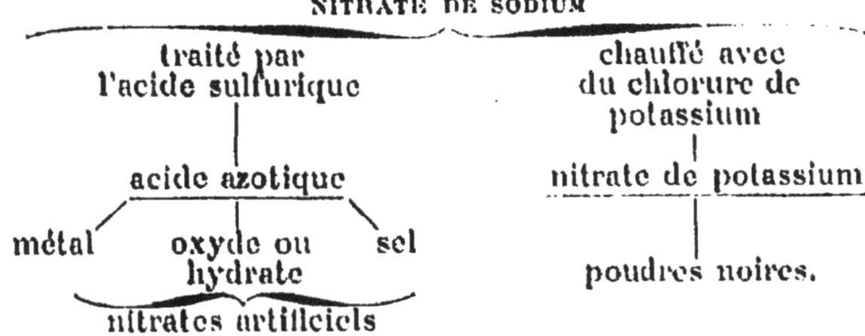


## = 215. Propriétés essentielles des nitrates. =

1° Tous les nitrates sont solubles dans l'eau. La plupart, sauf celui de potassium notamment, sont déliquescents.

2° Ils se décomposent sous l'action de la chaleur en dégageant de l'oxygène : ils possèdent donc les propriétés oxydantes de l'acide azotique.

*Expérience.* — Chauffons avec précaution, dans un tube à essais, de l'azotate de plomb (fig. 160). Ce sel se décompose rapidement; des vapeurs de peroxyde d'azote se dégagent du tube, ainsi que de l'oxygène, car une allumette ne présentant

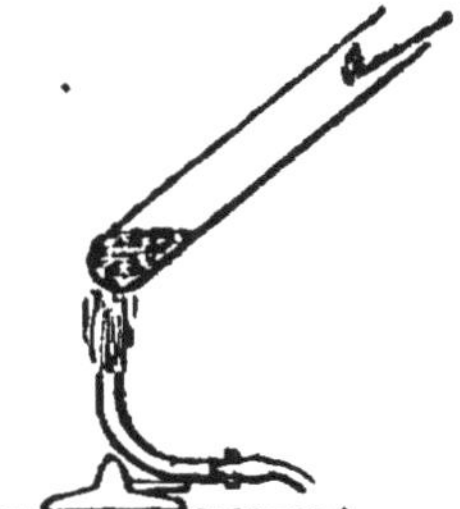
Fig. 160. — Décomposition d'un *nitrate* chauffé.

plus que quelques points incandescents s'y rallume. Il reste dans le tube de l'oxyde de plomb :

$$(AzO^3)^2Pb = Az^2O^5,PbO = 2(AzO^2) + O + PbO.$$

La transformation des nitrates en oxydes est employée pour préparer les *oxydes métalliques purs* et les *métaux purs*, ainsi que pour obtenir les *manchons Auer*.

Ceux-ci sont confectionnés d'abord en fil de coton, puis le tissu est plongé dans une dissolution concentrée d'azotates de thorium et de cérium [1]. Après séchage, les manchons sont calcinés : la fibre végétale se carbonise ; les nitrates se décomposent, il reste une sorte de squelette oxydé, qu'on enduit de collodion (170) pour en permettre le transport. Le flambage qu'on fait subir aux manchons après leur mise en place a pour but de détruire cet enduit.

On utilise les propriétés oxydantes de l'*azotate de potassium* dans la fabrication de la *poudre à tirer noire* et de nombreuses compositions pyrotechniques.

La *poudre noire* est un mélange de salpêtre, de soufre et de charbon, mélangés dans des proportions voisines de celles qui correspondent à la réaction :

$$2(AzO^3K) + 3C + S = SK^2 + 3(CO^2)\uparrow + Az^2\uparrow.$$

La grande quantité de gaz produits et la température élevée de la réaction expliquent la force expansive de cette poudre, qu'on utilise d'ailleurs de moins en moins comme poudre de mine et même comme poudre de chasse.

Les autres nitrates, déliquescents en général, ne peuvent servir à cet usage.

*Remarque.* — Les nitrates alcalins chauffés subissent une décomposition différente de celle que nous avons constatée avec le nitrate de plomb.

Le salpêtre ordinaire, par exemple, fond vers 350°, puis se décompose à 450° en cédant seulement le tiers de son oxygène :

$$AzO^3K = AzO^2K + O.\uparrow$$
nitrite de<br>potassium.

[1] Métaux rares dont les oxydes (thorine et cérite) mélangés en proportion convenable possèdent un pouvoir émissif considérable à température relativement peu élevée.

Ce n'est qu'à une température beaucoup plus élevée que le *nitrite* se décompose à son tour :

$$2(AzO^2K) = K^2O + Az^2\uparrow + O\uparrow.$$

Quelques réducteurs, le plomb notamment, transforment également ces nitrates en nitrites :

$$AzO^3Na + Pb = \underbrace{PbO}_{insol.} + \underbrace{AzO^2Na}_{sol.}.$$

C'est de cette façon qu'on prépare le *nitrite de sodium*, source d'*acide nitreux*, indispensable pour la fabrication des *colorants azoïques* (323).

3º Un nitrate quelconque chauffé avec de l'acide sulfurique fournit de l'*acide azotique* (127). Pour caractériser cet acide, il suffit d'y plonger du cuivre; il se forme, en général, des vapeurs nitreuses rouges (130); toujours on observe la formation d'un *liquide bleu*, qui est une dissolution de nitrate de cuivre.

Pour reconnaître un *nitrate dissous*, nous chaufferons donc cette dissolution avec quelques gouttes d'acide sulfurique et un copeau de cuivre; si la dissolution devient bleue, c'est que le corps essayé est un *nitrate*.

### 3. — SULFATES.

= **216. Exemples. Principaux types.** = Dans un grand nombre de réactions utilisant l'acide sulfurique (73, 107, 108, etc...), nous avons obtenu un *sulfate*.

Les *sulfates* sont les sels de l'*acide sulfurique* ordinaire.

Cet acide a pour formule $SO^4H^2$; tous les sulfates contiennent donc le radical divalent $SO^4$. Nous avons vu que sa formule peut s'écrire $SO^2\begin{cases}OH\\OH\end{cases}$, car il existe deux sulfates de sodium :

$$SO^2\begin{cases}OH\\ONa\end{cases}$$
ou $SO^4HNa$,
sulfate *acide* de sodium
ou *bisulfate* — ;

$$SO^2\begin{cases}ONa\\ONa\end{cases}$$
ou $SO^4Na^2$
sulfate *neutre*
de sodium.

De même il existe deux *sulfates de potassium.*

La plupart des sulfates se présentent sous la forme de cristaux constitués par un sulfate anhydre combiné à de l'eau; ce sont des *sulfates hydratés.*

*Exemples :*

$$vitriol\ bleu : SO^4Cu, 5(H^2O);$$
$$—\quad vert : SO^4Fe, 7(H^2O);$$
$$sel\ de\ Glauber : SO^4Na^2, 10(H^2O).$$

Enfin, un corps peut être constitué par l'association de deux sulfates; c'est alors un *sulfate double.*

*Exemples :*

$$alun\ ordinaire : SO^4K^2, (SO^4)^3Al^2, 24(H^2O);$$
$$sulfate\ de\ nickel\ ammoniacal : SO^4Ni, SO^4(AzH^4)^2, 6(H^2O).$$
$$(sel\ à\ nickeler).$$

PRINCIPAUX SULFATES.

A. — *Sulfates naturels.*

= **217.** = Le *sulfate de magnésium* existe dans les eaux de la mer, dans certaines eaux minérales purgatives (eaux d'Epsom, de Sedlitz, — d'où le nom de *sel de Sedlitz* donné au sulfate hydraté : $SO^4Mg, 7H^2O)$, — et dans quelques sels de Stassfürt (*kaïnite, kiésérite*, etc.).

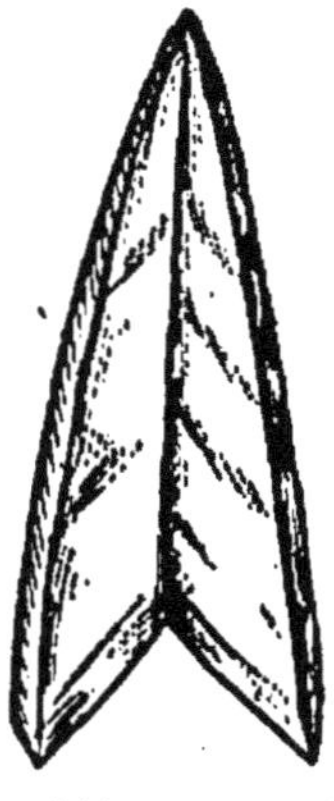

On trouve également dans la nature :

Le *sulfate de baryum* $(SO^4Ba)$ dans la *baryline* ou *spath pesant*, source des composés du baryum;

Le *sulfate de strontium* $(SO^4Sr)$ dans le minéral appelé *célestine;*

Le *sulfate de calcium hydraté*

$$[SO^4Ca^2, 2(H^2O)]$$

Fig. 161. — Cristal de *gypse fer de lance.*

dans le *gypse*, dont il existe de nombreuses variétés : gypse compact ou *pierre à plâtre*, gypse *fer de lance* (fig. 161), *albâtre gypseux*, etc.

= **218. Pierre à plâtre. — Plâtre.** = Si l'on chauffe

à température modérée un morceau de gypse fer de lance (fig. 162), on le voit devenir blanc et friable, en même temps que se dégage de la vapeur d'eau. La poudre obtenue est du *plâtre*; gâchée avec l'eau, elle fait prise rapidement grâce à sa propriété de s'hydrater de nouveau, de former une multitude de cristaux enchevêtrés en augmentant de volume; d'où son emploi comme *enduit* et pour le *moulage*.

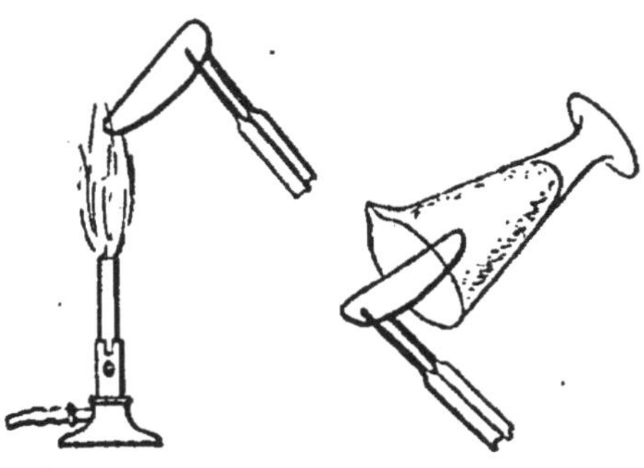

Fig. 162. — Déshydratation du *gypse* chauffé.

Toutefois, cette cristallisation n'est possible que si le gypse n'est pas déshydraté complètement; le plâtre n'est donc pas du sulfate de calcium anhydre; l'expérience a montré qu'on ne pouvait descendre au-dessous d'une teneur en eau correspondant à la formule $SO^4Ca, \frac{1}{2}(H^2O)$.

La transformation du gypse en plâtre s'opère généralement dans des *fours à plâtre* (fig. 163) où la température ne doit pas dépasser 130°. Le gypse cuit est ensuite moulu et tamisé.

Le plâtre doit être conservé à l'abri de l'air; sinon, il s'humidifie, s'*évente*. Le plâtre éventé peut recouvrer ses qualités premières par une déshydratation légère en marmites métalliques chauffées modérément, au four de boulanger, par exemple.

Fig. 163. — Four à *plâtre*.

On obtient le *plâtre cru*, utilisé comme engrais calcique pour les légumineuses, en broyant simplement du gypse.

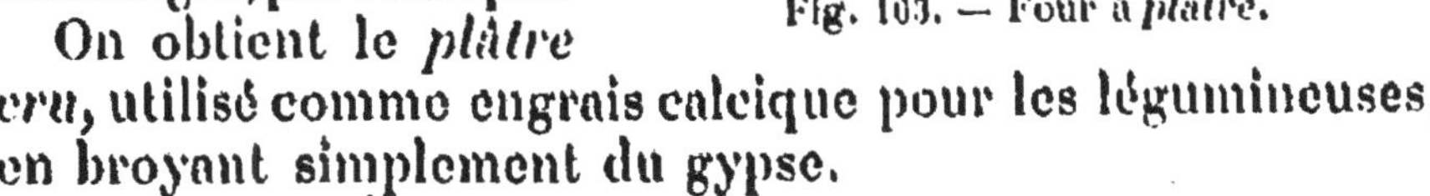

## B. — *Sulfates artificiels.*

= **219. Vitriol vert ou couperose verte.** = Ce corps, quand il est pur, se présente sous forme de cristaux clino-rhombiques vert clair, ayant pour formule $SO^4Fe,7(H^2O)$.

On l'obtient :

1° Par l'action de l'acide sulfurique étendu sur des déchets de fer (50), tournure, découpures, chutes de tré-fileries et de pointeries, etc. ;

2° Par le lessivage de pyrites (95, 98), transformées en sulfate par exposition à l'air ou par un grillage approprié.

C'est un sous-produit important dans l'extraction du cuivre par cémentation (26). On utilise également les résidus du décapage des tôles et des fils de fer.

Les dissolutions ainsi obtenues sont versées dans des bacs en bois doublés de plomb, dans lesquels plongent des baguettes en bois suspendues par des crochets à des tringles transversales. De gros cristaux se déposent sur ces baguettes et forment le *vitriol en grappes,* qui est le plus pur et le plus estimé. Les cristaux qui se forment sur les parois sont plus petits et moins purs.

Le vitriol vert est employé comme désinfectant (fosses d'aisances, eaux de lavage). On s'en sert également comme mordant en teinture, ainsi que pour la préparation des cuves d'indigo, le chaulage des graines, l'injection des bois à préserver de la pourriture, la fabrication du bleu de Prusse et de l'encre ordinaire, etc.

*Expérience.* — Dans un verre renfermant une dissolution de vitriol vert, projetons quelques grains de *tannin* ou versons une infusion de *noix de galle.* Immédiatement le liquide prend une coloration *gris noirâtre,* qui se fonce de plus en plus au contact de l'air. Avec un sel ferreux pur, il ne se produit rien. Avec un sel ferrique, il se produit immédiatement une coloration noire. La dissolution de vitriol vert renferme donc les deux sels. — Au liquide foncé qui se forme, il suffit d'ajouter un peu de colle pour avoir l'*encre ordinaire.*

*Sulfate ferrique.* -- On obtient ce corps en chauffant de l'acide sulfurique concentré et de l'oxyde ferrique :

$$Fe^2O^3 + 3(SO^4H^2) = (SO^4)^3Fe^2 + 3(H^2O).$$

Il se présente sous forme d'une poudre d'un gris rosé, formant avec les matières organiques des composés imputrescibles. De là son emploi pour épurer les eaux d'égout et les eaux industrielles, ainsi que pour coaguler le sang dans les abattoirs et les tueries.

**= 220. Vitriol blanc ou couperose blanche. =** C'est le résidu de la préparation de l'hydrogène à l'aide de zinc et d'acide sulfurique (56, 1) ; on l'obtient aussi par l'action de cet acide sur l'oxyde ou le carbonate de zinc, ou encore en grillant le sulfure de zinc naturel ou *blende* à basse température et en lessivant le produit obtenu.

Le sulfate de zinc cristallise en gros prismes clinorhombiques ayant pour formule $SO^4Zn, 7(H^2O)$, et porte dans le commerce le nom de *vitriol blanc* ou de *couperose blanche*.

C'est un désinfectant énergique, qu'on emploie pour empêcher la putréfaction dans les industries organiques et textiles. Il sert également à la préparation du *sulfure de zinc*, des *lithopones* et des *sulfopones*, substances employées en peinture comme succédanés de la céruse.

*Expérience.* — Versons du sulfure d'ammonium dans une dissolution de sulfate de zinc. Il se forme un précipité qui paraît de couleur jaune, mais qui, recueilli sur un filtre et soigneusement lavé, est absolument blanc : c'est du *sulfure de zinc :*

$$SO^4Zn + S(AzH^4)^2 = SO^4(AzH^4)^2 + SZn$$

*Le sulfure de zinc est le seul sulfure métallique qui soit blanc.*

Le sulfure de zinc artificiel résiste beaucoup mieux que l'oxyde aux intempéries ; comme lui, il ne noircit pas aux émanations d'hydrogène sulfuré, et *il est absolument inoffensif ;* toutes ces raisons le font employer avantageusement en peinture à la place de la céruse et même du blanc de zinc.

Le sulfure de zinc est un des éléments constitutifs des *lithopones* et des *sulfopones.*

*Expérience.* — Mélangeons des dissolutions concentrées de *sulfate de zinc* et de *sulfure de baryum ;* il se forme un précipité abondant, qui est un mélange de sulfate de baryum et de sulfure de zinc :

$$\text{SO}^4\text{Zn} \;+\; \text{SBa} = \text{SO}^4\text{Ba} \downarrow + \text{SZn} \downarrow .$$

Ce précipité calciné et pulvérisé fournit la *lithopone* du commerce. En remplaçant le sulfure de baryum par du sulfure de calcium, on obtiendrait une *sulfopone :*

$$\text{SO}^4\text{Zn} \;+\; \text{SCa} = \text{SO}^4\text{Ca} \downarrow + \text{SZn} \downarrow .$$

Ces produits sont beaucoup moins estimés que le sulfure et que l'oxyde de zinc.

### = 221. Vitriol bleu ou couperose bleue. = On l'obtient : 1° en faisant couler de l'acide sulfurique sur du cuivre en copeaux ou en grains, disposé sur des plateaux perforés, étagés dans une tour en plomb :

$$\text{Cu} + \text{SO}^4\text{H}^2 + \text{O} = \text{SO}^4\text{Cu} + \text{H}^2\text{O} ;$$

2° En traitant par de l'acide sulfurique des déchets de cuivre, tournures, planures, battitures, préalablement rôtis dans un four à réverbère :

$$\text{SO}^4\text{H}^2 \;+\; \text{CuO} = \text{SO}^4\text{Cu} + \text{H}^2\text{O}.$$

Le sel formé est dissous par l'eau ; par cristallisation, on obtient le *vitriol bleu :* $\text{SO}^4\text{Cu}, 5(\text{H}^2\text{O})$.

*La dissolution de sulfate de cuivre est décomposée par le courant électrique,* comme l'indique le schéma suivant :

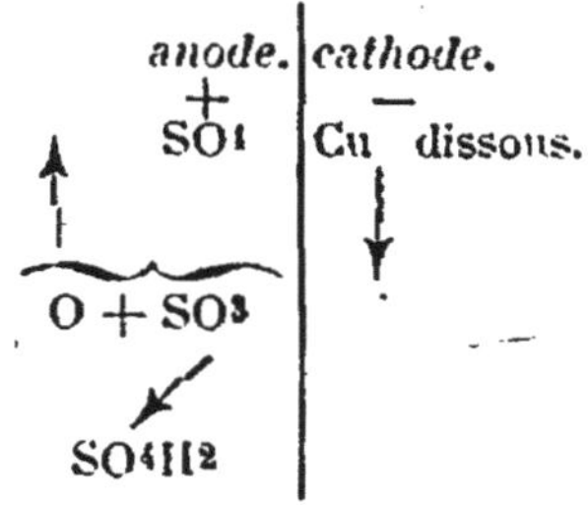

1. — Supposons qu'on emploie comme cathode un moulage métallisé ; le cuivre se déposera dans le creux du moule et fournira une reproduction fidèle de l'objet : c'est le principe de la *galvanoplastie*. — Si la cathode est constituée par un objet en fer ou en fonte, cet objet pourra se recouvrir d'une couche de cuivre qui le préservera de la rouille : c'est ainsi qu'on procède pour *cuivrer* les statues, les candélabres, les ornements divers en fonte moulée.

Dans ce cas, on emploie généralement une *anode* en cuivre ; l'oxygène qui se dégage oxyde le cuivre ; l'acide sulfurique formé, en réagissant sur l'oxyde ainsi produit, régénère le sulfate de cuivre électrolysé, et la concentration du bain se maintient constante.

2. — Supposons que l'anode soit en *cuivre impur* et que la cathode soit une mince plaque de *cuivre pur*. Celle-ci se recouvrira de cuivre pur ; elle « s'engraissera » aux dépens du cuivre de l'anode, qui « s'amaigrira » progressivement, et les impuretés se rassembleront dans le bain sous forme de boues ; c'est ainsi qu'on *raffine* électriquement le cuivre brut. La plus grande partie du cuivre employé dans la construction électrique est ainsi obtenu.

Outre ces usages importants, on emploie le vitriol bleu pour chauler les grains, pour préparer l'eau céleste et les différentes bouillies employées dans le traitement des maladies de la vigne (162), pour teindre la laine en noir, pour imperméabiliser les toiles à bâches, pour conserver les bois, pour préparer un certain nombre de *couleurs minérales bleues* et *vertes* (*vert de Scheele, vert Brünswick, cendres bleues artificielles*, etc.).

*Expérience 1.* — Dans un tube à essais contenant une dissolution de sulfate de cuivre, versons un lait de chaux. Il se forme un précipité *bleuâtre*, mélange complexe de sulfate de calcium et d'hydrate cuivrique $Cu(OH)^2$, qu'on trouve dans le commerce sous le nom de *cendres bleues artificielles*. On obtient les *cendres bleues naturelles* en pulvérisant et en lavant un carbonate basique de cuivre naturel, — $2CO^3Cu, Cu(OH)^2$, — appelé *azurite*.

*Expérience 2.* — Versons du carbonate de sodium dissous dans une dissolution de sulfate de cuivre. Il se forme un précipité verdâtre, combinaison de carbonate de cuivre et d'hydrate cuivrique, ayant pour formule $CO^3Cu, Cu(OH)^2$ : ce précipité, lavé et séché, constitue le *vert Brünswick*, imitation du *vert* dit *de montagne* ou *vert malachite*, qu'on obtient en pulvérisant un corps vert naturel ayant la constitution précédente et qu'on appelle la *malachite*.

## = 222. Sulfate d'aluminium. Aluns. =

*Expérience.* — Dans un ballon contenant une bouillie de kaolin, versons avec précaution un peu d'acide sulfurique et portons à l'ébullition. Au bout de quelques minutes, laissons refroidir et filtrons. Quelques gouttes de potasse versées dans une portion du liquide clair donnent un précipité gélatineux qui se dissout dans un excès de potasse : nous reconnaissons l'alumine ; le liquide clair, en effet, renferme du sulfate d'aluminium, et le dépôt, dans le ballon, contient de la silice libre, ce qui montre bien que le kaolin est du silicate d'aluminium :

Silicate d'aluminium + Acide sulfurique = Sulfate d'aluminium + Silice.

Le *sulfate d'aluminium*, $(SO^4)^3Al^2$, peut servir à imprégner d'alumine les tissus destinés à la teinture ; mais ce sel cristallise difficilement et peut alors renfermer beaucoup d'impuretés. On lui préfère le produit qu'on obtient en lui ajoutant du *sulfate de potassium*.

Fig. 161. — Cristaux d'alun ordinaire.

*Expérience.* — A une solution bien limpide et concentrée de *sulfate d'aluminium*, ajoutons une solution concentrée et bouillante de *sulfate de potassium*. Dès que le liquide se refroidit, nous voyons apparaître à l'intérieur de petits cristaux ayant la forme d'octaèdres réguliers (fig. 161) pouvant être inscrits dans un cube. Ce corps est l'*alun ordinaire*.

L'analyse de l'alun ordinaire montre qu'il a pour formule :

$$(SO^4)^3Al^2, SO^4K^2, 24(H^2O).$$

C'est un sulfate double d'aluminium et de potassium cristallisé avec 24 molécules d'eau. On l'emploie beaucoup en teinture ; c'est un antiseptique puissant utilisé dans la tannerie.

En remplaçant le sulfate d'aluminium par du *sulfate chromique*, on obtiendrait des cristaux violet foncé, ayant absolument la même forme que les cristaux d'alun ordinaire et dont la formule est :

$$(SO^4)^3Cr^2, SO^4K^2, 24(H^2O).$$

Ce corps se forme dans les piles de Grenet.

Avec le *sulfate ferrique*, on obtiendrait de même des cristaux rosés, de formule

$$(SO^4)^3Fe^2, SO^4K^2, 24(H^2O).$$

Ces sulfates doubles, bien que ne renfermant pas d'aluminium, s'appellent encore des *aluns* (*alun de chrome*, *alun de fer*). La forme identique de leurs cristaux fait dire qu'ils sont isomorphes (même forme). Cet isomorphisme montre évidemment la parenté étroite qui existe, au point de vue chimique, entre le chrome, le fer et l'aluminium.

Si au sulfate d'aluminium on ajoute du sulfate d'ammonium ou du sulfate de sodium, on obtient encore des corps incolores, isomorphes de l'alun potassique. Avec le sulfate d'ammonium, par exemple, on obtient l'*alun ammoniacal* : $(SO^4)^3Al^2, SO^4(AzH^4)^2, 24(H^2O)$, qu'on emploie souvent à la place de l'alun ordinaire, car il est moins coûteux.

Les *aluns* sont donc des sulfates doubles, qu'on peut représenter par la formule générale :

$$(SO^4)^3M^2_{(VI)}, SO^4M^2_{(I)}, 24(H^2O),$$

dans laquelle $M^2_{(VI)}$ représente un métal à deux atomes hexavalents et $M_{(I)}$ un métal monovalent.

*Remarque.* — L'isomorphisme permet souvent de prévoir une formule, car *les corps isomorphes ont même constitution chimique.*


= **223. Sulfates de sodium, de potassium et d'ammonium.** = La préparation de l'acide chlorhydrique au laboratoire (74) nous a fourni un résidu de *bisulfate de sodium.* Ce corps est employé dans l'industrie pour la teinture avec les bleus alcalins. Il est beaucoup moins important que le *sulfate neutre*, $SO^4Na^2$, qu'on obtient en chauffant au rouge du bisulfate et du chlorure de sodium :

$$SO^4HNa + ClNa = SO^4Na^2 + ClH.$$

Le gaz chlorhydrique peut être recueilli, mais il fournit un acide très impur.

Le sulfate neutre de sodium anhydre sert dans la fabrication de la soude Leblanc (232, *a*) et d'un grand nombre de verres. Pour ce dernier usage, il doit renfermer le moins de fer [1] possible.

Le *sulfate neutre de potassium anhydre*, $SO^4K^2$, s'obtient de la même façon. Il sert dans la fabrication des verres à base de potasse (174) et comme engrais potassique. Pour ce dernier usage, on emploie un certain nombre de sels de Stassfürt et, notamment, la *kaïnite*, qui a pour formule quand elle est pure :

$$SO^4K^2, SO^4Mg, Cl^2Mg, 6H^2O.$$

On obtient le *sulfate d'ammonium*, vulgairement nommé *sulfate d'ammoniaque*, $SO^4(AzH^4)^2$, en neutralisant de l'acide sulfurique par du gaz ammoniac. C'est un excellent engrais azoté.

== **224. Propriétés des sulfates.** == 1° Tous les sulfates sont solubles dans l'eau, sauf le *sulfate de baryum* et le *sulfate de plomb.*

*Expérience 1.* — Dans un verre contenant une dissolution étendue de *sulfate de sodium*, versons quelques gouttes d'une dissolution de *nitrate de baryum*; immédiatement se forme un précipité amorphe blanc et lourd de *sulfate de baryum*, insoluble, même à chaud, dans les acides concentrés :

$$SO^4Na^2 + (AzO^3)^2Ba = SO^4Ba + 2(AzO^3Na).$$

Cette réaction sert :

[1] Fer provenant des appareils.

1° à préparer le *sulfate de baryum artificiel* ou *blanc de baryte* ou *blanc fixe*, corps qu'on ajoute à un grand nombre de substances pour leur donner du poids (blanc de zinc, papiers bristol, etc.);

2° à caractériser *l'acide sulfurique* et les *sulfates solubles* (100);

3° à doser ces corps en poids, car du poids de sulfate de baryum formé on déduit facilement, à l'aide des poids moléculaires, les poids cherchés.

*Expérience 2.* — Répétons l'expérience précédente en versant dans le verre du *nitrate de plomb*. Il se forme un précipité ressemblant beaucoup au précédent, mais qui *noircit* par l'acide sulfhydrique ou le sulfure d'ammonium :

$$SO^4Na^2 + (AzO^3)^2Pb = SO^4Pb + 2(AzO^3Na).$$

Cette réaction explique pourquoi les dissolutions d'azotate ou d'acétate de plomb doivent être faites avec de l'eau pure ; elles se troublent avec les eaux naturelles, qui contiennent presque toujours des sulfates.

Le *sulfate de calcium hydraté* (gypse, plâtre) est un peu soluble dans l'eau ; l'eau naturelle qui a circulé dans des terrains gypseux en contient donc : c'est une *eau séléniteuse*. Cette eau est très mauvaise pour les usages domestiques, ainsi que pour un grand nombre d'usages industriels, car elle ne dissout pas le savon et peut former dans les appareils évaporatoires surchauffés des incrustations très dangereuses.

2° A température élevée, les sulfates se décomposent, sauf ceux des métaux alcalins et alcalino-terreux.

*Expérience.* — Plaçons sur une toile métallique quelques cristaux de *vitriol vert* et chauffons. Le sel commence d'abord par fondre dans son eau de cristallisation (fusion aqueuse), puis se déshydrate et enfin se décompose. Il se dégage des fumées acides, décolorant le permanganate de potassium, et il reste un corps rougeâtre pulvérulent :

$$2(SO^4Fe) = Fe^2O^3 + SO^2 + SO^3.$$

Ainsi se fabrique le *colcotar* ou *rouge d'Angleterre*,

poudre rouge employée pour le polissage des métaux et du verre.

En calcinant l'*alun ammoniacal*, nous obtiendrions de même de l'*alumine* :

$$(SO^4)^3Al^2,SO^4(AzH^4)^2,24(H^2O) = Al^2O^3 + 4(S\overset{\uparrow}{O}^3) + 2(Az\overset{\uparrow}{H}^3) + 25(\overset{\uparrow}{H^2O}).$$

Les *bisulfates* calcinés se transforment en *pyrosulfates* (110).

3° *Réduction*. — Les sulfates sont réduits par le *charbon* et transformés en *sulfures*. Si, par exemple, on chauffe à température élevée un mélange de sulfate de baryum et de charbon, on a :

$$S\overline{|O^4|}Ba + \overline{|4C|} = SBa + 4(\overset{\uparrow}{CO}).$$

C'est ainsi qu'on prépare le *sulfure de baryum*, avec lequel sont faits la plupart des composés du baryum (chlorure, nitrate, baryte, etc.).

Cette réaction explique pourquoi le gypse ne doit pas être mélangé au combustible dans les fours à plâtre.

La *silice* transforme les sulfates en *silicates*.

*Exemple :*      $SO^4Na^2 + SiO^2 = SiO^3Na^2 + \overset{\uparrow}{SO^3}.$

C'est une des réactions principales de la fusion des mélanges pour verres (176).

**= 225. Réaction caractéristique des sulfates. =** Les sulfates solubles sont caractérisés à l'aide du *nitrate* ou du *chlorure de baryum* (100).

Pour reconnaître si un corps *insoluble* dans l'eau et dans les acides est un sulfate, on le fait fondre au chalumeau avec quatre fois son poids d'un mélange contenant des poids égaux de carbonates de potassium et de sodium secs.

On reprend la masse par l'eau chaude ; on filtre, et dans la liqueur filtrée bouillante additionnée d'un léger excès d'acide chlorhydrique, on reconnaît la présence d'un *sulfate :* le sulfate insoluble a été, en effet, transformé en sulfates alcalins, solubles.

4. — PHOSPHATES.

**= 226. Exemples. =** Aux différents acides phosphoriques (ortho, pyro, méta) correspondent des sels appelés *phosphates* (ortho, pyro, métaphosphates). Les plus importants sont les sels de l'acide phosphorique ordinaire ($PO^4H^3$), les *orthophosphates* ou, vulgairement, les *phosphates*.

Lorsqu'on traite une dissolution de *soude caustique* par l'*acide phosphorique* ordinaire, on constate qu'une même molécule d'acide peut neutraliser successivement 1, 2, 3 molécules de soude en formant trois sels de sodium différents :

$PO^4H^2Na$  ,  $PO^4HNa^2$  ,  $PO^4Na^3$.

Phosphate / Phosphate / Phosphate
monosodique / disodique / trisodique
(ou monobasique). / (ou dibasique). / (ou tribasique).

La molécule d'acide phosphorique renferme donc 3 atomes d'hydrogène successivement remplaçables par un métal monovalent. On l'écrit quelquefois :

$$PO{<}^{OH}_{OH}{}_{OH}.$$

Seul le phosphate trisodique est *neutre* par définition; les deux autres sont acides [1].

Le sodium, l'ammonium, l'argent, le calcium, le magnésium donnent également trois phosphates.

Pour écrire la formule d'un phosphate, il suffit d'appliquer la règle générale. Soit, par exemple, les phosphates de calcium. Le calcium étant divalent, on est amené à doubler la formule de l'acide pour avoir un nombre pair d'atomes d'hydrogène, soit :

$(PO^4) H^6$.

[1] Le nom commercial de *phosphate neutre* s'applique au phosphate disodique hydraté :

$PO^4HNa^2, 12(H^2O)$.

Ce sel est neutre seulement à la phénolphtaléine: il est *alcalin* au tournesol et au méthylorange.

En remplaçant l'hydrogène par le calcium, on obtient :

$(PO^4)^2Ca^3$,     phosphate-tricalcique (insoluble dans l'eau);
$(PO^4)^2H^2Ca^2$,    —     dicalcique (insoluble dans l'eau);
$(PO^4)^2H^4Ca$,    —     monocalcique (soluble dans l'eau).

## = 227. Phosphates naturels. Engrais phosphatés.

= Tous les phosphates chimiquement neutres étant insolubles (sauf les phosphates alcalins), on en trouve un grand nombre dans la nature et notamment dans les minerais.

Le plus important de tous est le *phosphate tricalcique*, qui existe dans la matière minérale des os, dans l'*apatite*, combinaison de phosphate tricalcique et de fluorure-de calcium, et qui forme dans le sol sous des noms variés (nodules, coprolithes, coquins, craies et sables phosphatés) des gisements abondants (phosphates de la Somme, des Ardennes, du Lot, d'Algérie, etc.).

Les animaux ont besoin de phosphore, car ce corps se trouve non seulement dans les os, mais dans les nerfs et dans la matière cérébrale. C'est aux plantes que l'empruntent les animaux herbivores. Les plantes, et notamment les céréales, renferment donc du phosphore qu'elles doivent trouver dans le sol sous une forme assimilable. Le phosphate tricalcique, étant très peu soluble dans l'eau, agit trop lentement pour constituer un engrais phosphaté efficace. Le *phosphate monocalcique*, en revanche, est très soluble. Il y a donc intérêt à transformer les phosphates naturels et le phosphate des os en phosphate monocalcique : il suffit, pour cela, d'enlever au phosphate tricalcique les $^2/_3$ du calcium qu'il contient. L'opération s'effectue au moyen de l'acide sulfurique :

$$(PO^4)^2Ca^3 + 2(SO^4H^2) = (PO)^2H^4Ca + 2(SO^4Ca).$$

C'est le mélange obtenu qui constitue les *superphosphates*, si employés comme engrais. Les superphosphates contiennent, outre du phosphate monocalcique et du sulfate de calcium, de l'acide phosphorique libre, du phosphate tricalcique non décomposé, du phosphate dicalcique, soluble dans le citrate d'ammonium, etc... La valeur marchande d'un superphosphate dépend de son titre, c'est-à-dire de sa teneur en anhydride phosphorique soluble dans le citrate. Les superphosphates d'os, par exemple, ont un titre de 12 à 14 $^0/_0$.

L'agriculture emploie également, comme engrais phosphatés, les phosphates artificiels obtenus dans la fabrication de certains aciers (*scories de déphosphoration*); les *phosphates précipités*, formés essentiellement de phosphate dicalcique, $(PO^4)^2H^2Ca^2$, obtenus par l'addition d'un lait de chaux à la dissolution de phosphate tricalcique dans l'acide chlorhydrique; les *noirs de raffinerie* (153) et les *phospho-guanos*.

C'est avec le phosphate tricalcique qu'on fabrique également l'*acide phosphorique* et le *phosphore* (141).

== **228. Réactions caractéristiques des phosphates.** == Les phosphates alcalins donnent les réactions caractéristiques suivantes :

1° Avec le *nitrate d'argent,* un précipité *jaune* de phosphate triargentique soluble dans l'acide azotique et dans l'ammoniaque ;

2° Avec le *molybdate d'ammonium,* $MoO^4(AzH^4)^2$, en solution nitrique, un précipité *jaune* de phosphomolybdate d'ammonium, qui se produit lentement à froid et rapidement vers 60°.

Un phosphate insoluble dans l'eau peut toujours être amené à l'état de phosphate alcalin, comme nous l'avons indiqué pour les sulfates (224).

### 5. — CARBONATES.

== **229. Exemples. Différents types.** == Quand le *gaz carbonique* barbote dans la potasse, la soude, (161) l'ammoniaque, on obtient des *carbonates* :

| $CO^3K^2$, | $CO^3Na^2$, | $CO^3(AzH^4)^2$. |
|---|---|---|
| Carbonate de potassium. | Carbonate de sodium. | Carbonate d'ammonium. |

Ces sels correspondent à un acide de formule $CO^3H^2$,

inconnu à l'état libre (162); tous les *carbonates* contiennent donc le radical divalent $CO^3 =$.

Les carbonates précédents sont des *carbonates neutres*. Or, quand un excès de gaz carbonique passe dans une dissolution de carbonate de sodium, il se forme un autre carbonate peu soluble, de formule $CO^3HNa$ (*carbonate acide de sodium*, ou *bicarbonate de sodium*, ou *sel de Vichy*).

L'acide carbonique contient donc 2 atomes d'hydrogène successivement remplaçables par un métal monovalent; il doit s'écrire :

$$CO \begin{cases} OH \\ OH \end{cases}.$$

Quelques corps sont formés par la combinaison d'un carbonate neutre et d'un hydrate du même métal. Tels sont :

la *céruse* (blanc de plomb), $2(CO^3Pb), Pb(OH)^2$;

la *malachite* (minerai de cuivre), $CO^3Cu, Cu(OH)^2$.

On les appelle des *carbonates basiques*.

Enfin, un même corps peut être formé par la combinaison de deux carbonates. Telle est la *dolomie* : $CO^3Ca$, $CO^3Mg$ ou $(CO^3)^2CaMg$. C'est un *carbonate double*.

### A). — *Carbonates naturels.*

= **230. Exemples.** = Un certain nombre de carbonates existent dans la nature. Les principaux sont :

Le *carbonate de fer* ($CO^3Fe$), constituant essentiel des minerais de fer carbonatés (*fer spathique, sidérose,* etc.);

Le *carbonate de zinc* ($CO^3Zn$), abondant dans les minerais de zinc appelés *smithsonite* et *calamine;*

Les *carbonates basiques de cuivre : malachite* (verte); *azurite* (bleue);

Le *carbonate de magnésium* ($CO^3Mg$) ou *giobertite;*

Le *carbonate de calcium* ($CO^3Ca$), abondant dans tous les calcaires;

La *dolomie* [$(CO^3)^2CaMg$].

= **231. Carbonate de calcium.** = Le plus important de ces carbonates est le carbonate de calcium.

On le trouve sous un grand nombre de formes :

1° Pur et anhydre, soit dans le *spath d'Islande* ou *calcite*, dont les cristaux appartiennent au système rhomboédrique et entrent dans la composition de certains instruments (polarimètres, saccharimètres, etc.), soit dans l'*aragonite* qui cristallise dans le système orthorhombique ;

2° Moins pur et en petits cristaux dans le *calcaire saccharoïde*, le *marbre blanc* et l'*albâtre calcaire* (les *marbres de couleur* contiennent, outre le carbonate de calcium, des oxydes ou des carbonates colorés) ;

3° Associé à d'autres carbonates, à de la silice, de l'argile, etc., dans tous les *calcaires : pierre lithographique, pierre à bâtir, pierre à chaux, meulière, craie*, etc., qu'on utilise surtout comme matériaux de construction ainsi que pour la fabrication de la *chaux* (203), et, dans quelques cas, du *gaz carbonique*.

La craie, débarrassée par broyage, lavage et décantation du silex qu'elle contient, fournit après agglomération une poudre blanche (*blancs de Troyes, de Meudon, d'Espagne*), employée pour le polissage des métaux et le nettoyage du verre.

<h3 style="text-align:center">B). — Carbonates artificiels.</h3>

Les principaux sont :

Le *carbonate neutre de sodium* ($CO^3Na^2$), composant essentiel des *soudes du commerce* ;

Le *carbonate neutre de potassium* ($CO^3K^2$) (*potasses du commerce*) ;

Le carbonate sesquibasique de plomb (*céruse*).

**═ 232. Soudes du commerce. ═** Si l'on incinère des végétaux *marins* (algues, varechs, fucus, etc.) et qu'on en lessive les cendres, on obtient, après filtration et évaporation lente de la lessive, de gros cristaux ayant pour formule $CO^3Na^2, 10(H^2O)$, identiques aux cristaux employés par les ménagères, que l'épicier ou le droguiste leur vendent sous le nom de *cristaux* ou sous celui, tout à fait impropre, de *potasse.* Le carbonate obtenu a été formé aux dépens du chlorure de sodium de l'eau de la mer et du gaz carbonique provenant de la combustion des végétaux : c'est une *soude naturelle.* Actuellement, cette source de soude n'a plus qu'une très faible importance. Le carbonate de sodium, que nous appellerons *soude du commerce,* est surtout un produit artificiel que la grande industrie chimique fabrique par deux procédés différents :

a) Le *procédé Leblanc,* qui date de 1790 et qui consiste à traiter le *sulfate de sodium* par un mélange de *charbon* et de *calcaire.* Il se produit deux réactions successives :

$$(1) \qquad SO^4Na^2 + 4C = SNa^2 + 4(CO)\uparrow.$$

$$(2) \qquad SNa^2 + CO^3Ca = SCa + CO^3Na^2.$$

On sépare par lessivage le carbonate de sodium soluble

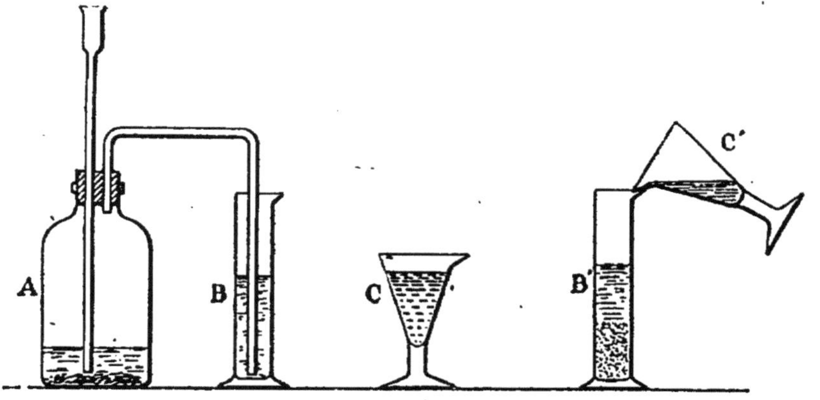

Fig. 165. — Principe de la préparation de la *soude Solvay.*

A, flacon producteur de *gaz carbonique;* B, éprouvette à pied contenant de l'*ammoniaque* et où se forme du *bicarbonate d'ammonium;* C, verre contenant une dissolution saturée de *sel de cuisine.* — En versant le verre C' dans l'éprouvette B', on observe la formation d'un précipité blanc très fin de *bicarbonate de sodium.*

du sulfure de calcium à peu près insoluble, et l'on évapore la dissolution.

Ce procédé n'est plus guère exploité en France que par la Société de Saint-Gobain;

*b) Le procédé Solvay* ou *procédé à l'ammoniaque*, qui date de 1855 et qui utilise la réaction fondamentale suivante (fig. 165).

$$(1)\ ClNa_{dissous} + CO^3H(AzH^4)_{dissous} = Cl(AzH^4)_{dissous} + CO^3HNa$$

| Chlorure de sodium. | Bicarbonate d'ammonium. | Chlorure d'ammonium. | Bicarbonate de sodium. |
|---|---|---|---|

Le bicarbonate peu soluble obtenu est transformé en *carbonate neutre* (*sel Solvay*) par calcination (235).

Le *sel Solvay* est plus ou moins pur; on le transforme souvent par dissolution et cristallisation en *carbonate hydraté* que, pour un grand nombre d'usages, la clientèle préfère au corps anhydre.

Outre son emploi pour le blanchissage, le carbonate de sodium sert à fabriquer le borax, la soude caustique et, par suite, les savons durs (293). Il est très employé en verrerie, car la silice le décompose et le transforme en silicate.

= **233. Potasses du commerce.** = On désigne sous ce nom des produits plus ou moins purs, dont le composant principal est le *carbonate neutre de potassium*.

Si l'on lessive des cendres de *bois* ou de *végétaux terrestres*, on obtient un liquide brun à réaction alcaline contenant beaucoup, de *carbonate de potassium,* et qu'on utilise encore dans certaines régions pour le lessivage du linge. Ce carbonate s'est formé aux dépens des sels de potassium empruntés au sol par les plantes.

En évaporant la lessive à sec, on obtient un résidu brun, appelé *salin,* dont on détruit les matières organiques par calcination. Suivant la nature des impuretés, le produit est plus ou moins gris, quelquefois blanc (*potasse d'Amérique, cendres perlées* ou *potasse perlasse*).

L'industrie retire encore de la potasse :

Des *eaux de dessuintage des laines* (*potasse de suint*);

Des *vinasses de distillerie* et surtout des distilleries de betteraves et de mélasses ; le salin de betteraves contient 4 sels principaux : chlorure et sulfate de potassium, carbonates de potassium et de sodium, qu'on sépare, en général, en se fondant sur leurs solubilités différentes ;

De la calcination des lies-de-vin et des résidus de vinification (*cendres gravelées*).

Enfin, on fabrique un peu de carbonate de potassium à partir du *sulfate* par un procédé identique au procédé Leblanc.

Le procédé Solvay n'est pas applicable, à cause de la grande solubilité du bicarbonate de potassium.

En raison de la rareté relative du potassium dans le sol, les potasses commerciales coûtent plus cher que les soudes. On les utilise surtout pour la fabrication de la potasse caustique et des savons mous (293). On les emploie également en verrerie et comme engrais potassiques.

## 234. Caustification des carbonates alcalins par la chaux hydratée.

Les carbonates alcalins, bien que ramenant au bleu le tournesol rougi par un acide, ne sont pas caustiques comme les hydrates correspondants ; de là l'emploi des cristaux de soude pour le blanchissage. — On peut les transformer en *hydrates caustiques* en les chauffant, dans certaines conditions, avec de la *chaux éteinte*.

Fig. 166. — Préparation d'une lessive de *soude caustique*.

*Expérience.* — Plaçons dans une bassine en fonte (fig. 166) 250 cm³ d'une dissolution contenant par litre 100ᵍ de *cristaux de soude* et chauffons. Lorsque le liquide bout, versons-y un lait de chaux fait avec au moins 20ᵍ de chaux vive. Faisons bouillir, en remplaçant l'eau à mesure qu'elle s'évapore. La réaction suivante se produit :

$$CO_3Na_2 + Ca(OH)_2 = CO_3Ca + 2(NaOH)$$

dissoute.

On reconnaît que tout le carbonate alcalin est décomposé lorsque, après repos, une goutte du liquide clair ne fait plus effervescence avec l'acide chlorhydrique.

Le liquide clair est une *lessive de soude caustique*. En l'évaporant à sec, nous obtiendrions de la *soude caustique* solide, impure (*soude à la chaux*), qu'après traitement à l'alcool nous transformerions en *soude pure* (*soude à l'alcool*).

Le *carbonate de potassium* fournirait de même de la *potasse caustique* :

$$CO_3K_2 + Ca(OH)_2 = CO_3Ca + 2(KOH) \text{ dissoute.}$$

C'est de cette façon qu'on prépare en savonnerie les lessives alcalines nécessaires (293), et c'est le procédé le plus employé encore pour la fabrication de la soude et de la potasse caustiques.

## = 235. Céruse.

*Expérience 1.* — Faisons arriver un courant de *gaz carbonique* dans une dissolution d'*acétate tribasique de plomb*. Il se forme un précipité blanc lourd, auquel on attribue la formule

$$2(CO_3Pb), Pb(OH)_2.$$

Ce précipité lavé et séché a l'aspect de la cire blanche : d'où son nom de *céruse* (*blanc de plomb*).

La *céruse* broyée avec de l'huile fournit un blanc très pur et très opaque, qui *couvre* bien sous une faible épaisseur ; mais elle noircit sous l'action de l'*acide sulf-hydrique*.

*Expérience 2.* — Plaçons sur une soucoupe un peu de *céruse* et faisons arriver au-dessus un courant d'*acide sulfhydrique* (157), ou approchons d'elle le bouchon d'un flacon de *sulfure d'ammonium* ou d'eau de *Barèges :* immédiatement la céruse noircit, parce qu'il se forme du sulfure de plomb noir, $SPb$.

Un sel de plomb quelconque noircit également dans ces conditions ; c'est pourquoi l'on emploie le *papier à l'acétate de plomb* pour reconnaître la présence de l'hydrogène sulfuré.

**La céruse est très toxique,** *comme tous les composés du plomb et comme le plomb lui-même, à l'état de poussières ou de vapeurs.*

L'empoisonnement par le plomb, auquel sont exposés tous les ouvriers manipulant ce métal et ses composés, les peintres en particulier, porte le nom d'*intoxication saturnine* : l'intoxication peut être lente et progressive et se traduire par l'inappétence, la débilitation, l'anémie, la dégénérescence sénile, la paralysie, etc.; elle peut être aiguë; elle se manifeste alors par des coliques violentes, dites *coliques de plomb.*

Les plus grandes précautions hygiéniques doivent donc être prises par les ouvriers exposés à cette intoxication. De même, il y a intérêt à remplacer le minium par d'autres produits, toutes les fois que cela est possible, et à se servir de composés du zinc pour la peinture, au lieu de céruse [1].

**= 236. Propriétés des carbonates. =** 1° Seuls sont solubles dans l'eau les carbonates alcalins. La plupart des autres carbonates sont solubles dans l'eau contenant du gaz carbonique : ainsi s'explique la présence du *carbonate de calcium* dans les eaux de sources, celle du *carbonate de fer* dans les eaux ferrugineuses, etc. Si une eau calcaire perd son gaz-carbonique, par ébullition par exemple, le carbonate de calcium devient insoluble et se précipite; si l'ébullition se produit dans un récipient métallique (bouilloir, marmite, générateur de vapeur), le dépôt adhère aux parois et forme une *incrustation.*

2° Certains carbonates hydratés exposés à l'air perdent une partie de leur eau d'hydratation; ils deviennent anhydres et pulvérulents; on dit qu'ils *s'effleurissent* : c'est le cas des cristaux de soude. — D'autres, au con-

[1] *Loi du 20 juillet* 1909. *Art.* 2. — A l'expiration de la cinquième année qui suivra la promulgation de la présente loi, l'emploi de la céruse, de l'huile de lin plombifère et de tout produit spécialisé renfermant de la céruse sera interdit dans tous les travaux de peinture, de quelque nature qu'ils soient, exécutés par les ouvriers peintres tant à l'intérieur qu'à l'extérieur des bâtiments.

traire, s'hydratent davantage et se liquéfient : ils sont *déliquescents;* c'est le cas du carbonate de potassium.

Les sels efflorescents peuvent être transportés en sacs ou en barils grossiers ; les sels déliquescents, au contraire, sont toujours vendus en fûts étanches.

3° Seuls, les carbonates neutres alcalins sont indécomposables par la chaleur.

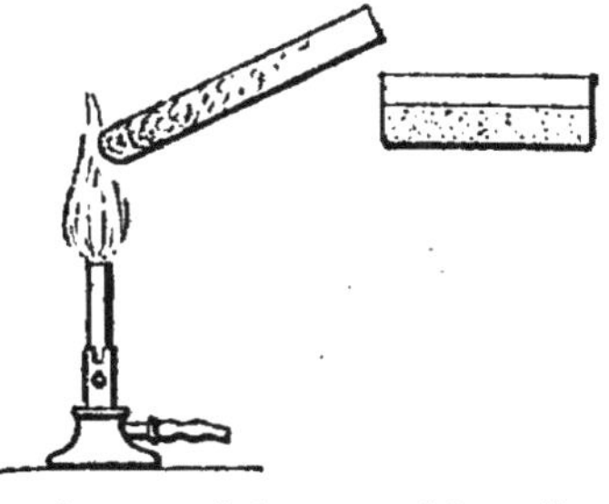

Fig. 167. — Décomposition d'un *bicarbonate* par la chaleur.

Les bicarbonates chauffés se transforment en carbonates neutres en perdant du gaz carbonique (fig. 167).

*Exemple :* $\quad 2(CO^3HNa) = CO^3Na^2 + \overset{\uparrow}{CO^2} + \overset{\uparrow}{H^2O}.$

Les autres carbonates se décomposent au rouge vif, ainsi que nous l'avons vu pour le carbonate de calcium (230).

*Exemple :* $\qquad CO^3Zn = ZnO + \overset{\uparrow}{CO^2}.$

Cette réaction permet de transformer les *minerais* en *oxydes carbonatés,* d'où l'on retirera le métal par réduction.

4° Tous les carbonates sont décomposés par les acides plus forts que l'acide carbonique : acides sulfurique, chlorhydrique, azotique, acétique, etc.

Nous avons utilisé cette propriété pour préparer le *gaz carbonique* (27, 158). Elle peut servir à caractériser un *carbonate solide* (fig. 168).

Les carbonates *dissous* en solution étendue se reconnaissent à l'aide du nitrate ou du chlorure de baryum : il se forme un précipité blanc de *carbonate de baryum.* Ce précipité est soluble dans l'acide chlorhydrique avec une effervescence due au dégagement de gaz carbonique, ce qui le différencie nettement du *sulfate de baryum* (225).

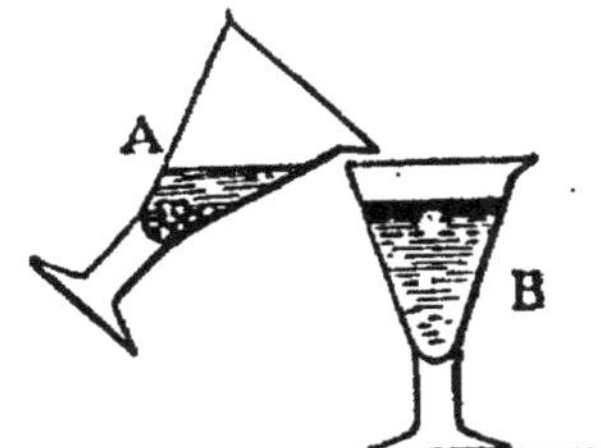

Fig. 168. — Décomposition d'un carbonate (A) par un *acide.* L'eau de chaux du verre B se recouvre de *calcaire.*

# NOTIONS DE CHIMIE ORGANIQUE

## CHAPITRE XIV

### COMPOSITION DES MATIÈRES ORGANIQUES.

= **237. Exemples.** = *Le sucre* extrait de la betterave, *l'amidon* de la farine de blé, *l'alcool* du jus de raisin fermenté ou vin, le *suif* de la graisse de bœuf ou de mouton, *l'osséine* des os, *l'albumine* du blanc d'œuf, etc., sont des substances retirées des végétaux ou des animaux et que, pour cette raison, on désigne sous le nom de **composés organiques.**

Pendant longtemps, la chimie organique s'est bornée à étudier les propriétés et à déterminer la composition de ces composés naturels. On en a obtenu ensuite une foule, d'autres, soit en les faisant réagir entre eux, soit en les soumettant à l'action des agents physiques (chaleur, lumière, électricité) ou à celle des corps simples et des composés minéraux.

Le domaine actuel de la chimie organique est donc extrêmement vaste. Il comprend une foule de produits d'une importance capitale au point de vue pratique :

*matières alimentaires* (sucre, alcool, graisses, huiles)... ;

*matières textiles* (cellulose, soie, laine)... ;

*matières colorantes* (indigo, couleurs dérivées des goudrons)... ;

*parfums* (musc, vanilline, essence de lavande)...;
*produits pharmaceutiques* (quinine, cocaïne, antipyrine)...;
*produits photographiques* (révélateurs, etc.)...;
*explosifs.*

**= 238. Séparation des composés organiques naturels contenus dans une substance organisée : analyse immédiate.** = Les tissus qui composent le corps d'un animal ou d'une plante sont constitués par l'assemblage d'un grand nombre d'éléments microscopiques (cellules, fibres, etc.), dont l'aspect ne rappelle en rien celui des corps minéraux; on les appelle des **substances organisées.**

Toute substance organisée renferme deux catégories de composés : des composés minéraux, des composés organiques. La *pulpe de betterave*, par exemple, renferme : 1º de l'eau, des sels de potassium et de sodium (composés minéraux); 2º du sucre, de la cellulose, des matières colorantes, etc. (composés organiques). — Les proportions de ces différents composés sont d'ailleurs très variables; elles dépendent de l'espèce de betterave considérée, de la nature du sol, des conditions climatériques, etc.

La séparation des différents composés organiques contenus dans une substance organisée s'appelle une **analyse immédiate.**

*Exemple 1.* — **Grains de blé.** Les grains de blé sont convertis en farine dans l'industrie de la *meunerie.* Les différents appareils employés en meunerie, épurateurs, trieurs, broyeurs, blutoirs, sasseurs, etc., opèrent une première analyse et séparent le contenu des cellules internes (farine) de l'enveloppe du grain (son).

Faisons avec de la farine et de l'eau un morceau de pâte épaisse; malaxons-le entre les doigts sous un mince filet d'eau (fig. 169), jusqu'au moment où l'eau qui s'échappe coule bien limpide.

Il reste entre les doigts une matière grise élastique, appelée *gluten.*

L'eau de lavage laisse déposer une poudre blanche, qui est de l'*amidon*, et qu'on peut séparer par décantation.

Le liquide décanté renferme un peu de *sucre*, des *matières grasses*. Évaporé à sec, il laisse un résidu formé de *matières minérales* (phosphates de potassium, de sodium, de magnésium, silice, etc.), qu'on pourrait obtenir, d'ailleurs, en incinérant la farine.

Celle-ci, comme on le voit, est une substance complexe ; l'analyse incomplète que nous venons de faire fournit deux composés organiques importants : l'*amidon* et le *gluten*.

*Exemple 2.* — **Feuilles d'oseille.** Broyons des feuilles d'oseille dans un mortier contenant un peu d'eau. Filtrons la pâte verdâtre obtenue. Le liquide jaunâtre filtré a une saveur acide ; il donnerait par évaporation un corps cristallisé, appelé *oxalate de potassium* (*sel d'oseille*). — Versons de l'eau de chaux dans ce liquide : il se forme un précipité blanc d'*oxalate de calcium*. Recueillons ce précipité et additionnons-le de quelques gouttes d'acide sulfurique étendu ; il se forme un précipité blanc de sulfate de calcium, et le liquide surnageant, décanté, fournit par évaporation un corps cristallisé qui est de l'*acide oxalique*.

Fig. 169. — Extraction de l'amidon de la farine de blé.

L'analyse immédiate que nous venons de faire est plus incomplète encore que la précédente : de la substance organisée très complexe qui constitue la pulpe d'oseille, nous n'avons retiré, en effet, qu'un seul composé, l'*acide oxalique*.

C'est une **analyse immédiate** que réalisent la plupart des industries ayant pour but l'extraction des composés organiques contenus dans les animaux ou les végétaux (sucreries, amidonneries, féculeries, huileries, fabriques de colle forte, etc.).

**= 239. Analyse élémentaire qualitative. =** Une substance organique, isolée par les moyens précédents (moyens mécaniques, physiques ou chimiques), est considérée comme *pure* lorsqu'elle possède des propriétés physiques constantes (densité fixe, point de fusion ou d'ébullition constant, etc.). On peut alors se proposer de rechercher les corps simples ou éléments qui la constituent : c'est le but de l'analyse qualitative.

**a) Présence du carbone. Toutes les substances organiques contiennent du carbone.**

Fig. 170.

Combustion de l'*alcool* au-dessous d'une éprouvette mouillée d'eau de chaux.

On peut le constater par différents moyens :

1° Si l'on chauffe un peu de la substance, elle *noircit;* nous l'avons constaté pour le sucre (3), pour un os (153).

2° Quand on la brûle, il se dégage du *gaz carbonique;* nous pouvons le constater pour l'alcool (fig. 170).

3° On peut chauffer la substance avec un peu d'*oxyde cuivrique.*

*Expérience.* — Plaçons, par exemple, un peu d'amidon bien sec mélangé à de l'oxyde cuivrique dans un tube à essais muni d'un tube à boule dont l'extrémité plonge dans de l'eau de chaux (fig. 171), et chauffons. L'eau de chaux ne tarde pas à se troubler, ce qui indique la formation de gaz carbonique et, par suite, la présence de carbone dans l'amidon.

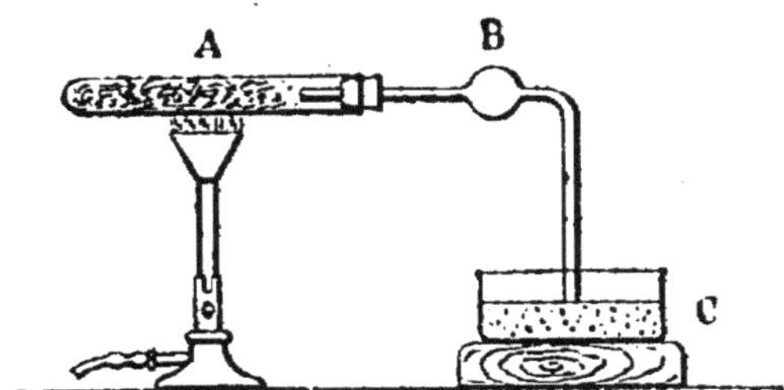


Fig. 171. — Recherche du carbone et de l'hydrogène dans une substance organique : A, mélange de la substance et d'oxyde de cuivre; B, tube à boule; C, eau de chaux.

Seul ce dernier moyen est général : le premier, en effet, ne peut être appliqué aux corps volatils; le deuxième n'est utilisable que pour les corps combustibles.

*Remarque.* — La constance de l'élément carbone dans les matières organiques a permis de dire que *la chimie organique est l'étude des composés du carbone.*

*b*) **Présence de l'hydrogène.** — Lorsqu'on enflamme une matière organique combustible renfermant de l'hydrogène, il se forme de l'*eau*. C'est le cas des hydrocarbures, de l'alcool, etc.

Le moyen général consiste à chauffer la substance, après dessiccation préalable, avec de l'*oxyde cuivrique* bien sec et à constater la formation d'*eau*.

L'amidon contient certainement de l'hydrogène; car, dans l'expérience précédente, nous observons la formation d'eau, qui s'accumule dans la boule B.

*c*) **Présence de l'azote.** — Deux moyens sont employés :

1° On chauffe la substance avec de la soude ou de la potasse. Il se dégage de l'*ammoniaque* reconnaissable à son odeur, ou mieux, à la teinte bleue que prend un papier au tournesol rouge placé près de l'orifice du tube (135).

2° On chauffe la substance avec un petit morceau de *sodium*. Il se forme du *cyanure de sodium* (CAzNa ou CyNa), qu'on reconnaît à son *odeur* ou qu'on caractérise par la formation de *bleu de Prusse*.

*Expérience.* — Plaçons dans un tube à essais bien sec un peu d'*urée*, substance cristallisée retirée de l'urine. et chauffons. Quand l'urée est fondue, laissons tomber dans le tube un petit morceau de sodium : une réaction très vive se produit. Après refroidissement, nous constatons nettement l'odeur de kirsch qui caractérise les cyanures alcalins. Nous pouvons aussi ajouter au contenu quelques gouttes d'un mélange de sulfates ferreux et ferrique, puis un peu de potasse, un peu d'acide chlorhydrique, et constater la formation immédiate de *bleu de Prusse*.

Seul ce moyen est général.

*Toutes les substances organiques azotées dégagent de l'ammoniaque en se putréfiant.*

*d*) **Présence de l'oxygène.** — La présence de ce corps est beaucoup plus délicate à constater. Un moyen simple, qui réussit quelquefois, consiste à chauffer la substance sèche à l'abri de l'air et à constater la production de gaz carbonique ou de vapeur d'eau. Mais ce moyen est loin d'être général. Le plus souvent, on est obligé de déterminer d'abord *quantitativement* les autres corps simples (carbone, hydrogène, azote) (240).

**Conclusion.** — Le *carbone*, l'*hydrogène*, l'*oxygène* et l'*azote* sont les corps simples les plus répandus dans les composés organiques.

*Exemples* :

1. Corps composés de *carbone* et d'*hydrogène* : *hydro-carbures.* . . . . . . . . . . . . . . . . . . . . . 
$\left\{\begin{array}{ll}\text{Méthane} & CH^4. \\ \text{Acétylène} & C^2H^2. \\ \text{Benzine} & C^6H^6.\end{array}\right.$

2. Corps composés de *carbone*, d'*hydrogène* et d'*oxygène* . . . . . . . . . . . . . . . . . . . . . 
$\left\{\begin{array}{l}\text{Amidon.} \\ \text{Sucre.} \\ \text{Alcool.} \\ \text{Un grand nombre} \\ \quad \text{d'acides organi-} \\ \quad \text{ques.}\end{array}\right.$

3. Corps composés de *carbone*, d'*hydrogène* et d'*azote*. $\left\{\begin{array}{l}\text{Aniline.} \\ \text{Nicotine.}\end{array}\right.$

4. Corps composés de *carbone*, d'*hydrogène*, *d'oxygène* et d'*azote*. . . . . . . . . . . . . . . . . . . . . . $\left\{\begin{array}{l}\text{Indigo.} \\ \text{Acide picrique.}\end{array}\right.$

Un petit nombre de composés naturels renferment du *soufre* (Ex. : le blanc d'œuf; ils dégagent, en se putréfiant, de l'acide sulfhydrique), du *phosphore* (Ex. : la matière cérébrale; ils donnent du phosphure d'hydrogène en pourrissant).

Les composés organiques artificiels peuvent renfermer, en outre, du *chlore* (chlorure de méthyle, chloroforme), du brome, de l'iode, de l'arsenic, etc.

**= 240. Principes de l'analyse quantitative des composés organiques.**

a) **Composé non azoté.**

*Principe : On chauffe avec de l'oxyde cuivrique un poids déterminé p de la substance, bien desséchée. On absorbe soigneusement toute l'eau et tout le gaz carbonique formés. On mesure les poids de ces corps et l'on en déduit les poids d'hydrogène, de carbone, et, s'il y a lieu, d'oxygène contenus dans le poids p de la substance analysée.*

La figure 172 indique l'appareil employé réduit à ses parties essentielles.

Soient $P_1$ le poids d'eau formée et $p_1$ le poids d'hydrogène à déterminer. On a évidemment :

$$p_1 = P_1 \times \frac{2}{18} = \frac{P_1}{9}. \qquad \left(\underbrace{\frac{H^2O}{2+16}}_{18}\right).$$

Soient $P_2$ le poids de *gaz carbonique* recueilli et $p_2$ le poids de carbone à déterminer. On a :

$$p_2 = P_2 \times \frac{12}{44} = \frac{3P_2}{11}. \qquad \left( \underbrace{\frac{\overset{CO^2}{12 + 16 \times 2}}{44}} \right).$$

Deux cas peuvent se présenter :

1° $$p_1 + p_2 = p.$$

La substance ne contient pas d'oxygène ; elle est composée de carbone et d'hydrogène seulement : c'est un *hydrocarbure*.

2° $$p_1 + p_2 < p.$$

La substance contient de l'*oxygène* : soit $p_3$ le poids de cet oxygène. On a évidemment :

$$p_3 = p - (p_1 + p_2).$$

Les nombres $p_1$, $p_2$, $p_3$ sont généralement rapportés à $100^g$ de substance, ce qui permet d'exprimer sa composition centésimale.

EXERCICES :

1° $1^g,3$ de **benzine** a *fourni* $4^g,4$ *de gaz carbonique et* $0^g,9$ *d'eau. Déterminer la composition qualitative et quantitative de ce corps.*

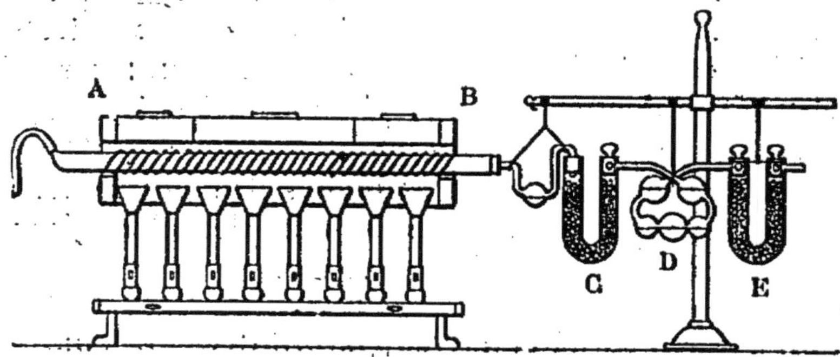

Fig. 172. — Parties essentielles de l'appareil employé pour le dosage du carbone et de l'hydrogène dans une matière organique : A B, tube en verre vert entouré de clinquant, chauffé par une grille à gaz ; C, tube à ponce sulfurique ; D, tube à potasse ; E, tube à chaux sodée.

2° $1^g,71$ de **sucre** ordinaire bien sec a *fourni* $2^g,64$ *de gaz carbonique et* $0^g,99$ *d'eau. Déterminer la composition qualitative et quantitative de ce corps.*

**b) Composé azoté.**

On en prend un certain poids $p'$, à l'aide duquel on dose comme précédemment le *carbone* et l'*hydrogène*.

On en prend un autre poids $p''$, avec lequel on dose l'*azote*. Pour cela, on chauffe généralement la substance avec de la *chaux sodée* ; l'azote se transforme en *ammoniaque* (238,c), qu'on recueille soigneusement et dont on détermine le poids.

Soient $P_4$ le poids d'ammoniaque formée et $p_4$ le poids d'azote à déterminer. On a évidemment :

$$p_4 = P_4 \times \frac{14}{17}. \qquad \left(\underbrace{\frac{AzH^3}{14+3}}_{17}\right).$$

Soient $p_1$, $p_2$ les poids de carbone et d'hydrogène rapportés au poids $p''$ de substance.

Si $p_1 + p_2 + p_4 = p''$, la substance ne contient pas d'oxygène.

Si $p_1 + p_2 + p_3 < p''$, elle en contient. Le poids $p_3$ de cet oxygène est :

$$p_3 = p'' - (p_1 + p_2 + p_4).$$

EXERCICE. — *L'analyse élémentaire de 0$^g$,465 d'aniline a fourni 1$^g$,32 de gaz carbonique, 0$^g$,315 d'eau. Une nouvelle analyse opérée sur le même métal a fourni 0$^g$,085 d'ammoniaque.*

*1° Déterminer la composition qualitative et quantitative de ce corps.*

*2° Trouver sa formule, sachant que son poids moléculaire est 93.*

# CHAPITRE XV

## HYDROCARBURES.

---

**1. — PREMIER TYPE : MÉTHANE ($CH^4$).**
(Formène)

**= 241. Production.** = Chauffons (fig. 173) du *carbure
d'aluminium* et de l'eau. Nous recueillons sur la cuve à
eau un gaz incolore et combustible, appelé *méthane*.

Réaction :

$$C^3Al^4 + 6(H^2O) = 3(CH^4) + 2(Al^2O^3).$$

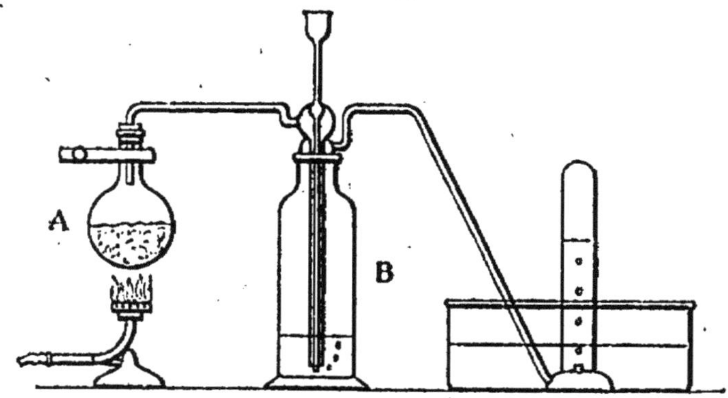

Fig. 173. — Préparation du *méthane*.
A, ballon contenant de l'eau et du carbure d'aluminium; B, laveur.

Ce corps se trouve également dans les gaz qui se dégagent lorsqu'on remue la vase des marécages, — d'où son
nom très ancien de *gaz des marais*, — dans le *grisou* des
mines de houille, dans les gaz qui se dégagent des sources

de *pétroles*, dans les gaz provenant de la distillation de la *houille* (jusqu'à 35 °/₀ dans le gaz d'éclairage), etc.

## = 242. Propriétés essentielles. = 1° Le méthane bien pur est un gaz inodore, plus léger que l'air

$$(d^1 = 0,07 \times \frac{16}{2} = 0,56),$$

très difficilement liquéfiable.

2° **Action de l'oxygène et de l'air.** — *Il brûle* avec une flamme peu éclairante. — Pour que cette combustion soit complète, il faut employer un volume d'oxygène double du volume de méthane :

$$CH^4 + 2O^2 = CO^2 + 2(H^2O) + 192\,000^c.$$
2 vol.    4 vol.

La grande quantité de chaleur dégagée explique la violence de l'explosion qu'on obtient en faisant détoner le mélange des deux gaz, ainsi que les dangers du *grisou* et ceux que présente le mélange de gaz d'éclairage et d'air.

3° **Action du chlore.** — Un mélange de chlore et de méthane s'enflamme lorsqu'on en approche une bougie allumée (fig. 174) :

$$CH^4 + 2Cl^2 = C + 4(CHl).$$

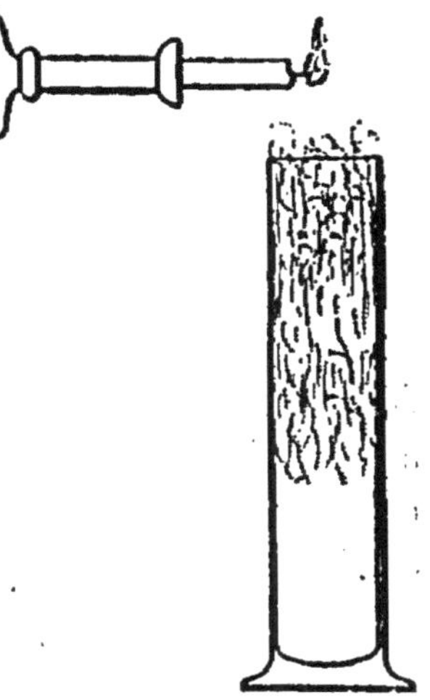

Fig. 174. — Combustion du mélange de *chlore* et de *méthane*.

L'action du chlore est très différente, si le mélange est exposé à la lumière solaire diffuse. Dans le cas où les deux gaz sont mélangés à volumes égaux, on observe la réaction suivante :

(1)        $$CH^4 + Cl^2 = CH^3Cl + CHl.$$

Le corps $CH^3Cl$ correspond à $CH^4$ par la substitution d'un atome de chlore à un atome d'hydrogène. On dit que

---

¹ Densité théorique (181).

c'est un *produit de substitution* du méthane, et on l'appelle *méthane monochloré* ou *chlorure de méthyle*[1].

De même, en employant 2, 3, 4 molécules de chlore, on obtient les produits de substitution suivants :

$CH^3Cl^3$,        méthane dichloré ou chlorure de *méthylène* [2].
$CHCl^3$,        méthane trichloré ou *chloroforme*.
$CCl^4$,        méthane tétrachloré ou *tétrachlorure de carbone*.

*Remarque*. — Le *brome* et l'*iode* se comportent comme le chlore et fournissent les produits de substitution suivants :

$CH^3Br$   (bromure de méthyle);   |   $CH^3I$   (iodure de méthyle);
$CH^2Br^2$;                             |   $CH^2I^2$;
$CHBr^3$   (bromoforme);             |   $CHI^3$   (iodoforme);   —
$CBr^4$.                                |   $CI^4$.

## = 243. Formule développée du méthane. = 

Les propriétés du méthane montrent que sa molécule contient 1 atome de carbone et 4 atomes d'hydrogène. En supposant le carbone *tétravalent*, nous pouvons représenter cette molécule par le schéma :

$$H - \overset{\displaystyle H}{\underset{\displaystyle H}{\overset{|}{\underset{|}{C}}}} - H.$$

qu'on appelle sa *formule développée* ($CH^4$ s'appelle sa formule brute). Toutes les valences du carbone étant satisfaites, on s'explique pourquoi le chlore ne peut s'*ajouter* au méthane, pourquoi il ne peut que se *substituer* et donner, par exemple, le *chlorure de méthyle* qu'on représente par :

$$H - \overset{\displaystyle H}{\underset{\displaystyle H}{\overset{|}{\underset{|}{C}}}} - Cl \quad \text{ou} \quad \overset{\displaystyle CH^3}{\underset{\displaystyle Cl}{\overset{|}{\underset{|}{\phantom{C}}}}} \quad \text{ou} \quad Cl - CH^3.$$

Pour cette raison, on dit que le méthane est un *hydrocarbure* saturé.

## = 244. Homologues supérieurs du méthane. =

[1] Le radical monovalent $CH^3$ — s'appelle *méthyle*.
[2] Le radical divalent $CH^2$ = s'appelle *méthylène*.

1° Supposons que par un procédé chimique on substitue le radical monovalent — $CH^3$ à l'atome d'hydrogène numéroté 1. On obtient :

$$H-\underset{\underset{H}{|}}{\overset{\overset{H}{|}}{C}}-[H] \rightarrow H-\underset{\underset{H}{|}}{\overset{\overset{H}{|}}{C}}-CH^3 \quad \text{ou} \quad \underset{CH^3}{\overset{CH^3}{|}} \quad \text{ou} \quad C^2H^6,$$

Ce corps est un hydrocarbure gazeux, appelé *éthane*. Comme le méthane, il ne peut donner avec le chlore, le brome ou l'iode, que des *produits de substitution* :

$$\underbrace{C^2H^5Cl,}_{\text{Chlorure d'éthyle.}} \qquad \underbrace{C^2H^4Cl^2,}_{\text{Chlorure d'éthylène.}} \qquad C^2H^3Cl^3, \quad \text{etc.}$$

C'est encore un hydrocarbure saturé, comme le montre sa formule développée :

$$H-\underset{\underset{H}{|}}{\overset{\overset{H}{|}}{C}}-\underset{\underset{H}{|}}{\overset{\overset{H}{|}}{C}}-H.$$

Sa molécule contient $CH^2$ en plus que celle du méthane. Or on désigne en chimie organique, sous le nom de *corps homologues*, les corps dont les molécules diffèrent entre elles de $CH^2$. L'éthane est donc l'*homologue supérieur* du méthane.

2° L'homologue supérieur de l'éthane ($C^2H^6 + CH^2$) a pour formule $C^3H^8$ : c'est le *propane*. On peut le considérer comme provenant de la substitution du radical — $CH^3$ à l'atome d'hydrogène numéroté (1) de l'éthane; d'où sa formule :

$$H-\underset{\underset{H}{|}}{\overset{\overset{H}{|}}{C}}-\underset{\underset{H}{|}}{\overset{\overset{H}{|}}{C}}-H \rightarrow H-\underset{\underset{H}{|}}{\overset{\overset{H}{|}}{C}}-\underset{\underset{H}{|}}{\overset{\overset{H}{|}}{C}}-CH^3 \quad \text{ou} \quad CH^2 \quad \text{ou} \quad CH^3-CH^2-CH^3.$$

C'est encore un hydrocarbure *saturé*.

3° Le propane a deux homologues supérieurs de même formule brute $C^4H^{10}$, qu'on appelle *butanes*.

Les butanes ont eux-mêmes trois homologues supérieurs de même formule brute $C^5H^{12}$, qu'on appelle *pentanes ou amylanes*, etc.

**= 245. Hydrocarbures saturés. =** Le méthane et ses homologues supérieurs ( éthane, propane, butanes, pentanes, etc.) forment une série d'*hydrocarbures* de formule générale $C^nH^{2n+2}$, donnant avec le chlore des *produits de substitution*, dont le moins chloré a pour formule générale $C^nH^{2n+1}Cl$.

C'est la série des **hydrocarbures saturés.**

Le nom chimique de ces corps est formé d'un préfixe indiquant le nombre d'atomes de carbone : *méth*, 1; *éth*, 2; *prop*, 3; *but*, 4; *pent* (ou *amyl*), 5; *hex*, 6, etc., suivi de la terminaison ANE.

Les hydrocarbures saturés contenant de 1 atome à 4 atomes de carbone sont *gazeux;* ceux qui en contiennent de 5 à 11 atomes sont liquides; à partir de 12 atomes de carbone, ils sont *solides.*

Ils existent en très grand nombre dans les *pétroles*, et notamment dans les pétroles américains. Ceci nous explique pourquoi la distillation de ces liquides[1] fournit, suivant la température, des produits de volatilités très différentes :

| | |
|---|---|
| | gaz très inflammables; |
| liquides très volatils | { éther de pétrole; <br> { essences pour moteurs; <br> ( essences pour éclairage; |
| liquides moins volatils : | huiles lampantes ou pétroles pour éclairage; |
| liquides peu volatils : | huiles de graissage; |
| solides | { visqueux : vaselines; <br> { durs : paraffines. |

## 2. — DEUXIÈME TYPE : ÉTHYLÈNE ($C^2H^4$).

= **246. Production.** = *L'alcool ordinaire* a pour formule $C^2H^6O$.

En lui retranchant de l'eau, on obtient de l'*éthylène :*

$$C^2H^6O - H^2O = C^2H^4.$$

Nous réaliserons cette déshydratation à l'aide d'*acide*

[1] Voir le Cours de Chimie à l'usage des sections industrielles, paragraphes 119 et 120.

*sulfurique,* en utilisant l'appareil représenté par la figure 175.

L'éthylène est un gaz incolore, qu'on trouve en très petite quantité dans le gaz d'éclairage.

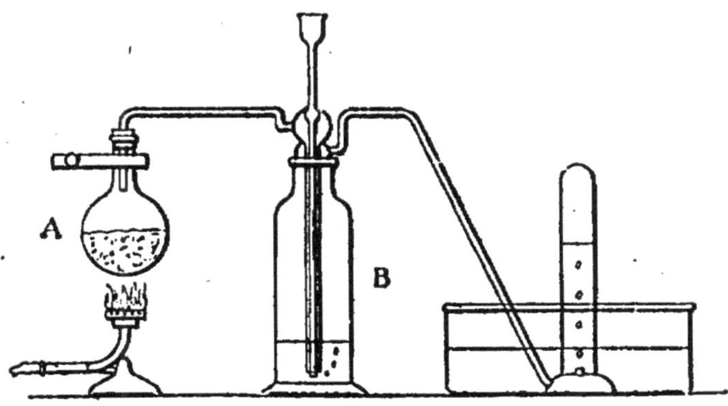

Fig. 175. — Préparation de l'*éthylène* : B, laveur à acide sulfurique.

**= 247. Propriétés. =** 1º Par ses propriétés physiques, l'éthylène se rapproche de l'azote et de l'oxyde de carbone : ces trois gaz, en effet, ont le même poids moléculaire, 28.

2º *Action de l'oxygène et de l'air.* — Comme tous les hydrocarbures, l'éthylène brûle en donnant du gaz carbonique et de l'eau :

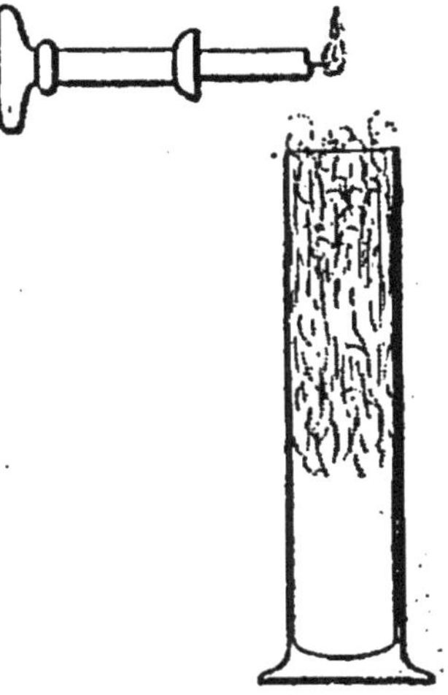

Fig. 176. — Combustion du mélange de *chlore* et d'*éthylène*.

$$C^2H^4 + 3O^2 = 2(CO^2) + 2(H^2O) + 321000^c.$$
2 vol.   6 vol.

Ce mélange détone violemment.

Si l'on fait brûler l'éthylène contenu dans une éprouvette, on voit une flamme beaucoup plus éclairante que celle du méthane et un dépôt de charbon sur les parois de l'éprouvette, par suite de l'insuffisance d'air pour assurer une combustion complète. Nous observerons que plus est élevé le tant pour cent de carbone dans la molécule d'un hydrocarbure, plus sa flamme est éclairante (86).

**3° *Action du chlore : produits d'addition.*** — Le mélange de chlore et d'éthylène brûle aussi facilement que celui de chlore et de méthane (fig. 176). — Mais à froid, le chlore se comporte d'une façon très différente.

Si on laisse exposé à la lumière diffuse un mélange de chlore et d'éthylène (fig. 177), on voit l'eau monter dans l'éprouvette en même temps que se forme à sa surface un liquide huileux, identique à l'*éthane dichloré* ou *chlorure d'éthylène*, $C^2H^4Cl^2$ :

$$C^2H^4 + Cl^2 = C^2H^4Cl^2.$$

Le brome agit comme le chlore, en donnant d'abord du *bromure d'éthylène* $C^2H^4Br^2$, ce qui permet de doser rapidement l'éthylène contenu dans un mélange gazeux.

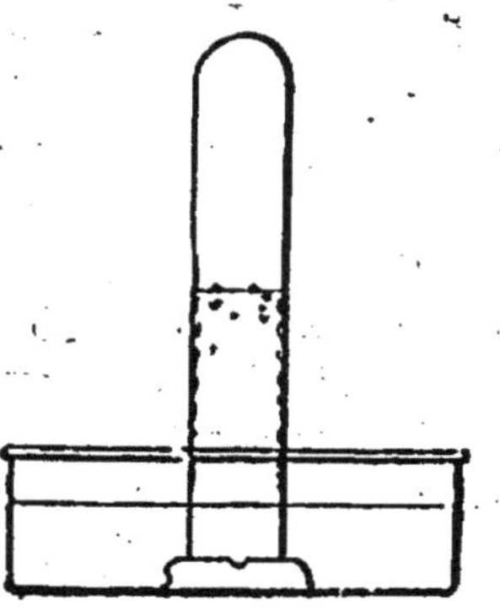

Fig. 177. — Formation du *chlorure d'éthylène.*

Ces deux corps proviennent respectivement de l'*addition* d'une molécule de chlore ou d'une molécule de brome à la molécule d'éthylène : on les nomme des *produits d'addition.*

L'éthylène peut fixer par addition un certain nombre d'autres corps, notamment l'*hydrogène ;* si, par exemple, on fait passer un mélange d'éthylène et d'hydrogène secs sur du nickel fraîchement réduit (61) porté à 150°, on obtient de l'*éthane :*

$$C^2H^4 + H^2 = C^2H^6.$$

**248. Formule développée de l'éthylène.** = Unissons 2 atomes de carbone par une liaison (—) et supposons que des 6 valences disponibles, 4 seulement soient satisfaites par de l'hydrogène. Nous obtenons le schéma :

$$(1) \qquad \begin{array}{ccc} H & & H \\ | & & | \\ -C & - & C- \\ | & & | \\ H & & H \end{array} \qquad \text{ou} \qquad \begin{array}{c} -CH^2 \\ | \\ -CH^2 \end{array}$$

qui explique comment l'éthylène peut fixer par addition 2 atomes monovalents, et donner, par exemple :

$$Cl - CH^2 \quad | \quad Cl - CH^3 \quad \text{ou} \quad C^2H^4Cl^2 \quad \text{et} \quad H - CH^2 \quad | \quad H - CH^2 \quad \text{ou} \quad C^2H^6,$$

chlorure d'étylène.       éthane.

et pourquoi on l'appelle un *hydrocarbure non saturé divalent*.

*Remarque.* — On peut admettre que dans le schéma (1) ci-dessus, les 2 valences libres se soudent pour donner lieu à une deuxième liaison (—) entre les atomes de carbone ; d'où le nouveau schéma :

$$(2) \qquad \begin{matrix} H & H \\ | & | \\ C & = & C \\ | & | \\ H & H \end{matrix} \quad \text{ou} \quad CH^2 = CH^2.$$

Cette deuxième liaison (—) est instable et se détruit sous l'action d'un grand nombre de corps.

*Exemple :*

$$Cl^2 + CH^2 = CH^2 = ClCH^2 - CH^2Cl$$

chlorure d'éthylène.

C'est cette formule (2) à deux liaisons qui *traduit le mieux les propriétés chimiques* du corps et qui est généralement admise.

## = 249. Homologues supérieurs de l'éthylène. — Série éthylénique.

= Si l'on compare les formules semi-développées de l'éthane et de l'éthylène :

$$CH^3 - CH^3 \qquad\qquad CH^2 = CH^2,$$

on constate que l'éthylène correspond à l'éthane par élimination de 2 atomes d'hydrogène empruntés à des groupements voisins, atomes qui sont remplacés par une seconde liaison.

Opérons ainsi avec le *propane* :

$$CH^3 - CH^2 - CH^3 \longrightarrow CH^3 - CH = CH^2 \text{ ou } C^3H^6,$$

propane

Le corps de formule brute $C^3H^6$ est l'*homologue supérieur* de l'éthylène ; on l'appelle *propylène*. C'est encore un hydrocarbure *non saturé*, à double liaison, donnant, par exemple, avec le chlore, le produit d'addition $C^3H^6Cl^2$ ou

$$\underbrace{CH^3\!-\!CHCl\!-\!CH^2Cl}_{\text{chlorure de propylène.}}$$

L'éthylène et ses homologues supérieurs constituent une deuxième série d'hydrocarbures appelés **hydrocarbures éthyléniques**. *Ce sont des hydrocarbures à double liaison, non saturés par conséquent, de formule générale* $C^nH^{2n}$, *donnant avec le chlore des produits d'addition,* de formule :

$$C^nH^{2n}Cl^2.$$

Leur nom est formé d'un préfixe indiquant le nombre d'atomes de carbone (éth, prop, but, etc.), suivi de la terminaison **ylène** (ou **ène**).

*Exemples :* Les *amylènes* (ou *pentènes*) ont pour formule brute $C^5H^{10}$.

### 3. — Troisième type : Acétylène ($C^2H^2$).

= **250. Production.** = L'acétylène s'obtient par l'action de l'*eau* sur le *carbure de calcium* (157).

*Expérience.* — Dans un verre contenant de l'eau (fig. 178), projetons quelques morceaux de carbure granulé : une vive effervescence se produit ; le gaz qui se dégage ou *acétylène* brûle avec une flamme fumeuse, et, si on l'enflamme à une petite distance de la surface de l'eau, il donne lieu à des explosions assez fortes. En même temps l'eau devient laiteuse, et le verre s'échauffe fortement. L'apparence de la flamme exceptée, tout se passe comme nous l'avons vu avec l'hydrolithe (56,2).

La réaction peut se représenter par l'égalité :

$$Ca\,\boxed{C^2 + H^2}\,O = C^2H^2\uparrow + CaO$$

Carbure de calcium.     Eau.     Acétylène.     Chaux.

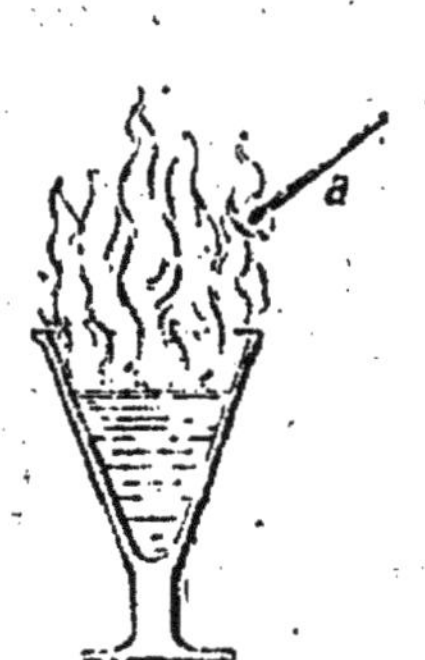

Fig. 178. — Action de l'eau sur le carbure de calcium.

Au contact d'un excès d'eau, la chaux s'hydrate :

$$CaO + H^2O = Ca(OH)^2;$$

et fournit un résidu abondant, dont le volume atteint de 4 à 6 fois le volume de carbure employé.

Si nous voulons recueillir l'acétylène pour étudier ses propriétés, nous utiliserons l'appareil que représente la figure 179.

**= 251. Propriétés. =** L'acétylène est un gaz incolore, d'une odeur spéciale due aux impuretés du carbure, soufre,

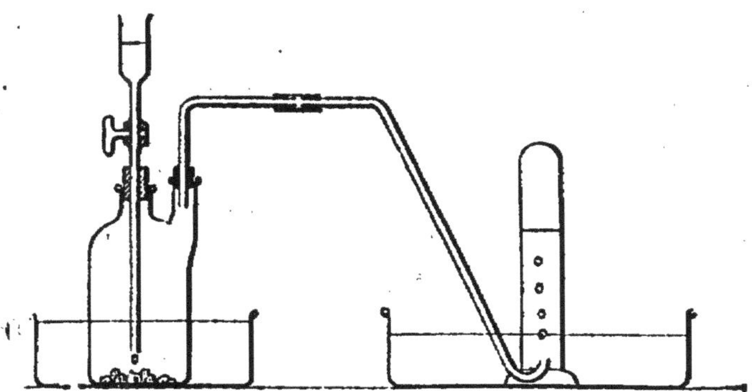

Fig. 179. — Préparation de l'acétylène.

azote, phosphore et silicium principalement, qui forment avec l'hydrogène de l'eau des combinaisons odorantes. Il est plus léger que l'air (densité : 0,59), un peu soluble dans l'eau, très soluble dans l'*acétone*, liquide retiré de la calcination de l'acétate de calcium (274, 2°) : 1 litre d'acétone peut dissoudre 250 litres d'acétylène à la pression de 10 atmosphères. C'est sous cette forme qu'existe l'*acétylène* dissous, vendu dans l'industrie en tubes ou bouteilles d'acier.

Son mélange avec l'oxygène détone violemment, non seulement parce que le carbone et l'hydrogène ont un pouvoir calorifique élevé, mais parce que, à partir d'une certaine température, l'acétylène se décompose lui-même en dégageant de la chaleur :

$$C^2H^2 = 2C + H^2 + 38\,000^c.$$

Cette décomposition exothermique explique pourquoi il peut détoner sous l'action d'un simple choc ou d'une surchauffe locale accidentelle. La facilité d'explosion augmente avec le degré de compression du gaz; aussi a-t-on renoncé à l'employer sous forme d'acétylène pur comprimé ou liquéfié.

Dans sa production et son emploi, il faut donc prendre des précautions, par exemple : ne jamais faire qu'en plein jour la charge et la vidange des générateurs, ne pas s'approcher d'eux avec une lumière, évacuer au dehors le gaz surproduit lorsque les appareils n'en permettent pas l'emmagasinement. Les générateurs fixes pour éclairage ne peuvent d'ailleurs être installés qu'à l'air libre ou sous des hangars ouverts, *dans des conditions déterminées par la loi.*

La combustion complète de ce gaz se traduit par l'égalité

$$C^2H^2 + 5O = 2(CO^2) + H^2O + 328\,000^c.$$

Ce dégagement considérable de chaleur explique pourquoi la température obtenue avec les *chalumeaux oxy-acétyléniques* peut dépasser 3000°. La flamme ainsi produite est bleuâtre et sans éclat, puisqu'elle ne renferme pas de carbone libre. Mais, si la quantité d'oxygène ou d'air est plus petite que celle qui correspond à l'égalité ci-dessus, la flamme devient *blanche et très éclairante*, en raison du charbon qu'elle renferme et qui est porté à haute température ( Éclairage à l'acétylène, 254, a).

Fig. 180. — Action du *chlore* sur l'*acétylène.*
Le verre V contient de l'eau, on y projette du carbure de calcium et l'on y fait arriver un courant de chlore.

= **252. Action du chlore. — Formule développée de l'acétylène.** = Lorsque le chlore est en contact avec de l'acétylène en présence d'air, il se produit une décomposition explosive (expérience, fig. 180) :

$$C^2H^2 + Cl^2 = 2C \downarrow + 2(CHl).$$

En procédant avec précaution, on peut obtenir le *produit d'addition* $C^2H^2Cl^4$ :

$$C^2H^2 + 2Cl^2 = C^2H^2Cl^4$$

tétrachlorure d'acétylène.

L'acétylène n'est donc pas un carbure saturé. C'est ce que montre sa formule développée :

$$(1) \qquad H-\overset{|}{\underset{|}{C}}=\overset{|}{\underset{|}{C}}-H \qquad \text{ou} \qquad \overset{=CH}{\underset{=CH}{|}},$$

qui permet de l'appeler un *hydrocarbure non saturé tétravalent*. Il peut, en effet, outre le chlore, fixer du brome, de l'hydrogène, etc. En faisant passer, par exemple, un mélange d'hydrogène et d'acétylène sur du nickel fraîchement réduit, on peut obtenir :

$$C^2H^2 + H^2 = \underbrace{C^2H^4}_{\text{éthylène}} ;$$

$$C^2H^4 + 2H^2 = \underbrace{C^2H^6}_{\text{éthane}}.$$

La formule de l'acétylène s'écrit de préférence (*remarque*, 248), avec trois liaisons :

$$(2) \qquad \overset{CH}{\underset{CH}{|||}} \qquad \text{ou} \qquad CH \equiv CH.$$

## = 253. Homologues supérieurs de l'acétylène. — Série acétylénique.

= L'acétylène correspond à l'éthylène ($CH^2 = CH^2$) comme l'éthylène correspond à l'éthane, c'est-à-dire par élimination de 2 atomes d'hydrogène empruntés à des groupements voisins et remplacés par une nouvelle liaison.

Au propylène $CH^3 - CH = CH^2$ correspond le corps :

$$CH^3 - C \equiv CH \qquad \text{ou} \qquad C^3H^4,$$

qui est l'homologue supérieur de l'acétylène ; on l'appelle vulgairement *allylène* et chimiquement *méthyl-acétylène* ou *propine*.

Cet hydrocarbure possède les propriétés chimiques de l'acétylène.

L'acétylène et ses homologues supérieurs constituent une troisième série d'hydrocarbures appelés **hydrocarbures acétyléniques**, caractérisés dans leur formule développée par une *triple liaison*, de formule générale $C^nH^{2n-2}$, fixant le chlore par addition pour donner un composé de formule $C^nH^{2n-2}Cl^4$.

Leur véritable nom chimique se termine par *ine* :

$$\text{éthine (acétylène) : } C^2H^2 ;$$
$$\text{butines} \qquad\qquad : C^4H^6, \text{ etc.}$$

Seul, *l'acétylène est important au point de vue pratique (éclairage, soudure autogène).*

= **254. Utilisation.** = Les applications les plus importantes sont relatives à l'*éclairage* et à la *soudure autogène*.

a) *Éclairage.* — Pour que la flamme de l'acétylène convienne à l'éclairage, il faut qu'elle ne soit ni bleue ni fuligineuse, cas extrêmes qui se produisent lorsqu'il y a excès

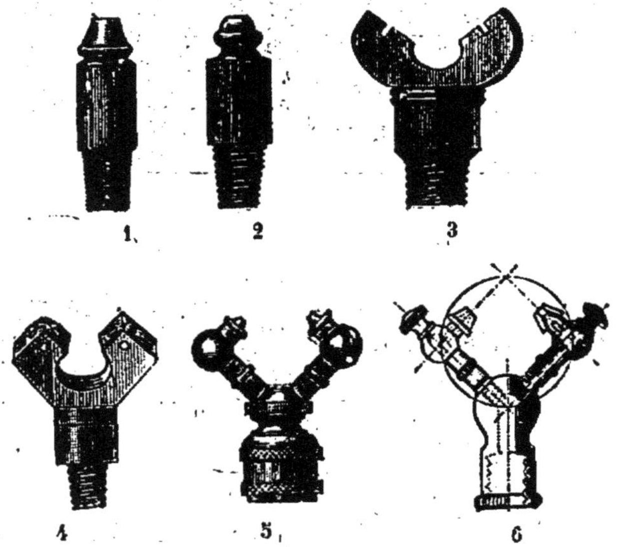



Fig. 181. — Quelques types de becs à acétylène.
1, bec à jet allongé; 2, bec papillon; 3, 4, 5, becs conjugués;
6, brûleur à jets réglables TN.

ou insuffisance d'air. Il a donc fallu construire pour ce gaz des brûleurs spéciaux, qui donnent une flamme mince présentant avec l'air une grande surface de contact. On obtient ce résultat par deux moyens : 1° en faisant arriver l'acétylène sous pression par un trou ou une fente très petits, ce qui donne une flamme très allongée : tels sont les becs Bray et Bullier (fig. 181, 1 et 2) du type Manchester, utilisés seulement pour les petits éclairages; 2° en dirigeant l'un contre l'autre deux des jets précédents, de manière à les écraser et à former une flamme plate en papillon; tels sont les *becs dits conjugués*, entièrement en *stéatite* (82) (fig. 181, 3 et 4) ou à monture métallique avec tête de stéatite seulement (fig. 181, 5 et 6).

L'application de l'incandescence à l'acétylène est récente, car il a fallu trouver des brûleurs permettant une combustion complète sans rentrée de flamme dans l'injecteur, et des manchons capables de supporter, sans fondre, la haute température de la flamme. La consommation a pu ainsi être réduite au tiers de celle des becs ordinaires.

L'éclairage à l'acétylène est plus économique que tout autre. Dans les becs ordinaires, il est bien meilleur marché que l'éclairage à l'électricité et au pétrole. La facilité avec laquelle on peut installer des générateurs, petits ou grands, le rend précieux pour l'éclairage des petites villes, des usines, des maisons, pour lesquelles l'éclairage au gaz ou à l'électricité est impossible. Si son emploi pour l'éclairage domestique par *lampes portatives* se développe peu, en revanche il est très usité dans les *lanternes* pour cycles, et surtout dans les *phares* d'automobiles (phares autogénérateurs Blériot, Ducellier, Jupiter, etc.). Signalons enfin l'emploi de l'acétylène dissous dans l'acétone pour l'éclairage des wagons de chemin de fer, des bouées lumineuses et des phares.

b) *Soudure oxyacétylénique.* — Les grands avantages de la soudure oxyacétylénique tiennent à la température élevée du dard produit au chalumeau et à l'économie même du procédé. La combustion complète de l'acétylène présente, en effet, deux phases distinctes :

$$\text{(1)} \qquad C^2 H^2 + 2\,O = 2\,(CO) + H^2$$
$$\text{2 vol.} \qquad \text{2 vol.}$$

$$\text{(2)} \qquad \begin{cases} 2\,(CO) + 2\,O = 2\,(CO^2) \\ H^2 + O = H^2O. \end{cases}$$

C'est seulement l'oxygène nécessaire à la réaction (1) qu'on introduit dans le chalumeau; celui qui achève la combustion et produit les réactions (2) est emprunté à l'air extérieur. Théoriquement, il suffit donc de fournir au chalumeau un volume d'oxygène *égal au volume d'acé-tylène consommé* (et non pas les $\frac{5}{2}$, comme l'indique l'égalité exprimant la combustion complète en une seule phase); pratiquement, on compte les $\frac{13}{10}$.

La soudure autogène oxyacétylénique est très appréciée pour les métaux ferreux. Elle s'emploie pour une foule de travaux : confection de fers à U, à T, à I spéciaux; fabrica-

Fig. 182. — Installation d'un poste transportable de soudure oxyacétylénique.

tion de récipients de toutes formes sans rivetage, agrafage ou brasure; pose de brides, collets, raccords de tous genres, confections de tuyauteries spéciales en tôle mince, reboutage de tubes, etc.

La figure 182 donne une vue d'ensemble d'un poste transportable de soudure oxyacétylénique. Il comprend : 1º un générateur d'acétylène; 2º une bouteille à oxygène; 3º un chalumeau (ou mieux un jeu plus ou moins complet de chalumeaux suivant la nature des travaux à exécuter); 4º des accessoires : table à souder, tuyaux de caoutchouc réunissant le générateur et le tube à oxygène au chalumeau, lunettes en verre fumé ou de couleur verte, indispensables à l'opérateur.

## = 255. Caractères de l'acétylène.

*Expérience.* — Dans un verre contenant une solution de *chlorure cuivreux ammoniacal* (208), faisons dégager quelques bulles d'acétylène : immédiatement se forme un précipité abondant, d'un rouge caractéristique, composé d'acétylène et d'oxyde cuivreux, appelé *acétylure cuivreux.*

La formation d'acétylure cuivreux permet :

1° De reconnaître de petites quantités d'acétylène.

*Expériences.* 1. — Faisons barboter du gaz d'éclairage dans le réactif précédent. Il se forme à la longue de l'acétylure cuivreux : le gaz d'éclairage contient donc un peu d'acétylène.

2. — Plaçons, au-dessus d'un Bunsen qui brûle en dedans, une éprouvette mouillée avec du réactif cuivreux (fig. 183); très rapidement elle s'imprègne d'acétylure cuivreux.

La combustion incomplète d'un corps organique hydrogéné donne toujours lieu à la production d'acétylène.

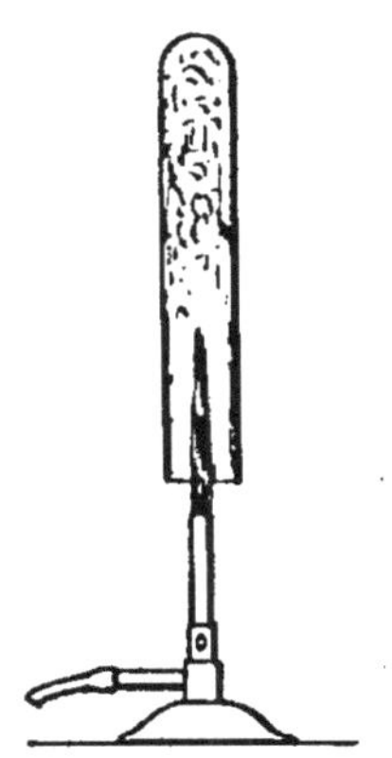

Fig. 183. — Production d'*acétylène* par combustion incomplète du gaz d'éclairage.

2° De *doser* l'acétylène dans un mélange gazeux.

### 4. — QUATRIÈME TYPE : BENZINE ($C^6H^6$).

## = 256. Propriétés physiques. = La *benzine*, ou le *benzène*, se retire des goudrons de houille.

C'est un liquide incolore, à odeur agréable lorsqu'elle est pure, plus léger que l'eau ($D = 0,88$ environ à 15°). Refroidie à 0°, elle se prend en cristaux qui fondent vers 5°; d'où le nom commercial de benzine cristallisable, qui désigne la benzine pure. Elle émet à la température ordinaire d'abondantes vapeurs (85) et bout vers 80°.

La benzine ne se mélange pas à l'eau, mais elle se mélange bien à l'alcool.

Elle dissout un très grand nombre de corps : graisses, résines, caoutchouc, soufre, phosphore (138), etc. On utilise son pouvoir dissolvant pour le dégraissage des vêtements et des peaux, l'extraction de la graisse d'os, la récupération des matières grasses contenues dans les tourteaux et les vieux chiffons, la préparation de colles et d'enduits à base de caoutchouc.

*Remarque.* — Les *benzines légères* commerciales contiennent peu de benzine, mais surtout des produits légers (éthers et essences) obtenus par distillation des pétroles (244).

**= 257. Propriétés chimiques. =** 1° *Action de l'oxygène et de l'air.* — Nous avons constaté (86) que la benzine brûle avec une flamme fuligineuse due à la grande proportion de carbone qu'elle contient ; de là son emploi pour *carburer* certains gaz qui brûlent avec une flamme peu éclairante.

Le mélange de vapeur de benzine et d'oxygène ou d'air détone violemment :

$$C^6H^6 + 15O = 6(CO^2) + 3(H^2O).$$

Ce liquide doit donc être manié avec précaution, loin de toute flamme.

2° *Action du chlore.* — Le chlore agit sur la benzine de deux façons très différentes.

*a)* Si l'on expose à la lumière solaire une éprouvette contenant un peu de benzine et du chlore, on voit se former sur les parois un corps solide cristallisé de formule $C^6H^6Cl^6$ (*benzine hexachlorée*).

Ce corps est un *produit d'addition* ; la benzine, dans ce cas, se comporte comme un carbure *non saturé.*

*b)* Si l'on fait passer un courant de chlore dans de la benzine contenant en dissolution un peu d'iode, on obtient, au contraire, des *produits de substitution :*

$$C^6H^5 — Cl, \quad \text{(benzine monochlorée)}$$
$$\text{ou chlorure de phényle [1].}$$
$$C^6H^4 = Cl^2, \quad \text{(benzines dichlorées), etc.}$$

La benzine se comporte ici comme un *carbure saturé.*

*Remarque.* — Il y a TROIS benzines dichlorées de même

---

[1] Le radical monovalent $C^6H^5$ — s'appelle phényle.

formule $C^6H^4Cl^2$, mais différant entre elles par leurs propriétés physiques et chimiques : on dit que ce sont des *corps isomères.*

## = 258. Action de l'acide azotique et de l'acide sulfurique.

a) **Action de l'acide azotique.** — Nous avons montré (132) la transformation de la benzine en **nitrobenzine**, lorsqu'on la traite par un mélange d'acide azotique et d'acide sulfurique.

La nitrobenzine, $C^6H^5 (AzO^2)$, peut être considérée comme provenant du remplacement de 1 atome d'hydrogène de la benzine par le groupement monovalent — $AzO^2$ : c'est un dérivé monosubstitué.

En augmentant la quantité d'acide azotique, on peut obtenir des *benzines dinitrées*, $C^6H^4 (AzO^2)^2$, au nombre de trois, comme les benzines dichlorées; des *benzines trinitrées*, $C^6H^3 (AzO^2)^3$, etc.

b) **Action de l'acide sulfurique fumant.** — En laissant tomber goutte à goutte de la benzine dans de l'acide sulfurique fumant (110), on obtient un produit acide et de l'eau, qui se forment d'après le schéma ci-dessous :

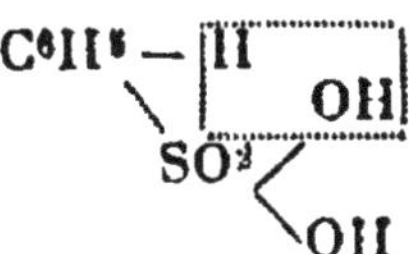

c'est-à-dire :

$$C^6H^6 + SO^4H^2 = C^6H^5 — SO^3H + H^2O.$$

Le corps $C^6H^5 — SO^3H$ (acide benzène-monosulfonique ou *benzine monosulfonée*) provient de la substitution du groupement — $SO^3H$ à un atome d'hydrogène; c'est encore un dérivé monosubstitué. Cette transformation porte le nom de *sulfonation*.

En augmentant la quantité d'acide, on obtient de même des *benzines disulfonées* : $C^6H^4 = (SO^3H)^2$; *trisulfonées* : $C^6H^3 = (SO^3H)^3$, etc.

*Les dérivés nitrés et sulfonés de la benzine sont indispensables pour la fabrication d'un grand nombre de colorants artificiels.*

**= 259. Formule développée de la benzine. =** Cette formule doit pouvoir expliquer notamment l'action du chlore, ainsi que la formation de trois produits isomères disubstitués.

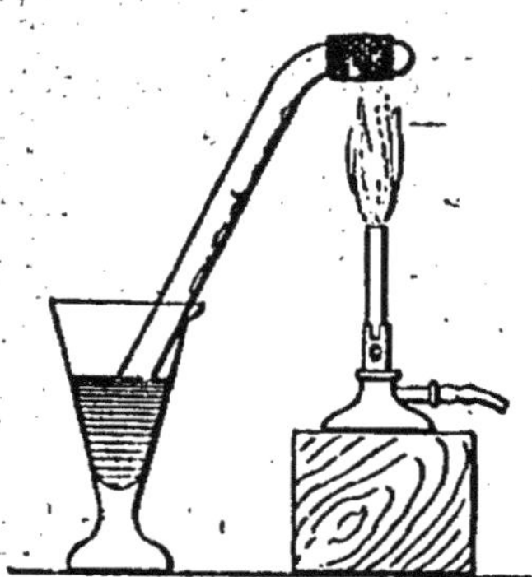

Fig. 184.

Synthèse de la *benzine*.

1° Les 6 atomes de carbone ne peuvent être écrits en *ligne*, car *aucune* formule linéaire ne rend compte des propriétés chimiques de la benzine.

2° *Synthèse de la benzine par l'acétylène.* — Lorsqu'on chauffe de l'acétylène en vase clos (fig. 184), on constate qu'il se transforme en benzine :

$$3(C^2H^2) = C^6H^6;$$

3 molécules d'acétylène se soudent pour former 1 molécule de benzine : on dit que l'acétylène se *polymérise*.

Nous pouvons admettre que la soudure se fait d'après le schéma suivant, en écrivant — CH = CH — chaque molécule d'acétylène :

formule qu'on écrit habituellement en disposant les atomes de carbone aux sommets d'un hexagone *régulier*[1] :

3° Cette formule explique la formation d'un seul pro-

---

[1] Ce qui veut dire que les 6 atomes de carbone sont groupés identiquement ou sont *équivalents*.

duit d'addition, $C^6H^6Cl^6$, d'une seule benzine monochlorée, de trois benzines dichlorées, isomères, etc.

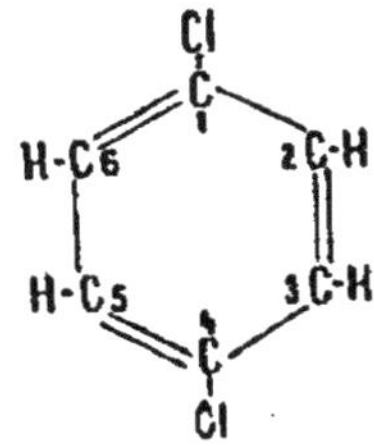

benzine hexachlorée.

benzine monochlorée
(une seule, quel que soit l'atome de carbone
sur lequel se fait la substitution, note 1).

benzine dichlorée 1.2.
ou *ortho* dichlorobenzine.

benzine dichlorée 1.3.
ou *méta* dichlorobenzine.

benzine dichlorée 1.4.
ou *para* dichlorobenzine.

(Les chiffres indiquent les sommets sur lesquels portent les substitutions.) Il ne doit pas exister d'autres benzines dichlorées : les substitutions 1.5., ou 1.6., donnent des corps identiques aux dérivés 1.3. et 1.2. ; c'est ce que l'expérience vérifie.

De même on peut prévoir qu'il ne doit exister que trois *benzines dinitrées* (1.2., 1.3., 1.4.) et, plus généralement, *trois dérivés disubstitués ;* qu'il doit exister *trois dérivés trisubstitués* et trois seulement : dérivé 1.2.3., dérivé 1.2.4., dérivé 1.3.5.

L'expérience jusqu'à présent n'a jamais infirmé ces prévisions.

**= 260. Carbures cycliques et acycliques. =** La formule développée de la *benzine* diffère essentiellement de celles du *méthane*, de l'*éthylène*, de l'*acétylène* et de leurs homologues supérieurs.

Dans la benzine, les 6 atomes de carbone forment un cycle ou, comme on dit, sont disposés en **chaîne fermée**. A cet hydrocarbure et à tous ceux qui s'en rapprochent par des propriétés voisines, on donne le nom d'**hydrocarbures cycliques**.

Aux autres (méthane, éthylène, acétylène, etc.), dans lesquels les atomes de carbone sont disposés en *chaîne* ouverte, on donne le nom d'*hydrocarbures* **acycliques**.

**= 261. Homologue supérieur de la benzine : toluène. =** Des liquides qui fournissent industriellement la benzine (311), on retire un liquide incolore comme elle, à odeur forte, qui bout vers 110° et dont la formule brute est $C^7H^8$ ($C^6H^6 + CH^2$). Ce liquide, appelé *toluène*, est donc l'homologue supérieur de la benzine.

Comme la benzine, il donne avec l'acide azotique des *dérivés nitrés* ($C^7H^7 — AzO^2$, par exemple), avec l'acide sulfurique des *dérivés sulfonés* ($C^7H^7 — SO^3H$, par exemple).

L'étude complète de ses propriétés chimiques montre qu'il faut l'écrire $C^6H^5 — CH^3$ ou :

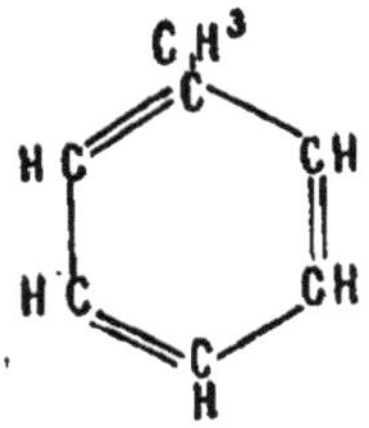

$$\begin{array}{c}
CH^3 \\
| \\
C \\
HC \diagup \diagdown CH \\
\| \quad \| \\
HC \diagdown \diagup CH \\
C \\
| \\
H
\end{array}$$

c'est-à-dire qu'il correspond au benzène par substitution de — $CH^3$ à H (d'où son nom chimique de *méthylbenzène*).

C'est par le groupement $C^6H^5 —$ (*noyau benzénique*) que ce corps possède les propriétés de la benzine [1].

[1] Il faut remarquer que le toluène possède *trois dérivés mono-substitués* isomères.

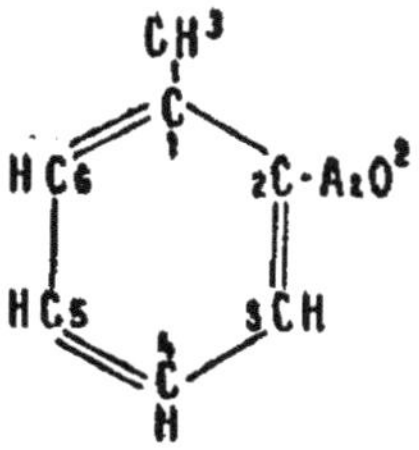

$$\begin{array}{ccc}
\text{ortho} & \text{méta} & \text{para}
\end{array}$$

orthonitrotoluène.    métanitrotoluène.    paranitrotoluène.
(o. nitrotoluène)    (m. nitrotoluène)    (p. nitrotoluène)

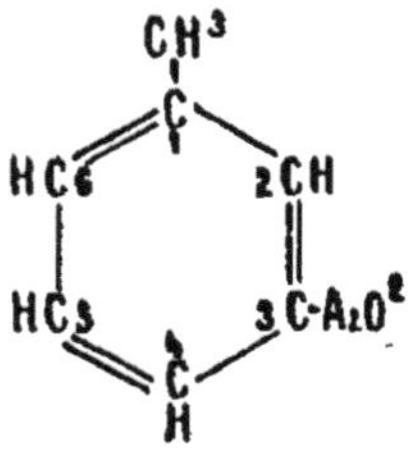

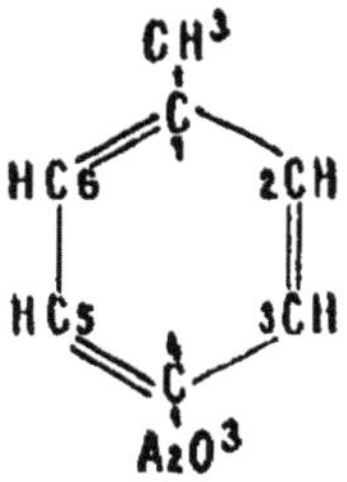

Par le groupement — $CH^3$, en revanche, il possède certaines propriétés des *hydrocarbures saturés*. Si, par exemple, on fait passer un courant de chlore dans du toluène bouillant, on obtient le produit de substitution $C^6H^5 — CH^2Cl$ (chlorure de *benzyle*), qui présente les propriétés caractéristiques d'un hydrocarbure saturé monochloré (270, 2°). Si, au contraire, on fait passer du chlore dans du toluène iodé, on obtient des produits de substitution au noyau de la forme $C^6H^4{<}{CH^3 \atop Cl}$, possédant des propriétés très différentes de celles du chlorure de benzyle.

*Le toluène, comme le benzène, sert de matière première pour la fabrication d'un grand nombre de colorants artificiels, et particulièrement de l'*indigo synthétique.

## = 262. Homologues supérieurs du toluène.

1° En remplaçant dans le toluène 1 atome d'hydrogène du groupement $CH^3$ par le radical — $CH^3$, on obtient le carbure :

$$C^6H^5 — CH^2 — CH^3 \text{ ou } C^6H^5 — C^2H^5 \text{ (éthylbenzène)},$$

qui possède à la fois les propriétés de la benzine par le noyau $C^6H^5$, et celles de l'éthane par la chaîne latérale saturée $C^2H^5$.

2° Si dans la benzine on remplace 2 atomes d'hydrogène par 2 groupements — $CH^3$, on obtient les *diméthylbenzènes* : $C^6H^4{<}{CH^3 \atop CH^3}$ ou *xylènes*, dont la formule brute $C^8H^{10}$ est la même que celle de l'éthylbenzène, mais qui ont des propriétés très différentes.





## = 263. Hydrocarbures benzéniques. = Tous les hydrocarbures précédents et leurs homologues supérieurs

répondent à la formule générale $C^nH^{2n-6}$. Tous brûlent avec une flamme fuligineuse, par suite de l'accumulation du carbone dans leur molécule. Tous possèdent un *noyau benzénique*, ce qui entraîne les propriétés chimiques suivantes :

1° Avec l'acide azotique, formation facile de *dérivés nitrés* ;

2° Avec l'acide sulfurique fumant, formation de dérivés *sulfonés* ;

3° *Oxydation difficile*, entraînant la rupture complète de la chaîne cyclique.

Toutes ces propriétés les différencient nettement des *hydrocarbures acycliques*.

= **263** *bis.* = Nous trouverons dans les goudrons de houille (ch. xviii) un certain nombre d'hydrocarbures cycliques très importants n'appartenant pas à la série benzénique.

Enfin, un grand nombre d'*essences* naturelles odorantes (de lavande, de citron, etc.), de *résines* (résine du pin, sandaraque, etc.) et de *baumes* (de tolu, du Pérou, etc.), contiennent des hydrocarbures cycliques de formule générale $C^nH^{2n-4}$, nommés **carbures terpéniques**. Les plus importants ont pour formule $C^{10}H^{16}$ ; tels sont : le *pinène*, composant essentiel de l'*essence de térébenthine*, le *camphène* dont le *camphre* est un oxyde, etc.

## RÉCAPITULATION.

*Hydrocarbures acycliques* (formule en chaîne *ouverte*)

- *saturés.* — Type : méthane $CH^4$. Formule générale : $C^nH^{2n+2}$.
- *non saturés.*
  - *éthyléniques.* Type : éthylène $CH^2 = CH^2$. Formule générale : $C^nH^{2n}$.
  - *acétyléniques.* Type : acétylène : $CH = CH$. Formule générale : $C^nH^{2n-2}$.

*Hydrocarbures cycliques* (formule contenant au moins une chaîne *fermée*)

- Exemple : carbures *benzéniques*. Type : benzène $C^6H^6$. Formule générale : $C^nH^{2n-6}$.

**= 264. Série grasse ; série aromatique. =** Tous les corps organiques peuvent être groupés en deux séries :

1° La **série acyclique**, comprenant les corps à formule acyclique, qu'on appelle encore **série grasse**, parce qu'elle renferme les constituants des corps gras (graisses, huiles animales ou végétales, etc.) ;

2° La **série cyclique**, qui comprend tous les corps à formule cyclique, qu'on appelle encore **série aromatique**, parce qu'un grand nombre d'hydrocarbures de ce type ont une odeur forte qui persiste dans un certain nombre de leurs dérivés (exemple : odeur aromatique de la nitrobenzine).

# CHAPITRE XVI

## LES ALCOOLS ET LEURS DÉRIVÉS.

**1. — L'ALCOOL ORDINAIRE (ALCOOL ÉTHYLIQUE : $C^2H^6O$).**

**= 265. Extraction avec l'esprit de vin.** = Lorsqu'on chauffe du *vin*, il se dégage des vapeurs de saveur brûlante rappelant l'odeur de l'*eau-de-vie*. Pour recueillir ces

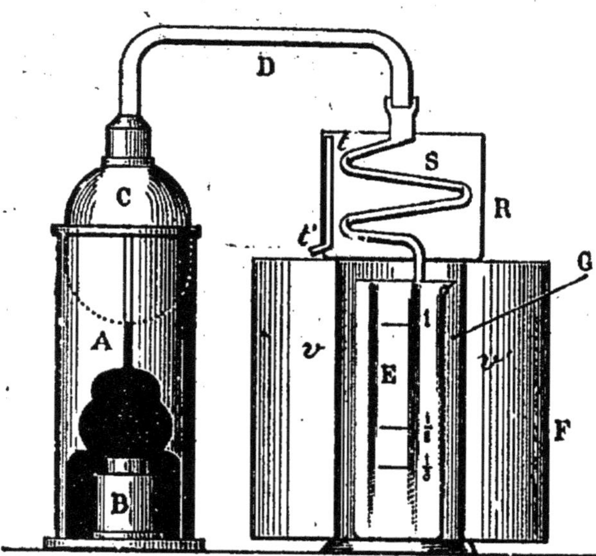

Fig. 185. — *Alambic Salleron* : A, réchaud en tôle ; B, lampe à alcool ; C, chaudière en cuivre ; D, tube raccordant la chaudière au serpentin S ; R, réfrigérant ; *t t'*, évacuation de l'eau chaude ; F, pied en tôle du réfrigérant, à 2 volets *v v'* et à guérite G pour le logement de l'éprouvette E.

vapeurs, il suffit de placer le vin dans un appareil distillatoire.

Nous utiliserons, à cet effet, un petit alambic assez répandu dans le commerce, l'*appareil Salleron* (fig. 185).

Introduisons dans la chaudière un volume connu de vin, contenu jusqu'au trait 1 dans une éprouvette à trois traits de repère $\left(1, \frac{1}{2}, \frac{1}{3}\right)$ ; le réfrigérant étant rempli d'eau froide, plaçons l'éprouvette sous le serpentin et chauffons. Les vapeurs qui distillent viennent se condenser dans l'éprouvette où elles forment un liquide incolore, à odeur d'eau-de-vie très prononcée, surtout au début. Ce liquide renferme, outre de l'eau, un composé de carbone, d'hydrogène et d'oxygène appelé *alcool ordinaire* ou *esprit de vin*. On arrête la distillation lorsque le volume du liquide condensé est compris entre les traits $\frac{1}{3}$ et $\frac{1}{2}$ de l'éprouvette ; le résidu contenu dans la chaudière (*vinasse*) *est alors complètement dépourvu d'alcool*.

Le cidre, la bière fourniraient également par distillation un liquide alcoolisé : toutes les boissons dites *fermentées* contiennent donc de l'alcool ordinaire.

**= 266. Alcool absolu. =** Le liquide alcoolisé obtenu précédemment a une saveur beaucoup moins brûlante qu'une *eau-de-vie* commerciale. Il est plus lourd; nous pouvons le constater facilement avec un *pèse-esprit*.

En le soumettant à une deuxième distillation, jusqu'au moment où le distillat aura une densité de 0,95 environ, nous obtiendrons une véritable *eau-de-vie* : c'est ainsi que sont obtenues les *eaux-de-vie de vin* (cognac, armagnac, montpellier, etc.).

En distillant plusieurs fois des *eaux-de-vie* de manière à recueillir seulement les produits les plus légers, on arrive à un liquide de saveur très brûlante, dont la densité est un peu supérieure à 0,80. Ce liquide, produit essentiel contenu dans l'*alcool à brûler* et les *alcools commerciaux* dits à haut degré, n'est pas encore un corps défini; il renferme un peu d'eau qu'on lui enlève par une nouvelle distillation sur de la chaux vive. On obtient alors un liquide neutre au tournesol, dont la molécule se représente par $C^2H^6O$, qu'on appelle *alcool absolu :* c'est un produit de laboratoire, qui doit être conservé dans des flacons bien secs et bien bouchés, car il est très hygrométrique.

Ce corps est le composant essentiel de toutes les *eaux-*

de-vie et de tous les *alcools d'industrie*; c'est à lui que les *boissons fermentées* doivent leurs effets sur l'organisme.

= **267. Propriétés physiques.** = L'alcool absolu est un liquide incolore, très mobile, à odeur caractéristique et de saveur brûlante. Il est plus léger que l'eau (D = 0,80), bout vers 78°, émet d'abondantes vapeurs à la température ordinaire, mais ne se congèle qu'à une température très basse (vers — 130°); d'où son emploi dans les thermomètres.

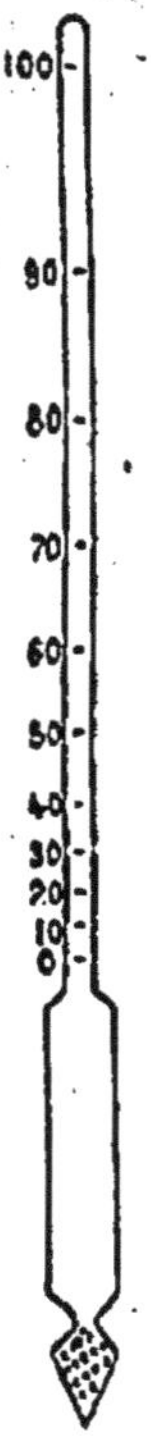

Il dissout un très grand nombre de corps : l'iode (teinture d'iode), le camphre (alcool camphré), les résines (vernis à l'alcool), les essences (liquides odorants employés en parfumerie), la potasse et la soude caustiques, ce qui permet la purification de ces corps (234), etc.

Il peut se mélanger à l'eau en toutes proportions; mais l'addition d'alcool et d'eau se produit avec contraction et dégagement de chaleur. La contraction est maximum avec $47^{cm^3},7$ d'eau et $52^{cm^3},3$ d'alcool; ce mélange fournit seulement $96^{cm^3},3$ d'alcool étendu.

**Fig. 186.**
Alcoomètre centésimal de Gay-Lussac.

= **268. Propriétés de l'alcool étendu.** = L'*alcool étendu* présente des propriétés physiques intermédiaires entre celles de l'eau pure et celles de l'alcool absolu. Plus il y a d'eau, plus la densité se rapproche de 1, plus la température d'ébullition se rapproche de 100°.

La détermination du poids d'alcool absolu que peut contenir un alcool étendu se fait rapidement à l'aide de l'*alcoomètre de Gay-Lussac* (fig. 186). Le nombre de degrés $n$ indiqués par l'instrument (à 15°) signifie que $100^{cm^3}$ du mélange considéré contiennent $n^{cm^3}$ d'alcool absolu, ou qu'un litre en contient $\dfrac{n \times 1000}{100} = 10\,n$, soit en poids :

$$0^g,8 \times 10n = 8n^g.$$

On utilise quelquefois aussi l'*aréomètre Cartier*, dont la graduation est empirique et dont les indications doivent être converties en degrés Gay-Lussac à l'aide de tables [1].

*Remarque.* — La détermination du titre alcoolique d'un liquide ne peut se faire avec l'alcoomètre que si l'on a affaire à un mélange d'eau et d'alcool. Dans le cas d'un mélange complexe comme, par exemple, les boissons fermentées, on procède d'abord à une *distillation* qui sépare les matières volatiles (eau et alcool, principalement) de celles qui ne le sont pas.

Le titre alcoolique d'un *vin*, par exemple, s'obtient avec l'appareil Salleron (fig. 185). Quand on a recueilli dans l'éprouvette de $\frac{1}{3}$ à $\frac{1}{2}$ du volume de vin primitif, on cesse de chauffer; on ajoute de l'eau pure jusqu'au trait 1; on note la température du liquide, puis on y plonge un alcoomètre dont on ramène l'indication à 15° C. à l'aide d'une table de correction annexée à l'appareil.

La détermination peut se faire également par *ébullioscopie :* pour cela, on se base sur la différence des températures d'ébullition de l'eau pure et d'un mélange d'eau et d'alcool, sous la même pression atmosphérique.

[*Ébullioscopes Malligand, Salleron* (fig. 187), etc.]

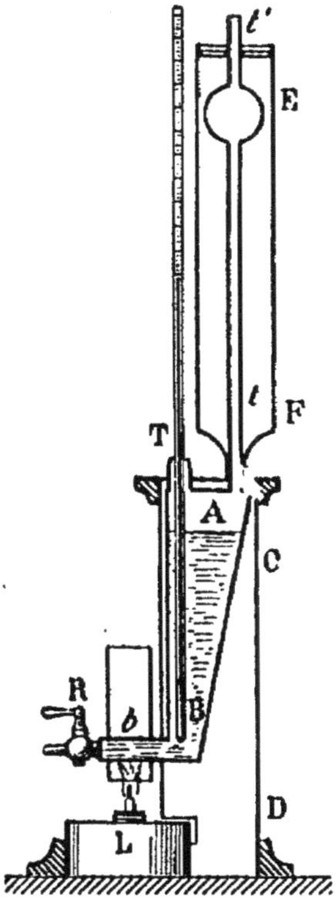

## = 269. Désignations commerciales. =

Le mélange d'eau et d'alcool le plus riche en alcool produit dans l'industrie marque 96° à l'alcoomètre G.-L.: d'où son nom d'alcool à 96°. Les alcools dits à *haut degré* marquent de 90° à 96°.

On appelle *esprits* les mélanges marquant plus de 60°, *eaux-de-vie* ceux dont le titre est inférieur à 60° (*eaux-de-vie fortes,* de 50° à 60°; *eaux-de-vie faibles,* moins de 50°).

Fig. 187. — *Ébullioscope Salleron :* A B *b*, chaudière pour l'introduction de l'eau *pure*, puis du *vin* dont on note successivement les températures d'ébullition ; L, lampe à alcool; E D, support; E F, réfrigérant; *t t',* tube de retour à la chaudière des vapeurs condensées; T, thermomètre par $^1/_{10}$ de 80° à 110°; R, robinet de vidange.

---

[1] Voir la table VI à la fin du volume.

Pour faire une *eau-de-vie* avec un *esprit*, il suffit d'étendre celui-ci au moyen d'eau pure, en tenant compte de la contraction qu'éprouve le mélange[1]. Les *trois-six* sont des esprits tels qu'à 3 volumes de ces liquides il faut ajouter 3 volumes d'eau pour obtenir une eau-de-vie à 50°.

**= 270. Constitution chimique de l'alcool ordinaire. =** La formule brute de l'alcool ordinaire est

$$C^2H^6O.$$

Cherchons à la développer.

1° **Analyse.** — Si, dans un tube à essais contenant de *l'alcool absolu*, nous projetons un morceau de *potassium*, nous voyons se dégager des bulles d'hydrogène et se former un corps solide cristallisé qui a pour formule $C^2H^5 — OK$.

La molécule d'alcool contient donc un seul atome d'hydrogène remplaçable par du potassium, ce qui nous conduit à écrire sa molécule :

$$C^2H^5 — OH,$$

et, en nous rappelant que $C^2H^5$ — est le radical *éthyle*, à le nommer *hydrate d'éthyle;* d'où le nom d'*éthylate de potassium* donné au corps $C^2H^5 — OK$.

2° **Synthèse.** — Si l'on chauffe l'*éthane monochloré* (242, 3°) avec de la *potasse*, on obtient de l'*alcool ordinaire* et du *chlorure de potassium :*

$$C^2H^5—Cl + K—OH = C^2H^5—OH + ClK.$$

*L'alcool ordinaire correspond donc à l'éthane par substitution du radical oxhydrile à un atome d'hydrogène;* d'où son nom chimique d'**alcool éthylique** ou **éthanol**.

Sa formule complètement développée est donc :

$$\begin{array}{ccc} & H & H \\ & | & | \\ H— & C— & C—O—H \\ & | & | \\ & H & H \end{array} \quad \text{ou} \quad CH^3—CH^2OH,$$

que nous écrirons, en général, **$C^2H^5 — OH$**.

[1] On utilise des *tables de mouillage*, table de Duplais, par exemple.

## = **271. Oxydation.** =

1º *Combustion*. — L'alcool brûle avec une flamme pâle, mais très chaude, en donnant du gaz carbonique et de l'eau (fig. 170) :

$$C^2H^5 - OH + 3O^2 = 2(CO^2) + 3(H^2O) + 325000^c.$$

Cette propriété explique l'emploi de l'alcool :

1. Pour le *chauffage*, car sa flamme est très propre (lampes, réchauds, calorifères à alcool);

2. Pour l'*éclairage*, à la condition d'utiliser l'incandescence ou de l'alcool mélangé d'hydrocarbures (alcool carburé).

Le mélange de vapeurs d'alcool et d'oxygène ou d'air détone violemment; d'où son emploi dans certains moteurs à explosion. On doit éviter soigneusement de manipuler au voisinage d'une flamme l'alcool et les produits à base d'alcool.

L'alcool employé pour ces usages est de l'*alcool dénaturé*, c'est-à-dire de l'alcool à haut degré, additionné d'une substance qui le rend impropre à la consommation et l'exonère du droit de $2^f,20$ par litre d'alcool à 100º dont sont frappés les alcools de bouche.

2º *Action des corps oxydants*.

*Expérience*. — A l'aide d'un tube $l$ à robinet $r$ (fig. 188), faisons tomber lentement de l'*alcool* sur de l'*anhydride chromique* contenu

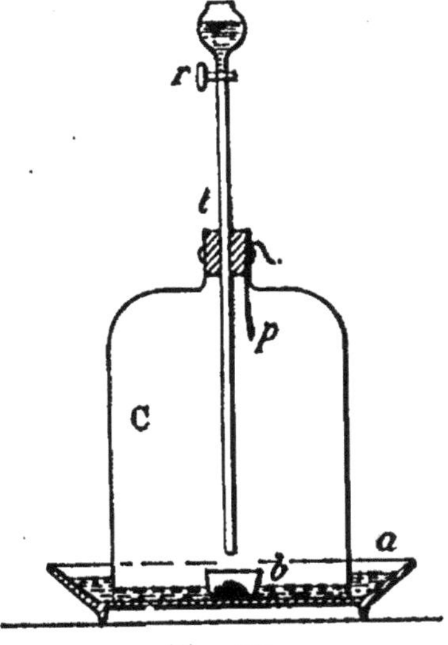

Fig. 188.
Oxydation de l'alcool ordinaire.

dans une petite coupelle $b$. Une réaction très vive se produit; un papier de tournesol bleu $p$, placé au préalable dans la cloche, *rougit*, ce qui indique la formation d'un acide. En enlevant le bouchon de la cloche, on perçoit nettement d'ailleurs une odeur prononcée de *vinaigre*. Il se forme, en effet, de l'*acide acétique* :

$$C^2H^6O + O^2 = C^2H^4O^2 + H^2O.$$

$$\underbrace{C^2H^6O}_{\substack{\text{Alcool} \\ \text{éthylique.}}} \quad \underbrace{C^2H^4O^2}_{\substack{\text{Acide} \\ \text{acétique.}}}$$

Les oxydants transforment donc l'*alcool éthylique* en un *acide* qui a le même nombre d'atomes de carbone ; ce qui justifie le nom chimique d'*acide éthanoïque* que porte l'acide acétique.

L'oxygène de l'air peut produire cette oxydation ; car, si l'on abandonne à l'air du *vin* contenu dans le fond d'une bouteille, on constate qu'il se transforme en *vinaigre*. Or l'altération ne se produit pas avec un liquide alcoolisé en contact avec de l'air *stérilisé*. Elle s'opère très rapidement, au contraire, si l'on additionne ce liquide d'un petit fragment de la couche visqueuse ou *voile* qui s'est développée dans le vin aigre ; c'est donc grâce à ce voile que la transformation se produit. En l'examinant au microscope, on constate qu'il est formé d'une multitude de petits bâtonnets (*bactéries*) étranglés au milieu, qui vivent aux dépens de l'alcool : ce sont les microbes de la *fermentation acétique*, réalisée industriellement dans les *vinaigreries*.

*Remarque.* — La réaction :

$$C^2H^6O + O^2 = C^2H^4O^2 + H^2O$$

se produit conformément au schéma ci-dessous :

$$\underbrace{CH^3-CH^2OH}_{\text{Alcool éthylique.}} + O^2 = CH^3-CO^2H + H^2O,$$

ce qui conduit à donner à l'acide acétique la formule développée :

$$CH^3-\underset{\underset{HO}{|}}{C}=O \qquad \text{ou} \qquad \underbrace{CH^3-COOH.}_{\text{Acide acétique.}}$$

L'expérience vérifie, en effet, que seul possède des propriétés acides l'atome d'hydrogène contenu dans le groupement — COO*H* ; les acétates de sodium et de plomb, par exemple, ont respectivement pour formules :

$$\underbrace{CH^3-COONa}_{\text{Acétate de sodium.}} \quad , \quad \underbrace{(CH^3-COO)^2Pb.}_{\text{Acétate de plomb.}}$$

*Un acide organique contient toujours le groupement caractéristique (ou fonctionnel) monovalent :*

$$-COOH.$$

### 3° *Déshydrogénation.*

*Expérience.* — Faisons passer de la vapeur d'*alcool* sur du *cuivre* fraîchement réduit chauffé au rouge (fig. 189). A l'extrémité de l'appareil se dégage de l'*hydrogène* qu'on peut enflammer, et dans le tube fortement refroidi en C se condense un liquide à odeur forte, beaucoup plus volatil que l'alcool ordinaire et dont la formule brute est $C^2H^4O$.

Réaction :

$$C^2H^6O = C^2H^4O + \overset{\uparrow}{H^2}.$$

Ce liquide est donc de l'alcool éthylique déshydrogéné ; d'où son nom d'**aldéhyde** *éthylique* ou *éthanal*.

L'aldéhyde éthylique fixe très facilement l'hydrogène

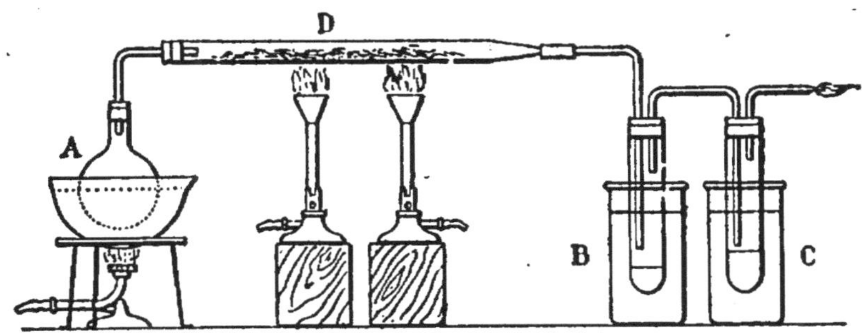

Fig. 189. — Déshydrogénation de l'*alcool*.

A, ballon contenant de l'alcool; D, tube contenant du cuivre fraîchement réduit; B, tube refroidi dans l'eau pour condenser l'alcool volatilisé; C, tube refroidi par un mélange réfrigérant pour condenser l'aldéhyde.

pour reproduire l'alcool. C'est un produit très oxydable, qui se transforme en acide acétique :

$$\underbrace{C^2H^4O}_{\text{Aldéhyde éthylique.}} + O = \underbrace{C^2H^4O^2}_{\text{Acide acétique.}}$$

Cette aldéhyde se produit intermédiairement dans toutes les réactions oxydantes qui donnent naissance à cet acide, par exemple (fig. 188) dans la fabrication du vinaigre, etc.

*Remarque.* — L'expérience vérifie que l'aldéhyde éthylique a pour formule développée :

$$CH^3{-}CHO;$$

sa formation à partir de l'alcool éthylique s'explique par le schéma ci-dessous :

$$CH^3-\underset{\overset{|}{O}-H}{\overset{\overset{H}{|}}{C}}-H \quad \text{d'où} \quad CH^3-\underset{\overset{\|}{O}}{\overset{\overset{H}{|}}{C}} \quad \text{ou} \quad CH^3-CHO$$

Aldéhyde éthylique (éthanal).

*Tout corps organique contenant le groupement fonctionnel monovalent — CHO est une* **aldéhyde.**

## = 272. Action des acides.

*Expérience.* — Versons avec précaution, et en refroidissant constamment, 20$^g$ d'*alcool* à 95° dans 25$^g$ d'*acide sulfurique* concentré. Il se forme, avec dégagement de chaleur, un liquide sirupeux, dans lequel l'analyse trouve un corps de formule $SO^4H — C^2H^5$.

Réaction :

$$C^2H^5-OH \; + \; SO^4HH = H^2O \; + \; SO^4H — C^2H^5.$$

La formation de ce corps est identique à celle du *sulfate acide de potassium :*

$$K — OH \; + \; SO^4HH = H^2O \; + \; SO^4H — K.$$

En opérant dans d'autres conditions, on pourrait obtenir le corps $SO^4(C^2H^5)^2$, correspondant au *sulfate neutre de potassium* $SO^4K^2$.

L'alcool éthylique se comporte donc vis-à-vis des acides comme les bases minérales ; il se forme, outre de l'eau, une sorte de sel correspondant à l'acide par substitution à l'hydrogène d'un radical *hydrocarburé*. Ces sortes de sels s'appellent des **éthers-sels** ; on les nomme comme les sels minéraux :

$$SO^4H.C^2H^5 \qquad , \qquad SO^4(C^2H^5)^2$$

Sulfate acide d'éthyle.      Sulfate neutre d'éthyle.

## 2. — Homologues de l'alcool ordinaire.

**= 273. Fonction alcool. =** Les composés organiques oxygénés qui, comme l'alcool ordinaire, fournissent avec les acides des *éthers-sels* et de *l'eau* et contiennent le radical — OH rentrent dans une même catégorie de corps qu'on appelle les *alcools*.

Un grand nombre d'alcools correspondent aux hydrocarbures saturés par la substitution de —OH à un atome d'hydrogène. Leur nom chimique se compose du mot *alcool*, auquel on ajoute un qualificatif formé avec le nom du reste hydrocarburé suivi de la terminaison *ique* ou, plus simplement, du radical du nom du carbure suivi de la terminaison *ol*.

*Exemples :*

| | | | |
|---|---|---|---|
| Méthane | $CH^4$ ; | alcool méthylique<br>(méthanol)<br>(esprit de bois [1]). | $CH^3 - OH$ ; |
| Éthane | $C^2H^6$ ; | alcool éthylique<br>(éthanol)<br>(esprit de vin). | $C^2H^5 - OH$ ; |
| Propane | $C^3H^8$ ; | alcools propyliques<br>(propanols). | $C^3H^7 - OH$ ; |
| Butanes | $C^4H^{10}$ ; | alcools butyliques<br>(butanols). | $C^4H^9 - OH$ ; |
| Pentanes | $C^5H^{12}$ ; | alcools amyliques<br>etc. | $C^5H^{11} - OH$ ; |

Tous les alcools sont combustibles. Les homologues supérieurs de l'alcool éthylique se trouvent en petite quantité dans les alcools d'industrie et sont beaucoup plus toxiques que l'alcool ordinaire.

**= 274. Alcools primaires, alcools secondaires. =**

---

[1] Ainsi nommé parce qu'il est obtenu par la distillation du bois. Les alcools méthyliques industriels impurs portent le nom (impropre) de *méthylènes*.

1° Nous avons donné à l'alcool ordinaire la forme développée :

$$CH^3 — CH^2OH,$$

Cet alcool fournit par déshydrogénation ou par oxydation incomplète l'aldéhyde éthylique ou éthanal :

$$CH^3 — CHO,$$

et, par oxydation complète, l'acide acétique ou acide éthanoïque :

$$CH^3 — COOH.$$

Aux alcools qui, dans leur formule développée, contiennent le groupement monovalent $—CH^2OH$, on donne le nom d'*alcools primaires*, parce que la substitution oxhydrilée effectuée dans le carbure correspondant a porté sur *un atome de carbone primaire*, c'est-à-dire sur un atome de carbone échangeant *une seule valence* avec un atome voisin.

Soit, par exemple, le *méthane* $CH^4$ ou $H — CH^3$.

La substitution de OH à 1 atome d'hydrogène de $CH^3$ fournit le corps :

$$H — CH^2OH,$$

l'*alcool méthylique*, qui est un alcool primaire.

Par déshydrogénation, en effet, il devient :

$$H — CHO,$$

l'*aldéhyde méthylique* ou *méthanal* ou **formol**, très employée en solution ou en vapeurs comme antiseptique et comme microbicide.

Une oxydation plus complète fournit :

$$H — COOH,$$

l'*acide méthanoïque* ou *acide* **formique**, dont les sels sont des *formiates*.

2° Considérons maintenant le *propane* $C^3H^8$

$$\text{ou} \qquad CH^3 — CH^2 — CH^3,$$
$$\quad (1) \qquad (2) \qquad (1)$$

Ce corps renferme 2 atomes de carbone *primaire* [(1)] et 1 atome de carbone *secondaire* [(2)].

Si nous remplaçons H par OH dans un groupement à carbone primaire, nous obtenons le corps :

$$CH^3 — CH^2 — CH^2OH,$$

qui est un alcool *primaire (alcool propylique)*. Si nous faisons la substitution oxhydrilée dans l'atome de carbone secondaire (2), nous obtenons le corps :

$$CH^3 — CHOH — CH^3,$$

qui est un *alcool secondaire* et qu'on appelle *alcool isopropylique* (ou *propanol-2*).

Il possède des propriétés différentes de celles de son isomère primaire. Par déshydrogénation, en effet, ou par une oxydation ménagée, on obtient le corps :

$$CH^3 — CO — CH^3,$$

liquide d'odeur désagréable qui existe dans les produits de la distillation du bois.

Ce corps, caractérisé par le groupement divalent

$$— CO —,$$

rentre dans la catégorie des **cétones** (ou acétones) : c'est l'*acétone ordinaire* ou *cétone propylique* ou *diméthylcétone* ou *propanone* [1].

Une oxydation plus complète de l'alcool isopropylique rompt la molécule et ne fournit jamais un acide ayant trois atomes de carbone.

Les *alcools secondaires* sont donc caractérisés par le groupement fonctionnel divalent — CHOH —. Ils se différencient des alcools primaires principalement par leur propriété de donner par déshydrogénation des *cétones*, et non des aldéhydes.

---

[1] L'acétone ordinaire est employée comme dissolvant de quelques celluloses nitrées. Elle entre dans la composition du *dénaturant* de l'alcool ordinaire (dénaturant type Régie) : à 1 hectolitre d'alcool, on ajoute 10 litres de méthylène (à 75 0/0 d'alcool méthylique et 25 0/0 d'acétone) et 150 grammes de benzine lourde.

## = 275. Résumé. =

|  | ALCOOLS (caractérisés par la formation d'éthers-sels.) | |
| --- | --- | --- |
|  | PRIMAIRES | SECONDAIRES |
| Formule générale. . | $R - CH^2OH$ | $R_1 - CHOH - R_2$ |
| Déshydrogénation . | $R - CHO$ Aldéhyde. | $R_1 - CO - R_2$ Cétone. |
| Oxydation . . . . | $R - COOH$ Acide ayant le même nombre d'atomes de carbone que l'alcool. | Rupture de la molécule. |

### 3. — ÉTHERS. — ÉTHER ORDINAIRE.

### A. — Éthers-sels.

**= 276. Définition et exemples.** = Nous avons défini précédemment les *éthers-sels* (272) comme étant les corps

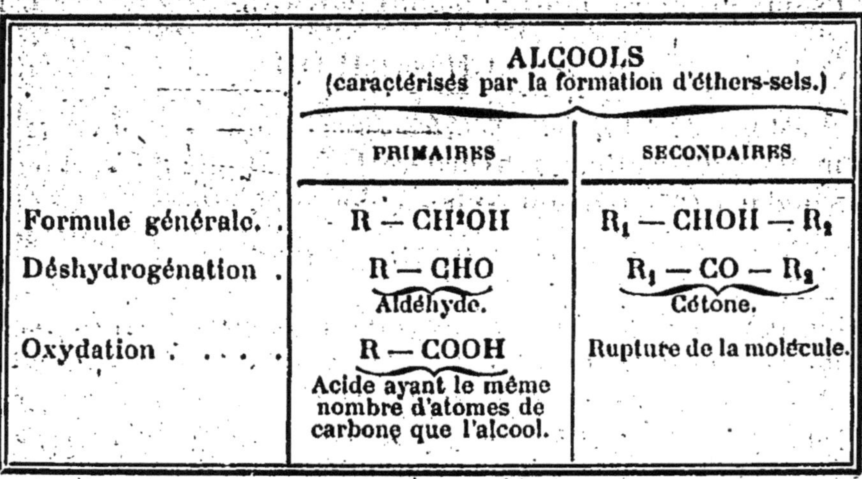

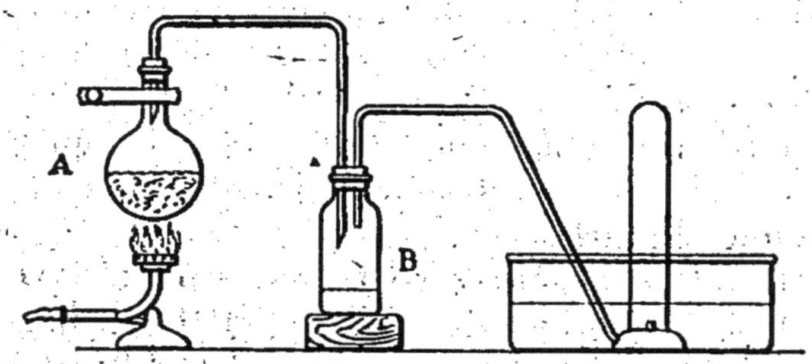

Fig. 190. — Préparation du *chlorure de méthyle*.
B, Laveur à soude.

formés en même temps que de l'eau dans l'action d'un acide sur un *alcool*.

**1er *Exemple*.** — Chlorure de méthyle.

Dans le ballon A de la fig. 190, introduisons un mélange de 30g d'acide *sulfurique* et de 10g d'*alcool méthylique* (fait à l'avance,

en versant lentement l'acide dans l'alcool constamment refroidi)
et 20g de chlorure de sodium fondu. Chauffons lentement et modérément. Nous recueillons sur la cuve à eau un gaz incolore, combustible, dont la formule est identique à celle du méthane monochloré et qu'on appelle du *chlorure de méthyle*.

Réactions :

$$ClNa + SO^4H^2 = ClH + SO^4HNa ;$$

$$CH^3 - \boxed{OH} + \overline{Cl\,H} = CH^3 - Cl + H^2O .$$

$$\underbrace{\phantom{CH^3 - Cl}}_{\substack{\text{Chlorure} \\ \text{de méthyle.}}}$$

Le *chlorure de méthyle* se liquéfie à —23° sous la pression
normale. On le trouve dans le commerce dans des siphons
en cuivre rouge ou en métal nickelé. Il est employé surtout comme réfrigérant ; en l'évaporant sous pression

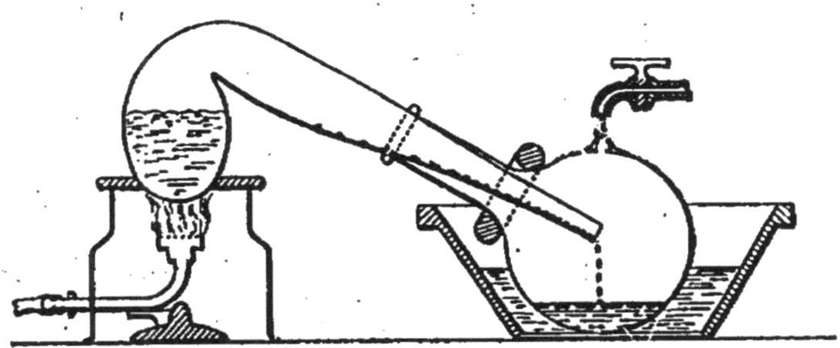

Fig. 191. — Préparation de l'acétate d'amyle.

réduite, on peut abaisser sa température à — 60°. On s'en
sert aussi comme agent de *méthylation* [1] dans la fabrication d'un grand nombre de colorants artificiels.

En employant l'alcool méthylique au lieu d'alcool ordinaire dans la préparation précédente, on obtiendrait de
même le *chlorure d'éthyle* $C^2H^5 - Cl$, qui bout à + 12°.

Ces deux éthers s'appellent des *éthers simples*, parce
qu'ils sont formés avec un *hydracide*.

### 2e *Exemple*. — Acétate d'amyle.

Dans la cornue de l'appareil (fig. 191), introduisons un mélange
de 20g d'*acide sulfurique* et 20g d'*alcool amylique*, puis 40g d'acé-

[1] C'est-à-dire comme corps capable de substituer $-CH^3$ à $-H$
d'un composé hydrogéné.

*tate de sodium* fondu. Chauffons modérément. Au bout de quelque temps, versons dans de l'eau alcalinisée le contenu du ballon et décantons l'excès d'eau. Nous obtenons un liquide dont l'odeur rappelle celle des *bonbons anglais* ou celle de l'*essence de poires*, combustible d'ailleurs : c'est de l'*acétate d'amyle*.

*Réactions :*

$$CH^3{-}COONa + SO^4H^2 = CH^3{-}COOH + SO^4HNa ;$$

Acétate de sodium.        Acide acétique.

$$C^5H^{11}\boxed{OH} + CH^3COO\boxed{H} = (CH^3COO)C^2H^5 + H^2O.$$

Alcool amylique.            Acétate d'amyle.

L'*acétate d'amyle* s'appelle un *éther composé*, parce-que l'acide qui le forme est un *oxacide*. Il en est de même des *sulfates d'éthyle* (272).

On divise les éthers-sels en deux catégories :

1° *Éthers simples* (fluorures, chlorures, bromures, iodures alcooliques) ;

2° *Éthers composés* provenant d'un oxacide, minéral ou organique.

## = 277. Propriétés communes.

**1° Action de l'eau : hydrolyse.** — Nous avons comparé la formation d'un éther-sel à celle d'un sel minéral :

Acide + Base minérale = Sel minéral + eau ;
Acide + Alcool = Éther-sel + eau.

En réalité, ces deux réactions sont très différentes.

Lorsqu'on fait un mélange équimoléculaire d'un *alcool* et d'un *acide* et qu'on le maintient à une température constante, on constate qu'on n'obtient qu'une faible quantité d'éther, qui n'augmente même plus au bout d'un certain temps. C'est que l'*eau décompose tous les éthers-sels.*

Si, par exemple, on chauffe en autoclave du *sulfate acide d'éthyle* et de l'*eau*, il se produit la réaction :

$$SO^4H - C^2H^5 + H - OH = SO^4H^2 + C^2H^5 - OH,$$

c'est-à-dire qu'on régénère l'*alcool* et l'*acide* générateurs de l'éther-sel considéré :

Éther-sel + eau = acide + alcool.

Cette décomposition, dite *hydrolyse*, se produit partiellement à la température ordinaire. C'est pourquoi l'*éthérification* d'un mélange d'*alcool* et d'*acide* ne peut être complète; elle est limitée par la réaction inverse :

$$\text{Alcool} + \text{acide} \rightleftharpoons \text{Éther} - \text{sel} + \text{eau},$$

alors que, généralement, la neutralisation d'une *base* *minérale* par un *acide* est complète et immédiate, parce que l'eau ne décompose pas le sel formé.

Cette propriété des éthers-sels nous explique pourquoi l'on en prépare un grand nombre en employant, non pas l'acide libre, mais un *sel de cet acide* et de *l'acide sulfurique* (exemples 1 et 2 précédents). Le rôle de ce dernier est double : il libère l'acide du sel (acide à l'état naissant); il absorbe l'eau formée.

= **278. 2° Action des bases minérales : Saponification.** = Chauffons du *chlorure d'éthyle* avec de la *potasse*. Il se produit la réaction :

$$Cl - C^2H^5 + K - OH = ClK + C^2H^5 - OH;$$

nous obtenons l'*alcool* et un sel de l'*acide* générateur.

Cette réaction très importante peut s'obtenir avec une autre base : soude, chaux hydratée, etc. Elle est fondamentale dans la fabrication des *savons* (293); d'où le nom de *saponification* qui lui est donné.

= **279. Propriétés différentes : action de l'ammoniaque.** = La division des éthers-sels en éthers simples et en éthers composés est justifiée par un certain nombre de propriétés différentes, notamment par la façon dont ils se comportent avec l'*ammoniaque*.

1° *Éthers simples.* — Lorsqu'on traite le *chlorure de méthyle* par de l'*ammoniaque* dissoute dans l'alcool, il se forme un produit d'addition :

$$CH^3 - Cl + AzH^3 = CH^3ClAzH^3,$$

dont les propriétés sont comparables à celles d'un sel d'ammonium (124). Chauffé avec la potasse, en effet, il donne :

$$CH^2ClAzH^3 + KOH = \underbrace{CH^3AzH^2}_{\text{Méthylamine.}} \uparrow + ClK + H^2O.$$

de même que :

$$Cl(AzH^4) + KOH = \underbrace{AzH^3}_{\text{Ammoniaque.}} \uparrow + ClK + H^2O,$$

La *méthylamine*, $CH^3AzH^2$, présente de nombreuses analogies avec le *gaz ammoniac* : c'est un gaz très soluble dans l'eau, qui ramène au bleu le tournesol rougi par un acide et se combine par addition aux acides minéraux pour former des sels comparables aux sels d'ammonium. On l'écrit :

Elle correspond à l'ammoniaque :

$$Az{\Big\langle}{\begin{matrix}H\\H\\H\end{matrix}}$$

par substitution du radical — $CH^3$ à 1 atome d'hydrogène. On peut l'écrire :

$$CH^3 — AzH^2.$$

C'est le type d'un certain nombre de corps caractérisés par la formule :

$$R — AzH^2,$$

dans laquelle R — est un radical hydrocarburé et qu'on appelle des *amines primaires*.

Les amines les plus importantes sont les *amines cycliques* (Exemple : *Aniline*, 323).

2° *Éthers composés.* — En chauffant en vase clos de l'ammoniaque et de l'*acétate d'éthyle*, on obtient de l'*alcool éthylique* et un corps azoté solide d'après la réaction :

$$\underbrace{CH^3COOC^2H^5}_{\text{Acétate d'éthyle.}} + AzH^3 = \underbrace{C^2H^5OH}_{\text{Alcool éthylique.}} + CH^3CO — AzH^2$$

Ce corps correspond à l'ammoniaque par substitution à 1 atome d'hydrogène du radical $CH^3 — CO —$ (*acétyle*) emprunté à l'acide acétique. Les corps oxy-azotés organiques ayant cette constitution portent le nom d'*amides*. L'amide précédente est l'*acétamide*.

$$\underbrace{H — Az{\Big\langle}{\begin{matrix}H\\H\end{matrix}}}_{\text{Ammoniaque.}} \rightarrow \underbrace{CH^3 — CO — Az{\Big\langle}{\begin{matrix}H\\H\end{matrix}}}_{\text{Acétamide.}}$$

Une amide peut encore être considérée comme provenant de la substitution du radical — $AzH^2$ à l'oxydrile d'un acide :

$$CH^3 — COOH \rightarrow CH^3 — CO — AzH^3.$$

Acide acétique.                    Acétamide.

Autrement dit, une *amide* est à un *acide* ce qu'une *amine* est à un *alcool*. Une amide contient toujours de l'oxygène, alors qu'une amine n'en contient pas.

Les amides sont des corps *faiblement basiques*, que la potasse décompose en donnant le sel de potassium de l'acide correspondant et de l'eau (grandes différences avec les amines).

*Remarque.* — Si dans l'*acide carbonique*, $CO^3H^2$ ou $CO\!<\!^{OH}_{OH}$, les deux oxhydriles acides sont remplacés par $2(AzH^2)$, on obtient :

$$CO\!<\!^{AzH^2}_{AzH^3},$$

corps deux fois amide (*diamide*) : c'est la *carbamide* ou *urée*, très abondante dans l'urine.

## = 280. Propriétés des éthers nitriques. = Lorsqu'on chauffe, dans certaines conditions, de l'*acide azotique* concentré et de l'*alcool* ordinaire, il se forme de l'eau et un liquide dont la vapeur détone avec une extrême violence au-dessus de 140°. La réaction se produit comme l'indique le schéma ci-dessous :

$$AzO^3H \quad + \quad (\overline{C^2H^5})OH \quad = \quad AzO^3 — (C^2H^5) + H^2O.$$

Alcool ordinaire
(alcool éthylique).

Azotate d'éthyle
(nitrate).

*Tous les éthers nitriques sont explosifs.*

L'azotate d'éthyle n'est pas employé pour cet usage ; mais, en chauffant l'azotate de mercure avec de l'alcool ordinaire, on obtient le *fulminate de mercure*, corps qui détone facilement par le choc et sert à la confection des capsules et amorces pour cartouches garnies de poudre ou d'explosifs.

Les éthers nitriques les plus importants sont ceux fournis par la *glycérine* (285) et par la *cellulose* (131).

B. — *Éthers-oxydes.* — *Éther ordinaire.*

## = 281. Production de l'éther ordinaire.

*Expérience.* — Dans le ballon A de la fig. 192, introduisons un mélange de 100 cm³ d'alcool à 95° et de 40 cm³ d'acide sulfurique à 66°B. Chauffons modérément, de manière à ne pas dépasser 140°. Dans le flacon refroidi C, nous recueillons de l'*éther* ordinaire, liquide à odeur caractéristique.

*Réaction brute :*

$$2(C^2H^6OH) - H^2O = C^4H^{10}O.$$

Éther ordinaire.

## = 282. Propriétés. = L'*éther du commerce* est plus

léger que l'eau ; il pèse 65° B (D = 0,725). L'*éther absolu*

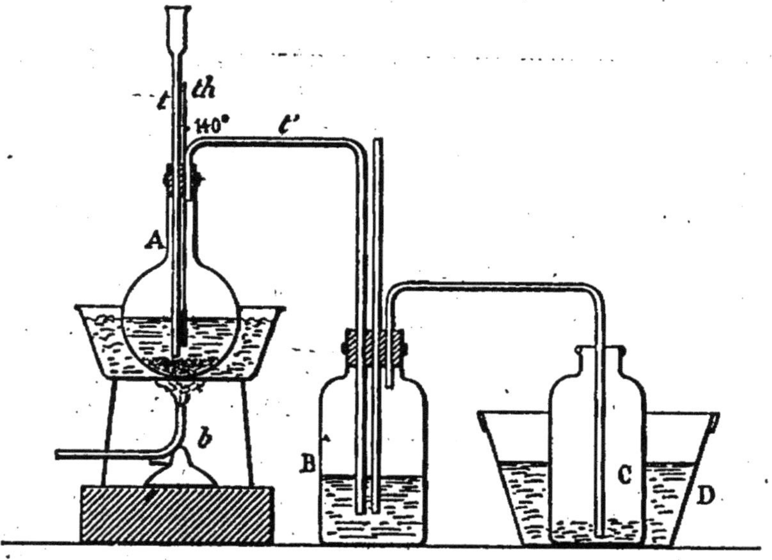

Fig. 192. — Préparation de l'*éther ordinaire.*

A, ballon contenant un peu de sable et chauffé au bain-marie ; B, laveur à potasse ; C, flacon refroidi à l'aide de la terrine D ; *th*, thermomètre.

ou éther anhydre pèse 66° (D = 0,720). C'est un liquide très volatil, bouillant vers 35°, qui brûle avec une flamme pâle très chaude :

$$C^4H^{10}O + 12O = 4(CO^2) + 5(H^2O).$$

On utilise cette flamme dans les chalumeaux oxy-éthériques. Le mélange précédent détone violemment; il faut donc manipuler l'éther et les produits éthérés loin de toute flamme.

L'éther dissout un grand nombre de corps (graisses, essences, celluloses nitrées, substances employées en thérapeutique sous forme d'extraits ou de teintures éthérées). En raison de son prix élevé, on lui préfère actuellement comme dissolvants les *éthers de pétrole* (245).

## = 283. Constitution. Éthers-oxydes. = La déshydratation partielle de l'alcool éthylique opérée ci-dessus peut se représenter par le schéma :

$$\left. \begin{array}{l} C^2H^5 - O|H| \\ C^2H^5 - |O|H \end{array} \right. \rightarrow \begin{array}{l} C^2H^5 \\ C^2H^5 \end{array} > O \text{, ou } (C^2H^5)^2O;$$

d'où le nom d'*oxyde d'éthyle* donné à l'éther ordinaire.

L'élimination d'*une molécule d'eau* entre *deux molécules d'un autre alcool* fournirait de même une sorte d'oxyde correspondant à l'*alcool*, comme un *oxyde* minéral correspond à l'*hydrate* du même nom.

*Exemples :*

A        $K - OH$,    correspond    $\begin{array}{l} K \\ K \end{array} > O$    ou    $K^2O$;
  Hydrate de potassium                        Oxyde de potassium

à        $CH^3 - OH$,    correspond    $\begin{array}{l} CH^3 \\ CH^3 \end{array} > O$    ou    $(CH^3)^2O.$
  Alcool méthylique                          Oxyde de méthyle (gaz).

A ces sortes d'oxydes qui, au lieu d'un métal, renferment un radical carburé, on donne le nom d'**éthers-oxydes**.

Tous ces éthers sont combustibles; c'est à peu près la seule analogie qu'ils présentent avec les éthers-sels.


## 4. — GLYCÉRINE $[C^3H^8O^3$ ou $C^3H^5(OH)^3]$.


## = 284. Quelques propriétés. = La *glycérine pure* est un liquide sirupeux de saveur sucrée, plus lourd que

l'eau (D = 1,26 ou 30° B). Elle se congèle très difficilement, bout vers 280°, mais se décompose
facilement à partir de cette température en
dégageant une odeur âcre qui prend à la
gorge et rappelle celle de la graisse qui
brûle. C'est un corps très hygrométrique,
dont on enduit certaines substances (argile
à modeler, cuirs, etc...) pour les maintenir
humides.

Elle peut se mélanger à l'alcool, à l'eau,
etc. Les *glycérines commerciales* contiennent toujours de l'eau et pèsent moins de
30° B.

Fig. 193.
Tube scellé.

*t*, tube en verre,
fermé à la
lampe; *t'*, tube
en fer épais
fermé par le
bouchon à
vis *b*.

## = 285. Constitution.

1° *Action de l'acide chlorhydrique.* —
Lorsqu'on chauffe en tube scellé (fig. 193)
un mélange contenant une molécule de *glycérine* pour trois molécules d'*acide chlorhydrique*, on obtient de l'eau et un chlorure organique de
formule $C^3H^5Cl^3$ :

$$C^3H^8O^3 + 3(ClH) = C^3H^5Cl^3 + 3(H^2O).$$

Trichlorure de glycéryle
(trichlorhydrine).

Ce chlorure traité par la potasse fournit de la glycérine
et du chlorure de potassium; *cette réaction est analogue à
la saponification d'un éther simple* (278) et peut s'écrire :

$$C^3H^5Cl^3 + 3(KOH) = C^3H^5(OH)^3 + 3ClK.$$

Glycérine.

En n'utilisant qu'une ou deux molécules d'acide, on
obtient d'ailleurs des éthers incomplets :

$$C^3H^5(OH)^2Cl. \qquad C^3H^5(OH)Cl^2.$$

Monochlorhydrine. Dichlorhydrine.

*La glycérine est donc un alcool contenant 3 fois l'oxy-
drile alcoolique* —OH, ce qui nous conduit à l'écrire :

$$C^3H^5(OH)^3.$$

**2° *Action de l'acide azotique*.** — Si l'on traite la glycérine par un mélange d'acides azotique et sulfurique, on
peut obtenir trois éthers d'après les réactions suivantes :

$$C^3H^5(OH)^3 + AzO^3H = \underbrace{C^3H^5(OH)^2(AzO^3)}_{\text{Mononitrine.}} + H^2O;$$

$$C^3H^5(OH)^3 + 2(AzO^3H) = \underbrace{C^3H^5(OH)(AzO^3)^2}_{\text{Dinitrine.}} + 2(H^2O);$$

$$C^3H^5(OH)^3 + 3(AzO^3H) = \underbrace{C^3H^5(AzO^3)^3}_{\substack{\text{Trinitrine} \\ \text{ou trinitrate de glycéryle.}}} + 3(H^2O).$$

Ce dernier corps est un tri-éther; on l'appelle vulgairement la *nitro-glycérine*.

La nitroglycérine est un liquide oléagineux, dont la décomposition est fortement exothermique et produit une grande quantité
de gaz. Elle détone violemment sous l'action des chocs et même
par simple frottement. Elle n'est donc pas transportable ni utilisable sous cette forme. Pour la rendre maniable, il suffit de la
mélanger à un corps poreux. La *dynamite ordinaire* (dynamite de
Nobel) s'obtient par le mélange de nitroglycérine et d'une sorte
de tripoli très fin, nommé terre à infusoires; cette dynamite ne
détone pas par le choc ni par l'élévation de température, mais
elle explose violemment lorsqu'on y fait éclater une capsule de
fulminate. C'est l'explosif le plus employé pour tous les travaux
de mines.

**3°** La trichlorhydrine $C^3H^5Cl^3$ a pu être obtenue à partir
d'un hydrocarbure; sa synthèse montre qu'il faut l'écrire :

$$CH^2Cl - CHCl - CH^2Cl \quad \left( \text{et non} \quad CH^3 - CH^2 - C\!\!<\genfrac{}{}{0pt}{}{Cl}{\genfrac{}{}{0pt}{}{Cl}{Cl}} \right).$$

La glycérine elle-même doit donc s'écrire :

$$CH^2OH - CHOH - CH^2OH \quad \left( \text{et non} \quad CH^3 - CH^2 - C\!\!<\genfrac{}{}{0pt}{}{OH}{\genfrac{}{}{0pt}{}{OH}{OH}} \right).$$

Elle correspond au propane :

$$CH^3 - CH^2 - CH^3$$

par 3 substitutions oxhydrilées faites chacune sur un atome
de carbone différent. On dit que c'est un *alcool triato-
mique* ou un *triol;* d'où son nom chimique de *propane-
triol*, qui permet de retenir sa formule sans difficulté.

**4°** Cette constitution est vérifiée par l'étude détaillée de

ses propriétés chimiques (déshydrogénation, oxydation, etc.), qui montre qu'elle se comporte comme un
alcool deux fois primaire ($-CH^2OH$) et une fois secondaire ($-CH^2OH-$).

= **286. Alcools polyatomiques ou polyols.** =
L'*alcool éthylique* et ses *homologues* ne contiennent qu'un
oxhydrile : ce sont des *alcools monoatomiques.*

Si un alcool contient 2 oxhydriles, c'est un *alcool dia-
tomique*, un *diol*.

*Exemple.* — A l'éthane $C^2H^6$ correspond l'*éthane-diol* $C^2H^4(OH)^2$,
ou *glycol ordinaire*, qui est 2 fois alcool primaire :

$$
\begin{array}{ccccc}
CH^3 & & CH^2OH & & COOH \\
| & \rightarrow & | & \text{donne par} & | \\
CH^3 & & CH^2OH & \text{oxydation} \rightarrow & COOH \\
\text{Éthane.} & & \text{Éthane-diol} & & \text{Acide éthane-dioïque} \\
& & \text{(glycol ordinaire).} & & \text{ou acide oxalique.}
\end{array}
$$

Si un alcool contient 3, 4, 5, 6... oxhydriles, il est dit
tri. tétr. pent. hexatomique,...

Il est à remarquer que plus le nombre de fonctions
alcooliques est grand, *plus le corps est sucré.*

## 5. — CORPS GRAS.

= **287. Exemples. Classification d'après la consistance.** = La cire d'abeilles, le suif de mouton, l'huile
de poissons (d'origine animale), l'huile d'olives, l'huile de
palme, la cire du Japon (d'origine végétale), sont des corps,
plus ou moins onctueux au toucher, qu'on dénomme *corps
gras d'origine organique*, et qu'on oppose parfois aux
corps gras dits *d'origine minérale* (pétroles et dérivés).

D'après leur consistance, qui est très variable à la température ordinaire, on peut les classer en *huiles, graisses*
ou *beurres, suifs* et *cires :*

a) *Huiles*, liquides à la température ordinaire :

1° *Végétales :* d'olives, de colza, d'œillette, de lin, de
coton, de sésame, d'arachide, de moutarde, de ricin, etc.;

2° *Animales :* de pieds de bœuf, de foie de morue, etc.;

b) *Graisses* ou *beurres,* fondant entre 25 et 30° :

1° *Végétales :* beurres de palme, de palmiste, de coco, d'illipé, de karité, de mowrah, etc.;

2° *Animales :* beurre de vache, saindoux (graisse de porc, axonge), graisse d'os, graisse de suint, etc. ;

c) *Suifs,* fondant à plus de 35°, *d'origine animale :*

*Exemples :* suif de bœuf, suif de mouton ;

d) *Cires,* fondant entre 45 et 80°, peu onctueuses :

1° *Végétales :* cires du Japon, de Carnauba ;

2° *Animales :* cire d'abeilles, blanc de baleine ou spermaceti.

**= 288. Propriétés caractéristiques. =** Tous les corps gras sont plus légers que l'eau : leur densité est comprise entre 0,88 et 0,94.

Ils fondent et se solidifient à des températures très variables; ils ne sont pas volatils et laissent sur le papier une tache translucide que la chaleur ne fait pas disparaître (grande différence avec les corps gras minéraux).

Tous brûlent avec une flamme fuligineuse et se décomposent à une température élevée, en donnant des hydrocarbures susceptibles d'être employés pour l'éclairage (*gaz d'huile*), du gaz carbonique, de l'eau et un corps de très mauvaise odeur, l'*acroléine* ($CH^2 = CH — CHO$), ce qui fournit un nouveau moyen de les distinguer des corps gras minéraux : ceux-ci ne donnent jamais d'acroléine.

Un grand nombre de corps gras exposés à l'air acquièrent une odeur et une saveur désagréables : ils *rancissent.*

Enfin, tous sont *neutres* au tournesol, insolubles dans l'eau, solubles dans le sulfure de carbone, l'éther, la benzine et l'acide acétique glacial.

**= 289. Analyse immédiate de quelques corps gras.**

1° *Huile d'olives.* — Quand de l'huile d'olives est exposée à la gelée, elle se fige, se *concrétise.* Plaçons dans un sac en toile un peu de cette huile figée, et comprimons fortement. Le liquide exprimé a une composition et des propriétés constantes; c'est une espèce chimique appelée *oléine.* Dans le sac, il reste une matière solide blanche, contenant essentiellement une autre espèce chimique, appelée *palmitine,* car elle est très abondante dans l'huile de palme.

L'huile d'olives est donc un mélange de plusieurs corps, notamment d'*oléine* et de *palmitine.*

2° *Suif de bœuf.* — En épuisant du suif de bœuf par de l'éther ordinaire à froid, on obtient une dissolution qui fournit par évaporation un mélange de *palmitine* et d'*oléine*, qu'on peut séparer par compression. Le résidu est une espèce chimique différente des précédentes, appelée *stéarine.*

La plupart des corps gras sont des mélanges contenant en proportions variables de l'*oléine*, de la *palmitine*, de la *stéarine* et quelques substances voisines accompagnées parfois d'acides organiques libres à haute teneur en carbone (acides palmitique, oléique, linoléique, etc.).

Exemples :

| Huile d'olives | Oléine | 71 % |
| | Palmitine (et un peu de stéarine) | 28 % |
| Beurre de vache | Butyrine | 5 % |
| | Oléine | 60 % |
| | Palmitine et stéarine | 35 % |

| Suif de mouton | Oléine | 20 % |
| | Stéarine et palmitine | 80 % |
| Huile de palmes | Oléine | 43 % |
| | Palmitine | 30 % |
| | Stéarine | 10 % |
| | Acide palmitique libre | 15 % |
| | Acide oléique libre | 2 % |

## ⚌ 200. Composition chimique de l'oléine et des corps voisins.

### *a)* Analyse.

*Expérience.* — 1° Chauffons dans une capsule de porcelaine (fig. 191) de l'*oléine* et un *lait de chaux*, en ajoutant au besoin l'un ou l'autre des deux corps pour que l'eau surnageante (*l*) ne soit ni huileuse, ni alcaline. — Cette eau a une saveur sucrée : on pourrait en extraire de la **glycérine.**

2° Plaçons dans un verre le dépôt blanc obtenu (*s*) et additionnons-le d'acide sulfurique étendu. Après repos, nous distinguons au fond du verre un précipité blanc de *sulfate de calcium* et à la surface du liquide clair une couche grasse qui n'est pas de l'oléine, car elle se combine à la chaux sans former de glycérine : c'est de l'acide oléique.

Le dépôt *s* est donc de l'*oléate de calcium*, et la réaction produite dans la première expérience peut se traduire par l'égalité :

Oléine + Chaux hydratée = Glycérine + Oléate de calcium.<br>
(Base)       (Alcool)       (Sel)

Cette réaction nous fait immédiatement songer à la décomposition des éthers-sels par les bases minérales. *L'oléine doit* donc *être un* **éther-sel** *formé par la glycérine*

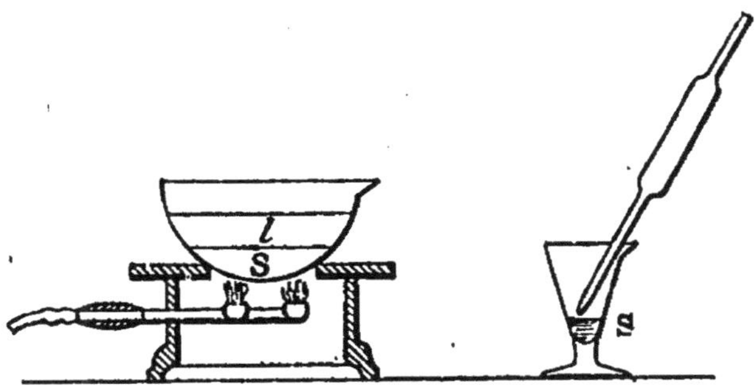

Fig. 101. — Saponification de l'*oléine*.

et l'*acide oléique*. On obtiendrait des résultats analogues en employant de la *palmitine* ou de la *stéarine*, ou un mélange de ces corps, comme l'huile d'olives ou le suif.

*b*) **Synthèse.** — La fonction éther-sel de ces substances a été prouvée par Berthelot. En chauffant en vase clos un mélange contenant 1 molécule de *glycérine* pour 3 molécules d'*acide oléique*, par exemple, on obtient de l'*oléine* et de l'*eau ;* ce qu'on peut écrire, en représentant l'acide oléique par O'H :

$$C^3H^5(OH)^3 + 3(O'H) = C^3H^5(O')^3 + 3(H^2O).$$

En réalité, *l'oléine est un tri-éther de la glycérine* (trioléine); il en est de même de la palmitine, de la stéarine, etc.

= **201. Conclusion.** = *Les corps gras neutres [1] sont formés essentiellement par des mélanges en proportions variables de tri-éthers de la glycérine* ou, comme on dit, *de glycérides.*

Les principaux acides donnant naissance à ces glycérides et appelés, pour cette raison, *acides gras,* sont :

| | | | |
|---|---|---|---|
| (Homologues de l'acide acétique de formule générale $C^nH^{2n}O^2$) | l'acide butyrique | : $C^4H^8O^2$, | liquide, bouillant à 150°. |
| | l'acide palmitique | : $C^{16}H^{32}O^2$, | solide, fondant vers 60°. |
| | l'acide stéarique | : $C^{18}H^{36}O^2$, | solide, fondant vers 70°. |
| | l'acide cérotique | : $C^{27}H^{54}O^2$, | composant essentiel des *cires.* |
| (Appartient aux acides de formule générale $C^nH^{2n-2}O^2$) | l'acide oléique | : $C^{18}H^{34}O^2$ | liquide. |
| (Appartient aux acides de formule générale $C^nH^{2n-4}O^2$) | l'acide linoléique | : $C^{18}H^{32}O^2$, liquide | leurs glycérides constituent les $\frac{95}{100}$ de l'huile de lin. |
| (Appartiennent aux acides de formule générale $C^nH^{2n-6}O^2$) | acides linoléniques | : $C^{18}H^{30}O^2$, liquides | |

Les corps gras possèdent donc les propriétés des éthers-sels (277, 278). En particulier, ils *s'hydrolysent par l'eau sous pression et se saponifient par les bases minérales.*

1 — corps gras + eau $=$ glycérine + mélange d'acides gras.
                 sous pression
2 — corps gras + base $=$ glycérine + mélange de sels des acides gras.

*Remarque.* — L'oxygène de l'air produit à la longue la mise en liberté des acides gras des huiles. Deux cas sont à distinguer :

1° Les acides gras s'oxydent et se transforment en produits solides : l'huile est dite *siccative* (huiles de lin, d'œillette, de ricin, etc...). — On emploie ces huiles pour la fabrication des vernis à l'huile et du linoléum. On accélère la siccativité en faisant bouillir l'huile avec des oxydes métalliques (de plomb, de zinc, de manganèse) ou des sels de manganèse;

2° Les acides gras libérés, tout en absorbant l'oxygène, restent fluides : l'huile est *non siccative* (huiles d'olives, de colza, d'arachides, etc.). Seules ces huiles peuvent être employées pour le graissage.

En règle générale, une huile est d'autant plus siccative qu'elle contient plus de linolénines et moins d'oléine.

= **202. Usages.** = Les corps gras ont des applications

[1] Sauf les *cires.*

très importantes et très variées. Un grand nombre (beurres, huiles, graisses) sont utilisés comme comestibles et pour la préparation des conserves alimentaires.

Quelques-uns sont encore employés pour l'*éclairage* (huiles de colza et de navette) ; d'autres servent à faire des *vernis* et entrent dans la composition de toute peinture dite à l'huile. Un certain nombre sont employés en *médecine* (huiles de foie de morue, de ricin, etc.). L'huile de ricin, traitée au préalable par l'acide sulfurique, est employée sous forme de *sulforicinates* pour la teinture dite en *rouge turc*.

Un très grand nombre enfin servent de matière première pour la fabrication des *savons* et des *bougies*, ainsi que pour la préparation de la *glycérine*.

= **293. Savons.** = Le corps *s* formé dans l'expérience précédente (290) est un *savon*. On appelle *savons*, en effet, *les sels des acides gras*, et notamment ceux des acides palmitique, stéarique et oléique.

*Seuls sont solubles et, par conséquent, utilisables pour le savonnage, les sels de sodium et de potassium de ces acides.* C'est pourquoi le savon *s* formé précédemment est insoluble (savon calcaire).

*Expérience.* I. — *Empâtage.* Faisons bouillir dans une capsule de porcelaine (fig. 195) 100cm³ d'une lessive de soude

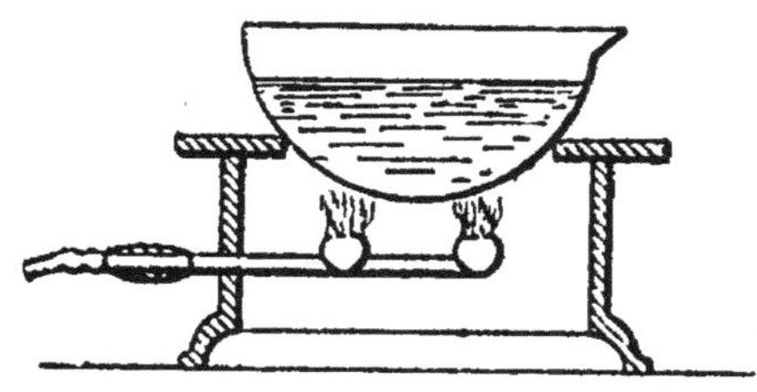

Fig. 195.
Préparation d'un *savon soluble*.

à 10° B. Ajoutons-y par petites portions et en remuant constamment 100cm³ d'huile d'olives. — Lorsqu'une goutte de liquide se dissout dans l'eau chaude sans former tache d'huile, la réaction est terminée. La capsule contient alors une dissolution de savon et de la glycérine.

II. — *Relargage.* Ajoutons dans la capsule 100cm³ d'une autre lessive à 20° B contenant 30ᵍ de sel, et faisons bouillir une dizaine de minutes : le savon, insoluble dans ces conditions, monte à la surface.

III. — *Liquidation.* Pour donner de l'homogénéité au savon précédent, il suffit de le cuire doucement. En le coulant dans une boîte, nous obtiendrons un pain de savon blanc et *dur* (savon dit de Marseille).

En remplaçant la soude par de la *potasse*, nous obtiendrions un *savon mou.*

On divise donc les savons solubles en deux grandes catégories :

1° Les *savons durs* ou savons à *base de soude*, qui se fabriquent principalement avec les huiles de coco ou coprah, de palmiste, de coton, de sésame, d'olives, etc. ;

2° Les *savons mous* ou savons à *base de potasse*, qu'on fabrique avec les huiles de lin, de maïs, de palme, etc., ou les graisses de qualité inférieure, les résidus de stéarinerie (296), etc.

L'expérience précédente explique les dénominations suivantes :

1° *Savons d'empâtage.* — Ils contiennent de la glycérine et toutes les impuretés des matières premières (corps gras et lessives). Les savons mous, dont les *savons noirs* sont les qualités les plus inférieures, sont toujours des savons d'empâtage.

2° *Savons relargués et liquidés. Exemple : savons de Marseille.* — Ce sont les plus purs. Ils peuvent être *blancs* ou *marbrés*. La marbrure s'obtient par une liquidation incomplète avec addition de sulfate de fer.

3° *Savons mixtes. Exemple : savons dijonnais.* — C'est un mélange de savons empâtés et de savons relargués.

En résumé, on peut classer les savons comme il suit :

I. *Savons de potasse ou savons mous.* — Savons d'empâtage.

II. *Savons de soude ou savons durs*  { 1. d'empâtage ;  2. de relargage et de liquidation ;  3. mixtes.

*Remarque.* — Il est facile de s'expliquer pourquoi le savon forme des grumeaux dans une eau dure (92, *h*). Il y a échange entre le calcium de ces eaux et le métal alcalin du savon ; d'où formation d'un *savon calcaire insoluble*. On comprend dès lors pourquoi ces eaux sont impropres au savonnage. — Cette propriété explique également pourquoi l'on emploie de l'*eau de Javel*, et non du chlorure de chaux, pour le blanchissage.

**= 294. Lessivage du linge. Lessives commerciales.** = Le lessivage du linge a pour but essentiel l'élimination des matières grasses qui le souillent.

La méthode la plus anciennement employée comporte trois opérations principales :

1° Le trempage du linge par des lessives carbonatées de plus en plus chaudes ;

2° Un savonnage qui dissout les matières ayant échappé à la saponification ;

3° Une série de rinçages pour éliminer complètement les savons et les sels solubles.

Suivant une méthode plus récente, le trempage et le savonnage sont remplacés par un bouillage du linge avec de l'eau additionnée de dissolvants solides. Dans la grande industrie, ce bouillage est accompagné d'une agitation mécanique.

On a reconnu que les alcalis caustiques et les silicates alcalins activent les pouvoirs imprégnant et dissolvant de la soude. C'est pourquoi il existe actuellement dans le commerce un grand nombre de produits solides, de compositions variées, vendus sous la dénomination de *lessives*.

Le tableau suivant indique la composition essentielle de quelques-uns de ces produits comparativement à celle de deux échantillons de cristaux de soude et de sel Solvay.

| | $CO_3Na_2$ | $SiO_3Na_2$ | NaOH | ClNa | $SO_4Na_2$ | Savon | Eau |
|---|---|---|---|---|---|---|---|
| Cristaux de soude (Malétra) . . . . . | 34,20 | » | » | 0,27 | 2,51 | » | 62,80 |
| Soude Solvay . . | 98,33 | » | » | 0,86 | 0,02 | » | 0.58 |
| Sel silicaté (S¹-Gobain). . . . . . . | 54 | 20 | 8 | » | » | » | 18 |
| Sel de soude caustique (S¹-Gobain). | 04 | » | 13 | 0,73 | » | » | 17,15 |
| Sel Solvay caustifié. | 80 | » | 15 | » | » | » | 2 |
| Lessive Phénix. . | 40 | 23 | 8 | » | » | » | 22 |
| Lessive Génie. . . | 50 | 18 | 7 | » | » | 5 | 20 |

**= 295. Bougies stéariques.** = En coulant du suif

épuré dans des moules cylindriques contenant une mèche, on obtient des *chandelles*, très employées autrefois pour l'éclairage. Mais le suif fond très facilement et brûle avec une flamme fumeuse et nauséabonde (acroléine).

Les acides palmitique et stéarique n'offrent pas ces inconvénients; leur température de fusion, en effet, est supérieure à 60°; ils brûlent sans donner d'acroléine. C'est la matière première des **bougies stéariques**.

La fabrication de ces bougies comprend d'abord l'extraction de ces acides (stéarinerie), qui se fait en deux phases :

1° *Saponification des corps gras convenablement choisis*. — Cette saponification se fait soit par l'eau sous pression, soit par la chaux, car il se forme alors des savons calcaires facilement décomposables par l'acide sulfurique, ce qui permet la séparation des acides gras. Elle se fait même par l'acide sulfurique, qui semble agir par hydrolyse.

2° *Séparation* par compression des acides solides, des acides liquides, de l'acide oléique principalement.

Il suffit ensuite de couler les acides préalablement fondus dans des moules dont l'axe contient une mèche en coton tressé, imprégnée d'acide borique (147).

**= 296. Résidus des stéarineries et des savonneries. =** Les résidus des stéarineries sont formés d'eaux glycérinées, desquelles on extrait de la *glycérine*.

Ces eaux, soumises à une série de filtrations et d'évaporations à feu nu, fournissent d'abord la *glycérine brute*, colorée, dont la concentration ne dépasse pas 28° B. — En éliminant les sels de calcium par l'acide carbonique ou l'acide oxalique et les matières colorantes par le noir animal, on obtient la *glycérine blanche*. Celle-ci peut servir à la fabrication de la dynamite (285), mais ne peut être employée en pharmacie à cause des acides libres qu'elle contient. On obtient la *glycérine officinale*, qui marque de 30 à 31° B., en raffinant la précédente, notamment en la distillant à l'abri de l'air.

La glycérine est également un sous-produit des savonneries.

# CHAPITRE XVII

# HYDRATES DE CARBONE

---

**= 297. Principaux types.**

*Exemple 1.* — Le *sucre ordinaire* ou sucre de betterave n'est formé que de carbone et d'eau (3). Sa formule, en effet, est $C^{12}H^{22}O^{11}$, qu'on peut écrire :

$$C^{12}(H^2O)^{11};$$

on dit que c'est un *hydrate de carbone*.

*Exemple 2.* — L'analyse quantitative de l'*amidon* montre que

$$162^{gr} \text{ de ce corps contiennent } \begin{cases} 72^{gr} \text{ de carbone;} \\ 10^{gr} \text{ d'hydrogène;} \\ 80^{gr} \text{ d'oxygène.} \end{cases}$$

La formule la plus simple qu'on peut lui attribuer est donc :

$$C^{\frac{72}{12}}H^{\frac{10}{1}}O^{\frac{80}{16}} \quad \text{ou} \quad C^6H^{10}O^5.$$

Mais, le poids moléculaire de cette substance étant inconnu, sa formule vraie peut être un multiple de la précédente; on l'écrit :

$$(C^6H^{10}O^5)^n \quad \text{ou} \quad [C^6(H^2O)^5]^n;$$

*n* est inconnu. C'est encore un *hydrate de carbone*.

*Exemple 3.* — La *cellulose*, substance fondamentale et caractéristique des végétaux, répond à la formule

$(C^6H^{10}O^5)^{n'}$, dans laquelle $n'$ est inconnu encore ; on sait toutefois qu'il est plus grand que $n$ de l'amidon. Ce corps semble donc encore provenir de la combinaison de carbone et d'eau.

On appelle *hydrates de carbone les composés organiques ternaires* (C, H et O), *dans lesquels il y a un nombre d'atomes d'hydrogène* DOUBLE *du nombre d'atomes d'oxygène.*

### 1. — AMIDON. MATIÈRES AMYLACÉES.

**= 208. Propriétés de l'amidon. Matières amylacees. =** L'*amidon de blé* pulvérisé est une poudre blanche insoluble dans l'eau froide, formée de grains microscopiques très petits, invisibles à l'œil nu. Ces grains sont formés de couches concentriques, que l'humidité et la chaleur disjoignent (fig. 196).

Mouillés avec de l'eau à 75°, ils se gonflent et forment une gelée plus ou moins consistante, appelée *empois d'amidon,* qu'on utilise pour l'empesage du linge. La gélification s'opère rapidement à froid sous l'action des alcalis.

Fig. 196. — Grain d'amidon gonflé vu au microscope.

La propriété caractéristique de l'amidon est la *coloration bleue* qu'elle donne avec l'*iode,* par suite de la formation d'*iodure d'amidon,* bleu (78) ; ainsi s'expliquent les taches bleues que forment sur le linge empesé des traces de teinture d'iode.

Un très grand nombre de plantes contiennent des substances de même composition que l'amidon de blé et bleuissant par l'iode : on les appelle des *substances amylacées.* Elles sont particulièrement abondantes dans les graines des céréales (blé, orge, seigle, avoine, riz, maïs) et des légumineuses (haricots, pois, lentilles), dans les tubercules de pommes de terre, la racine de manioc, etc.

Elles ne diffèrent entre elles que par la grosseur et la forme de leurs grains vus au microscope (fig. 197). L'amidon de la pomme de terre s'appelle *fécule*; celui du manioc est le *tapioca*.

**= 290. Principales industries se rapportant aux matières amylacées. =** Plusieurs industries importantes mettent en œuvre les matières amylacées, qu'il

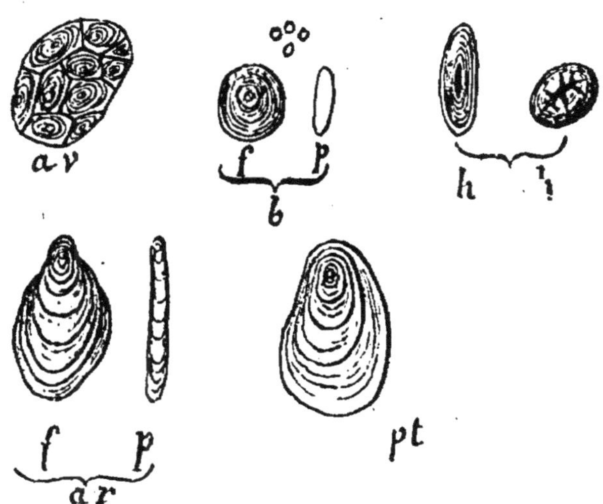


Fig. 197. — *Aspect au microscope de différentes matières amylacées.*
*av*, amidon d'avoine; *b*, amidon de blé (*f*, face; *p*, profil); *h*, amidon de haricot; *ar*, arrow-root; *pt*, fécule de pommes de terre.

s'agit d'abord d'isoler. C'est ce qu'on opère dans les *amidonneries* et dans les *féculeries*.

a) *Industrie de l'amidon.* — Les amidons les plus employés se retirent des grains de *blé*, de *maïs* et de *riz*.

1° La *farine de blé* renferme une notable proportion de *gluten* (de 8 à 15 %). C'est donc le gluten qu'il faut surtout chercher à éliminer. On y arrive de trois façons :

1. Par fermentation (le moyen n'est employé que pour les farines avariées, impropres à la panification);

2. Par dissolution, à l'aide de potasse caustique;

3. Par malaxage; on répète, en somme, avec des appareils appropriés, l'expérience que nous avons faite plus

haut. On emploie notamment l'amidonnière Martin, dont la figure 198 donne le schéma. Ce dernier procédé fournit un résidu important, le *gluten*, avec lequel on fabrique des pains spéciaux et la colle pour cuirs, dite *colle de Vienne*;

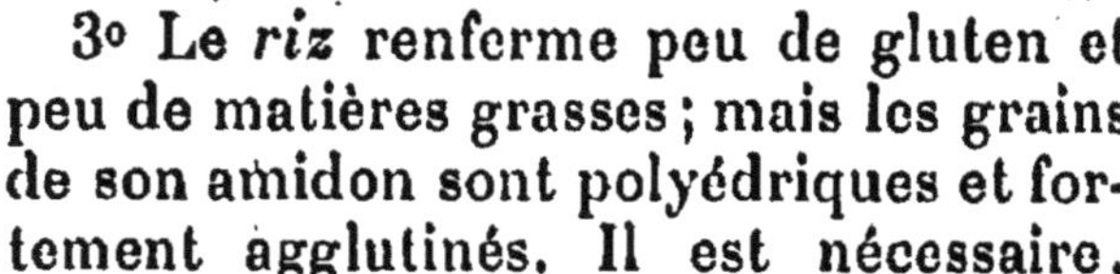

Fig. 198. — Schéma d'une amidonnière Martin : le rouleau malaxeur oscille sur une toile métallique; l'amidon se dépose au fond du bac.

2° Le *maïs* contient peu de gluten, mais beaucoup de matières grasses qui rancissent vite et qu'on élimine au préalable en trempant le grain dans une dissolution saturée d'anhydride sulfureux;

3° Le *riz* renferme peu de gluten et peu de matières grasses; mais les grains de son amidon sont polyédriques et fortement agglutinés. Il est nécessaire, tout d'abord, de les dissocier; on y arrive en les trempant dans une lessive alcaline.

Lorsque l'amidon est séparé, il suffit de faire égoutter, de sécher et d'étuver. Suivant sa forme marchande, on l'appelle *amidon en prismes, en marrons, en aiguille, en fleur*, etc.

b) *Industrie de la fécule.*

*Expérience.* — Râpons une pomme de terre bien lavée au-dessus d'un tamis reposant sur un cristallisoir (fig. 199). Arrosons d'eau la pulpe obtenue, jusqu'au moment où le liquide coule clair. Nous observons, au fond du cristallisoir, le dépôt d'une substance blanche qui bleuit l'iode et que nous pouvons recueillir par décantation de l'eau qui surnage : c'est de la *fécule*. Le tamis a retenu les débris des cellules.

Fig. 199. — Extraction de la fécule.

L'extraction de la fécule se fait industriellement d'une façon analogue.

Après égouttage, on obtient la *fécule verte*, qui renferme 40 $^0/_0$ d'eau et qu'on emploie telle quelle pour la fabrication de la glucose (308, *b*). Quant à la *fécule marchande*, on l'obtient en desséchant la précédente, d'abord au moyen d'essoreuses ou de turbines, ensuite par étuvage. Elle renferme encore 18 % d'eau en moyenne.

La fécule est employée dans l'alimentation et dans l'industrie textile (préparation des parements et des apprêts).

## — 300. Transformations que peuvent subir les matières amylacées.

a) *Dextrines.* — Lorsqu'on chauffe pendant longtemps à 100° de l'amidon ou de la fécule avec un excès d'eau, on constate la formation de substances solubles dans l'eau, insolubles dans l'alcool, qui *colorent l'iode en rouge plus ou moins violacé.* En évaporant le liquide, on obtient une poudre jaune qui forme, avec un peu d'eau, une colle très adhésive (colle des timbres-poste); on l'appelle de la *dextrine.*

Une transformation analogue s'opère quand on chauffe l'amidon vers 200°; il se forme une poudre brune qui colore l'iode en rouge; c'est une espèce de dextrine, appelée *léiogomme.*

La dextrine a la même composition centésimale que l'amidon; on lui attribue la formule $(C^6H^{10}O^5)^{n''}$, $n''$ étant inférieur à $n$ de l'amidon. Elle remplace souvent les gommes comme matière collante; elle s'emploie surtout dans la teinturerie et l'impression, pour l'épaississement des couleurs et des mordants.

b) *Glucose.*

*Expérience.* — Dans un vase A contenant de la *fécule* délayée dans de l'eau acidulée d'*acide sulfurique* (fig. 200), faisons arriver un courant de vapeur d'eau provenant du ballon B. Suivons à l'aide d'iode les transformations que subit la fécule : l'iode se colore en rouge vineux au bout de quelque temps, ce qui indique d'abord la formation de *dextrine;* puis il arrive un moment où le liquide n'a plus aucune action sur l'iode.

Neutralisons alors avec de la craie pulvérisée l'acide contenu dans A et filtrons, pour isoler le sulfate de calcium formé. Le liquide clair a une saveur sucrée; en l'évaporant, on obtiendrait une poudre blanche, appelée *glucose,* qui est encore un hydrate de carbone, car sa formule est $C^6H^{12}O^6$ ou $C^6(H^2O)^6$.

La même transformation s'opérerait, si l'on prenait de l'eau acidulée par l'acide azotique ou par l'acide chlorhydrique.

Sous l'action des acides étendus, la matière amylacée se transforme donc en dextrine, puis en glucose :

$$(C^6H^{10}O^5)_n \longrightarrow (C^6H^{10}O^5)_{n''} \longrightarrow C^6H^{12}O^6$$

Matière amylacée.        Dextrine.        Glucose.

La transformation finale peut se formuler par l'égalité :

$$(C^6H^{10}O^5)_n + n(H^2O) = n(C^6H^{12}O^6).$$

Les acides n'interviennent donc que pour fixer de l'eau sur la matière et la transformer en un composé de poids moléculaire plus petit, c'est-à-dire produisent une *hydrolyse*.

La glucose se trouve dans le commerce sous forme :

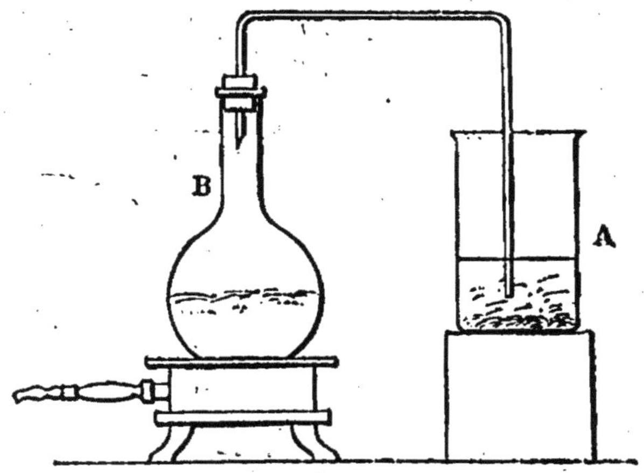

Fig. 200. — Principe de la préparation de la glucose.

1° de *sirops*; 2° de pains tronconiques (*glucose massée*); 3° de petits cristaux (*glucose granulée*).

A poids égal, elle sucre trois fois moins que le sucre ordinaire. On l'emploie, à la place de ce dernier, dans la préparation des confitures, des bonbons, des pâtisseries bon marché, etc.; la brasserie en consomme une notable quantité.

c) *Maltose*. — Lorsqu'on traite à 60 ou 65° de l'empois d'*amidon* additionné d'une infusion préparée à froid avec de l'orge germée, employée en brasserie sous le nom de *malt*, on constate que la masse, qui était pâteuse, se liquéfie très rapidement et subit des transformations chimiques importantes. Le liquide, au début, colorait l'iode en bleu ; peu à peu la couleur passe au violet, puis au rouge, ce qui indique la formation de *dextrines ;* en même temps il acquiert une saveur sucrée : il se produit, en effet, un sucre de formule $C^{12}H^{22}O^{11}$, appelé *maltose*. La matière amylacée, sous l'action du malt, subit donc les transformations suivantes :

$$\text{Matière amylacée} \longrightarrow \text{Dextrine} \longrightarrow \text{Maltose.}$$

Tout porte à croire que la germination a dû développer dans le grain d'orge transformé en malt un principe capable de produire ces transformations. Si, en effet, on ajoute à l'infusion de malt filtrée un peu d'alcool très concentré, il se forme un précipité blanchâtre qu'on peut recueillir. Après lavage et séchage, on obtient une *poudre amorphe*, soluble dans l'eau, qui produit très rapidement la saccharification de l'empois d'amidon. Ce corps est contenu dans le malt ; on l'appelle de l'*amylase*. La transformation finale qu'il produit peut se représenter par l'égalité :

$$2[(C^6H^{10}O^5)^n] + n(H^2O) = n(C^{12}H^{22}O^{11}) ;$$

$$\underbrace{\phantom{2[(C^6H^{10}O^5)^n]}}_{\substack{\text{Matière} \\ \text{amylacée.}}} \qquad \underbrace{\phantom{n(C^{12}H^{22}O^{11})}}_{\text{Maltose.}}$$

c'est encore une hydrolyse.

*Remarques.* — I. Quand la germination d'un grain d'orge est avancée, on constate qu'il renferme, au lieu d'amidon, un liquide laiteux de saveur sucrée. C'est ce liquide qui sert d'aliment à la plantule, jusqu'au moment où les racines pourront puiser sa nourriture dans le sol. L'amidon est incapable d'être assimilé par un organisme végétal, s'il n'a au préalable subi cette transformation.

II. Quand on mâche longuement de la mie de pain, on constate qu'elle acquiert une saveur sucrée. La salive, en effet, renferme un principe insoluble dans l'eau, la *ptyaline*, qui agit sur l'amidon comme l'amylase et le transforme en un sucre capable d'être assimilé par l'organisme.

III. L'amylase et la ptyaline appartiennent à un groupe de produits très importants, nommés *diastases*, élaborés par les organismes vivants. Les deux diastases précédentes agissent sur la matière amylacée à la façon des acides minéraux étendus; on les appelle des *diastases hydrolysantes*.

## 2. — Sucre ordinaire ou saccharose ($C^{12}H^{22}O^{11}$).

**= 301. Propriétés essentielles. Différences avec la glucose. =** Le sucre ordinaire est très répandu dans un grand nombre d'organes végétaux : fruits, racines (betteraves), tiges (canne à sucre). C'est un corps blanc cristallisable, ayant pour densité 1,6 environ, plus soluble dans l'eau que la glucose, insoluble dans l'alcool concentré.

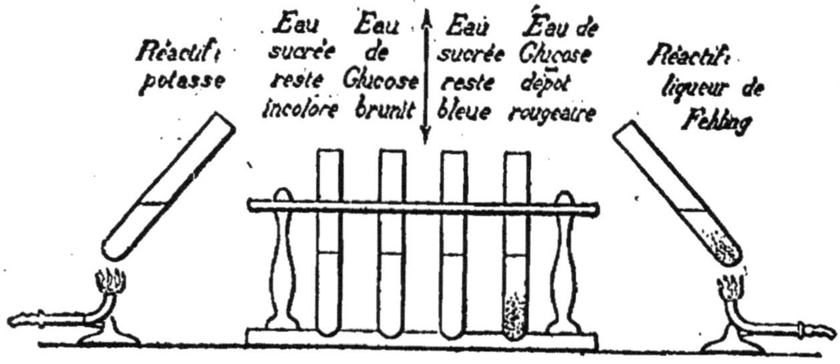


Fig. 201. — Réactions caractéristiques de la glucose et du sucre ordinaire.

Les dissolutions concentrées fournissent par évaporation lente de gros prismes clinorhombiques (*sucre candi*).

Il fond vers 160°; refroidi rapidement à cette température, il se prend en une masse vitreuse (*sucre d'orge*); chauffé plus fort, il se colore en jaune, puis en brun, formant des produits appelés *caramels*, se décompose et finalement donne un résidu de *charbon* très pur. Les acides concentrés et chauds le détruisent très rapidement, mais les acides étendus agissent d'une façon toute différente.

*Expérience.* — Chauffons dans un ballon une dissolution de sucre au 1/10, additionnée de quelques gouttes d'acide chlorhydrique ou d'acide sulfurique. Maintenons l'ébullition pendant quelques minutes et comparons les propriétés du liquide obtenu à celles d'une dissolution de *sucre* fraîche et d'une dissolution de *glucose*, en utilisant comme réactifs : 1° une dissolution de *potasse* ; 2° un liquide bleu à base de sulfate de cuivre et de potasse, dit *liqueur de Fehling* [1] (fig. 201).

|  | DISSOLUTION DE SACCHAROSE | DISSOLUTION DE GLUCOSE | DISSOLUTION DE SACCHAROSE ACIDULÉE ET BOUILLIE |
| --- | --- | --- | --- |
| Potasse caustique. (à chaud). | » | Coloration jaune. | Coloration jaune. |
| Liqueur de Fehling (à l'ébullition). | » | Formation d'un précipité rouge d'oxyde cuivreux. | Précipité rouge. |

La dissolution de sucre acidulée, puis bouillie, présente donc tous les caractères de la glucose. On a reconnu qu'elle ne renferme plus de saccharose, mais un mélange équimoléculaire de *glucose* et d'un autre sucre, ayant même formule $C^6H^{12}O^6$, mais des propriétés chimiques différentes, appelé *fructose*, qui existe, mélangé à la glucose, dans un grand nombre de fruits (pruneaux, figues, raisins secs) et dans le miel.

La réaction produite peut se formuler ainsi :

$$C^{12}H^{22}O^{11} + H^2O = \underbrace{C^6H^{12}O^6}_{\text{Glucose.}} + \underbrace{C^6H^{12}O^6}_{\text{Fructose.}}$$

C'est encore une hydrolyse. On dit que le sucre s'est *interverti*. Cette interversion peut se produire également par certaines *diastases*.

Le sucre se combine à la chaux pour former des *sucrates*, qui jouent un rôle important dans l'extraction du sucre de la betterave.

En Europe, on le retire d'une variété de betterave riche en sucre. Aux Antilles, en Égypte, on l'extrait d'une espèce de roseau, la canne à sucre. Le sucre de canne et le sucre de betterave bien purs ont exactement la même composition et les mêmes propriétés chimiques.

[1] La liqueur de Fehling ou liqueur cupro-potassique s'obtient par l'addition de potasse caustique à une dissolution de sulfate de cuivre, additionnée de tartrate double de potassium et de sodium.

= **302. Autres sucres.** — La glucose et la fructose sont des corps isomères, c'est-à-dire des corps de même formule qui n'ont pas la même constitution chimique.

La glucose, en effet, s'écrit :

$$CH^2OH — (CHOH)^4 — CHO;$$

elle possède 5 fonctions alcool (1 fois primaire, 4 fois secondaire) et 1 fonction aldéhyde.

La fructose, elle, s'écrit :

$$CH^2OH — (CHOH)^3 — CO — CH^2OH;$$

elle possède donc 2 fonctions *alcool primaire*, 3 fonctions *alcool secondaire* et 1 fonction *cétone*.

C'est à la répétition de la *fonction alcool* que ces corps doivent leur saveur sucrée ; c'est à leur *fonction aldéhyde* ou *cétone* qu'ils doivent leur pouvoir réducteur.

Ces sucres, possédant 6 atomes de carbone, s'appellent quelquefois des *hexoses*.

II. — La *maltose* et la *saccharose* s'appellent des *hexobioses*. On ne connaît pas leurs formules développées.

On les différencie par la nature de leurs produits d'hydrolyse :

Maltose + eau = glucose.
Saccharose + eau = glucose + fructose.

A ce groupe appartient le sucre de lait ou *lactose*.

**3. — TRANSFORMATION DES MATIÈRES SUCRÉES EN ALCOOL. FERMENTATION ALCOOLIQUE.**

= **303. Expériences fondamentales.** = 1° Dans un flacon A (fig. 202) contenant une solution de *glucose* à 10 0/0, introduisons un peu de *levure de bière*. Fermons le flacon par un bouchon muni d'un tube abducteur aboutissant à une éprouvette B, et exposons l'appareil à une température de 20° au moins. Au bout de quelque temps, des bulles de gaz se dégagent de la solution et viennent se rassembler dans l'éprouvette ; ce dégagement devient de plus en plus tumultueux, puis s'arrête. On constate alors que le gaz formé est de l'*anhydride carbonique* et que la solution a perdu sa saveur sucrée pour acquérir celle de l'*alcool* ordinaire.

La transformation subie par la glucose peut se traduire, en première approximation, par l'égalité :

$$\underbrace{C^6H^{12}O^6}_{\text{Glucose.}} = \underbrace{2(C^2H^5 - OH)}_{\substack{\text{Alcool ordinaire} \\ \text{ou alcool éthylique.}}} + \quad 2(CO^2)\uparrow.$$

L'apparence tumultueuse du phénomène lui a fait donner le nom de *fermentation*, et, comme un des principaux corps formés est de l'alcool, on l'appelle la *fermentation alcoolique*.

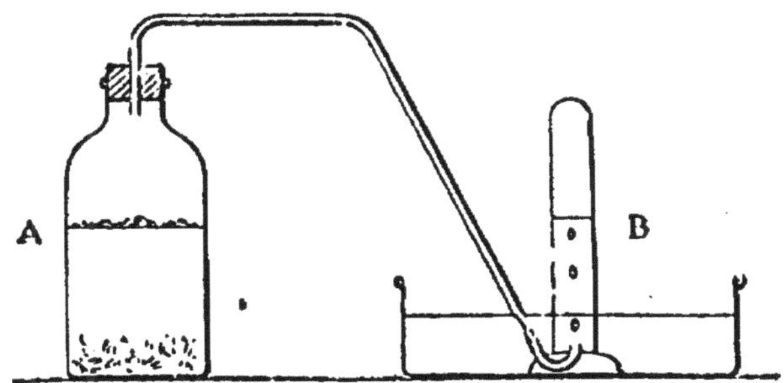

Fig. 202. — Fermentation de la glucose.

2° Si l'on remplace la dissolution de glucose par une dissolution de *sucre ordinaire*, on constate que la fermentation proprement dite s'établit moins rapidement et que, lorsqu'elle se poursuit régulièrement, le sucre est interverti :

$$C^{12}H^{22}O^{11} + H^2O = \underbrace{C^6H^{12}O^6}_{\text{Glucose.}} + \underbrace{C^6H^{12}O^6}_{\text{Fructose.}}$$

3° Si enfin on additionne de levure une *infusion de malt*, on observe au préalable la transformation de la maltose en glucose :

$$C^{12}H^{22}O^{11} + H^2O = 2(C^6H^{12}O^6) ;$$

c'est cette glucose qui subit la fermentation alcoolique.

**= 304. Explication de ces phénomènes. =** La levure de bière, examinée au microscope, se présente sous forme de petits granules à enveloppe cellulosique, dépourvus de chlorophylle. C'est un végétal tout à fait inférieur qui vit, comme les champignons, aux dépens des substances organiques ; le sucre est son aliment préféré ; d'où son nom de *saccharomycète*, qui veut dire champignon du sucre. Les transformations qu'elle produit sont corrélatives de son développement, car on observe, d'une part, que, dans toute fermentation alcoolique, la levure augmente de poids et, d'autre part, que les quantités d'alcool et de gaz carbonique formées sont toujours inférieures à celles que fournit l'égalité :

$$C^6H^{12}O^6 = 2\,(C^2H^5 - OH) + 2\,(CO^2).$$

Cette égalité ne traduit qu'une partie du phénomène. Il se forme, en outre, de la glycérine, des acides (notamment de l'acide succinique), des matières grasses, de la cellulose, etc. C'est une partie de la glucose qui sert à l'élaboration de ces produits, par une série de transformations mal connues. En revanche, il a été nettement établi que la réaction principale est due à une diastase sécrétée par la levure et qu'on appelle la *zymase*.

L'hydrolyse de la saccharose et de la maltose est produite de même par deux diastases, sécrétées par la levure dans ces conditions, la *sucrase* et la *maltase*. A ces transformations, analogues à celles que produisent les acides minéraux étendus, on a donné, par extension, le nom de *fermentations*.

**= 305. Principaux types de levures. =** La levure de bière est une *levure cultivée*, puisqu'elle provient de la bière, boisson alcoolisée fabriquée dans l'industrie. Le jus de raisin, abandonné à lui-même, perd peu à peu sa saveur sucrée (vin doux), bouillonne en dégageant du gaz carbonique et se transforme en un liquide alcoolique, le *vin* : cette transformation présente tous les caractères de la fermentation de la glucose. On a reconnu qu'elle était produite par un saccharomycète très abondant sur les grains de raisins mûrs : c'est une *levure sauvage*. Il existe également des levures sauvages sur les pommes, les poires, les fruits en général ; ce sont elles qui interviennent dans la fabrication du *cidre* et du *poiré*.

La levure de bière n'est pas une espèce définie ; il en existe un très grand nombre de variétés qu'on différencie par leur forme cellulaire, leur résistance à la chaleur, aux acides, à l'alcool, etc., leur température optima, leur aptitude à faire fermenter les différents sucres. On les divise en deux grands groupes : 1° les *levures hautes* (fig. 203, A), qui vivent de préférence à la surface des liquides, se développent bien à 20° et produisent une fermentation rapide (levures de vin, levures pour bières du

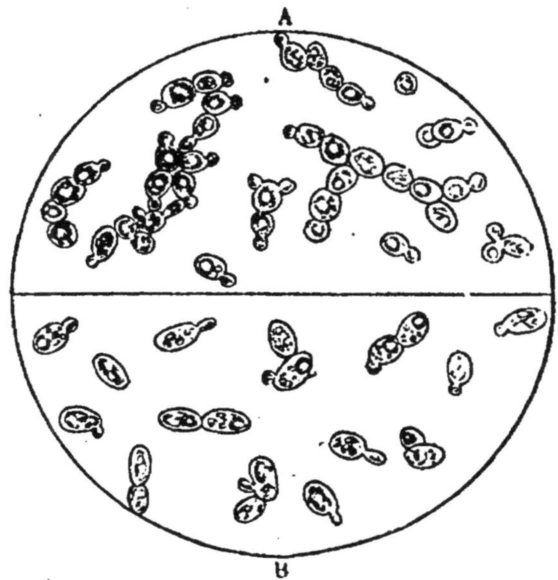



Fig. 203. — Deux types de levures cultivées.
A, levure haute; B, levure basse.

Nord, pour la fabrication de l'alcool, pour la panification, etc.); 2° les *levures basses* (fig. 203, B), qui vivent au fond des liquides et se développent bien au voisinage de 8 à 10°; il faut donc que ces liquides soient convenablement aérés et refroidis (levures pour bières allemandes et la généralité des bières françaises).

## APPLICATIONS.

**= 306. Boissons fermentées. =** Les principales boissons fermentées sont le *vin*, le *cidre* et la *bière*.

*a)* Le *vin* et le *cidre* proviennent de la fermentation spontanée produite par des levures sauvages, du jus de raisin ou de la pulpe de pomme additionnée d'eau. Ces boissons ne sont pas un simple mélange d'alcool et d'eau. Elles contiennent, en outre :

1° Les produits secondaires de la fermentation alcoolique (glycérine, acides divers, gaz carbonique);

2° Les substances qui accompagnent le sucre dans le liquide primitif (tannin dans le vin, matières colorantes, sels minéraux, etc.);

3° Des produits d'oxydation de l'alcool formé, aldéhyde éthylique et acide acétique;

4° Des produits provenant de l'action des acides sur l'alcool (éthers), qui donnent à la boisson son bouquet caractéristique.

*Exemple.* — Composition moyenne du vin rouge :

| | |
|---|---|
| Alcool. . . . . . . . . . . | de 8 à 12 %. |
| Extrait sec . . . . . . . . | 2 %. |
| Substances azotées . . . | de 0,5 à 1 %. |
| Acidité totale . . . . . . . | de 0,5 à 0,6. |
| Glycérine . . . . . . . . . | de 0,6 à 1. |

b) La *bière* est une boisson fermentée à base d'*orge* et de *houblon*; l'orge apporte l'amidon qui, après des transformations convenables, fournit les substances fermentescibles (on emploie quelquefois, à cet effet, le riz et la glucose); le houblon y introduit des principes amers qui lui donnent son arome et en assurent la conservation.

L'orge est employée sous forme de *malt*, c'est-à-dire à l'état de grains ayant subi un commencement de *germination* et une dessiccation plus ou moins avancée (*touraillage*), en vue de former des produits qui donneront à la bière de la couleur et de la saveur.

La bière est une boisson peu alcoolisée, mais beaucoup plus nutritive que le vin.

Composition moyenne des bières françaises :

| | |
|---|---|
| Alcool . . . . . . . . . . . | de 2 à 6 %. |
| Extrait sec. . . . . . . . . | — 4 à 6. |
| Dextrines . . . . . . . . . | — 3 à 6. |
| Substances azotées. . . . | — 6,4. |
| Glycérine . . . . . . . . . | — 0,10 à 0,25. |
| Acidité totale . . . . . . . | — 0,10 à 0,27. |
| Gaz carbonique . . . . . . | — 0,10 à 0,40. |

**= 307. Alcools d'industrie.** = Une première source d'alcool dans l'industrie est constituée par la distillation des boissons ou des jus ayant subi la fermentation alcoolique naturelle; elle fournit un certain nombre d'*eaux-de-vie de table* : eaux-de-vie de vin, de cidre (calvados), de marcs de raisins ou de pommes, de fruits fermentés (de cerises ou kirsch, de prunes, etc.). Ces liquides, outre l'eau et l'alcool, renferment en petite quantité des impuretés volatiles (éthers et essences).

On ne peut fabriquer de cette façon, à cause du prix de la matière première, *les alcools à haut degré*. Ceux-ci s'obtiennent avec des matières premières, relativement peu coûteuses, capables d'éprouver la fermentation alcoolique, après avoir subi des modifications convenables : *matières sucrées* (betteraves, mélasses) ou *matières amylacées* (graines de céréales, pommes de terre).

La fabrication de ces alcools comprend les opérations suivantes :
1. *Préparation d'un moût fermentescible ;*
2. *Fermentation du moût* par addition de levure ;
3. *Distillation du moût fermenté.* Le produit obtenu, ou *flegmes,* renferme beaucoup d'impuretés, notamment des corps voisins de l'alcool ordinaire, tels que les alcools *propylique, butylique* et *amylique,* des produits d'oxydation de ces alcools (aldéhydes, acides), etc., qui lui donnent une mauvaise odeur; d'où la nécessité d'une *rectification ;*
4. *Rectification,* qui fournit 3 catégories de produits :
*Produits de tête* (mauvais et moyens goûts);
*Produits intermédiaires* (alcools bon goût et alcools de cœur);
*Produits de queue* (moyens goûts, mauvais goûts, huiles essentielles).
Seuls les produits intermédiaires sont livrés au commerce. L'alcool mauvais goût cependant sert au dégraissage et à la fabrication des *vernis dits à l'alcool.*

—

# GOUDRONS DE HOUILLE

## PRINCIPAUX PRODUITS QU'ILS CONTIENNENT.

—

**1.** — Produïts fournis par la distillation de la houille.

## = 308. Décomposition de la houille en vase clos.

*Expérience.* — Dans une cornue en grès, introduisons de la *houille* en menus morceaux. Montons l'appareil représenté par la figure 204, et chauffons fortement. Au bout d'un certain temps nous voyons se former dans le tube de dégagement un liquide épais et noirâtre (*goudron*), qui se rassemble en B. Par le tube *t* se dégagent des vapeurs à odeur forte qui brûlent avec une flamme fuligineuse. Elles sont formées surtout d'hydrocarbures, mais contiennent aussi de l'*hydrogène*, de l'*oxyde de carbone*, du *gaz carbonique*, un peu d'*ammoniaque* (ce que l'on constate avec un papier au tournesol rouge) et de l'*hydrogène sulfuré* (qu'on reconnaît par un papier à l'acétate de plomb).

Il reste dans la cornue, après distillation, un charbon dur, gris et sonore : du *coke*.

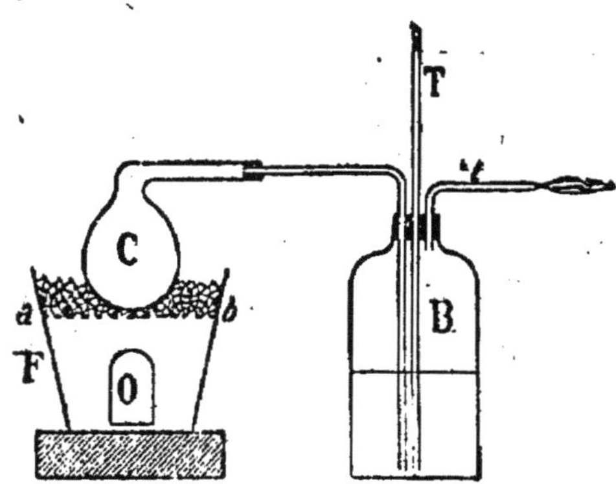


Fig. 204. — Distillation de la *houille*.
C, cornue en grès; F, fourneau à grille;
B, laveur à eau; T, tube de sûreté.

La distillation de la houille en vase clos fournit donc trois catégories de produits :

1° Des gaz (gaz de houille);

2° Des liquides (goudrons);

3° Un résidu solide (coke).

**= 309. Composition de la houille et du gaz de houille.** — La *houille* est un combustible naturel très riche en *carbone* libre (de 93 à 75 %), qui lui donne sa teinte noire. Elle contient, en outre, de l'*oxygène*, de l'*hydrogène*, de l'*azote*, du *soufre*, de l'*eau hygrométrique* et des *matières minérales*, qu'on retrouve sous forme de *cendres* quand elle brûle.

Quand on la distille en vase clos, tous les corps précédents se combinent entre eux et donnent un très grand nombre de composés volatils, qu'on retrouve soit dans le gaz, soit dans le goudron.

Dans le gaz, par exemple, les plus importants sont :

1° Les combinaisons du *carbone* et de l'*hydrogène* ou *hydrocarbures* : méthane, $CH^4$; éthylène, $C^2H^4$; benzine, $C^6H^6$;

2° Les combinaisons de *carbone* et d'*oxygène* : oxyde de carbone, $CO$; gaz carbonique, $CO^2$;

3° Les combinaisons où entre une partie de l'azote : ammoniaque, $AzH^3$; acide prussique, $(CAz)H^1$; l'autre partie se dégageant à l'état libre;

4° Les combinaisons où entre le *soufre* : acide sulfhydrique, $SH^2$; sulfure de carbone, $CS^2$, etc.

Pour obtenir un gaz convenable pour l'éclairage, il faut éliminer un grand nombre de ces produits : ceux qui ne brûlent pas, le gaz carbonique, par exemple; les corps à mauvaise odeur, comme l'acide sulfhydrique et ses sels; enfin les produits dont la combustion fournit des acides

---

[1] Le groupement d'atomes CAz se représente abréviativement par Cy; on le trouve dans tous les composés appelés *cyanures* ou *prussiates,* d'où le nom d'acide *cyanhydrique* ou *acide prussique* donné au corps de formule CAzH ou CyH. Cet acide et ses sels sont de violents poisons.

qui altèrent les appareils et vicient l'air (tous les composés du soufre).

Outre la *distillation*, la fabrication du *gaz d'éclairage* comprend donc une série d'opérations ayant pour but de l'épurer. Du soin avec lequel l'*épuration* est conduite dépendent les qualités du gaz à la consommation.

Exemple de composition d'un gaz épuré [1] :

| CONSTITUANTS | | PROPORTION | OBSERVATIONS |
|---|---|---|---|
| Gaz combustibles | Hydrogène . . . . | 46,20 | près de la moitié. |
| | Méthane. . . . . . | 34 | » |
| | Oxyde de carbone. | 8,90 | peut atteindre 10 %. |
| | Éthylène . . . . . . | 2,55 | » |
| | Benzine. . . . . . | 1,33 | » |
| Gaz non combustibles | Azote libre . . . . | 2,15 | impossible à enlever. |
| | Gaz carbonique. . | 3 | moins, le plus souvent. |
| Autres gaz. . . . . . . . . . . . . . | | 1,95 | » |
| | | 100 | |

*Remarque.* — La distillation de la houille est pratiquée dans deux groupes d'usines :

1° Dans les *usines à gaz*, en vue d'obtenir comme produit essentiel un *gaz éclairant;* le coke et les goudrons, soigneusement recueillis, sont des sous-produits de valeur;

2° Dans les *cokeries* annexées aux mines de houille ou aux usines métallurgiques, où l'on transforme la houille en un coke dur et dense, dit *coke métallurgique.* Les goudrons et le gaz ont servi d'abord uniquement à chauffer les appareils de distillation; actuellement on les récupère de plus en plus.

En France, les 4/5 des goudrons de houille proviennent des usines à gaz.

**= 310. Goudrons. Composition. =** Les goudrons de houille sont des liquides noirs et visqueux, à odeur forte, plus lourds que l'eau : leur densité oscille entre 1,05 et 1,25.

---

[1] Ce tableau n'est donné qu'à titre d'exemple; la composition du gaz dépend, en effet, de l'espèce de houille employée, de la température à laquelle elle est portée et de la durée de la distillation.

Ils contiennent tous les composés facilement condensables, liquides ou solides à la température ordinaire, formés par la combinaison des corps simples contenus dans la houille lors de sa distillation.

Ces produits sont surtout des *composés cycliques* :

1° *Hydrocarbures :* benzine et homologues, naphtaline, anthracène, etc. (ch. xviii, 2);

2° *Composés de carbone, d'oxygène et d'hydrogène :* phénols (ch. xviii, 3);

3° *Composés azotés : aniline,* bases pyridiques et quinoléiques, etc. (ch. xviii, 4);

4° *Composés sulfurés :* tiophène, thiotoluène, etc.[1].

Les goudrons bruts contiennent toujours, en outre, du *carbone* libre sous forme de particules extrêmement ténues et en proportion très variable (de 1 à 40 $^0/_0$), de l'*eau* et de l'*ammoniaque* qui s'est dissoute dans cette eau (*eaux ammoniacales*).

En négligeant ces derniers corps et les composés sulfurés, en petite quantité, on peut dire que les goudrons contiennent surtout les trois groupes de produits précédemment énumérés (1, 2, 3), qu'on peut classer suivant leur rôle chimique en :

1° Produits *neutres;*

2° Produits *acides;*

3° Produits *basiques.*


= **311. Utilisation des goudrons. Distillation fractionnée.** = Les goudrons bruts sont employés directement pour le chauffage industriel, pour la conservation

[1] Le soufre dans un certain nombre de composés se désigne par *thio :* par exemple, l'acide hyposulfureux $S^2O^3H^2$ ou

$$SO^2 \big\langle {}^{SH}_{OH}$$

correspond à l'acide sulfurique

$$SO^2 \big\langle {}^{OH}_{OH},$$

dans lequel 1 atome de soufre remplace 1 atome d'oxygène. On l'appelle quelquefois *acide thiosulfurique.*

des bois, pour la fabrication du papier et du carton bitumés, pour le goudronnage des routes, etc. Mais la plus grande partie est soumise, dans des usines spéciales, à une distillation ayant pour but d'opérer une séparation grossière des principaux constituants, de volatilités très différentes. Cette distillation est précédée d'opérations préliminaires destinées à déshydrater le goudron et à le priver d'ammoniaque.

D'après la température de la chaudière et la densité des produits condensés (*distillation fractionnée*), on peut partager ceux-ci en différents liquides de composition différente. On fractionne généralement en quatre portions :

a) Jusqu'à 170°, on obtient les *huiles légères* de densité inférieure à 0,91 ; on en retire par une nouvelle distillation les *benzols* ou *huiles à benzine*.

b) Entre 170° et 230°, on recueille les *huiles moyennes,* dont la densité est comprise entre 0,94 et 0,98 ; elles fournissent deux produits importants : l'*acide phénique* ou *acide carbolique* ou *phénol ordinaire* et la *naphtaline*.

c) Entre 230° et 270°, on obtient les *huiles lourdes,* de densité supérieure à 1, utilisées directement pour la conservation des bois, le chauffage et l'*éclairage* (*gaz d'huile*). On en retire également des *huiles de graissage* minérales.

d) Au-dessus de 270°, on recueille des *huiles vertes* ou *huiles à anthracène,* ainsi nommées parce qu'elles fournissent l'hydrocarbure $C^{14}H^{10}$ ou *anthracène*.

Le résidu final constitue le *brai : brai gras,* lorsque la température ne dépasse pas 360°, substance noire très visqueuse, qui sert à faire l'*asphalte artificiel* et le *macadam ; brai sec,* produit au-dessus de 360°, dont le principal usage est la fabrication des *agglomérés* (briquettes, ovoïdes, boulets).

*Bilan de la distillation de la houille :*

*100^k de houille à gaz* fournissent :

environ 30m³ de gaz épuré.
—     77^k de coke.
—     ^k de goudrons.
—     6^k,7 d'eaux ammoniacales.

*100^k de goudron* déshydraté donnent :

16^l d'huiles légères.
5^l d'huiles moyennes.
30^l d'huiles lourdes.
5^l d'huiles vertes.
55^k de brai.

## 2. — Hydrocarbures retirés des goudrons.

### A. — *Benzène et homologues.*

= **312. Benzols.** = Des huiles légères, on extrait par distillation et rectification les liquides appelés *benzols* ou *benzines commerciales.* Ce sont des mélanges en proportions variables de *benzène* (255), de *toluène* (260) et de *xylènes* (261).

Le nom commercial de ces produits indique la quantité de produits volatils qu'ils fournissent par distillation à une température **au plus égale à 100°** : par exemple, une *benzine est dite à 50 %* lorsque la distillation de 100$^{cm3}$ fournit, au-dessous de 100°, 50$^{cm3}$ de produits liquides. Outre de la benzine pure qui bout à 80°, elle contient donc du toluène qui bout vers 110°, et un peu de xylènes qui bouillent entre 132 et 140°.

| *Exemples :* | Benzine | Toluène | Xylènes |
|---|---|---|---|
| Benzine à 90 %. . . . . . | 84 % | 13 % | 3 % |
| Benzine à 50 %. . . . . . | 43 % | 46 % | 11 % |
| Benzine à 0 %. . . . . . | 15 % | 75 % | 10 % |

Pour séparer ces hydrocarbures, on soumet les benzols à des distillations fractionnées suivies de purifications. Le benzène et le toluène sont beaucoup plus importants que les xylènes; ceux-ci ne sont guère employés que pour la dissolution du caoutchouc; d'où leur nom de *solvent naphta.*

### B. — *Naphtaline* ($C^{10}H^8$).

= **313. Extraction et purification.** = Des *huiles moyennes,* quelquefois nommées *huiles à acide carbolique,* on retire d'abord par un traitement convenable (317) l'*acide phénique* qu'elles contiennent, puis on distille le résidu. Il se dégage au début des hydrocarbures légers qui se condensent à l'état liquide et qu'on renvoie aux bacs à benzols, puis un hydrocarbure plus lourd qui se condense sous forme de flocons blancs : c'est de la *naphtaline*. On la filtre sur toile et on la comprime; on obtient ainsi des pains de *naphtaline brute* de teinte foncée.

Le produit est purifié par traitement à l'acide sulfurique, lavage à l'eau et *sublimations* répétées (fig. 205).

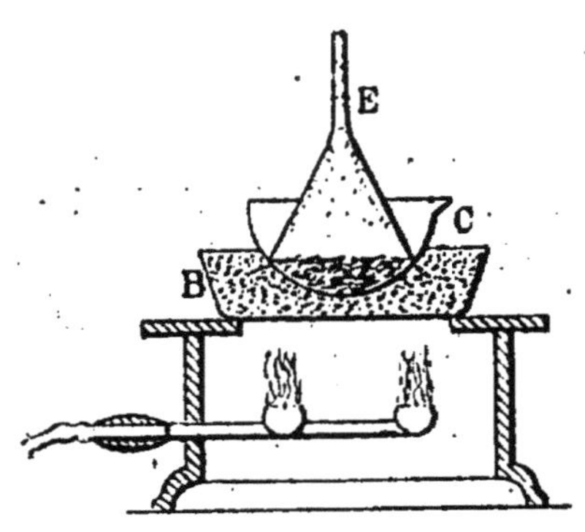

Fig. 205.
Sublimation de la *naphtaline*.

B, bain de sable; C, capsule contenant de la naphtaline brute; E, entonnoir sur les parois duquel se dépose la naphtaline sublimée.

= **314. Propriétés.** = 1° La naphtaline bien pure est un corps à odeur forte, cristallisé en paillettes blanches, qui fond à 80°, bout vers 220° et se volatilise sans aucun résidu. Abandonnée à l'air, elle disparaît lentement sans subir de coloration. On l'emploie, moulée en billes ou en hexagones, pour la conservation des fourrures et des lainages.

2° Elle brûle avec une flamme fuligineuse :

$$C^{10}H^8 + 24O = 10(CO^2) + 4(H^2O).$$

3° L'étude de ses propriétés chimiques montre que sa formule se développe suivant le schéma ci-dessous :

C'est donc un hydrocarbure cyclique à deux noyaux benzéniques.

4° Avec l'*acide azotique*, elle donne des *dérivés nitrés* : mononitronaphtalène $C^{10}H^7(AzO^2)$, par exemple ;

Avec l'*acide sulfurique*, des *dérivés sulfonés*, naphta-lènes monosulfonés $C^{10}H^7(SO^3H)$, par exemple.

Ces dérivés monosubstitués existent sous *deux formes isomères* seulement, ce qui s'explique par l'identité entre eux des atomes de carbone 1, 4, 5, 8 et des atomes 2, 3, 6, 7. Les premiers se désignent quelquefois par les lettres $A$ ou $\alpha$, les seconds par les lettres $B$ ou $\beta$.

*Exemples :*

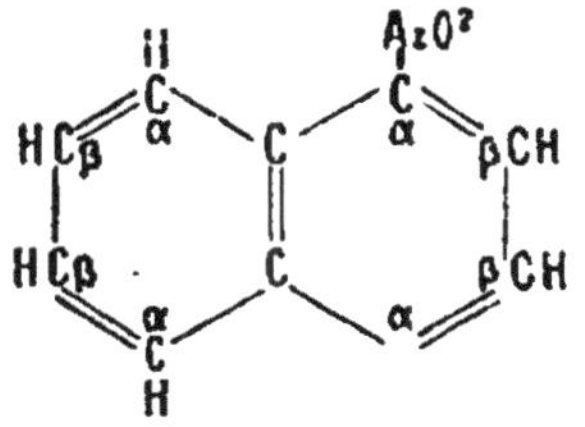

α nitronaphtalène
(n. naphtalène A).

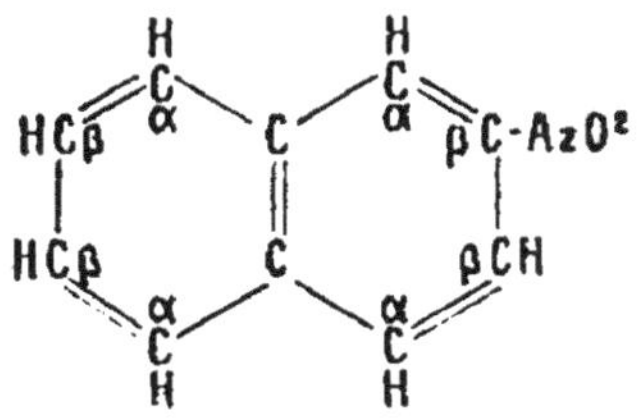

β nitronaphtalène
(n. naphtalène B).

5° Les *oxydants* détruisent l'un des noyaux benzéniques et donnent lieu à la formation d'un *biacide* organique, l'*acide phtalique* : $C^6H^4\diagdown\begin{matrix}COOH\\COOH\end{matrix}$

acide phtalique.

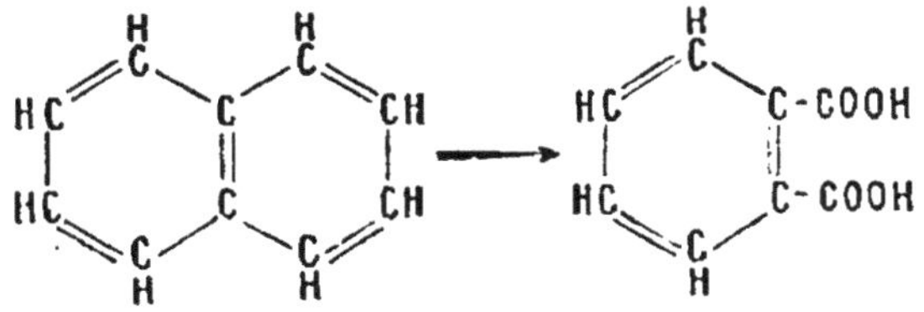

L'*acide sulfurique* **fumant** se comporte d'une façon voisine, mais déshydrate en même temps l'acide phtalique, de sorte qu'on obtient de l'**anhydride** *phtalique* :

$$C^6H^4\diagdown\begin{matrix}CO\\CO\end{matrix}\diagup O.$$

*Cette réaction très importante est le point de départ d'un des principaux procédés de fabrication de l'***indigo** *artificiel***.**

## C. — *Anthracène* ($C^{14}H^{10}$).

**= 315. Extraction. — Propriétés physiques. =** Les *huiles vertes* sont appelées *huiles à anthracène*, parce qu'elles laissent déposer cet hydrocarbure. Pour le séparer de la partie liquide, on utilise généralement des filtres-presses. — Le produit brut ainsi obtenu est soumis à une série de traitements ayant pour but de le purifier (épuisement par des huiles légères de pétrole, chauffage avec de la potasse concentrée, etc.), et enfin à la *sublimation* dans des chambres closes sous une pluie d'eau froide.

L'*anthracène pur* est un corps cristallisé en paillettes blanches, à odeur moins prononcée que la naphtaline. Il fond vers 210°, distille à partir de cette température en se sublimant et bout vers 360°.

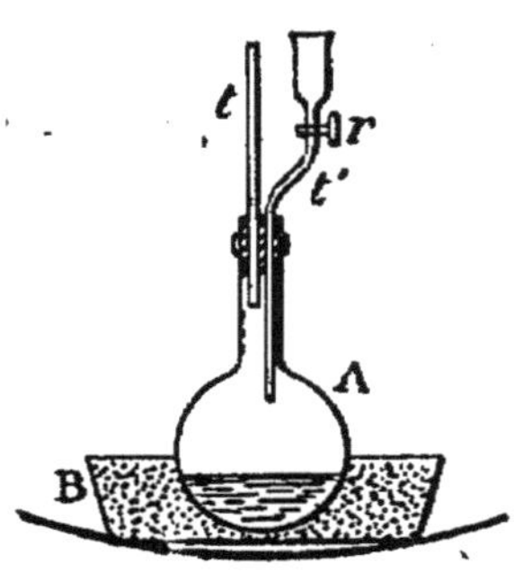

Fig. 206.
Oxydation de l'*anthracène*.

A, ballon contenant un peu d'anthracène et d'acide acétique; B, bain de sable; *t'*, tube à entonnoir par lequel on introduit de l'acide chromique dissous dans l'acide acétique. On fait bouillir une heure. On laisse reposer; on ajoute de l'eau. Après repos, de l'*anthraquinone* se dépose.

**= 316. Constitutions et propriétés chimiques essentielles. =** 1° L'étude des propriétés chimiques de l'anthracène lui assigne la formule développée :

ou $C^6H^4\!\!<\!\!\begin{array}{c}CH\\|\\CH\end{array}\!\!>\!\!C^6H^4$.

2° Ce corps, sous l'action des *oxydants* (acide chromique, par exemple) (fig. 206) s'oxyde comme l'indique le schéma :

$$C^6H^4\!\!<\!\!\begin{array}{c}CH\\ |\\ CH\end{array}\!\!>\!\!C^6H^4 + 3O = C^6H^4\!\!<\!\!\begin{array}{c}CO\\CO\end{array}\!\!>\!\!C^6H^4 + H^2O.$$

Le corps formé est de l'*anthraquinone* [1].

3° L'*anthraquinone* se nitre et se sulfone facilement.

Avec la quantité convenable d'acide sulfurique, par exemple, on obtient :

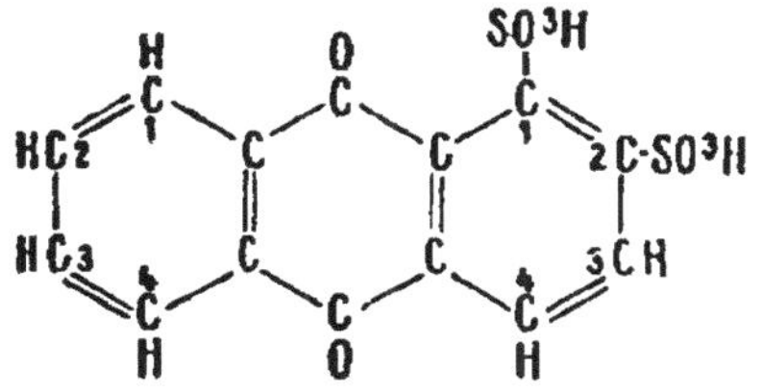

ou

$$C^6H^4\!\!<\!\!\begin{array}{c}CO\\CO\end{array}\!\!>\!\!C^6H^2\!\!<\!\!\begin{array}{c}SO^3H_1\\SO^3H_2\end{array}$$

Cette anthraquinone disulfonée, chauffée avec de la *potasse,* fournit le corps

$$C^6H^4\!\!<\!\!\begin{array}{c}CO\\CO\end{array}\!\!>\!\!C^6H^2\!\!<\!\!\begin{array}{c}OH_1\\OH_2\end{array},$$

qui est l'*alizarine* ou *rouge garance.*

C'est la préparation de cette couleur, essentiellement synthétique aujourd'hui, qui donne à l'anthracène son importance.

### 3. — PRODUITS ACIDES : PHÉNOLS.

## ═ 317. Traitement des huiles moyennes par la soude.

*Expérience.* — Plaçons dans un entonnoir à robinet (fig. 207) de l'*huile moyenne* additionnée d'une lessive de *soude caustique,* et agitons. Après repos, le liquide se partage en deux couches de densités différentes $a$ et $b$. Laissons couler dans le verre la couche $b$ et versons-y un peu d'*acide chlorhydrique* étendu. Le liquide se partage en deux couches $b_1$ et $b_2$ : la couche $b_1$ surnageante est de couleur brune et possède l'odeur caractéristique de l'*eau phéniquée :* elle est formée d'*acide phénique* brut; la couche $b_2$ est de l'eau salée.

[1] On donne le nom de *quinones* aux composés cycliques possédant deux groupements $= CO$, généralement en position *para*.

Dans la première partie de l'expérience, nous avons séparé l'acide phénique de l'huile moyenne sous forme de *phénate de sodium*; dans la seconde, nous avons produit la réaction :

Acide chlorhydrique + phénate de sodium = *acide phénique* + chlorure de sodium.

Dans l'industrie, on procède d'une façon analogue. Le phénol brut est ensuite soumis à une série de traitements ayant pour but de le priver d'eau et de le séparer des corps voisins auxquels il était mélangé : on obtient ainsi de l'*acide phénique* plus ou moins pur, appelé *phénol ordinaire*.

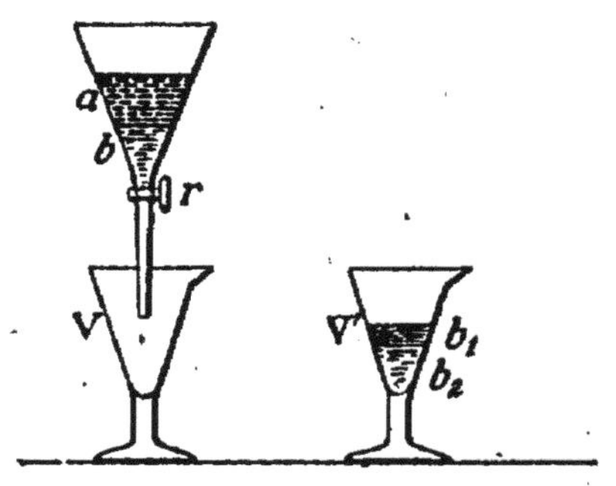

Fig. 207. — Principe de l'extraction du *phénol ordinaire*.

=**318. Propriétés essentielles du phénol ordinaire** ($C^6H^6O$). = 1° Le phénol ordinaire bien pur se présente sous forme de cristaux incolores, qui fondent à 42°. Il bout à 180°. Exposé à l'air, il devient rougeâtre. Une très petite quantité d'eau abaisse son point de fusion. Quand il en contient plus de 10 %, il est liquide. Il possède une odeur forte, caractéristique. L'eau en dissout environ $^1/_{15}$ de son poids à la température ordinaire. Cette dissolution (*eau phéniquée*) est employée comme antiseptique et réservée à l'usage externe, car c'est un *poison violent*.

2° Il brûle avec une flamme fumeuse, en donnant du gaz carbonique et de l'e .

3° Sa formule brute est $C^6H^6O$ (oxybenzène). Cette molécule contient un atome d'hydrogène remplaçable par un métal alcalin, car le phénate de sodium (expérience précédente) a pour formule $C^6H^5ONa$. Le phénol ordinaire doit donc s'écrire :

$$C^6H^5 — OH.$$

Cette constitution est vérifiée par la synthèse suivante : en chauffant du benzène monosulfoné et de la soude, on obtient :

$$C^6H^5 — SO^3H + 2(NaOH) = C^6H^5 — ONa + SO^3Na^2 + H^2O.$$
$$\underset{\text{phénate de sodium.}}{} \quad \underset{\text{sulfite de sodium.}}{}$$

Le phénate de sodium obtenu, traité par l'acide chlorhy-drique, donne le phénol ordinaire :

$$C^6H^5 - ONa + ClH = C^6H^5 - OH + ClNa.$$

Le phénol ordinaire correspond donc au benzène par substitution d'un oxhydrile OH à un atome d'hydrogène ; d'où sa formule développée :

$$\underset{\substack{HC_6 \\ HC_5}}{\overset{\substack{OH \\ C}}{\bigcirc}}\overset{\substack{2CH \\ 3CH}}{\underset{C}{}}$$

= **319. Acide picrique.** = Le phénol ordinaire garde un certain nombre des propriétés de la benzine. Avec l'acide azotique notamment, il donne des dérivés nitrés provenant de la substitution de — $AzO^2$ à l'hydrogène du noyau. Le plus important de ces dérivés est le *trinitro-phénol* 2.4.6. ou

$$C^5H^2 \overset{\displaystyle OH}{\underset{\displaystyle AzO^2_6.}{\overset{\displaystyle AzO^2_{2.}}{\underset{\displaystyle AzO^2_{4.}}{}}}}$$

connu sous le nom d'*acide picrique*.

On l'obtient en chauffant à 100° le phénol et l'acide azotique fumant ou le mélange sulfonitrique. Si l'on ajoute de l'eau, l'acide picrique se précipite, car il est peu soluble dans l'eau.

C'est un corps cristallisé jaune, de saveur très amère, qui tache la peau en jaune et teint directement la soie et la laine. Sa solution est utilisée comme antiseptique dans les cas de brûlures.

Par son oxhydrile OH, il garde les propriétés acides du phénol ; il forme avec les métaux alcalins et l'ammonium des sels, appelés *picrates* [exemple : picrate de potassium,

$C^6H^2(AzO^2)^3OK]$, qui sont des *explosifs violents*. L'acide picrique sert surtout à la fabrication de la *mélinite*.

**= 320. Fonction phénol. =** Le phénol ordinaire est le type d'un groupe de corps cycliques très importants, qui correspondent aux hydrocarbures cycliques par substitution de — OH à H d'un noyau benzénique et qu'on appelle des *phénols*.

Au *benzène*, $C^6H^6$, correspond le *phénol ordinaire* :

$$C^6H^5 — OH.$$

Au *toluène*, $C^6H^5 — CH^3$, correspondent les *crésols* :

$$C^6H^4\begin{cases} CH^3 \\ OH, \end{cases}$$

dont il existe trois isomères (260); ils sont employés comme désinfectants et, surtout, pour la fabrication des *crésylites*, explosifs plus violents encore que la mélinite.

A la *naphtaline* correspondent deux phénols isomères

$$C^{10}H^7 — OH :$$

le *naphtol A* (ou $\alpha$), corps solide fondant à 94° et dont le dérivé dinitré constitue une couleur très employée, le jaune de Martius; le *naphtol B* (ou $\beta$), fondant à 122°, qui sert de point de départ à un grand nombre de colorants artificiels.

Les phénols précédents, ne possédant qu'un oxhydrile, sont dits *monoatomiques*. S'ils renferment 2, 3... oxhydriles, on les dénomme *diatomiques*, *triatomiques*, etc.

Au *benzène* correspondent les *trois phénols diatomiques* suivants :

$$C^6H^4\begin{cases} OH_1 \\ OH_2 \end{cases}, \qquad C^6H^4\begin{cases} OH_1 \\ OH_3 \end{cases}, \qquad C^6H^4\begin{cases} OH_1 \\ OH_4 \end{cases},$$

*pyrocathéchine*     *résorcine*     *hydroquinone*
(o. dioxybenzène)   ( m. dioxybenzène)   (p. dioxybenzène)

Ces corps sont des réducteurs énergiques; de là leur emploi en photographie comme révélateurs. La *résorcine* sert, en outre, pour la fabrication de colorants importants (éosines, rhodamines, etc.).

Au benzène correspondent également *trois phénols tri-atomiques*, dont le plus important est le *pyrogallol* :

$$C^6H^3 \begin{cases} OH_1 \\ OH_3 \\ OH_5 \end{cases}$$

ou *acide pyrogallique*, utilisé comme révélateur et pour doser l'oxygène dans un mélange gazeux [1].

= **321.** *Remarque.* = Entre les *alcools* et les *phénols* existent certaines analogies; les uns et les autres proviennent de substitutions oxhydrilées, réalisées soit dans des hydrocarbures acycliques, soit dans des hydrocarbures cycliques. Les atomes d'hydrogène de ces oxhydriles sont remplaçables par un métal alcalin (*alcoolates*, *phénates*). Mais les alcoolates sont instables en présence d'eau et ne peuvent être obtenus qu'avec le métal lui-même; les phénates, au contraire, se forment immédiatement par action du phénol sur l'hydrate :

$$C^6H^5 - OH + Na - OH = \underbrace{C^6H^5 - ONa}_{\text{phénate de sodium.}} + H^2O.$$

Ce qui caractérise surtout l'oxhydrile phénolique et le différencie de l'oxhydrile alcoolique, c'est sa résistance aux acides. Avec les acides sulfurique ou azotique, par exemple, on obtient des dérivés sulfonés ou nitrés et non des éthers-sels.

II. Pour avoir un phénol avec un hydrocarbure cyclique, il est indispensable d'opérer les substitutions oxhydrilées sur les *atomes d'hydrogène du noyau.* Soit le *toluène* :

$$C^6H^5 - CH^3 \atop (1) \qquad (2)$$

En remplaçant par — OH un atome d'hydrogène du noyau (1), on obtient les *crésols :*

$$C^6H^4 \begin{cases} CH^3 \\ OH \end{cases}.$$

En remplaçant par OH un atome d'hydrogène du groupement — CH³ (2), on obtient :

$$C^6H^5 - CH^2OH ;$$

ce corps est un **alcool**, et non un phénol (*alcool benzylique*). On l'ob-

---

[1] Ce corps s'oxyde à l'air et plus rapidement encore au contact de la potasse ou de liquides alcalins. Les diphénols présentent cette propriété, quoique à un degré moindre. De là l'altération des révélateurs phénoliques conservés en flacons imparfaitement remplis.

tient d'ailleurs facilement en saponifiant le chlorure de benzyle (278),

$$C^6H^5 - CH^2Cl + KOH = C^6H^5 - CH^2OH + ClK.$$
$$\underbrace{\qquad\qquad}_{\text{alcool benzylique.}}$$

Cet alcool est un *alcool primaire* (274), qui fournit par déshydrogénation une *aldéhyde* :

$$C^6H^5 - CHO$$
aldéhyde benzoïque,
(essence d'amandes amères)

corps important pour la fabrication de certains colorants (vert malachite, par exemple). Une oxydation plus complète donnerait un *acide* :

$$C^6H^5 - COOH.$$
acide benzoïque.

III. Un certain nombre d'*essences odorantes naturelles* (essences de girofle, d'anis, d'aubépine, de vanille, etc.) contiennent des corps à fonction phénol.

Actuellement tous ces parfums ont été reproduits par synthèse et sont courants dans le commerce.


## 4. — Produits basiques : Aniline.

Les goudrons contiennent un grand nombre de *produits basiques* organiques capables de se combiner aux acides pour former des sels. Telles sont les *bases pyridiques* et *quinoléiques*, qu'on trouve combinées à l'acide sulfurique ayant servi aux différents traitements des huiles après fractionnement et qu'on récupère par distillation avec de la *chaux*.

Les goudrons, et notamment les huiles moyennes, contiennent aussi des *amines* (279), corps ayant une certaine analogie avec l'ammoniaque et dont l'*aniline* est le type.

**= 322. Principe de la préparation de l'aniline ($C^6H^5—AzH^2$).**
= *Expérience.* — Dans la cornue de l'appareil représenté par la figure 208, introduisons 40cm³ de *nitrobenzine* et 50ᵍ de *limaille de fer*, puis 50cm³ d'*acide acétique* en agitant. Chauffons doucement. Nous obtenons dans le ballon un liquide jaunâtre, qui s'accumule au fond. En décantant l'eau et l'acide surnageant, nous obtenons de l'*aniline*.

La réaction essentielle produite est la réduction de la *nitrobenzine* par l'*hydrogène* provenant de l'action de l'acide sur le fer :

$$C^6H^5 - AzO^2 + 3 H^2 = C^6H^5 - AzH^2 + 2(H^2O).$$

nitrobenzine.            aniline.

L'aniline contenant le groupement fonctionnel  — $AzH^2$

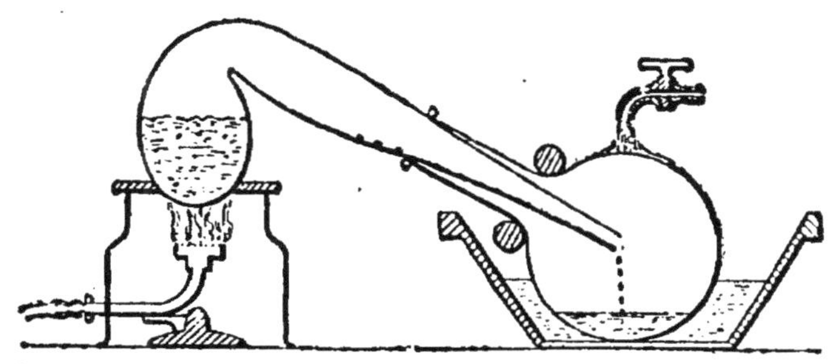

Fig. 208. — Préparation de l'*aniline*.

est une *amine;* le radical $C^6H^5$ — est le *phényle;* c'est donc la **phénylamine**.

L'aniline pure est un *liquide incolore*, d'odeur désagréable, bouillant à 183°, très peu soluble dans l'eau.

## = 323. Propriétés chimiques de l'aniline. = L'aniline, comme l'ammoniaque, s'ajoute aux acides minéraux pour former des sels.

*Exemples :*

$$C^6H^5 - AzH^2, CIH \qquad , \text{ chlorhydrate d'aniline};$$
$$(C^6H^5 - AzH^2)^2, SO^4H^2, \text{ sulfate} \qquad — \quad .$$

Elle partage cette propriété avec les amines acycliques, la *méthylamine*, par exemple (279); mais, tandis que celle-ci est une base très forte, l'aniline, au contraire, est une base faible sans action sur les réactifs colorés.

L'aniline se différencie encore de la méthylamine par une réaction remarquable, réalisée à l'aide d'*acide azoteux*.

*Expérience 1.* — Dans un vase entouré de glace (fig. 209), plaçons un mélange contenant 9cm³ *d'aniline*, 200cm³ d'eau et 40cm³ *d'acide chlorhydrique*. Versons-y en agitant constamment une dissolution de 7g de *nitrite de sodium* dans 50cm³ d'eau.

Le nitrite de sodium est décomposé par l'acide chlorhydrique :

$$(1) \qquad AzO^2Na + CIH = Az^2O + CINa,$$

Chimie, E. Pt. (s. c.).                                          23 puis l'acide nitreux formé réagit sur l'aniline d'après l'égalité :

$$(2)\ C^6H^5 - AzH^2 + AzO = OH = C^6H^5 - Az = Az - OH + H^2O\ ;$$

enfin, le composé à deux atomes d'azote formé se combine à un excès d'acide chlorydrique pour donner le corps :

$$\underset{\text{Chlorure de diazobenzène}}{\overset{\text{diazobenzène}}{C^6H^5 - Az = Az - Cl}}$$

Le composé azoté de la réaction (2) est de l'*hydrate de diazobenzène*; il contient le groupement caractéristique — Az = Az —; c'est un *composé diazoïque*. — Le chlorure de-diazobenzène est un *sel de diazoïque.*

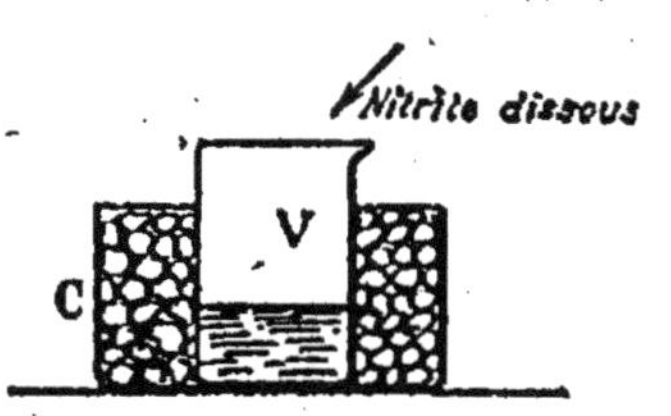


Fig. 209. — Préparation d'un *sel diazoïque*. V, vase refroidi contenant le mélange d'aniline, d'eau et d'acide chlorhydrique.

Ces composés sont instables : d'où la nécessité d'employer la glace dans leur préparation. Ils sont très importants pour la fabrication des couleurs artificielles, dites *couleurs à la glace*, dont les teintes varient du rouge au violet.

*Expérience 2.* — Versons la solution froide de chlorure de diazobenzène dans une solution de phénol ordinaire; immédiatement se produit une coloration *rouge* intense.

## 324. Amines cycliques. == L'aniline est le type d'une série de corps azotés présentant des propriétés communes, qu'on appelle des *amines aromatiques* ou *cycliques*.

Au *toluène*, $C^6H^5 - CH^3$, correspondent les trois amines isomères $C^6H^4 {\Large\langle}{{CH^3}\atop{AzH^2}}$ ou *toluidines :*

$$C^6H^4{\Large\langle}{{CH^3_{\ 1}}\atop{AzH^2_{\ 2}}}\ ,\quad C^6H^4{\Large\langle}{{CH^3_{\ 1}}\atop{AzH^2_{\ 3}}}\ ,\quad C^6H^4{\Large\langle}{{CH^3_{\ 1}}\atop{AzH^2_{\ 4}}}$$

    (o. toluidine)       (m. toluidine)      (p. toluidine)
      liquide            liquide          solide

qu'on peut obtenir par réduction des dérivés nitrés correspondants.

L'*aniline pour rouge* est un mélange d'aniline, d'ortho et de paratoluidines.

A la *naphtaline* $C^{10}H^8$ correspondent deux *naphtylamines* isomères :

$$C^{10}H^7 — AzH^2\alpha \qquad , \qquad C^{10}H^7 — AzH^2\beta$$

*naphtylamine* α ou *A*.        *naphtylamine* β ou *B*.

## = 325. Importance de ces amines. Couleurs dites d'aniline.

*Expérience*. — Dans un ballon à long col (fig. 210), plaçons 20 cm³ d'*aniline pour rouge* et 15ᵍ d'*acide arsénique* (145). Chauffons doucement au bain de sable en tournant le ballon constamment. — Au bout de quelques minutes, saturons l'excès d'acide par du carbonate de sodium; faisons bouillir quelques minutes et décantons. Lavons le résidu à l'eau bouillante et filtrons immédiatement. Ajoutons enfin au liquide filtré une solution saturée de chlorure de sodium; il se dépose par refroidissement des *cri aux mordorés* colorant l'eau en violet intense, de la *fuchsine*.

*Les amines cycliques servent pour la fabrication d'une foule de colorants*. En choisissant les matières premières, on peut obtenir un grand nombre de teintes variant du *vert* au *violet* et au *bleu*.

Préparation de la *fuchsine*. A, ballon à long col; B, bain de sable. — Chauffer doucement en tournant le ballon constamment.

## = 326. Récapitulation. = L'importance des goudrons

de houille est justifiée par la variété et par l'importance des produits qu'on fabrique avec les espèces chimiques qu'ils contiennent et leurs dérivés :

1º *Matières colorantes* aux teintes les plus diverses ;

2º *Explosifs* (mélinite, crésylites, etc.) ;

3º *Parfums* (vanilline, aubépine, héliotropine, etc.) ;

4º *Produits photographiques* (les révélateurs tels que le diamido, le paramido, l'ortol, etc., sont des phénols contenant le groupement — $AzH^2$).

5º *Produits pharmaceutiques* (désinfectants, calmants, etc.).

FIN

## TABLE I

*Densités à + 15° C. correspondant aux degrés du pèse-acide Baumé.*
(Liquides plus lourds que l'eau.)

| DEGRÉS BAUMÉ | DENSITÉS | DEGRÉS BAUMÉ | DENSITÉS | DEGRÉS BAUMÉ | DENSITÉS |
|---|---|---|---|---|---|
| 0 | 1,000 | 26 | 1,220 | 51 | 1,546 |
| 1 | 1,007 | 27 | 1,230 | 52 | 1,563 |
| 2 | 1,014 | 28 | 1,241 | 53 | 1,580 |
| 3 | 1,022 | 29 | 1,252 | 54 | 1,598 |
| 4 | 1,029 | 30 | 1,262 | 55 | 1,616 |
| 5 | 1,036 | 31 | 1,274 | 56 | 1,634 |
| 6 | 1,044 | 32 | 1,285 | 57 | 1,653 |
| 7 | 1,052 | 33 | 1,297 | 58 | 1,672 |
| 8 | 1,060 | 34 | 1,308 | 59 | 1,692 |
| 9 | 1,067 | 35 | 1,320 | 60 | 1,712 |
| 10 | 1,075 | 36 | 1,332 | 61 | 1,732 |
| 11 | 1,083 | 37 | 1,345 | 62 | 1,753 |
| 12 | 1,091 | 38 | 1,357 | 63 | 1,775 |
| 13 | 1,100 | 39 | 1,370 | 64 | 1,797 |
| 14 | 1,108 | 40 | 1,383 | 65 | 1,820 |
| 15 | 1,116 | 41 | 1,397 | 66 | 1,843 |
| 16 | 1,125 | 42 | 1,410 | 67 | 1,866 |
| 17 | 1,134 | 43 | 1,424 | 68 | 1,891 |
| 18 | 1,142 | 44 | 1,438 | 69 | 1,916 |
| 19 | 1,152 | 45 | 1,453 | 70 | 1,942 |
| 20 | 1,161 | 46 | 1,468 | 71 | 1,968 |
| 21 | 1,170 | 47 | 1,483 | 72 | 1,995 |
| 22 | 1,180 | 48 | 1,498 | 73 | 2,023 |
| 23 | 1,190 | 49 | 1,514 | 74 | 2,052 |
| 24 | 1,200 | 50 | 1,530 | 75 | 2,082 |
| 25 | 1,210 | | | | |

## TABLE II

*Densités à + 15° C. correspondant aux degrés du pèse-esprit Baumé.*
(Liquides plus légers que l'eau.)

| DEGRÉS BAUMÉ | DENSITÉS | DEGRÉS BAUMÉ | DENSITÉS | DEGRÉS BAUMÉ | DENSITÉS | DEGRÉS BAUMÉ | DENSITÉS |
|---|---|---|---|---|---|---|---|
| 10 | 1,000 | 21 | 0,930 | 31 | 0,874 | 41 | 0,822 |
| 11 | 0,993 | 22 | 0,924 | 32 | 0,868 | 42 | 0,818 |
| 12 | 0,987 | 23 | 0,918 | 33 | 0,863 | 43 | 0,814 |
| 13 | 0,979 | 24 | 0,911 | 34 | 0,857 | 44 | 0,810 |
| 14 | 0,973 | 25 | 0,906 | 35 | 0,851 | 45 | 0,805 |
| 15 | 0,967 | 26 | 0,899 | 36 | 0,848 | 46 | 0,800 |
| 16 | 0,960 | 27 | 0,893 | 37 | 0,842 | 47 | 0,795 |
| 17 | 0,954 | 28 | 0,888 | 38 | 0,838 | 48 | 0,791 |
| 18 | 0,948 | 29 | 0,884 | 39 | 0,832 | | |
| 19 | 0,941 | 30 | 0,879 | 40 | 0,826 | | |
| 20 | 0,936 | | | | | | |

# TABLE III

*Densités à + 15° C. des solutions chlorhydrique et azotique (J. KOLB).*

| DEGRÉS BAUMÉ | POIDS DE GAZ ClH p. 100 | POIDS D'ACIDE AzO³H p. 100 | DEGRÉS BAUMÉ | POIDS D'ACIDE AzO³H p. 100 |
|---|---|---|---|---|
| 1 | 1,5 | 1,5 | 26 | 35,5 |
| 2 | 2,9 | 2,6 | 27 | 37,0 |
| 3 | 4,5 | 4,0 | 28 | 38,6 |
| 4 | 5,8 | 5,1 | 29 | 40,2 |
| 5 | 7,3 | 6,3 | 30 | 41,5 |
| 6 | 8,9 | 7,6 | 31 | 43,5 |
| 7 | 10,4 | 9,0 | 32 | 45,0 |
| 8 | 12,0 | 10,2 | 33 | 47,1 |
| 9 | 13,4 | 11,4 | 34 | 48,6 |
| 10 | 15,0 | 12,7 | 35 | 50,7 |
| 11 | 16,5 | 14,0 | 36 | 52,9 |
| 12 | 18,1 | 15,3 | 37 | 55,0 |
| 13 | 19,9 | 16,8 | 38 | 57,3 |
| 14 | 21,5 | 18,0 | 39 | 59,6 |
| 15 | 23,1 | 19,4 | 40 | 61,7 |
| 16 | 24,8 | 20,8 | 41 | 64,5 |
| 17 | 26,6 | 22,2 | 42 | 67,5 |
| 18 | 28,4 | 23,6 | 43 | 70,6 |
| 19 | 30,2 | 24,9 | 44 | 74,4 |
| 20 | 32,0 | 26,3 | 45 | 78,4 |
| 21 | 33,9 | 27,8 | 46 | 83,0 |
| 22 | 35,7 | 29,2 | 47 | 87,1 |
| 23 | 37,9 | 30,7 | 48 | 92,6 |
| 24 | 39,8 | 32,1 | 49 | 96,0 |
| 25 | 42,1 | 33,8 | 49,5 | 98,0 |

# TABLE IV

*Teneur en acide sulfurique des solutions sulfuriques.*

| DENSITÉ TROUVÉE | ACIDE NORMAL $SO_4H_2$ p. 100 | DENSITÉ TROUVÉE | ACIDE NORMAL $SO_4H_2$ p. 100 | DENSITÉ TROUVÉE | ACIDE NORMAL $SO_4H_2$ p. 100 |
|---|---|---|---|---|---|
| 1,8426 | 100 | 1,568 | 66 | 1,2476 | 33 |
| 1,842 | 99 | 1,557 | 65 | 1,239 | 32 |
| 1,8406 | 98 | 1,545 | 64 | 1,231 | 31 |
| 1,840 | 97 | 1,534 | 63 | 1,223 | 30 |
| 1,8384 | 96 | 1,523 | 62 | 1,215 | 29 |
| 1,8376 | 95 | 1,512 | 61 | 1,2066 | 28 |
| 1,8356 | 94 | 1,501 | 60 | 1,198 | 27 |
| 1,834 | 92 | 1,490 | 59 | 1,190 | 26 |
| 1,827 | 91 | 1,480 | 58 | 1,182 | 25 |
| 1,822 | 90 | 1,469 | 57 | 1,174 | 24 |
| 1,816 | 89 | 1,4586 | 56 | 1,167 | 23 |
| 1,809 | 88 | 1,448 | 55 | 1,159 | 22 |
| 1,802 | 87 | 1,438 | 54 | 1,1516 | 21 |
| 1,794 | 86 | 1,428 | 53 | 1,141 | 20 |
| 1,786 | 85 | 1,418 | 52 | 1,136 | 19 |
| 1,777 | 84 | 1,408 | 51 | 1,129 | 18 |
| 1,767 | 83 | 1,398 | 50 | 1,121 | 17 |
| 1,756 | 82 | 1,3886 | 49 | 1,1136 | 16 |
| 1,745 | 81 | 1,379 | 48 | 1,106 | 15 |
| 1,734 | 80 | 1,370 | 47 | 1,098 | 14 |
| 1,722 | 79 | 1,361 | 46 | 1,091 | 13 |
| 1,710 | 78 | 1,351 | 45 | 1,083 | 12 |
| 1,698 | 77 | 1,342 | 44 | 1,0756 | 11 |
| 1,686 | 76 | 1,333 | 43 | 1,068 | 10 |
| 1,675 | 75 | 1,324 | 42 | 1,061 | 9 |
| 1,663 | 74 | 1,315 | 41 | 1,0536 | 8 |
| 1,651 | 73 | 1,306 | 40 | 1,0464 | 7 |
| 1,639 | 72 | 1,2976 | 39 | 1,039 | 6 |
| 1,627 | 71 | 1,289 | 38 | 1,032 | 5 |
| 1,615 | 70 | 1,281 | 37 | 1,0256 | 4 |
| 1,604 | 69 | 1,272 | 36 | 1,019 | 3 |
| 1,592 | 68 | 1,264 | 35 | 1,013 | 2 |
| 1,580 | 67 | 1,256 | 34 | 1,0064 | 1 |

# TABLE V

*Densités à + 15° C. des solutions alcalines.*

| Poids du corps pur dans 100ᵍ de solution | Densités des solutions de AzH3 | Densités des solutions de KOH | Densités des solutions de NaOH | Poids du corps pur dans 100ᵍ de solution | Densités des solutions de KOH | Densités des solutions de NaOH |
|---|---|---|---|---|---|---|
| 1 | 0,996 | 1,009 | 1,012 | 37 | 1,374 | 1,405 |
| 2 | 0,9915 | 1,017 | 1,024 | 38 | 1,387 | 1,415 |
| 3 | 0,987 | 1,025 | 1,035 | 39 | 1,400 | 1,426 |
| 4 | 0,983 | 1,033 | 1,046 | 40 | 1,412 | 1,437 |
| 5 | 0,979 | 1,041 | 1,058 | 41 | 1,425 | 1,447 |
| 6 | 0,974 | 1,049 | 1,070 | 42 | 1,438 | 1,457 |
| 7 | 0,971 | 1,058 | 1,081 | 43 | 1,450 | 1,468 |
| 8 | 0,967 | 1,065 | 1,092 | 44 | 1,462 | 1,478 |
| 9 | 0,963 | 1,074 | 1,103 | 45 | 1,475 | 1,488 |
| 10 | 0,959 | 1,083 | 1,115 | 46 | 1,488 | 1,499 |
| 11 | 0,956 | 1,092 | 1,126 | 47 | 1,499 | 1,509 |
| 12 | 0,952 | 1,101 | 1,137 | 48 | 1,511 | 1,519 |
| 13 | 0,948 | 1,110 | 1,148 | 49 | 1,525 | 1,529 |
| 14 | 0,945 | 1,119 | 1,159 | 50 | 1,539 | 1,540 |
| 15 | 0,941 | 1,128 | 1,170 | 51 | 1,552 | 1,550 |
| 16 | 0,938 | 1,137 | 1,181 | 52 | 1,565 | 1,560 |
| 17 | 0,935 | 1,146 | 1,192 | 53 | 1,578 | 1,570 |
| 18 | 0,931 | 1,155 | 1,202 | 54 | 1,590 | 1,580 |
| 19 | 0,928 | 1,166 | 1,213 | 55 | 1,604 | 1,591 |
| 20 | 0,925 | 1,177 | 1,225 | 56 | 1,618 | 1,601 |
| 21 | 0,922 | 1,188 | 1,236 | 57 | 1,630 | 1,611 |
| 22 | 0,919 | 1,198 | 1,247 | 58 | 1,642 | 1,622 |
| 23 | 0,916 | 1,209 | 1,258 | 59 | 1,655 | 1,633 |
| 24 | 0,913 | 1,220 | 1,269 | 60 | 1,667 | 1,643 |
| 25 | 0,910 | 1,230 | 1,279 | 61 | 1,681 | 1,654 |
| 26 | 0,908 | 1,241 | 1,290 | 62 | 1,695 | 1,664 |
| 27 | 0,905 | 1,252 | 1,300 | 63 | 1,705 | 1,674 |
| 28 | 0,902 | 1,264 | 1,310 | 64 | 1,718 | 1,684 |
| 29 | 0,900 | 1,276 | 1,321 | 65 | 1,729 | 1,695 |
| 30 | 0,898 | 1,288 | 1,332 | 66 | 1,740 | 1,705 |
| 31 | 0,895 | 1,300 | 1,343 | 67 | 1,754 | 1,715 |
| 32 | 0,893 | 1,311 | 1,353 | 68 | 1,768 | 1,726 |
| 33 | 0,891 | 1,321 | 1,363 | 69 | 1,780 | 1,737 |
| 34 | 0,8885 | 1,336 | 1,374 | 70 | 1,790 | 1,748 |
| 35 | 0,8864 | 1,349 | 1,384 | | | |
| 36 | 0,8844 | 1,361 | 1,395 | | | |

# TABLE VI

*Conversion des degrés de l'alcoomètre Cartier en degrés centésimaux
ou degrés Gay-Lussac.*

| DEGRÉS CARTIER à + 12°,5 | DEGRÉS GAY-LUSSAC à + 15° | DEGRÉS CARTIER à + 12°,5 | DEGRÉS GAY-LUSSAC à + 15° | DEGRÉS CARTIER à + 12°,5 | DEGRÉS GAY-LUSSAC à + 15° | DEGRÉS CARTIER à + 12°,5 | DEGRÉS GAY-LUSSAC à + 15° |
|---|---|---|---|---|---|---|---|
| 10 | 0,0 | 18,5 | 48,3 | 27 | 72,6 | 35,5 | 89,4 |
| 10,5 | 2,6 | 19 | 50,1 | 27,5 | 73,7 | 36 | 90,2 |
| 11 | 5,3 | 19,5 | 51,8 | 28 | 74,8 | 36,5 | 91,0 |
| 11,5 | 8,3 | 20 | 53,4 | 28,5 | 75,9 | 37 | 91,8 |
| 12 | 11,6 | 20,5 | 55,0 | 29 | 77,0 | 37,5 | 92,5 |
| 12,5 | 15,0 | 21 | 56,5 | 29,5 | 78,0 | 38 | 93,3 |
| 13 | 18,8 | 21,5 | 58,0 | 30 | 79,1 | 38,5 | 94,0 |
| 13,5 | 22,5 | 22 | 59,5 | 30,5 | 80,1 | 39 | 94,6 |
| 14 | 26,1 | 22,5 | 60,9 | 31 | 81,2 | 39,5 | 95,2 |
| 14,5 | 29,5 | 23 | 62,3 | 31,5 | 82,2 | 40 | 95,9 |
| 15 | 32,6 | 23,5 | 63,7 | 32 | 83,2 | 40,5 | 96,5 |
| 15,5 | 35,4 | 24 | 65,0 | 32,5 | 84,1 | 41 | 97,1 |
| 16 | 37,9 | 24,5 | 66,3 | 33 | 85,1 | 41,5 | 97,7 |
| 16,5 | 40,3 | 25 | 67,7 | 33,5 | 86,0 | 42 | 98,2 |
| 17 | 42,5 | 25,5 | 68,9 | 34 | 86,9 | 42,5 | 98,7 |
| 17,5 | 44,5 | 26 | 70,2 | 34,5 | 87,7 | 43 | 99,2 |
| 18 | 46,5 | 26,5 | 71,4 | 35 | 88,6 | 43,5 | 99,8 |
|  |  |  |  |  |  | 44 | » |

# TABLE DES MATIÈRES

## NOTIONS PRÉLIMINAIRES



## MÉTALLOÏDES

## RÉCAPITULATION

# MÉTAUX



# NOTIONS DE CHIMIE ORGANIQUE

## CHAPITRE XVIII. — GOUDRONS DE HOUILLE. —
### PRINCIPAUX PRODUITS QU'ILS CONTIENNENT



Paris, imprimerie Ch. Delagrave.